Helmut Dohmann
Gerhard Fuchs
Karim Khakzar (Hrsg.)

Die Praxis des E-Business

IT-Professional

hrsg. von Helmut Dohmann, Gerhard Fuchs und Karim Khakzar

Die Reihe bietet aktuelle IT-Themen in Tuchfühlung mit den Erfordernissen der Praxis. Kompetent und lösungsorientiert richtet sie sich an IT-Spezialisten und Entscheider, die ihre Unternehmen durch effizienten IT-Einsatz strategisch voranbringen wollen. Die Herausgeber sind selbst als engagierte FH-Professoren an der Schnittstelle von IT-Wissen und IT-Praxis tätig. Die Autoren stellen durchweg konkrete Projekterfahrung unter Beweis.

In der Reihe sind bereits erschienen:

Nachhaltig erfolgreiches E-Marketing
von Volker Warschburger und Christian Jost

Produktionscontrolling mit SAP®-Systemen
von Jürgen Bauer

Die Praxis des E-Business
von Helmut Dohmann, Gerhard Fuchs und Karim Khakzar (Hrsg.)

Weitere Titel sind in Vorbereitung.

Helmut Dohmann
Gerhard Fuchs
Karim Khakzar (Hrsg.)

Die Praxis des E-Business

Technische, betriebswirtschaftliche und rechtliche Aspekte

Die Deutsche Bibliothek – CIP-Einheitsaufnahme
Ein Titeldatensatz für diese Publikation ist bei
Der Deutschen Bibliothek erhältlich.

1. Auflage Februar 2002

Der Verlag Vieweg ist ein Unternehmen der Fachverlagsgruppe BertelsmannSpringer.
www.vieweg.de

Konzeption und Layout des Umschlags: Ulrike Weigel, www.CorporateDesignGroup.de

Gedruckt auf säurefreiem Papier.

ISBN-13: 978-3-322-84974-8   e-ISBN-13: 978-3-322-84973-1
DOI: 10.1007/ 978-3-322-84973-1

Vorwort

E-Business als neue Chance

„Electronic Business" kurz „E-Business" ist in aller Munde. Trotz einer gewissen Ernüchterung bei der raschen Erschließung neuer Märkte über das Internet – meist unter dem Begriff Electronic Commerce oder E-Commerce geführt – sehen die meisten großen Unternehmen enorme Wachstumschancen und -potenziale durch den gezielten Einsatz neuer Informations- und Telekommunikationstechnologien insbesondere im Bereich der so genannten „Old Economy". Der Deutsche Industrie- und Handelstag DIHT hat 2001 zum Jahr des E-Business erklärt. Auch in der neuesten Delphi-Studie[1] zu den Erkenntniszielen der Wirtschaftsinformatik wurde die Bedeutung des „E-Business" als eigenständiges Thema in der Zukunft hervorgehoben.

Master of Science (MSc)

Als Hemmschuh bei der Einführung neuer E-Business-Technologien wird regelmäßig ein Mangel an qualifiziertem Fachpersonal und das Fehlen geeigneter Fortbildungsangebote beklagt. Als eine der ersten Hochschulen in Deutschland bietet die Fachhochschule Fulda im Fachbereich Angewandte Informatik einen eigenständigen Master-Studiengang in E-Business mit dem Abschluss

„Master of Science (MSc) in Electronic Business"

an. Ausgehend von einem ersten berufsqualifizierenden Abschluss in Informatik oder einer verwandten Fachrichtung mit hohen Informatikanteilen, werden innerhalb von drei Semestern die Methoden, Kenntnisse und Fähigkeiten vermittelt, um die technischen, betriebswirtschaftlichen, rechtlichen und informatischen Zusammenhänge dieses aktuellen Gebietes verstehen zu können. Erwähnt sei hier noch, dass der Studiengang als einer der ersten Master-Studiengänge für Informatik in Deutschland offiziell akkreditiert[2] wurde.

---

[1] Armin Heinzl / Wolfgang König / Joachim Hack - „Erkenntnisziele der Wirtschaftsinformatik in den nächsten drei und zehn Jahren" - in Wirtschaftsinformatik, Juni 2001, Seite 223-233, Vieweg Verlag.

[2] Seit Mitte 2000 können Master- und Bachelor-Studiengänge von autorisierten Akkreditierungsagenturen akkreditiert werden.

Mit dieser Ausbildung schaffen sich die Absolventen eine hervorragende Ausgangsposition in einem sich rasant entwickelnden Berufsfeld. Mit dem Masterstudiengang werden aber noch weitere Ziele verfolgt. Zum einen bereitet er auf eine wissenschaftliche Berufslaufbahn vor und ermöglicht damit den direkten Zugang zur Promotion an einer Universität. Andererseits soll das am anglo-amerikanischen Hochschulsystem orientierte Studium auch ausländischen Studierenden mit einem ersten berufsqualifizierenden Abschluss ein attraktives Angebot zur Weiterbildung bieten.

Die Lehrgebiete des Studiums zum Master of Science in Electronic Business decken alle wesentlichen Bereiche des interdisziplinären Themenfeldes E-Business ab. Das vorliegende Werk vermittelt daher aus Sicht der am Studiengang beteiligten Professoren und Dozenten einen einzigartigen Überblick aus zum Teil unterschiedlichen Perspektiven, den es in dieser kompakten Form bisher nicht gibt. Durch seine Struktur eignet sich dieses Buch neben dem Einsatz im Studium aber auch hervorragend für die in der Praxis tätigen Fachleute, die sich hier aus einer einzigen Quelle einen ersten Überblick verschaffen können.

Die Herausgeber bedanken sich beim Vieweg-Verlag, besonders bei Herrn Dr. Klockenbusch, für die Aufnahme der Reihe ***IT-Professional*** in das Verlagsprogramm, in der auch der hier vorliegende Band erscheint. Besonderes Ziel dieser Reihe ist es, in der Zukunft neue und aktuelle Themen aus den Bereichen der angewandten Informatik, speziell der Wirtschafts- und der Medieninformatik, zu behandeln. Dabei wird ein hoher Praxisbezug in den Vordergrund gestellt.

Fulda, im Oktober 2001

Die Herausgeber der Reihe IT-Professional:

Helmut Dohmann   Gerhard Fuchs   Karim Khakzar

Inhaltsverzeichnis

E-Business-Anwendungen 229

Einleitung

<table>
<tr><td valign="top">Weiterent-
wicklung der
Wirtschafts-
informatik</td><td>

Die aktuelle Diskussion zur Weiterentwicklung der Wirtschaftsinformatik wird heute zu großen Teilen von den beiden Schlagworten

- Electronic Business (**E-Business**) und

- Electronic-Commerce (**E-Commerce**)

geprägt. Während das E-Business den Geschäftsprozess zwischen den Unternehmen (B2B[3]) kennzeichnet, wird durch E-Commerce die Geschäftsbeziehung zwischen den Unternehmen und den Kunden (B2C[4]) beschrieben. Beiden Bereichen wurde von vielen eine glänzende Zukunft vorausgesagt.

</td></tr>
<tr><td valign="top">E-Commerce</td><td>

Davon konnte E-Commerce die gesteckten Erwartungen bisher allerdings noch nicht erfüllen. Grund hierfür ist einmal

- das traditionell breitgefächerte Verhalten der Kunden beim Kauf von Produkten oder Dienstleistungen, aber auch

- die für diesen Bereich zur Verfügung gestellten technischen Verfahren und Mittel.

Möglicherweise liegt der Schlüssel für eine größere Akzeptanz des E-Commerce in der Weiterentwicklung der drahtlosen Kommunikationstechnologien zum

- Mobile-Commerce (**M-Commerce**).

Höhere Bandbreiten der Netze bei ständiger Verfügbarkeit an jedem Ort und in allen Lebenssituationen, sowie kleinere und leistungsfähigere Endgräte lassen komfortablere Lösungen zu, bei einer gleichzeitig höheren Sicherheit der durchzuführenden Transaktionen. Zusätzlich kann die Akzeptanz auch durch die Gestaltung des „elektronischen Einkaufserlebnisses" beträchtlich verbessert werden. In einer Analyse des Prozesses der Warenbeschaffung spielt neben der Notwendigkeit, diesen Gegenstand

</td></tr>
</table>

---

[3] B2B = Business to Business

[4] B2C = Business to Customer

individuell zu besitzen, auch die Art und Weise, wie dieser Gegenstand erworben werden kann, eine Rolle. Um diesem Umstand gerecht zu werden, sind neue Konzepte in den Bereichen Marketing und Produktpräsentation notwendig, die auf die Möglichkeiten der neuen Technologien abgestimmt sind. Bisher realisierte Lösungen ähneln eher einem – auf hohe Effizienz hin ausgelegten – maschinell unterstützten „Geldausgeben", als einem Einkauf. Der Rolle der Endgeräte fällt eine hohe Bedeutung zu. Sie werden einen entscheidenden Anteil an einem möglichen Erfolg von E-Commerce besitzen, dies hat sich in der Vergangenheit auch im Bereich des Mobilfunks gezeigt. Neben dem Marketing kommt der Lieferung der elektronisch eingekauften Produkte eine hohe Bedeutung zu. Gerade in diesem Bereich besitzt E-Commerce große Chancen, aber auch Risiken.

E-Business

Anders stellt sich die Situation im Bereich des E-Business dar. E-Business enthält heute alle Ansätze und Aktivitäten, um mit Hilfe der neuen Informations- und Kommunikationstechnologie (IuK) die Geschäftsprozesse

- in den Unternehmen und auch

- zwischen den Unternehmen mit unternehmensübergreifenden Geschäftsprozessen im Supply Chain Management (SCM)

neu zu gestalten. Mit der Weiterentwicklung der unternehmensübergreifenden Geschäftsprozesse sind heute alle Unternehmen gefordert.

Markterfordernisse

Die Markterfordernisse zwingen häufig die Unternehmen sich mit diesen Fragen auseinanderzusetzen und eigene Entwicklungsvorhaben auf den Weg zu bringen. Hier entsteht die Anforderung aus den Unternehmen, die neu benötigte Kompetenz im E-Business von dem Mitarbeitern in den Themenbereichen

- E-Business-Systeme mit den System- und Software-Architekturen,

- Netzwerke mit den angebotenen Diensten und den Sicherheitsaspekten,

- E-Business-Standards, z. B. für die Zahlungssysteme,

- betriebswirtschaftlichen Aspekten, z. B. mit Marketing oder Logistik,

- juristische Grundlagen mit der nationalen und internationalen Rechtssetzung und -praxis sowie

- E-Business-Anwendungen, z. B. mit der Multimedia-Technologie, dem Wissensmanagement, dem E-Learning oder virtueller Gemeinschaften

zu erwarten. Ohne diese Kompetenzen sind die Chancen des E-Business im Unternehmen nicht ausreichend erkennbar und damit auch nicht umsetzbar. Mit der Umsetzung heutiger Visionen des E-Business lassen sich in der Praxis auch neue Geschäftsfelder, z. B. auch mit Online–Diensten und digitalen Gütern, erzeugen.

Electronic Data Interchange (EDI)

Bereits in der Vergangenheit wurden verschiedene Teile der Geschäftsprozesse mit einer hohen Akzeptanz zwischen den Unternehmen elektronisch abgebildet. Ein Beispiel hierfür ist „Electronic Data Interchange (EDI)„ und die in diesem Bereich entwickelten Standards, wie z. B. EDIFACT. Dieser Erfolg ist nicht überraschend. Betrachtet man die Geschäftsprozesse zwischen den Unternehmen näher, dann bestehen diese – im Gegensatz zum E-Commerce – aus häufig wiederkehrenden Transaktionen, die sich meist gut standardisieren lassen. Meist wird zwischen den Unternehmen z. B. eine Bestellung mehrfach über eine größere Zeitperiode wiederholt ausgeführt. Dabei ändern sich möglicherweise nur ganz bestimmte Daten, wie die Bestellmenge, der Preis oder der Liefertermin. Durch diesen – den Partnern innerhalb dieser Geschäftsprozesse – relativ klaren semantischen Hintergrund können z. B. Bestellungen automatisch abgewickelt werden. Zusätzlich lassen sich Aktivitäten und Transaktionen zwischen Unternehmen sehr gut in bestehende ERP[5]-Systeme einbinden. Dadurch wird die Architektur dieser Geschäftsprozesse beeinflusst und muss angepasst werden.

Neugestaltung der Geschäftsprozesse

Durch die elektronische Nachbildung der Geschäftsprozesse zwischen den Unternehmen als Anwendungen in Kommunikationsnetzen, vorzugsweise heute im Internet, gibt es weitaus größere Möglichkeiten der Beschaffung. Regionale Gesichtspunkte spielen in diesem Prozess eine untergeordnete Rolle. Dies stellt neue Anforderungen an die Bereiche Logistik und Supply-Chain-Management. Aber auch das Produktmarketing erreicht mit der Multimedia-Technologie eine andere Dimension.

---

[5] ERP = Enterprise Resource Planning; zu den Komponenten von ERP-Systemen zählen unter anderem Produktionsplanung, Lagerbuchhaltung oder Finanzbuchhaltung.

E-Commerce und E-Business stehen nicht isoliert zueinander, sondern in vielen Bereichen in Wechselwirkung. Dies betrifft z. B. die Zahlungsverfahren, aber auch rechtliche und technische Fragen. Diese Tatsache muss in der Darstellung eines praxisorientierten E-Business mit berücksichtigt werden.

Lehrgebiet: E-Business

Die Lehrgebiete des Studiums zum Master of Science in Electronic Business, wie es an der FH Fulda im Fachbereich Angewandte Informatik angeboten wird, decken alle wesentliche Bereiche des interdisziplinären Themenfeldes E-Business ab. Das vorliegende Werk vermittelt aus Sicht der am Studiengang beteiligten Professoren und Dozenten einen Überblick aus völlig unterschiedlichen Perspektiven. Es ist deshalb für einen ersten Überblick und für die Einarbeitung in die Grundlagen und die verschiedenen Aspekte des E-Business sehr gut geeignet.

Es werden Beiträge zu den wesentlichen Themengebieten angeboten, die den Bereich „E-Business" ausmachen und einem Teil des Master-Studiengangs E-Business am Fachbereich für Angewandte Informatik der FH Fulda entsprechen:

* E-Business–Systeme

* Netzwerke und Sicherheit

* Betriebswirtschaftliche und rechtliche Aspekte

* E-Business-Anwendungen

E-Business-Systeme

Die E-Business–Systeme beinhalten eine Einführung in die grundlegenden Konzepte der verwendeten Systemarchitekturen, sowohl für die Hard- als auch für die Software und werden in den Blöcken

* Systemarchitektur von Online-Anwendungen

* Software-Architektur für E-Business–Systeme

angeboten. Die Grundlagen werden am Beispiel der Systemarchitektur für Online-Anwendungen vorgestellt. Vor großer Bedeutung sind bei den E-Business–Systemen die Software-Architekturen, deren moderne Konzepte ebenfalls vorgestellt werden.

Netzwerke, Sicherheit

Netzwerke oder spezielle Kommunikationsnetzwerke bilden heute einen wichtigen Grundpfeiler des E-Business. Die Einarbeitung in das Themengebiet Netzwerke und Sicherheit wird mit den Blöcken

- Virtuelle private Netze (VPN) als Netzstruktur für E-Business–Systeme

- Mobile Commerce (M-Commerce)

- Elektronische Zahlungsverfahren

angeboten. Über diese Netzwerke werden im Rahmen der Geschäftsbeziehungen die erforderlichen Transaktionen abgewickelt. Diese Geschäftsbeziehungen finden zwischen verschiedenen Unternehmen oder zwischen einem Unternehmen und einem privaten Kunden statt, wobei der Schwerpunkt im E-Business auf der Beziehung zwischen den Unternehmen liegt. Durch diese Netzwerke ist es jedem Unternehmen möglich, global tätig zu werden. Ein besonderes Augenmerk muss auf den Bereich der Sicherheit gerichtet werden, sind doch sensible Unternehmensdaten teilweise weltweit über diese Netze unterwegs. Deshalb steigen zwangsläufig auch die Anforderungen an die Sicherheit der Dienste und Systeme an. Die Sicherheitsaspekte können auf unterschiedliche Art und Weise berücksichtigt werden. Zu den modernen Konzepten gehören die virtuellen privaten Netze, denen deshalb ein Beitrag gewidmet wurde. Dem Benutzer kann heute auch ein mobiler Zugang zu den Online-Diensten angeboten werden. Diese Grundlagen werden im Abschnitt „Mobile Commerce" diskutiert. Die elektronischen Zahlungsverfahren werden vorwiegend im E-Commerce und im M-Commerce benötigt und bilden einen Block in diesem Themengebiet.

Betriebswirtschaftliche und rechtliche Aspekte

Bei der Einführung von E-Business-Systemen stehen natürlich nach wie vor betriebswirtschaftliche Aspekte im Vordergrund. In der hier im Unternehmen notwendigen ganzheitlichen Betrachtung sind zudem die juristischen Aspekte von Belang. Deshalb wird dieses Themengebiet mit den Blöcken

- E-Marketing

- E-Logistik im E-Business

- Umsetzung europäischer Regelungen zum E-Commerce in deutsches Recht

aufbereitet. Viele der in der Vergangenheit entwickelten Bereiche müssen aus der Sicht des E-Business entsprechend angepasst werden. Dies betrifft im hohen Maße das Marketing und die Logistik. Darüber hinaus sind gerade im internationalen Umfeld eine Reihe rechtlicher Aspekte zu beachten. Gerade die rechtlichen Aspekte haben eine übergeordnete Bedeutung, unterscheidet man doch alleine schon zwischen nationalem und internationalem Recht. Ohne Kenntnisse auf diesen beiden Themengebieten kann kein praktikables und erfolgreiches Konzept für E-Business-Anwendungen entwickelt werden.

E-Business-Anwendungen
Die E-Business-Anwendungen enthalten einzelne Anwendungsfelder mit ihrem vollen Anwendungskontext und werden hier mit den Themenbereichen

- Multimedia-Technologien im E-Business

- Knowledge-Management

- E-Learning

- Virtuelle Gemeinschaften

diskutiert. Jedes dieser einzelnen E-Business-Anwendungen hat ein Eigenleben und entwickelt sich bereits seit einigen Jahren. Mit der Existenz der E-Business- und E-Commerce-Thematik kann ein neuer umfassender Ansatz angepackt und erfolgreich umgesetzt werden.

Multimedia-Technologien
So haben die Multimedia-Technologien einen großen Anteil an dem Anwendungsdruck, der aus den Unternehmen auf die neuen E-Business-Anwendungen heraus wirksam wird, verursacht.

Knowledge-Management
Das Knowledge-Management mit der Wissensverarbeitung und dem Wissenstransfer stellt eine seit geraumer Zeit laufende Entwicklung in den Unternehmen zu mehr Bewusstsein im Umgang mit dem Unternehmenswissen dar und kann in naher Zukunft eine wesentliche Triebkraft für das E-Business werden.

E-Learning
Das E-Learning wird bereits seit vielen Jahren als computergestütztes Lernen versucht und erhält jetzt durch die Multimedia-Technologie und die verfügbaren Netzwerke zur Verbreitung dieser Dienste neue Ansatzpunkte für neue Lösungen.

Virtuelle Gemeinschaften
Ein besonderer Aspekt bilden bei den Anwendungen die virtuelle Gemeinschaften, deren grundlegende Prinzipien vorgestellt und bis hin zur geschäftlichen Nutzung virtueller Gemeinschaften diskutiert werden.

Mit diesen Themen wird ein einzigartiger Überblick über die verschiedenen, an der Praxis ausgerichteten faszinierenden Facetten der Anwendungen des modernen E-Business gegeben.

E-Business-Systeme

Rasante Entwicklung der Mikroelektronik

Die rasante Entwicklung der Mikroelektronik in den vergangenen 30 bis 40 Jahren hat fast alle unsere Lebensbereiche mitunter dramatisch verändert. Zwei Bereiche, für die dies in besonderem Maße gilt, sind die Telekommunikation und die Informatik.

Die Entwicklungen in der Telekommunikation in den vergangenen Jahren waren geprägt durch die Digitalisierung der Telefonnetze und die Evolution der Netze in Richtung Breitbandkommunikation.

Personal Computer

Parallel dazu und zunächst völlig unabhängig davon hat sich die Computer- und Informationstechnik explosionsartig weiterentwickelt. Mit der Einführung des Personal Computers (PC) vor 20 Jahren setzte ein beispielloser Siegeszug der Informationstechnologie in allen Bereichen des öffentlichen und privaten Lebens ein.

Telekommunikation

Durch die Vernetzung der Rechner mit Hilfe von lokalen Netzen und öffentlichen Telekommunikationsnetzen sind die beiden Bereiche Informationstechnologie und Telekommunikation in den vergangenen zehn Jahren immer stärker zusammengewachsen. Einen entscheidenden Anteil daran hatte sicherlich das Internet. Die durch die Vernetzung der Rechner zur Verfügung gestellte Infrastruktur ermöglicht völlig neue Dienste und Anwendungen. Gleichzeitig stellt sie auch ganz neue Herausforderungen an die Entwicklung komplexer Softwaresysteme. So werden Online-Anwendungen im Internet als verteilte Systeme aufgebaut. Die verschiedenen Grundfunktionen, wie Präsentation, Verarbeitung und Datenhaltung werden hier zwischen dem Client und mehreren Servern aufgeteilt. Daraus resultieren entsprechende Anforderungen, die nicht unmittelbar mit denen großer Zentralrechner vergleichbar sind. Die Daten, auf die ein Nutzer zugreifen möchte, können über das gesamte Netz verteilt sein. Durch die rapide Zunahme der Nutzer sollten die Systeme in jedem Fall skalierbar sein. Die zum Teil sehr aufwendig entwickelte Software sollte nach Möglichkeit flexibel und ohne allzu großen Aufwand für ähnliche Anwendungen wiederverwendbar sein. Die Pflege und Wartung der Software darf nicht zuviel Aufwand in Anspruch

Anforderungen an verteilte Softwaresysteme

nehmen. Entwicklungen sollten, wenn dies möglich ist, von den unterschiedlichen Plattformen und Betriebssystemen unabhängig sein. Eine Anbindung an Anwendungen bestehender Warenwirtschaftssysteme muss mit vertretbarem Aufwand realisiert werden können. Nicht zuletzt steigen auch die Anforderungen bezüglich der Sicherheit, die an Systeme mit verteilten Architekturen gestellt werden.

Das vorliegende Kapitel gibt einen umfassenden Überblick über die modernen System- und Softwarearchitekturen verteilter Anwendungen, wie sie im Bereich E-Business eingesetzt werden.

System-architektur von Online-Anwendungen

Das erste Unterkapitel widmet sich dabei zunächst der allgemeinen Systemarchitektur von E-Business-Lösungen. Eingangs beschreibt ein kurzer historischer Überblick die Entwicklung der Rechnersysteme von den Anfängen bis zu den heutigen Internet-Architekturen. Dann wird die Aufgabenverteilung zwischen Client und Servern, einschließlich der Besonderheiten mobiler Clients, erläutert und anschließend die verschiedenen Vor- und Nachteile diskutiert.

Einen weiteren Schwerpunkt bilden die ausgelagerte Präsentation, die verteilte Verarbeitung sowie „wandernde" Programme.

Software-Architektur für E-Business-Systeme

Das zweite Unterkapitel befasst sich mit den gängigen modernen Software-Technologien für die Realisierung von E-Business–Systemen. Insbesondere wird auf neue Mehrschichten-Architekturen mit so genannten Middleware-Plattformen eingegangen.

Drei wichtige objektorientierte Middleware-Technologien werden ausführlich vorgestellt. Dies sind das Microsoft Distributed Component Objekt Model (DCOM), die Common Object Request Broker Architecture (CORBA) und Java 2 Enterprise Edition (J2EE). Anhand eines Beispiels werden das Schichtenmodell und die Schnittstellenproblematik näher erläutert. Abschließend werden einige wichtige Aspekte zum Thema Sicherheit in verteilten Systemen behandelt.

2.1   Systemarchitektur von Online-Anwendungen (Werner Winzerling)

Online-Anwendungen sind im Internet als verteilte Systeme aufgebaut. Die verschiedenen Grundfunktionen wie Präsentation, Verarbeitung und Datenhaltung werden hier zwischen dem Client und mehreren Servern aufgeteilt.

Dieses Kapitel widmet sich der allgemeinen Systemarchitektur von E-Business-Lösungen. Zunächst beschreibt ein kurzer historischer Überblick die Entwicklung der Rechnersysteme von den Anfängen bis zu den heutigen Internet-Architekturen. Dann wird die Aufgabenverteilung zwischen Client und Servern einschließlich der Besonderheiten mobiler Clients erläutert und anschließend werden die verschiedenen Vor- und Nachteile diskutiert.

Einen weiteren Schwerpunkt bilden die ausgelagerte Präsentation, die verteilte Verarbeitung sowie „wandernde" Programme.

2.1.1   Entwicklung der System-Architekturen

Die Entwicklung der System-Architekturen wird einmal aus der Sicht der Unternehmensanwendungen und zum anderen aus der Sicht der weltweiten Kommunikation mit dem Internet aufgezeigt.

2.1.1.1   Rechner-Architekturen für Unternehmensanwendungen

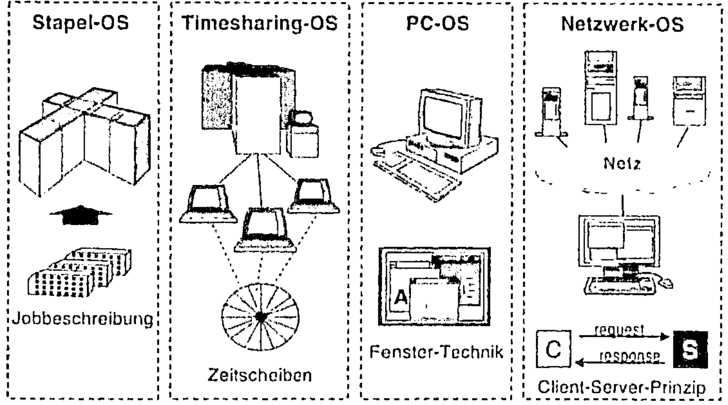

Abbildung 2.1: Historische Entwicklung der Rechner-Architekturen aus der Sicht des Operating Systems (OS)

**Stapelver-
arbeitung**

Abbildung 2.1 zeigt die wichtigsten historischen Entwicklungsschritte. Die Entwicklung begann mit dem Einsatz von Stapelverarbeitungs-Systemen. Auszuführende Aufträge wurden anfangs mit Hilfe von Lochkarten beschrieben. Diese Lochkarten wurden zu „Auftrags-Stapeln" zusammengefasst und dann nacheinander eingelesen und ausgeführt.

Hierbei war keine interaktive Arbeit möglich. Meist gaben die Nutzer ihre Lochkarten bei den Maschinen-Bedienern ab und erhielten später (nach einigen Stunden bis Tagen) das Ergebnis der Abarbeitung in Form von Drucklisten zurück.

**Timesharing-
System**

Der nächste Innovationsschritt war der Anschluss von Terminals an einen Rechner. Dies waren zunächst Fernschreiber und später auch einfache zeilenorientierte Bildschirme. Die gesamte Verarbeitungskapazität des Computers wurde in so genannte Zeitscheiben aufgeteilt. Jedem Terminal stand der Computer eine solche Zeitscheibe lang zur Verfügung. Auf diese Weise konnten mehrere Nutzer gleichzeitig bedienen werden. Während jeder „Denkpause" eines Nutzers arbeitete ein anderer Nutzer mit dem Computer. Da die Denkpausen im Verhältnis zur Verarbeitungsgeschwindigkeit des Computers verhältnismäßig lang waren, konnten so mehrere Nutzer „gleichzeitig" am Rechner arbeiten.

PC mit GUI

Mit dem Siegeszug der Mikroelektronik wurde es möglich jedem Nutzer seinen eigenen „persönlichen Computer„ (PC) bzw. seine „persönliche Workstation„ (WS) am Arbeitsplatz zur Verfügung zu stellen. Gleichzeitig stieg auch die Leistungsfähigkeit der Prozessoren und der Bildschirm-Technologie dramatisch an. Dies ermöglichte die Einführung neuer Bedienkonzepte, wie beispielsweise die Fenstertechnik (Window-Technik). Gerade die einfachere Bedienung über grafische Bedienoberflächen (GUI) erleichterte vielen Nutzern den Umgang mit dem Computer und führte so zu einer deutlichen Ausweitung der Nutzerzahlen.

Da die Computer isoliert voneinander betrieben wurden, war die Zusammenarbeit mit anderen Computer-Nutzern sehr schwierig. Daten konnten nur sehr umständlich über externe Datenträger, wie beispielsweise Disketten ausgetauscht werden. Damit war eine enge Zusammenarbeit verschiedener Computer noch nicht möglich.

**Client-Server-
Architektur**

In einem weiteren Innovationsschritt wurden die verschiedenen Computer miteinander vernetzt. Jetzt war auch ein direkter Datenaustausch und die gemeinsame Bearbeitung zentraler Datenbestände möglich. Außerdem konnten nun unterschiedliche Aufgaben von verschiedenen Computern bearbeitet werden. Dies führte zur Client-Server-Architektur. Ein Client stellt eine Anfrage, die von einem Server beantwortet wird.

Aber auch hier bleiben Probleme: So arbeiten die Computer von unterschiedlichen Herstellern nicht oder nur sehr unzureichend zusammen. Die verschiedenen Betriebssysteme blieben zueinander inkompatibel. Die grafischen Oberflächen unterscheiden sich und die Vernetzung der Rechner endete spätestens an den Unternehmensgrenzen. Eine weltweite Zusammenarbeit von Client- und Server-Maschinen war auch hier noch nicht möglich.

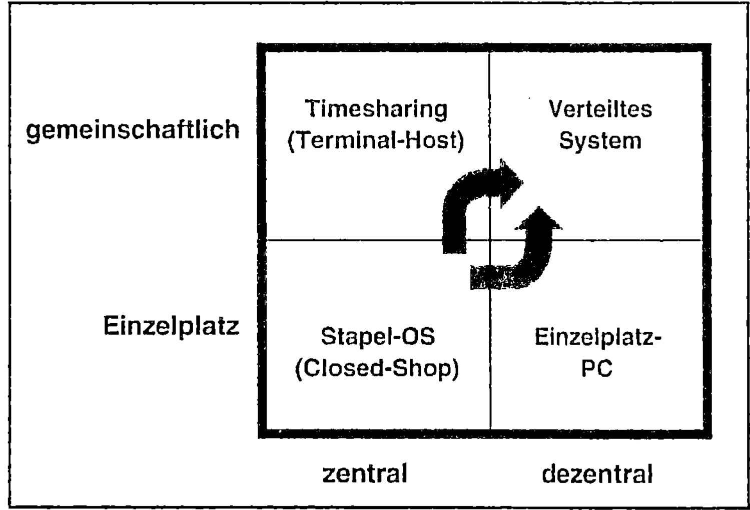

Abbildung 2.2: Entwicklung der Rechner-Architekturen

Architektur für Unternehmensanwendungen

Abbildung 2.2 fasst die bisher beschriebene Entwicklung der Rechner-Architekturen für interne Unternehmensanwendungen zusammen:

- Die anfänglichen Stapelverarbeitungs-Systeme waren noch zentral aufgestellt und konnten nicht interaktiv genutzt werden.

- Die Timesharing-Systeme beseitigten zunächst den Nachteil der Einzelplatz-Nutzung, verblieben aber in zentralen Rechenzentren.

- Die PC-Systeme dagegen standen am Arbeitsplatz des Nutzers. Dafür blieben sie Einzelplatz-Systeme ohne die Möglichkeit einer Zusammenarbeit.

- Die vernetzten Client-Server-Systeme vereinten dann die Vorteile einer gemeinsamen Nutzung mit der dezentralen Verfügbarkeit am Arbeitsplatz des Nutzers.

Solange Computer nur innerhalb eines Unternehmens eingesetzt werden, ist die Client-Server-Architektur ausreichend. Probleme entstehen erst, wenn beispielsweise im Rahmen des E-Business eine Zusammenarbeit mit anderen Unternehmen angestrebt wird.

2.1.1.2   Internet-Technologie zur weltweiten Kommunikation

Für eine Zusammenarbeit über Unternehmensgrenzen hinweg mussten die Client- und Server-Computer zunächst über weltweite Netzwerke verbunden werden. Hierzu bedurfte es einheitlicher Festlegungen, die mit den „offenen Internet-Standards„ entwickelt wurden. Damit ist gemeint, dass diese Standards prinzipiell allen Herstellern zur Verfügung stehen und von diesen auch in ihre Produkte (Computer, Netzwerk, Anwendungen usw.) integriert werden. Auf diese Weise können unterschiedliche Client- und Server-Maschinen unabhängig vom jeweiligen Hersteller zusammen arbeiten.

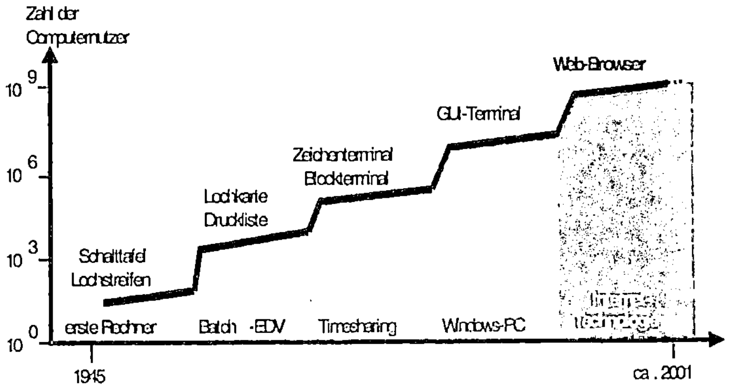

Abbildung 2.3: Rechner-Architekturen und Nutzerzahlen

Internet-Browser

Ein wichtiges Merkmal der Internet-Technologie ist der Browser, der den Anwendungen eine universelle grafische Oberfläche (GUI) zur Verfügung stellt.

Ausweitung des Rechnereinsatzes

Mit der Internet-Technologie können nun die noch verbliebenen Nachteile der klassischen Client-Server-Architektur überwunden und auch Unternehmens-übergreifende E-Business-Anwendungen entwickelt werden. Gleichzeitig führt der Einsatzes der Internet-Technologien zu einer weiteren Ausweitung des Rechnereinsatzes und dadurch auch zu einer größeren Anzahl von Nutzern (siehe Abbildung 2.3)

2.1.2 Aufgabenverteilung auf Client und Servern

Im Folgenden wird gezeigt, wie die verschiedenen Grundfunktionen einer verteilten E-Business-Anwendung auf den Client und auf mehrere Server verteilt werden können.

2.1.2.1 Grundfunktionen verteilter Anwendungen

Die Grundfunktionen moderner verteilter Anwendungen sind Präsentation, Verarbeitung und Datenhaltung. Diese Funktionen bauen aufeinander auf und können zwischen dem Client und mehreren Servern verteilt werden:

Funktion	Zuordnung	Beispiele
Präsentation	(immer) Client	grafische Ergebnis-Ausgabe
Anwendung	Client oder Server	Anwendungslogik, Berechnungen usw.
Datenhaltung	(meist) Server	Speicherfunktion, z. B. Dateisystem, Datenbank

Tabelle 2.1: Funktionen einer Client-Server-Anwendung

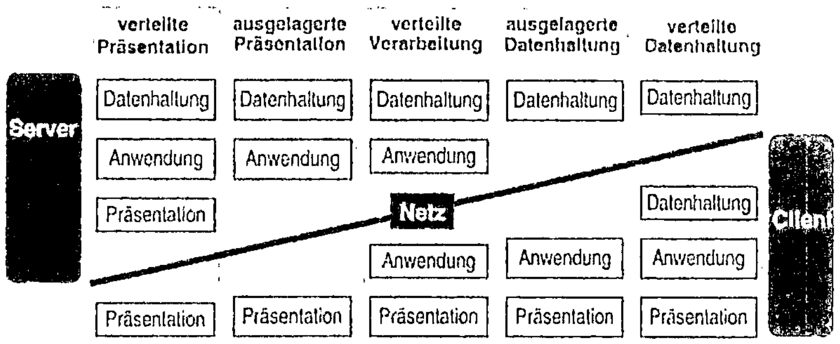

Abbildung 2.4: Funktionale Aufgabenteilung zwischen Client und Server

2.1.2.2 Client-Endgeräte und Server-Arten

Die Server-seitigen Funktionen können auch auf mehrere spezialisierte Server aufgeteilt werden. Je nachdem, wie viele Maschinen insgesamt genutzt werden (einschließlich des Client), spricht
man von einer 2-Tier-, 3-Tier- oder 4-Tier-Architektur[6]:

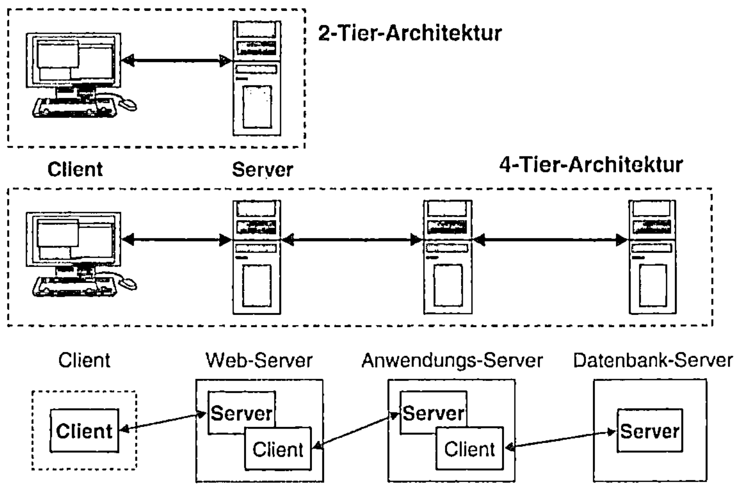

Abbildung 2.5: Mögliche Struktur von Client-Server-Systemen

Das untere Beispiel in Abbildung 2.5 zeigt eine 4-Tier-
Architektur:

- Der Client stellt eine Anfrage an einen Web-Server. Dieser
  analysiert die Anfrage und erkennt, dass für die Antwort
  noch Informationen von einem weiteren Anwendungs-Server
  benötigt werden.

- Damit wird der Web-Server selbst zum Client und stellt eine
  Anfrage an den Anwendungs-Server.

- Auch der Anwendungs-Server benötigt noch Informationen
  von einem Datenbank-Server.

Zusammen mit dem Client sind so insgesamt 4 Maschinen an der
Beantwortung einer Nutzeranfrage beteiligt.

---

[6] Das englische Wort „tier" (Schicht, Stapel) bezeichnet dabei die verschiedenen Rechner (Client und Server), die über eine Netzwerk-
Verbindung hinweg bei der Bearbeitung einer Anfrage zusammenarbeiten.

2.1.2.3   Verteilte Präsentation

Die verteilte Präsentation ist eine Client-Server-Anwendung. Hier besteht der Client nur aus einem einfachen Terminal. Die grafische Ausgabe wird im Server erzeugt und dann zur Anzeige an das Terminal versandt:

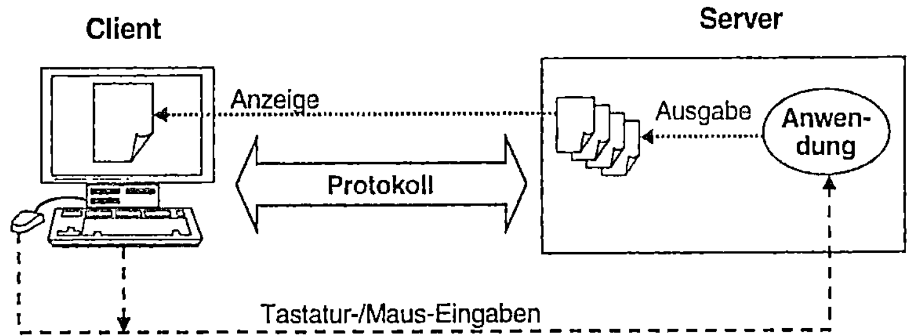

Abbildung 2.6: Prinzip der verteilten Präsentation

Die darzustellenden Fenster mit ihrem Inhalt können vom Server als einzelne Bildpunkte zum Client übertragen werden. Bei leistungsfähigeren Terminals kann die Ausgabe des Servers auch aus grafischen Grundelementen bestehen, wie Linien, Rechtecke, Texte.

Ein Beispiel hierfür ist das X.11-Protokoll in Unix-Systemen. Die auf dem Server erzeugte Ausgabe wird von einem grafischen X.11-Terminal angezeigt. Auch Terminal-Server unter Microsoft/Windows arbeiten nach diesem Prinzip.

Vor- und Nachteile

Der Vorteil besteht in dem sehr einfachen Austausch-Protokoll zwischen Client und Server. Andererseits entsteht damit auch ein umfangreicher Datenstrom. Insbesondere wenn sich Bildschirminhalte schnell und umfangreich ändern, müssen sehr große Datenmengen zum Client gesendet werden. Dies stößt dann beispielsweise bei Multimedia-Anwendungen und bei animierten Bildschirmdarstellungen schnell an die Grenzen der Übertragungskapazität.

Neuere grafische Benutzeroberflächen, wie z. B. die Aqua-Oberfläche des Apple-Betriebssystems Macintosh-OS X, nutzen animierte Bedienelemente und zeigen eine dynamische Vorschau von Multimedia-Inhalten. Derartige Oberflächen können vermutlich mit einer verteilten Präsentation nicht mehr unterstützt werden.

Für die Anzeige von eher statischen Bildschirminhalten ist die verteilte Präsentation dagegen gut geeignet und kann deren Vorteile nutzt. Als Client wird hier nur ein einfaches, wartungsarmes Terminal benötigt. Die aufwendige Installation und Pflege umfangreicher Client-Software kann so entfallen.

2.1.2.4   Ausgelagerte Präsentation

Auch die ausgelagerte Präsentation ist eine Client-Server-Anwendung. Hier erhält der Client aber nur noch Informationen darüber „Was" darzustellen ist und keine detaillierten Informationen mehr über das „Wie" der Ausgabe. Fenster u. ä. erzeugt der Client selbständig.

Ein Beispiel hierfür ist die Nutzung der HTML-Beschreibungssprache. Die Anwendung erzeugt die Ausgabe zwar in einer HTML-konformen Weise, kümmert sich aber nicht mehr um die konkrete Darstellung am Bildschirm (Abbildung 2.7).

Vor- und Nachteile

Der Unterschied zur verteilten Präsentation wird insbesondere am Beispiel einer längeren Text-Ausgabe deutlich:

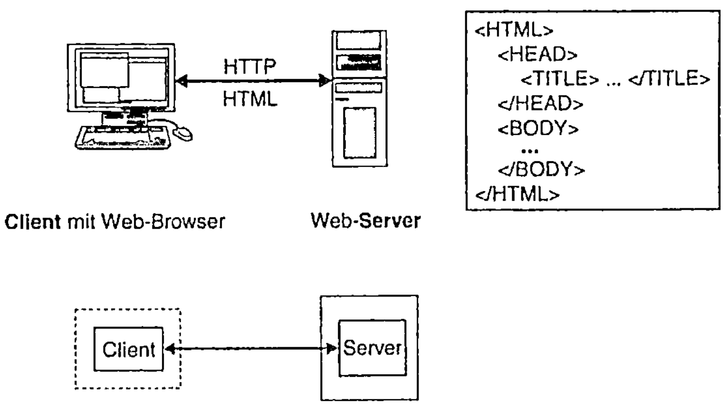

Abbildung 2.7: Beispiel für ausgelagerte Präsentation

- Der Text wird bei der ausgelagerten Präsentation HTML-kodiert zum Client übertragen und dort angezeigt. Kann der Text aufgrund seines Umfangs nicht vollständig auf dem Bildschirm dargestellt werden, erzeugt der Client automatisch Laufleisten. Wenn der Nutzer durch den Text scrollt, sind keine weiteren Datenübertragungen zwischen Client und Server erforderlich.

- Die verteilte Präsentation dagegen erfordert mit jeder Verschiebung des Textes eine erneute Übertragung des Fensterinhaltes.

Bei der ausgelagerten Präsentation bleiben die Ausgabeinformationen sehr kompakt. Im Idealfall sind nur wenige Informationen vom Server zum Client zu übertragen. Fenster u. ä. werden nach Standardfestlegungen vom Client automatisch erzeugt.

Das Austausch-Protokoll ist hier komplexer und muss die verschiedensten auszugebenden Medien berücksichtigen. Neue technische Möglichkeiten erfordern auch eine Anpassung des Austausch-Protokolls, beispielsweise an neue Multimedia-Formate. Außerdem muss als Client ein vollständiger Rechner eingesetzt werden, der in der Lage ist, z. B. selbständig aus den empfangenen Informationen grafische Fernster zu erzeugen.

2.1.2.5   Verteilte Verarbeitung als Client-Server-Anwendung

Eine Anwendung kann sowohl zwischen Client und Server, aber auch zwischen zwei Servern (siehe unten) verteilt werden.

Bei einer verteilten Client-Server-Anwendung erfolgt ein Teil der Verarbeitung dezentral am Client, ohne dass dabei eine ständige Verbindung zum Server benötigt wird. Die zum Client übertragenen Daten enthalten keinerlei Darstellungsinformationen mehr.

Beispiel:
E-Mail

Ein Beispiel hierfür ist die E-Mail-Verarbeitung. Es handelt sich dabei um eine Schnittstelle zwischen zwei Anwendungsprogrammen, die funktional zusammen gehören, aber sinnvoll zwischen Client und Server aufgeteilt wurden:

- Der E-Mail-Client erlaubt eine dezentrale Offline-Speicherung und -Bearbeitung der empfangenen bzw. zu versendenden E-Mails, ohne dass dafür eine Datenübertragung zwischen Client und Server erforderlich ist.

- Die Darstellung am Bildschirm, die möglichen Bearbeitungsfunktionen usw. steuert ausschließlich die Client-Anwendung.

- Die zu versendenden bzw. zu empfangenden E-Mails werden mit einem speziellen E-Mail-Protokoll ausgetauscht. Nur in dieser Phase ist auch eine Verbindung zwischen Client- und Server-Anwendung erforderlich.

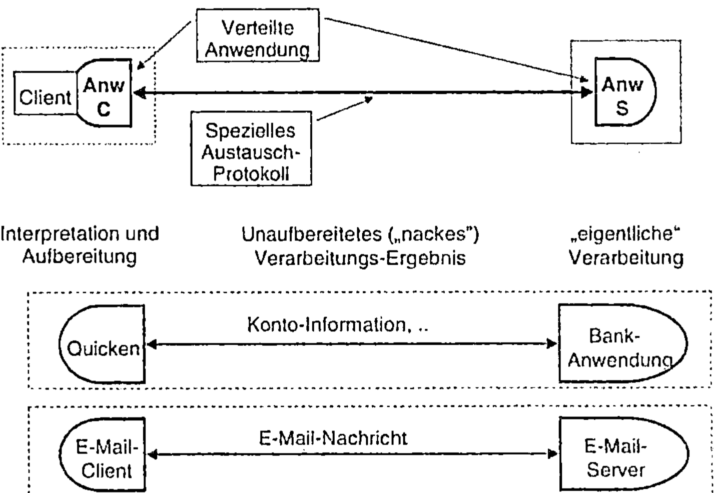

Abbildung 2.8: Beispiele einer verteilten Verarbeitung als Client-Server-Schnittstelle

Beispiel:
Home-Banking

Ein weiteres Beispiel ist das Home-Banking:

- Zwischen beiden Anwendungsteilen werden ebenfalls mit einem speziellen Protokoll nur die „nackten" Kontoinformationen in einem eigenen kompakten Format ausgetauscht. Der Client übermittelt z. B. Überweisungen oder Daueraufträge und erhält vom Server Informationen über erfolgte Buchungen u. ä.

- Die Client-Anwendung bietet vielfältige Möglichkeiten der dezentralen Verwaltung und Anzeige von Kontoinformationen, z. B. als Geschäftsgrafik. Alle diese mitunter aufwendigen Darstellungen erzeugt der Client selbständig. Er erhält dazu keine Informationen vom Server.

Entscheidend ist in beiden Fällen, dass eine Anwendung sinnvoll zwischen Client und Server aufgeteilt wird und dass ein spezielles, auf jede einzelne Anwendung zugeschnittenes Protokoll in der Anwendungsschicht den Austausch der Daten regelt. Bei einer geschickten Aufteilung der Funktionalität bleibt der Umfang der auszutauschenden Daten gering.

2.1.2.6   Verteilte Verarbeitung als Server-Server-Anwendung

Die Aufteilung einer Anwendung kann aber auch über mehrere Server erfolgen. Ein Beispiel ist die Öffnung proprietärer Unternehmensanwendungen für das Internet. Auf diese Weise können beispielsweise ältere Reservierungs- oder Bestellsysteme über das Internet mit einem Web-Browser bedient werden:

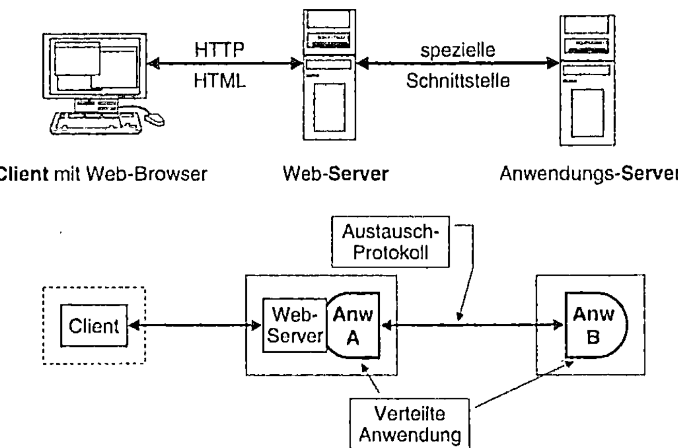

Abbildung 2.9: Beispiel einer verteilten Verarbeitung als Server-Server-Anwendung

**Beispiel:
Proprietäre
Anwendung**

- Ältere Anwendungen in den Unternehmen verfügen meist über spezielle proprietäre Benutzungsschnittstellen. Eine solche Anwendung kann beispielsweise nicht direkt mit einem Web-Browser bedient werden.

- In diesem Fall wird der Anwendung ein spezieller Web-Server vorgeschaltet. Dieser Web-Server übersetzt die Zugriffe eines Web-Browsers in die proprietäre Zugriffs-Schnittstelle der Unternehmensanwendung.

- Auch hier muss ein spezielles Protokoll definiert werden, das den Austausch der Anwendungsdaten zwischen dem Web-Server und der proprietären Unternehmensanwendung regelt.

2.1.2.7 Ausgelagerte Datenhaltung

**Speicherung
auf Datei-
Servern**

Die ausgelagerte Datenhaltung wird am häufigsten in Server-Server-Anwendungen eingesetzt (siehe Abbildung 2.10). Jedes Betriebssystem stellt im Allgemeinen ein Dateisystem zur Verfügung, auf dem lokale Anwendungen Daten lesen und schreiben können. Einige Dateisysteme erlauben auch den Zugriff über ein Rechnernetz. In diesem Fall kann eine Anwendung Dateizugriffe auf einem entfernten Datei-Server ausführen.

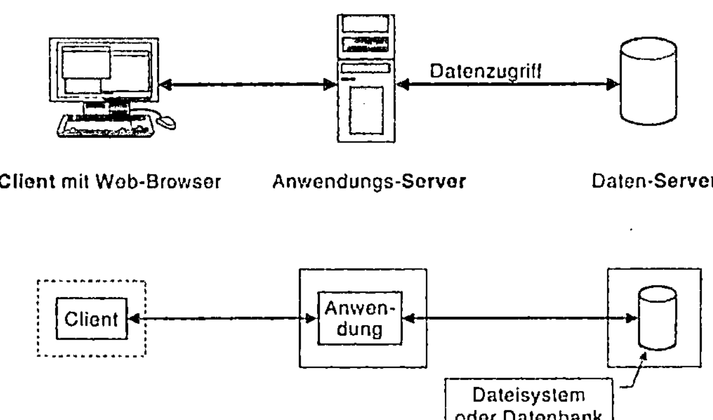

Abbildung 2.10: Ausgelagerte Datenhaltung

Bei bestimmten Anwendungen führt dies aber zu einer hohen Belastung des Rechnernetzes. Soll beispielsweise eine große Datei sequentiell nach einer bestimmten Information durchsucht werden, dann müssen zunächst alle Dateiblöcke über das Rechnernetz zur Anwendung übertragen werden. Befindet sich die gesuchte Information erst am Ende der Datei, dann werden viele „nutzlose" Dateiblöcke über das Netzwerk transportiert.

Speicherung in Datenbanken

Anwendungen die umfangreiche Daten verarbeiten müssen, nutzen hierfür meist eine Datenbank. Der Vorteil einer Datenbank besteht in der geordneten und sicheren Speicherung sowie dem effizienten Zugriff auf die Daten.

Die Datenbank selbst wird von einer speziellen Software, dem Datenbank-Betriebssystem verwaltet. Das Datenbank-Betriebssystem übernimmt die zu speichernden Daten von der Anwendung und unterstützt deren schnelles Wiederauffinden.

Datenbank-Server

Oft wird für ein Datenbank-Betriebssystem auch ein eigener Server vorgesehen. Der Umfang der hier zwischen Anwendung und Datenbank zu übertragenden Daten ist im Allgemeinen deutlich geringer als bei einem entfernten Datei-Server. Mit Hilfe einer Abfragesprache, kann genau bestimmt werden, welche Informationen aus der Datenbank auszulesen sind. Im Unterschied zum entfernten Dateizugriff werden so nur die tatsächlich benötigten Informationen über das Netzwerk transportiert.

2.1.2.8   Verteilte Datenhaltung

Die verteilte Datenhaltung ist eine typische Server-Server-Anwendung. Hier werden die zu speichernden Daten auf mehrere Server aufgeteilt. Dies kann beispielsweise bei sehr umfangreichen Daten sinnvoll sein. Außerdem verbessert eine redundante Speicherung der gleichen Daten auf mehreren Daten-Servern die Verfügbarkeit.

Vor- und Nachteile

Eine verteilte Datenhaltung erfordert meist auch eine umfangreiche Koordinierung zwischen den einzelnen Daten-Servern. Dies kann zu einer hohen Belastung des Netzwerkes führen.

- So muss bei verteilten Datenbanken sichergestellt sein, dass die Inhalte zu jedem Zeitpunkt auf allen Server konsistent sind.

- Werden zur Erhöhung der Verfügbarkeit die gleichen Datenbestände auf mehreren Servern gespiegelt, dann müssen Änderungen auf allen beteiligten Servern gleichzeitig vorgenommen werden.

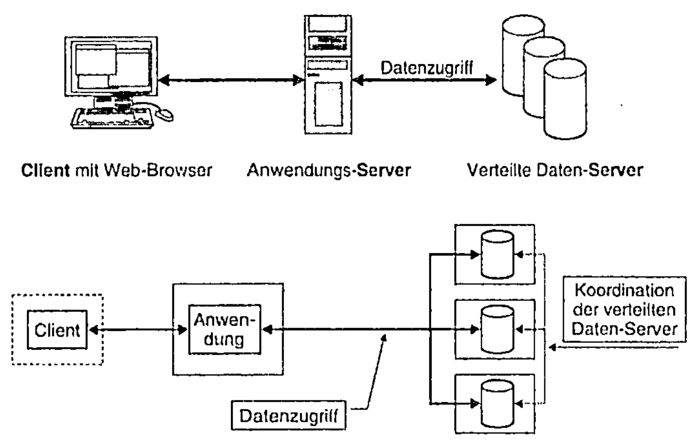

Abbildung 2.11: Verteilte Datenhaltung

2.1.3   Einsatz der Client-Server- und Server-Server-Anwendungen

Die verschiedenen Möglichkeiten der Aufteilung der Grundfunktionen auf den Client bzw. die Server erlauben eine flexible Gestaltung verteilter Internet-Anwendungen. Welche Aufteilung letztlich gewählt wird, ist dabei von der konkreten Aufgabenstellung abhängig.

2.1.3.1   Datenmenge und Protokoll-Vielfalt

Abbildung 2.12 zeigt, welche Auswirkungen die unterschiedliche Aufteilung der Funktionen zwischen Client und Server haben kann. Die Bewertung unterstellt eine vergleichbare Aufgabenstellung und erfolgt anhand folgender Parameter:

- die zu übertragene Datenmenge je Zugriff bzw. Transaktion sowie

- die Anzahl der notwendigen Austausch-Protokolle.

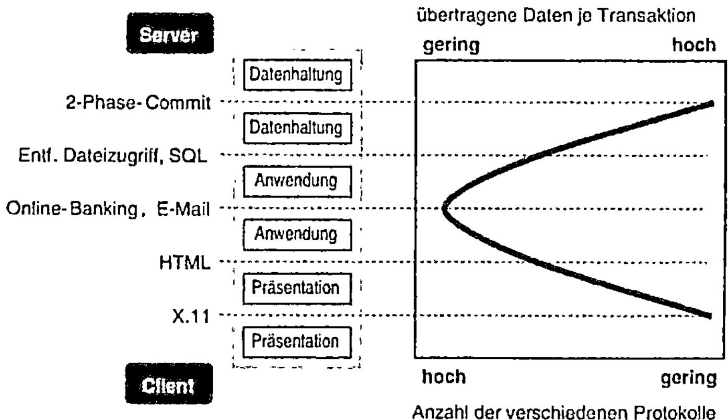

Abbildung 2.12: Bewertung der funktionalen Aufteilungen zwischen Client und Servern

1. Bei einer geschickten Wahl der Schnittstelle innerhalb der Anwendung ist bei der verteilten Verarbeitung der Umfang der Datenübertragung am geringsten. Andererseits muss hier für jede Anwendungsklasse auch ein eigenes Datenaustausch-Protokoll entwickelt und eingeführt werden.

2. Je weiter man an den „Rand" der Aufteilung kommt, umso größer wird im Allgemeinen die auszutauschende Datenmenge. Andererseits reduziert auch die Anzahl der notwendigen Austausch-Protokolle. Meist stehen hier bereits standardisierte Protokolle zur Verfügung.

Wie bereits gezeigt wurde, setzen E-Business-Anwendungen die Verfügbarkeit von standardisierten Schnittstellen voraus. Die verschiedenen Komponenten, die hier zu einer Gesamtlösungen verbunden werden, stammen aber oft von unterschiedlichen Herstellern. Damit beispielsweise die Client-Anwendung vom Hersteller A mit der Server-Anwendung vom Hersteller B zusammen arbeiten kann, sind einheitliche Austausch-Protokolle unverzichtbar.

2.1.3.2   Einsatzschwerpunkte der Aufgabenverteilung

Verteilte Präsentation

Die verteilte Präsentation führt im Allgemeinen zu einer hohen Datenübertragung, da jede Veränderung des Bildinhaltes vom Server zum Client transportiert werden muss. Andererseits können hier preiswerte Endgeräte und einfache, standardisierte Austausch-Protokolle genutzt werden.

Eine verteilte Präsentation eignet sich vor allem dort, wo spezielle Server-Anwendungen nur geringe Datenübertragungen zwischen Client und Server erfordern.

Ausgelagerte Präsentation

Ein Beispiel für die ausgelagerte Präsentation ist die Web-Nutzung im Internet. Die auszugebenden Informationen werden in der HTML-Sprache kodiert. Die Aufbereitung der Ausgabe erfolgt erst auf dem Client durch den Web-Browser. Die Kommunikation zwischen Client und Server erfolgt über ein standardisiertes Austausch-Protokoll. Lediglich zur Übertragung spezieller Informationen wie beispielsweise Multimedia-Daten werden ergänzende Austausch-Protokolle benötigt. Diese Kommunikationsform ist insbesondere für den Informationsabruf gut geeignet.

Andererseits erfordert die ausgelagerte Präsentation eine ständige Verbindung zwischen Client und Server. Dies kann insbesondere bei mobilen Clients hinderlich sein (siehe unten). Eine weitere Einschränkung betrifft die Bedienung anspruchsvollerer Anwendungen. Gegenüber modernen lokalen Client-Betriebssystemen bleiben bei der ausgelagerten Präsentation die Möglichkeiten zur Interaktion mit dem Server eingeschränkt.

Verteilte Verarbeitung

Wird eine Anwendung zwischen Client und Server aufgeteilt, dann können Daten auch dezentral und offline am Client bearbeitet werden. Eine Verbindung ist nur für die Zeit des Abgleichs der Daten zwischen Client und Server erforderlich. Gleichzeitig können die komfortablen Möglichkeiten des Client-Betriebssystems zur Bedienung der lokalen Anwendung genutzt werden. Deshalb eignet sich die verteilte Verarbeitung vor allem

für Anwendungen mit einem größeren lokalen Verarbeitungs-
anteil, wie beispielsweise für E-Mail oder dem Online-Banking.
Der Nachteil dieser Aufteilung besteht in der Notwendigkeit eines eigenes Austausch-Protokolls für jede Anwendungsklasse.

Wie bereits mehrfach beschrieben, müssen in E-Business-
Anwendungen Komponenten unterschiedlicher Hersteller zusammenarbeiten. So ist es notwendig, in einer verteilten Anwendung auch den Client- und den Server-Teil von beliebigen Herstellern kombinieren zu können. Dies ist aber nur dann möglich,
wenn die Austausch-Protokolle der verteilten Anwendung von
den Entwicklern offen gelegt werden und allgemeine Akzeptanz
finden. Wie aber die Erfahrung zeigt, erfordert dies einen längeren Zeitraum und gelingt trotzdem oft nicht. Im Wesentlichen
aus diesem Grund findet man bisher erst wenige ausgewählte
Anwendungen, für die auch offene Austausch-Protokolle verfügbar sind.

Ausgelagerte Datenbanken · Größere verteilte Anwendungen nutzen oft einen eigenen Datenbank-Server. Der Zugriff darauf erfolgt meist über eine standardisierte Abfragesprache, die in ein Austausch-Protokoll eingebettet ist. Die Abfragesprache erlaubt einen gezielten Zugriff
auf die Datenbank.

Ausgelagerte Datei-Server Wird aber „nur" ein Datei-Server genutzt, sind im Allgemeinen
deutlich mehr Daten zu übertragen. Aus diesem Grund werden
Datei-Server vor allem in schnellen LANs eingesetzt. Andererseits
stehen hier bereits Austausch-Protokolle als Bestandteil der Ser-
ver-Betriebssysteme zur Verfügung

Verteilte Datenbanken Wird eine Datenbank über mehrere Server verteilt, dann ist zur
Sicherung der Datenkonsistenz ein aufwendiges Koordinierungs-
Protokoll erforderlich. In der Praxis hat sich gezeigt, dass die
derzeit angewendeten Protokolle zu sehr hohen Verzögerungen
und Leistungseinschränkungen bei der Datenbank-Nutzung führen. Aus diesem Grund sind verteilte Datenbanken bisher kaum
im Einsatz.

Verteilte Datei-Server Dagegen ist die Verteilung eines Dateisystems über mehrere Server weniger problematisch und meist bereits Bestandteil moder-
ner Netzwerk-Betriebssysteme.

Aufteilung	Einsatzschwerpunkt
Verteilte Präsentation	In Terminal-Systemen; nur für spezielle Anwendungs-Szenarien geeignet; meist im LAN oder leistungsfähigen Intranet; erfordert ständige Netzverbindung
Ausgelagerte Präsentation	Sehr verbreitet; z. B. Web-Browser; universeller Zugriff auf einfache Anwendungen; mittlere Datenübertragung; erfordert ständige Netzverbindung
Verteilte Verarbeitung	In speziellen Anwendungen (E-Mail, Online-Banking, Workgroup) mit jeweils eigenen Austausch-Protokollen; für dezentrale Arbeit bei gelegentlichem Netzzugriff
Ausgelagerte Datenhaltung	Meist zur Lastaufteilung zwischen Anwendung und Datenhaltung; oft als Datenbank-Server; Datei-Server dagegen nur in schnellen LANs
Verteilte Datenhaltung	Aufgrund der umfangreichen Koordinierung nur für spezielle Anwendungs-Szenarien geeignet; selten genutzt, dann meist nur in schnellen LANs

Tabelle 2.2: Einsatzschwerpunkte der unterschiedlichen Aufgabenverteilungen

2.1.3.3   Verteilte Verarbeitung versus ausgelagerte Präsentation

Für die Aufteilung der Funktionen zwischen dem Client und dem Server sind zwei Modelle von besonderer Bedeutung:

1.   verteilte Verarbeitung und

2.   ausgelagerte Präsentation.

Verteilte Verarbeitung

Die verteilte Verarbeitung erlaubt in vielen Fällen eine effiziente und flexible Lösung für die Client-Anbindung, bei der auch die Menge der zu übertragenden Daten gering bleibt. Andererseits ist hier für jede Anwendungsklasse ein darauf abgestimmtes eigenes Austausch-Protokoll erforderlich. Dieses Protokoll muss offen gelegt sein, damit die Anwendungteile auf dem Client und dem Server von unterschiedlichen Herstellern kombiniert werden können. Insbesondere die Schwierigkeiten, hier zu einer weltweiten Übereinkunft zu kommen, behindern derzeit noch den breiteren Einsatz dieser Client-Server-Aufteilung.

Ausgelagerte Präsentation

Daraus erklärt sich auch die derzeit große Verbreitung der ausgelagerten Präsentation. Mit dem Web-Browser im Internet existiert bereits seit längerem ein weit verbreitetes Austausch-Protokoll, das für eine Vielzahl einfacher Anwendungen eine ausreichende Funktionalität bietet. Außerdem wird die verteilte Präsentation derzeit noch fast ausschließlich von stationären Clients mit einer festen bzw. quasi-festen Verbindung zum Internet genutzt. Die hier verfügbare Übertragungsgeschwindigkeit gilt derzeit noch als ausreichend.

Vergleich

Allerdings könnte die ausgelagerte Präsentation eine Ausweitung der E-Business-Lösungen auch auf anspruchsvollere Anwendungen sowie die künftige Nutzung mobiler Clients behindern (siehe unten). Abbildung 2.13 illustriert den unterschiedlichen Bandbreitenbedarf einer verteilten Präsentation und einer verteilten Verarbeitung bei vergleichbaren Anwendungen:

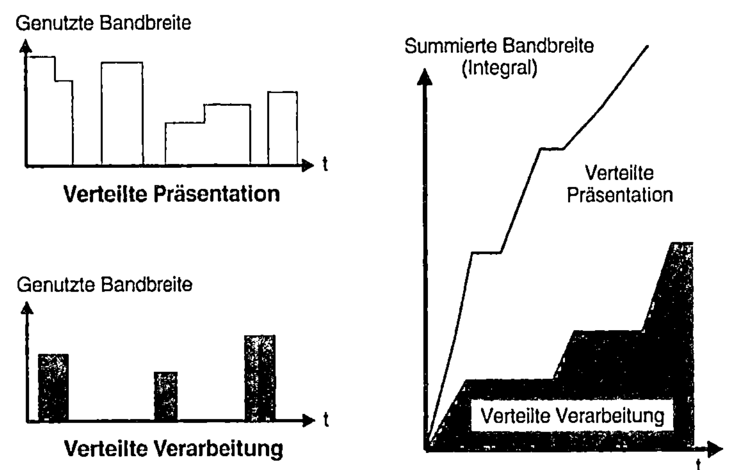

Abbildung 2.13: Unterschiedlicher Bandbreitenbedarf

	Verteilte Verarbeitung	**Ausgelagerte Präsenta-tion**
Vorteile	■ flexible, anspruchs-volle Anwendungen ■ geringere Datenüber-tragung	■ Austausch-Protokolle weit eingeführt
Nachteile	■ Ungelöste technische Probleme ■ Fehlende offene Aus-tausch-Protokolle	■ eingeschränkte An-wendungen ■ größere Datenüber-tragung

Tabelle 2.3: Verteilte Verarbeitung versus ausgelagerte Präsentation

2.1.3.4   Besonderheiten mobiler Clients

Stationäre und mobile Clients Im Folgenden werden die speziellen Anforderungen mobiler Clients in E-Business-Anwendungen untersucht. Dabei können Mobilität und Funkanbindung auch in verschiedenen Kombinationen auftreten, beispielsweise:

- Funkanbindung eines stationären Clients in einem denk-malsgeschützten Gebäude, in dem eine Verkabelung zu teu-er oder nicht möglich ist.

- Vernetzung eines mobilen Clients über den Telefonanschluss in einem Hotel.

Dennoch sollen im Weiteren ausschließlich mobile Clients mit einer Funkanbindung untersucht werden.

Besonder-heiten der Funküber-tragung Mit dem erwarteten verstärkten Einsatz mobiler Computer wird sich die Zahl der vernetzten Clients nochmals drastisch erhöhen. Nach übereinstimmender Auffassung wird es künftig mehr mo-bile Clients (Notebook, Handheld, PAD usw.) geben, ohne dass sich dabei die Zahl der stationären Clients verringert.

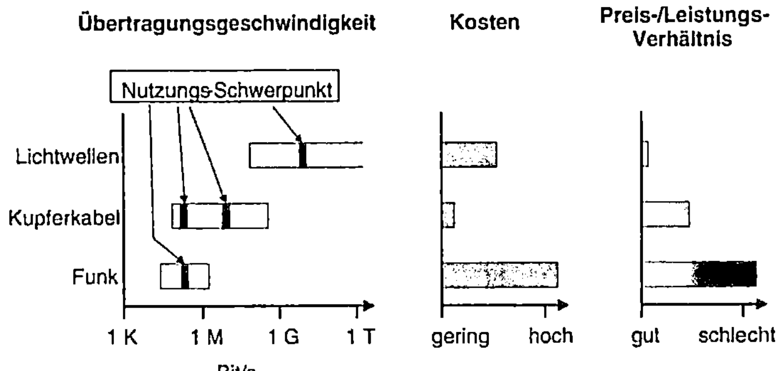

Abbildung 2.14: Übertragungsgeschwindigkeit und Kosten wichtiger Übertragungsmedien

Für die drei wichtigsten Übertragungsmedien stellt Abbildung 2.14 Übertragungsgeschwindigkeit und Kosten gegenüber. Auch mit der weiteren technischen Entwicklung wird die Funkübertragung deutlich langsamer und vor allem am teuersten bleiben.

Grenzen der Funkübertragung

Außerdem muss bei der Funkübertragung beachtet werden, dass die insgesamt verfügbare Übertragungskapazität physikalisch begrenzt ist.

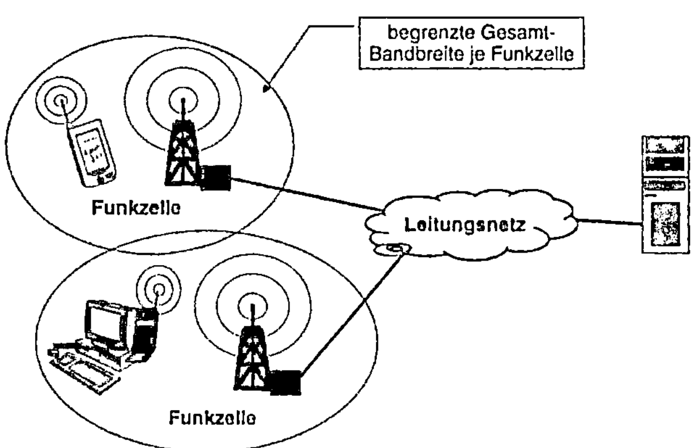

Abbildung 2.15: Prinzip der Funkanbindung von mobilen Clients

Bei der leitungsgebundenen Übertragung kann die Gesamtkapazität durch das Hinzufügen von weiteren Kabeln nahezu beliebig erhöht werden. Dagegen ist bei der Funkübertragung die an einem bestimmten Ort (Funkzelle) verfügbare Bandbreite (die sich dort alle aktiven Clients teilen müssen!) praktisch nicht erweiterbar.

Eine Erhöhung der Bandbreite kann in Funknetzen nur durch eine Verkleinerung der Funkzellen (zu so genannten Picozellen) erfolgen. Aber auch einer solchen Lösungen sind sowohl physikalische wie auch wirtschaftliche Grenzen gesetzt.

Schlussfolgerungen für mobile Clients

Aufgrund der begrenzten Übertragungskapazität ist die Reduzierung der auszutauschenden Daten bei mobilen Clients von entscheidender Bedeutung.

Dies kann dadurch erfolgen, dass mobile Clients weitestgehend autonom arbeiten und Verbindungen zum Server nur selten benötigen.

Wie oben gezeigt wurde, erfüllt die verteilte Verarbeitung diese Forderung am besten. Eine deutlich größere Zahl mobiler Clients, die über Funknetze mit dem Internet verbunden sind, muss demzufolge auch zu einer verstärkten Nutzung verteilter Anwendungen führen.

Es kann also vermutet werden, dass das Verbreitungstempo mobiler Clients in E-Business-Anwendungen wesentlich auch davon abhängen wird, wie es gelingt, die Schwierigkeiten bei der Durchsetzung offener Austausch-Protokolle für die verteilte Verarbeitung zu überwinden.

2.1.4   Verteilte Verarbeitung und „wandernde" Programme

Wie gezeigt wurde, besitzt das Modell der verteilten Verarbeitung eine Reihe von Vorteilen – vor allem für anspruchsvollere oder mobile Client-Server-Anwendungen. Einige der hier noch zu überwindenden Schwierigkeiten wurden bereits diskutiert. In diesem Abschnitt soll ein weiterer Aspekt der verteilten Anwendungen untersucht werden:

So stellt sich die Frage, wie der Client-Anwendungsteil überhaupt zum Client kommt. Bei der Inbetriebnahme eines Clients ist selten bekannt, welche verteilten Anwendungen der Nutzer im Laufe der Zeit aufrufen wird.

Für den Server stellt sich diese Frage so nicht. Wird ein Server eingerichtet, dann ist im Allgemeinen auch bekannt, wofür er benutzt werden soll. Dementsprechend können schon bei seiner Einrichtung die benötigten Anwendungsteile installiert werden.

2.1.4.1 Verteilte Verarbeitung und Objekt-Kommunikation

In den vorausgegangenen Abschnitten 2.1 und 2.2 wurde bereits beschrieben, wie in einer vollständig objektorientierten System-umgebung auf einem anderen Computer ein Objekt instanziiert und dann zur Abarbeitung gebracht werden kann. Diese Technologie unterstützt in nahezu idealer Weise die verteilte Verarbeitung. Ruft ein Nutzer eine verteilte Anwendung auf, prüft die Objekt-Ablaufumgebung (z. B. der Object Request Broker), welche Komponenten hierfür auf dem Client erforderlich sind. Auf diese Weise wird ein benötigter Client-Anwendungsteil automatisch instanziiert und ausgeführt.

Steht eine komplette objektorientierte Systemarchitektur zur Verfügung, ist damit das Problem der dynamischen Verfügbarkeit des Client-Teils einer verteilten Anwendung gelöst.

Das setzt aber für E-Business-Anwendungen voraus, dass diese objektorientierte Infrastruktur weltweit zur Verfügung steht. Anderenfalls sind noch „Übergangslösungen" erforderlich, die im Folgenden beschrieben werden.

2.1.4.2 Wandernde Programme

Wenn keine dynamische Objekt-Instanziierung zur Verfügung steht, dann muss der Programmcode zum Client übertragen werden. Prinzipiell sind hier drei Möglichkeiten nutzbar:

1. Client-Anwendung als Bestandteil des Betriebssystems

2. Manuelle Installation der Client-Anwendung durch den Nutzer

3. Automatische Installation

Bestandteil des Betriebs-systems

Die einfachste Form ist die Verteilung eines Client-Anwendungsteils mit dem Betriebssystem. Dieses Vorgehen eignet sich für grundlegende verteilte Anwendungen, die voraussichtlich von nahezu allen Nutzern benötigt werden, wie beispielsweise der E-Mail-Client.

Andererseits können auf diesem Weg nur wenige Client-Anwendungen verteilt werden. Außerdem haftet diesem Verfahren auch der Makel an, dass der Betriebssystem-Hersteller hierüber sehr leicht nur seine eigenen Client-Anwendungen im Markt verbreiten kann, was im Fall des Unternehmens Microsoft bereits zu Kartellrechts-Verfahren geführt hat.

Manuelle Installation

Hier installiert der Nutzer die benötigte Client-Anwendung entweder von einem Datenträger oder aber über das Internet von einem Datei-Server.

Oft ist ein Nutzer aber nur dann bereit diesen aufwendigen Weg zu gehen, wenn es sich bei der Client-Software um eine für ihn „bedeutende" Anwendung handelt, die er sehr häufig nutzen wird, wie beispielsweise die Software zum Online-Banking.

Die Praxis zeigt aber, dass Nutzer den Installationsaufwand für weniger „bedeutende" Client-Software scheuen.

Automatische Installation

Die für den Nutzer bequemste Lösung ist die automatische Installation der Client-Anwendung. Abbildung 2.16 beschreibt den prinzipiellen Ablauf:

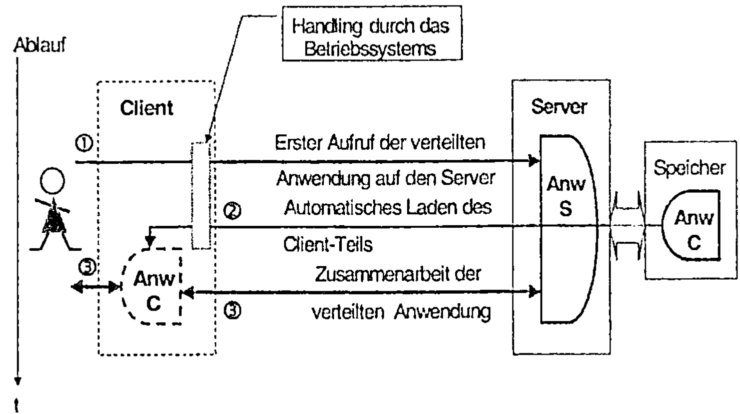

Abbildung 2.16: Automatische Installation von Client-Anwendungen bei der verteilten Verarbeitung

1. Ruft der Nutzer eine verteilte Anwendung zum ersten Mal auf, dann befindet sich auf dem Client zunächst noch kein Anwendungsteil.

2. Der benötigte Client-Anwendungsteil muss zunächst vom Server geladen werden, was durch eine spezielle Systemkomponente im Client-Betriebssystem unterstützt wird.

3. Anschließend kann die verteilte Anwendung ausgeführt werden.

Die automatische Installation kann zusätzlich noch danach unterschieden werden, wie lange der Anwendungsteil auf dem Client verbleibt:

Automatische temporäre Installation

Bei der temporären Installation befindet sich der Client-Anwendungsteil nur während der Nutzung der verteilten Anwendung auf dem Client und wird anschließend wieder gelöscht. Beim jedem weiteren Aufruf der verteilten Anwendung muss er erneut zum Client übertragen werden.

Dieses Vorgehen eignete sich, wenn der Client-Anwendungsteil eher klein ist und auch nur selten benötigt wird.

Automatische statische Installation

Bei der statischen Installation wird die Client-Anwendung dauerhaft auf dem Client installiert. Dies erfolgt automatisch bei der erstmaligen Nutzung der verteilten Anwendung. Bei einer späteren wiederholten Nutzung entfällt dann der Ladevorgang.

Dieses Vorgehen empfiehlt sich vor allem dann, wenn der Client-Anwendungsteil häufiger benötigt wird und der Ladevorgang eine längere Zeit in Anspruch nimmt.

2.1.4.3 Ausgelagerte Präsentation und „wandernde" Programme

Wie gezeigt wurde, besitzen die ausgelagerte Präsentation und die verteilte Verarbeitung unterschiedliche Vor- und Nachteile. Die Möglichkeit, Client-Anwendungsteile automatisch zu installieren, erlaubt es, die ausgelagerte Präsentation mit der verteilten Verarbeitung zu kombinieren. Damit können die Vorteile beider Aufgabenverteilungen genutzt und deren Nachteile zumindest teilweise vermieden werden.

Die ausgelagerte Präsentation bildet hier den äußeren Rahmen, während die spezielle Funktionalität mit einer verteilten Anwendung erbracht wird:

1. Eine Server-Anwendung wird zunächst über einen Web-Browser (ausgelagerte Präsentation) bedient. Damit können bereits einfache Funktionen der Anwendung genutzt werden.

2. Über einen Verweis auf der Web-Seite kann die verteilte Verarbeitung aktiviert werden. Der hierfür erforderliche Client-Anwendungsteil wird zunächst automatisch vom Server geladen und anschließend auf dem Client ausgeführt.

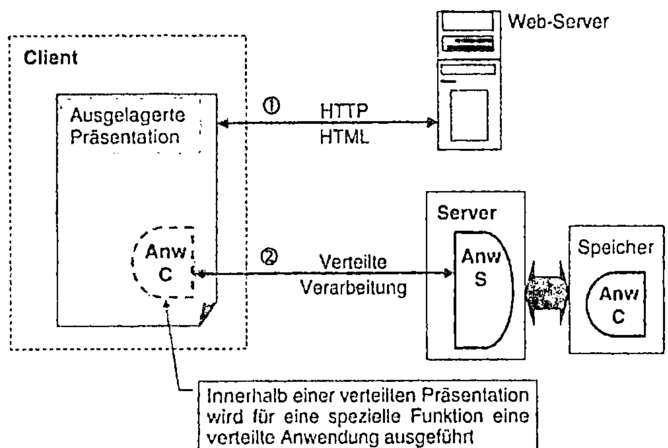

Abbildung 2.17: Gemischte Verwendung von ausgelagerter Präsentation und verteilter Verarbeitung

Proprietäre Austausch-Protokolle

Ein Entwickler stellt hier meist Client *und* Server gemeinsam bereit und löst so auch das Problem des Austausch-Protokolls. Auf diese Weise steht bei der verteilten Verarbeitung immer ein „passender" Client-Anwendungsteil zur Verfügung. Der Entwickler braucht in diesem Fall das Protokoll der verteilten Anwendung auch nicht offen zu legen.

Allerdings wird damit ein negativer Trend verstärkt, der im Internet bereits zu beobachten ist. Jeder Hersteller kann für eine Anwendungsklasse ein eigenes Austausch-Protokoll definieren. Dies führt dann dazu, dass der Nutzer für die gleiche Anwendungsklasse je nach Hersteller des Server-Anwendungsteils unterschiedliche Client-Teile installieren muss, obwohl eigentlich ein Einziger ausreichen würde.

2.1.4.4   Interpreter für „wandernde" Programme

Bevor ein Programm abgearbeitet werden kann, muss es zunächst in den Maschinenbefehlssatz des genutzten Prozessors übersetzt werden. Für jeden Prozessortyp wird eine eigene Programmversion (native Programmcode) übersetzt. Neben dem Prozessor ist dabei vor allem das Betriebssystem zu berücksichtigen, da unterschiedliche Betriebssysteme auch unterschiedliche Schnittstellen an der Systemaufrufschicht bereitstellen.

Problem der Systemab-hängigkeit

Für die verteilte Verarbeitung heißt dies, dass für jede Client-Plattform ein eigener Anwendungsteil erstellt und übersetzt werden muss (Abbildung 2.18). Jede dieser Varianten bietet dann eine identische Funktionalität und wurde lediglich für einen anderen Prozessor bzw. ein anderes Betriebssystem übersetzt.

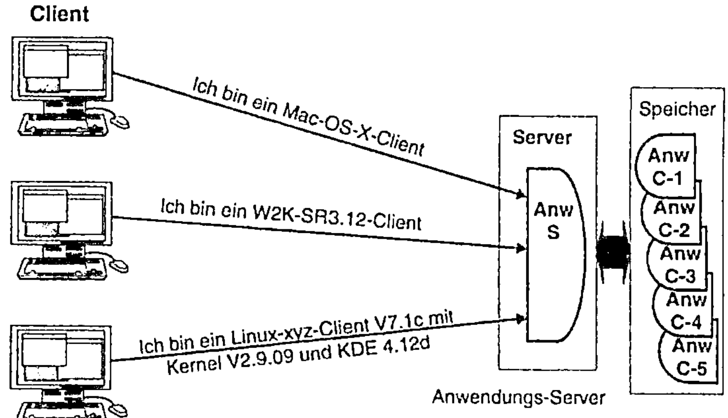

Abbildung 2.18: Berücksichtigung der Art des Client-Systems bei der verteilten Verarbeitung

Dies führt bei der verteilten Verarbeitung mit „wandernden" Client-Anwendungsteilen zu erheblichen Schwierigkeiten. Ein Server muss für jedes potentielle Client-System, das aus einer Kombination von Prozessor und Betriebssystem-Version besteht, einen speziell übersetzten Client-Anwendungsteil bereit halten.

Nutzung eines Interpreters

Um die beschriebenen Nachteile eines plattformabhängigen Programmcodes zu vermeiden, kann alternativ auf jedem Client-System zwischen der Client-Anwendung und dem Betriebssystem eine spezielle Übersetzer-Schicht eingefügt werden, die auch als Interpreter bezeichnet wird:

1. Ein Interpreter führt den gleichen Programmcode auf allen Computern mit dem gleichen Ergebnis aus, unabhängig vom benutzten Prozessor und Betriebssystem. Damit kann für alle potentiellen Client-Systeme ein einheitlicher Client-Anwendungsteil genutzt werden.

2. Die Unterschiede zwischen den Client-Systemen werden vom Interpreter ausgeglichen. Dazu muss für jedes Client-System ein eigener Interpreter bereit gestellt werden.

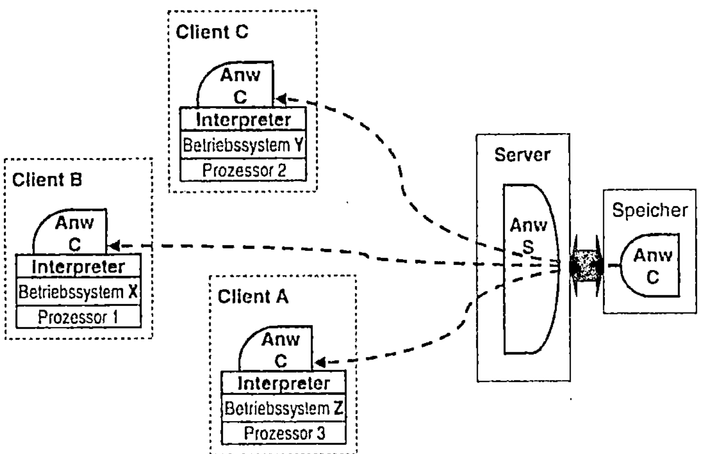

Abbildung 2.19: Nutzung eines Interpreters für Client-Systeme

Vor- und Nachteile

Der offensichtlichste Vorteil eines Interpreters liegt darin, dass nun nicht mehr für jedes unterschiedliche Client-System ein spezieller Anwendungsteil portiert werden muss. Ein einmal geschriebenes Programm ist jetzt auf allen Clients ablauffähig („Write once, run everywhere").

Diesem Vorteil stehen aber auch verschiedene Nachteile gegenüber, denn interpretierte Programme laufen immer langsamer ab, als Programme die vorher direkt in den Maschinencode übersetzt wurden. Das liegt daran, dass der Interpreter vor jeder Befehlsabarbeitung zusätzlich noch eine Übersetzung durchführen muss. Die Interpretation des Quellcodes kann gegenüber dem übersetzten Programm um das zehnfache länger dauern. (In der Praxis sind hier Werte zwischen fünf und 20 bekannt.)

Optimierungen

Um diesen Nachteil abzumildern, kann das Programm zunächst in einen speziellen Zwischencodes übersetzt werden, der dann schneller interpretiert wird.

Eine weitere Optimierung kann vorsehen, dass häufig benutzte Programmteile (beispielsweise oft durchlaufene Schleifen) vor deren Abarbeitung zunächst in den Maschinencode übersetzt und dann auch zwischengespeichert werden. Bei einer wiederholten Ausführung dieses Programmstücks, kann der bereits übersetzte, schnellere Code genutzt werden. Dennoch bleiben interpretierte Programme immer langsamer.

2.1.4.5   Grenzen des Interpreter-Modells

Ein sehr wesentlicherer Nachteil des Interpreter-Modells resultiert aus dessen Grundprinzip: „Eine Version für alle Client-Systeme". Dies erlaubt es nicht, den Client-Anwendungsteil an die Besonderheiten der Client-Plattform anzupassen. Dies kann aber aus verschiedenen Gründen notwendig sein.

Grafische Ausgabe

Zunächst ist es wünschenswert, dass eine Client-Anwendung am Bildschirm genau so aussieht wie eine lokale Anwendung. Da sich aber in den verschiedenen Betriebssystemen die grafischen Subsysteme deutlich unterscheiden, kann eine universelle Client-Anwendung nur den „größten gemeinsamen Teiler", also die gemeinsame Durchschnittsmenge aller potentiellen Client-Systeme berücksichtigen. Die Praxiserfahrung zeigt, dass diese Durchschnittsmenge fast nie ausreicht.

Alternativ kann für den Interpreter ein eigenes grafisches Subsystem vorgesehen werden. Dann sehen zwar die Client-Anwendungen auf allen Client-System annähernd gleich aus, aber meist völlig anders als die lokalen Anwendungen. Außerdem führt dieses Vorgehen spätestens dann zu Schwierigkeiten, wenn auch zeitkritische Multimedia-Daten anzuzeigen sind.

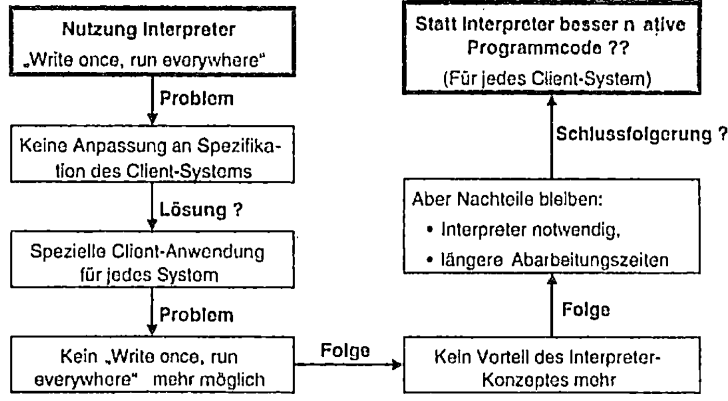

Abbildung 2.20: Grenzen des Interpreter-Modells

Zugriff auf Systemfunktionen

Das gleiche Problem mit der Durchschnittsmenge entsteht auch, wenn auf Systemfunktionen des lokalen Client-Betriebssystems zugegriffen wird, wie beispielsweise auf Funktionen der Dateiverwaltung oder des Sicherheitssystems.

Deshalb eignet sich ein Interpreter für unterschiedliche Client-Systeme nur bei sehr einfachen Anwendungen. Wenn aber auch anspruchsvollere Funktionen benötigt werden, muss doch wieder für jede Client-Plattform eine eigene Variante des Anwendungsteils erstellt werden. Damit entfällt jedoch der wichtigste Vorteil, der Nutzung eines Interpreters: „Eine Version für alle Client-Systeme", während die genannten Nachteile bestehen bleiben. Abbildung 2.20 fasst diese Diskussion nochmals zusammen.

2.1.4.6   Sicherheitsprobleme

Werden auf dem Client verteilte Anwendungen installiert, dann muss sichergestellt werden, dass das Client-System vor fehlerhafter oder gar schädlicher Software geschützt bleibt.

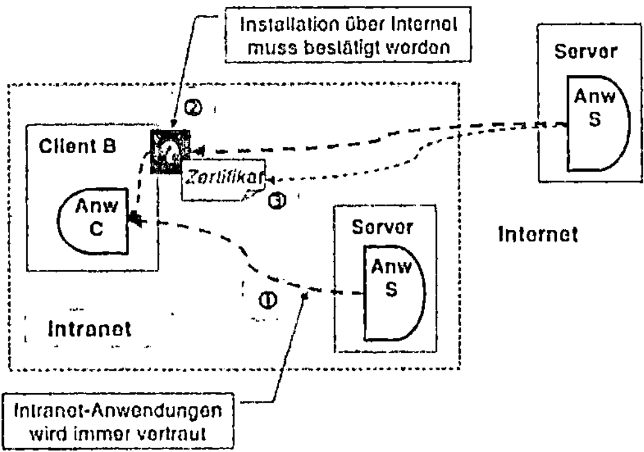

Abbildung 2.21: Sicherheitseinstellungen für automatisch installierte Client-Anwendung

Erfolgt die Installation manuell durch den Benutzer, dann ist im Allgemeinen die Herkunft der Client-Anwendung bekannt. Der Nutzer kann hier entscheiden, ob er die Quelle für vertrauenswürdig hält.

Bei einer automatischen Installation ist die Situation komplizierter. Ruft der Nutzer hier über das Internet eine verteilte Anwendung auf, dann wird der korrespondierende Client-Anwendungsteil automatisch installiert.

Dies darf natürlich nicht ohne Bestätigung durch den Nutzer geschehen, dem am Client unterschiedliche Einstellungen möglich sein müssen (siehe Abbildung 2.21):

1.   Der Nutzer kann verteilten Anwendungen, die aus dem sicheren Intranet des eigenen Unternehmens geladen werden,

vertrauen und deren automatische Installation immer zulassen.

2. Wird dagegen eine verteilte Anwendung über das weltweite Internet aufgerufen, muss dies hier durch den Nutzer explizit bestätigt werden.

3. Um die Installation bestätigen zu können, benötigt der Nutzer zusätzliche Informationen. Dazu enthält der zu ladende Client-Anwendungsteil ein fälschungssicheres Zertifikat, das zum einen zweifelsfrei auf den Hersteller der verteilten Anwendung verweist und zum anderen garantiert, dass die Client-Anwendung nicht verändert wurde. Der Nutzer kann dann entscheiden, ob er dem Hersteller vertraut und ggf. die Installation erlauben.

2.1.4.7   Sichere Ablaufumgebung (Sandbox)

Rechte für Client-Anwendung

Anhand eines Zertifikates kann der Nutzer aber lediglich erkennen, von wem der Client-Anwendungsteil kommt. Für die praktische Arbeit ist dies nicht ausreichend. Anspruchsvollere verteilte Anwendungen benötigen meist auch den Zugriff auf Systemkomponenten des Clients, beispielsweise auf das Dateisystem, auf Ausgabegeräte u. ä. In diesen Zugriffsmöglichkeiten liegt aber auch die Gefahr des Missbrauchs. Böswillige Programmierer oder auch nur fehlerhafte Programme können Dateien manipulieren, vertrauliche Informationen auslesen oder das Client-System zum Absturz bringen.

Aus diesem Grund ist es erforderlich, dass der Nutzer abgestufte Rechte an eine Client-Anwendung vergeben kann.

Damit das Client-System die Einhaltung der vergebenen Rechte überwachen kann, muss hierfür eine besondere Ablaufumgebung existieren. Sie hat die Aufgabe, die Ausführung der Client-Anwendung zu überwachen und Verstöße oder Fehlabläufe zu verhindern. Dazu werden alle Aktivitäten der Client-Anwendung mit den vergebenen Rechten verglichen. Will die Anwendung dennoch eine Systemfunktion nutzen, für die sie keine Rechte besitzt, dann verweigert die Ablaufumgebung diesen unberechtigten Zugriffsversuch.

Eine solche spezielle Systemumgebung wird auch als Sandbox bezeichnet.

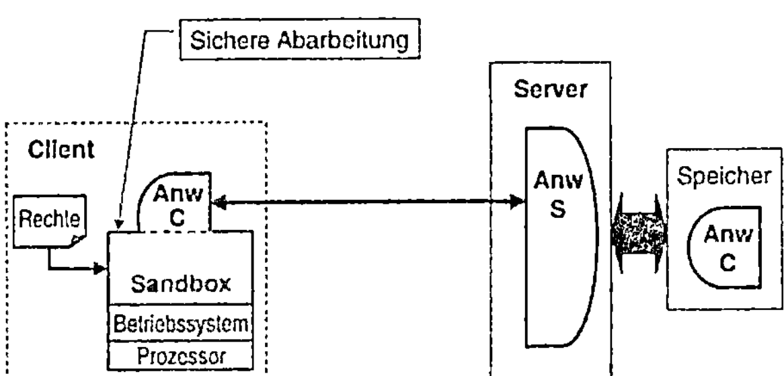

Abbildung 2.22: Sichere Ablaufumgebung für den automatisch installierten Client-Anwendungsteil

Sandbox

Eine sichere Ablaufumgebung lässt sich sehr gut mit einem Interpreter kombinieren. In diesem Fall wird der Interpreter um die Funktionen der Sandbox erweitert.

Aber auch verteilte Anwendungen im (nativen) Maschinencode können in einer solchen sicheren Ablaufumgebung ausgeführt werden. Voraussetzung hierfür ist, dass das Betriebssystem des Client eine fein abgestufte Rechtevergabe vorsieht, die dann auch für die Abarbeitung des Client-Anwendungsteils genutzt werden kann.

Probleme der Sandbox

Es bleibt allerdings ein Problem: Sollen Client-Anwendungen auf unterschiedlichen Prozessoren und Betriebssystemen ablauffähig sein, dann sind die hier nutzbaren Sicherheitsfunktionen letztlich nur eine Durchschnittsmenge der Sicherheitsfunktionen aller potentiellen Client-Systeme. Andernfalls besteht die Gefahr, dass sich der Nutzer in einer trügerischen Sicherheit wiegt, weil der Client-Anwendungsteil eine Sicherheitsfunktion verspricht, die auf dem genutzten Client-System gar nicht zur Verfügung steht.

Das kann aber in der Praxis dazu führen, dass die hier verfügbaren Sicherheitsfunktionen (Durchschnittsmenge) für anspruchsvollere Anwendungen nicht ausreichen und so letztlich doch wieder eine Anpassung der Client-Anwendungen an das genutzte Zielsystem erforderlich wird (siehe oben).

2.1.5 Konsolidierung der Systemplattformen

Probleme

Wie oben gezeigt wurde, können auch mit einem Interpreter die Unterschiede der System-Plattformen nicht vollständig ausgeglichen werden. Letztlich können hier nur die identisch implementierten Funktionen (Durchschnittsmenge) der Zielsysteme genutzt werden.

Außerdem hat sich in der Praxis gezeigt, dass es auch bei Interpretern keine triviale Aufgabe ist, Anwendungen zu entwic??keln, die sich auf unterschiedlichen Systemplattformen völlig identisch verhalten.

Mögliche Folgen

Andererseits sind diese Probleme umso geringer, je weniger sich die Ziel-Plattformen unterscheiden. Das lässt erwarten, dass Lösungen, die als verteilte Anwendungen entstehen, den Druck auf eine Vereinheitlichung der Client-Systeme verschärfen. Dies trifft natürlich auch auf mobile Computer zu, bei denen heute noch eine verhältnismäßig große Systemvielfalt existiert.

Ziel

Im Idealfall steht weltweit (!) eine einheitliche objektorientierte Infrastruktur zur Verfügung. Diese muss nicht von einem einzigen Hersteller stammen, solange ihr ein einheitliches Systemkonzept zugrunde liegt, ähnlich wie das Internet heute eine einheitliche Kommunikations-Plattform zur Verfügung stellt.

Kurzfristig könnte diese Entwicklung jedoch vor allem dem heutigen Marktführer bei den Client-Betriebssystemen nützen.

2.1.6   Literaturverzeichnis

[Tan-97] Tanenbaum, Andrew S.: Computernetzwerke – München; London; New York; u.a.: Prentice Hall, 3. Aufl., 1997

[Tan-95] Tanenbaum, Andrew S.: Verteilte Betriebssysteme – München; London; New York u.a.: Prentice Hall, 1995

[Tra-97] Traub, Stefan: Verteilte PC-Betriebssysteme – Stuttgart: Teubner, 1997

Autor: Prof. Dr. Werner Winzerling, Fachhochschule Fulda, Fachbereich Angewandte Informatik, Marquardstr. 35, 36039 Fulda.

Email: Werner.Winzerling@informatik.fh-fulda.de.

Web: www.fh-fulda.de/fb/ai/profs/winzerling.htm.

2.2 Software-Architekturen für E-Business-Systeme
(Uwe Schröter)

2.2.1 Einordnung und Grundfunktionalität von E-Business-Systemen

Ziel von E-Business-Systemen

Das Ziel eines E-Business-Systems in seiner allgemeinen Form besteht in der elektronischen Vermittlung des Austausches von Gütern und Dienstleistungen (im Folgenden Produkte genannt) zwischen Anbietern und Nachfragern (Kunden). Neben der Vermittlung des Austausches kann das Gut bzw. die Dienstleistung auch direkt über die elektronischen Wege ausgetauscht werden, wenn sich dessen Eigenschaften elektronisch abbilden lassen. So sind beispielsweise Software, Bücher oder auch Finanzdienstleistungen prinzipiell direkt auf elektronischem Wege austauschbar. Insofern repräsentieren E-Business-Systeme spezielle Formen von Vollzugssystemen elektronischer Märkte, die ihre Benutzer von räumlichen und zeitlichen Restriktionen befreien.

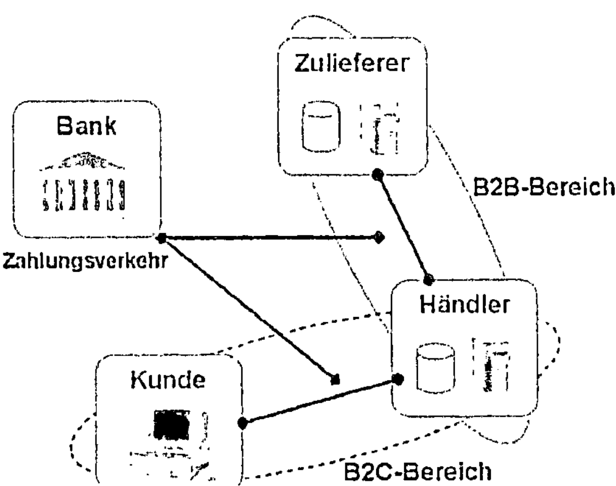

Abbildung 2.23: Die unterschiedlichen Formen der Geschäftsbeziehungen

B2B, B2C und C2C

Es wird vorausgesetzt, dass sowohl Anbieter und Nachfrager in unterschiedlichsten Formen auftreten können. Dabei kann es sich um Unternehmen, öffentliche Einrichtungen oder auch Privatpersonen handeln. Haben Unternehmen untereinander eine Handelsbeziehung über elektronische Systeme, nennt man dies

B2B (Busines-to-Business)-Beziehung. Sind dagegen Privatpersonen involviert, so bezeichnet man diese Handelsbeziehung als B2C (Business-to-Consumer). Folgerichtig existiert natürlich auch eine C2C (Consumer-to-Consumer)-Beziehung. Diese ist aber für E-Business-Systeme nicht relevant. Da ein Warenaustausch auch eine finanzielle Transaktion zur Folge hat, sind in die B2B- als auch in die B2C-Beziehungen stets auch Geldinstitute involviert. Abbildung 2.23 zeigt die grundsätzlichen Beziehungen.

Abgrenzung zwischen B2B und B2C

B2B- und B2C-Beziehungen können allerdings aus technologischer Sicht nicht scharf voneinander abgegrenzt werden, da auch zwischen zwei Unternehmen ähnliche oder sogar gleiche Geschäftsvorfälle wie im konsumorientierten Bereich zu Grunde liegen können. Im Allgemeinen liegt der Schwerpunkt im B2C-Bereich auf der Produktpräsentation und dem elektronischen Bezahlen, während es im B2B-Bereich mehr um den Zusammenschluss verschiedener Softwaresysteme zweier Unternehmen geht (Integration in existierende Warenwirtschafts bzw. Legacy-Systeme) sowie das Aushandeln von Konditionen, Lieferterminen etc.. Infolgedessen ist die interne Struktur der beteiligten Softwarekomponenten komplex. Neben den eigentlichen E-Business-Systemen, die die Schnittstelle nach außen, also zum Internet darstellen, sind in der Regel noch andere Systeme beteiligt. Zunächst besteht eine grundsätzliche Forderung darin, die E-Business-Systeme mit den existierenden Warenwirtschaftssystemen zu verbinden, wenn nicht gar zu integrieren. Dadurch sollen Daten über die im Internet abgewickelten Geschäftsprozesse automatisch in die existierenden Abrechnungs- und Finanzsysteme einbezogen werden. Architekturen für E-Business-Systeme müssen dafür also flexible Schnittstellen vorsehen.

Elektronische Produktkataloge (EPK)

Die Produktbeschreibungen werden in elektronischen Produktkatalogen (EPK) abgelegt, auf die die Kunden über die E-Business-Systeme zugreifen können. Da diese Daten natürlich in den Warenwirtschaftssystemen vorgehalten werden, bietet sich hier auch eine Integration an.

Content Managment Systeme (CMS)

Darüber hinaus sollten auf Anbieterseite Werkzeuge existieren, mit denen die Daten ohne Kenntnis technischer Details für den EPK und damit für die Präsentation im Internet aufbereitet werden. Dies übernehmen so genannte Content Management Systeme (CMS), die sowohl als separate Produkte angeboten werden als auch in leistungsfähige E-Business-Systeme integriert sein können. Häufig werden CMS auch als Redaktionssysteme bezeichnet.

Customer Relationship Management (CRM)

Ein ausgesprochen wichtiger Aspekt in elektronischen Handelssystemen ist die Kundenbindung. Auch hier kommen spezielle Systeme zum Einsatz, die Customer Relationship Management (CRM) Systeme, die Daten zum Kunden, wie beispielsweise zum Kaufverhalten vorhalten. Aufgrund dessen kann der Kunde zum Beispiel individueller betreut werden.

Komponenten von E-Business-Systemen

Die prinzipiellen Komponenten von E-Business-Systemen und ihre Beziehung zueinander sind in der Abbildung 2.24 dargestellt. Natürlich können abhängig von der Größe oder räumlichen Ausdehnung des jeweiligen Unternehmens zusätzlich verschiedene andere Systeme zum Einsatz kommen.

So ist beispielsweise in den bisherigen Betrachtungen der gesamte Zahlungsverkehr bewusst vernachlässigt worden, da dies den Rahmen dieses Beitrages sprengen würde und in einem gesonderten Abschnitt behandelt wird.

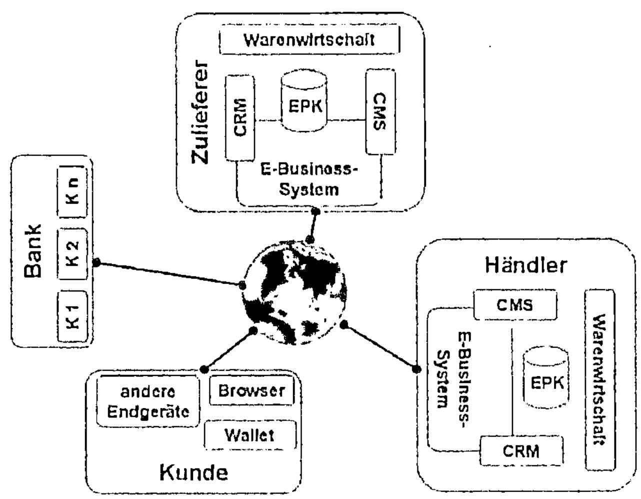

Abbildung 2.24: Komponenten von E-Business-Systemen und ihre Beziehung zueinander

Elektronische Märkte

Insofern kann man davon ausgehen, dass es sich bei E-Business-Systemen um sehr komplexe Anwendungen handelt. In Abhängigkeit von der konkreten Form des Auftretens an elektronischen Märkten stellen die Beteiligten spezifische Anforderungen an die

Grundfunktionen eines E-Business-Systems. Dabei sollen im Folgenden insbesondere die B2C-Beziehungen betrachtet werden.

2.2.1.1   Anforderungen aus Kundensicht

Kunden erwarten von einem E-Business-System eine ansprechende Präsentation der Produkte, die Möglichkeit, spezielle Produkte zu suchen, ausgewählte Produkte in einen Warenkorb zu legen und auf einfache Art zu bezahlen [1, 2]. Letzteres erfordert unter den Bedingungen der räumlichen Verteilung auch eine Registrierung des Kunden, d. h. die Bereitstellung der erforderlichen Daten für ein rechtsverbindliches Geschäft.

Produkt-präsentation

Als Voraussetzung für den Kauf eines Produktes benötigt der Kunde ausreichend Information darüber, ob dessen Attribute geeignet sind, seine spezifischen Bedürfnisse (Anforderungen an das Produkt) zu befriedigen. Dazu erwartet er eine entsprechend aufbereitete Präsentation der Produkte in Form textlicher, bildlicher und gegebenenfalls auch akustischer Daten.

Produktsuche

Um sich in einem größeren Produktangebot effektiv informieren zu können, ist eine Suche nach bestimmten Produkten notwendig, die sich durch Kriterien eingrenzen lässt. Suchkriterien könnten der Produktname, der Hersteller oder auch der Preis sein.

Warenkorb

In Analogie zu einem „realen" Einkauf ist davon auszugehen, dass man zum Kauf ausgewählte Produkte erst in einem Warenkorb sammelt, bevor sie bezahlt werden. Folglich muss ein elektronischer Warenkorb Funktionen enthalten, die es ermöglichen, Produkte zu sammeln, wieder zu löschen, die Anzahl zu verändern, den Zwischenbetrag der ausgewählten Produkte anzuzeigen und anderes mehr.

Anmeldung/ Registrierung

In einem elektronischen System müssen spezielle Zahlungsverfahren für räumlich getrennte Geschäftspartner existieren, die die Erhebung geschäftsrelevanter Daten durch eine einmalige Registrierung des Benutzers mit den notwendigen Informationen (Name, Adresse, Zahlungsmodalitäten etc.) ermöglichen. Bei einem Folgebesuch des Kunden im System ist dann lediglich eine Anmeldung über den Benutzernamen und ein Passwort notwendig.

Zahlungs-mechanismen

Für die Bezahlung der ausgewählten Produkte wählt der Kunde die für ihn geeignete Zahlungsmethode. Die dabei anfallenden Daten müssen über eine gesicherte Verbindung übertragen werden. Abschließend erwartet der Kunde eine elektronische Rechnung.

Web-Server

Da die Beziehungen zwischen Kunden und Anbietern über das Internet abgewickelt wird und der Kunde dort lediglich einen Browser zur Verfügung hat, ergibt sich, dass die gesamte Funktionalität eines solchen Systems auf Anbieterseite abgewickelt wird, d. h die gesamte Funktionalität muss auf einem Web-Server realisiert werden.

2.2.1.2   Funktionsbereiche aus Anbietersicht

Elektronischer Produktkatalog (EPK)

Die Produktpräsentation basiert auf einem elektronischen Produktkatalog. Die dort abgelegten Daten sind nach verschiedenen Kriterien strukturiert. Die Art der Strukturierung in Bezug auf Präsentation, Datenmodellierung und Inhalte kann dabei stark variieren. Zur Anzeige des Katalogs sind die verschiedensten Präsentationsformen und -techniken wie

- Text

- Bilder

- Video

- Audio oder

- Animation

denkbar. Die für den Katalog erforderliche Datenmodellierung orientiert sich an den Produktattributen und der Art und Weise der Strukturierung.

Suchfunktion

Produkte müssen innerhalb des EPK sehr schnell gefunden werden. Dazu sind verschiedene Suchfunktionen implementiert. Diese Suchfunktionen können in ihrer Mächtigkeit stark variieren, von der Schlagwortsuche bis zur Volltextsuche.

Anmeldung/ Registrierung

E-Business-Systeme verwalten ihre Kundendaten in einer Kundendatenbank. Das erfordert, dass sich der Kunde zu einem bestimmten Zeitpunkt gegenüber dem Anbieter durch eine Anmeldung identifiziert. Dieser Zeitpunkt kann zu Beginn der Kundenaktivitäten liegen, aber auch zu einem späteren Zeitpunkt im Zusammenhang mit dem Bezahlvorgang auftreten. Das Anmelden des Kunden geschieht normalerweise mit Hilfe eines Benutzernamens und eines Passwortes. Doch bevor ein Kunde sich anmelden kann, muss er sich zunächst beim Anbieter registrieren lassen. Dazu stellt das System entsprechende Formulare zur Verfügung.

Profile

Die Kundenanmeldung dient in der Regel nicht nur der Identifikation des Kunden, sondern ist oft auch Grundlage für den Einsatz von Profilen. Profile sind gesammelte Daten über den Kunden, die sich aus demografischen Gesichtspunkten (Anmeldedaten) ergeben und aus seinem Verhalten im System. Profile bieten ein Mittel zur Automatisierung und Steigerung der Effizienz von E-Business-Systemen, indem sich durch eine so genannte Personalisierung das Angebot auf die speziellen Kundenbedürfnisse zuschneiden lässt. Beispiele für profilbezogene Funktionalitäten sind frei wählbare Einstiegsseiten oder auch die gezielte Präsentation von Sonderangeboten aufgrund vom bekannten Kaufverhalten eines Kunden (siehe z. B. www.amazon.de).

Zahlungs-systeme

Verfahren zur Begleichung von Rechnung in elektronischen Systemen sind entweder kreditkartengestützte Verfahren oder klassische Verfahren wie Bankeinzug, Nachnahme oder die Erstellung einer Rechnung. E-Business-Systeme bieten in der Regel eine Auswahl mehrerer Verfahren. Sie realisieren diese unter besonderen Sicherheitsanforderungen (z. B. verschlüsselte Übertragung). Bei einigen Verfahren werden auch Kreditkartengesellschaften oder Bankinstitute einbezogen.

Problematisch erwies sich in der Vergangenheit das Problem, Geld in elektronischer Form zu handhaben. Es entwickelten sich eine Vielzahl von elektronischen Zahlverfahren wie

- NetCash

- eCash

- CyberBill

- CyberCash

usw.

Nicht zuletzt aufgrund der großen Anzahl verschiedener Verfahren konnte sich aber bisher keines durchsetzen.

Administra-tion und Waren-wirtschaft

In einem E-Business-System existieren natürlich auch Funktionsbereiche, die nur dem Anbieter zugänglich sind. Dazu gehört

- die Administration des Systems, d. h. die steuernden Eingriffe in die System-Struktur oder

- die Pflege von zusätzlich benötigter Information wie Kunden- und Kreditkartensperrlisten.

Des Weiteren muss die Produktinformation gepflegt und ggf. erweitert werden. Das kann durch den Anbieter geschehen oder automatisiert durch die Einbindung des Warenwirtschaftssystems. Über die beschriebenen Funktionen hinaus gibt es weitere Möglichkeiten, die Attraktivität eines E-Business-Systems zu erweitern. Dazu gehören Angebote wie z. B. Chatsysteme, Foren, Zugriff auf Daten zum Preisvergleich, Suchmaschinen, etc., aber auch Statistik- und Auswertungswerkzeuge auf Anbieterseite.

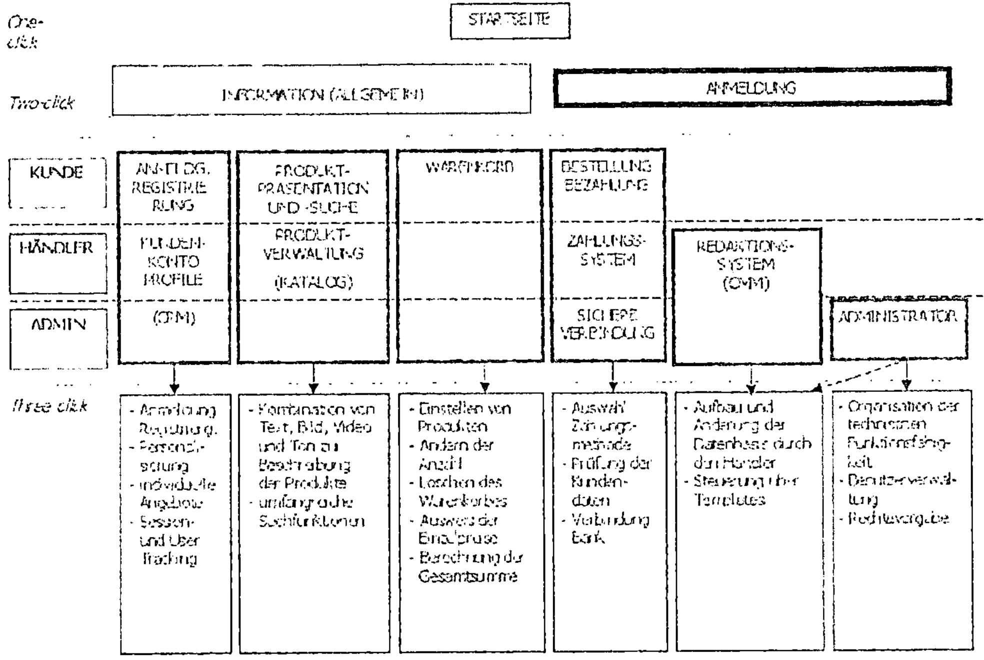

Abbildung 2.25: Funktionale Anforderungen an eine Web-basierte Anwendung

Betrachtet man die Gesamtheit der funktionalen Anforderungen und stellt diese in einen Web-basierten Anwendungskontext, so ergeben sich die in Abbildung 2.25 dargestellten Zusammenhänge.

E-Commerce-System-Anwendung

Ruft ein Kunde das E-Commerce System auf, hat er zunächst Zugang zu allgemeiner Information, wie beispielsweise einer Unternehmensdarstellung, Sonderangeboten etc. Gleichzeitig kann er natürlich auch auf die Produktpräsentation zugreifen, Produkte auswählen und in den Warenkorb legen. Entscheidet er sich für den Kauf, so muss er sich anmelden bzw. beim erstmaligen Besuch registrieren. Dies ist erforderlich, um eine ordnungsgemäße Zahlungsabwicklung zu gewährleisten. Auf das Redaktionssystem (CMS) zur Pflege des EPK oder auf die Administrationsfunktionen hat er natürlich keinen Zugriff. Diese stehen jedoch dem Händler und dem Administrator jederzeit zur Verfügung.

Komponenten der Software-Architektur

Als erster Schritt hin zur Definition der Komponenten der Software-Architektur kann man bereits aus diesem vereinfachten Szenario eine grobe Funktionsstruktur (Module) ableiten. Dabei ist die Definition einer geeigneten Granularität entscheidend. Damit wird die Mächtigkeit der Funktionskomponente in Bezug auf die gesamte Funktionalität der Anwendung beschrieben [3]. Komponenten mit einer kleinen Granularität haben den Vorteil einer sehr hohen Wiederverwendbarkeit. Allerdings steht dem Vorteil der Wiederverwendbarkeit der Nachteil eines stark steigenden Kommunikationsaufwandes zwischen den Komponenten gegenüber. Darüber hinaus wäre das System zu komplex und somit schwierig wartbar. Komponenten mit einer zu großen Granularität haben auf der anderen Seite den Nachteil einer ungenügenden Wiederverwendbarkeit. Insbesondere bei Komponenten, die nicht für eine bestimmte Anwendung konzipiert werden, ist die Wahl der Granularität also immer als ein Kompromiss zwischen dem Maß der Wiederverwendbarkeit und der Einsetzbarkeit zu verstehen. Insofern können hier die Module

- Kundenverwaltung (CRM)
- Produktkatalog (EPK)
- Warenkorb und
- Bestell-/Zahlungsmodul

definiert werden. Nun muss die Frage beantwortet werden, wie ein solches System softwaretechnisch gestaltet werden kann.

2.2.2   Software-Architekturen für E-Business-Systeme

2.2.2.1   Kommunikationsaspekte zwischen Server und Client

Technische Plattform

Als technische Plattform für E-Business-Systeme dominiert das Internet, und hier speziell das World Wide Web (WWW). Im WWW erfolgt die Kommunikation zwischen Client und Server über das Hypertext Transfer Protokoll (HTTP). Der Client in Form eines Webbrowsers sendet dabei eine Anforderung an einen Server und empfängt daraufhin über dieses Protokoll so genannte HTML (Hypertext Markup Language)- oder XML (Extensible Markup Language)-Dokumente.

Elektronische Geschäftsbeziehung

Eine elektronische Geschäftsbeziehung wird durch einen Aufruf der Web-Adresse (Request) im Browser (Client) des Kunden initiiert. Diese Web-Adresse repräsentiert ein E-Business-System auf einem Web-Server eines Anbieters von Produkten. Der Server stellt aufgrund eines Request des Clients seine Funktionalität zur Verfügung, indem er HTML-Code zurücksendet, der am Browser dargestellt wird (Response). Eine solche Browserdarstellung kann eine Produktbeschreibung sein, ein Bestellformular oder auch ein Formular für die Eingabe der Zahlungsdaten des Kunden. Der Client wiederum übermittelt seine in das Formular eingetragenen Daten zurück an den Server, der diese verarbeitet.

Common Gateway Interface (CGI)

Die auf diese Weise entstehende Kommunikation ist die Grundlage für E-Business-Systeme und wurde bisher zum großen Teil über eine als „Common Gateway Interface (CGI)" bezeichnete Schnittstelle realisiert. CGI beschreibt also eine Schnittstelle, über die mit einem Browser beliebige Programme eines Web-Servers im Internet aufgerufen und dort ausgeführt werden können. Da das Ergebnis der Abarbeitung von CGI-Programmen meist an den Browser zurückgeschickt wird, muss das CGI-Programm den erforderlichen HTML-Code selbst erzeugen. Auf diese Weise werden WWW-Seiten zu Interfaces für verteilte Anwendungen, insbesondere natürlich für E-Business-Systeme.

BeispielKommunikation

Ein Beispiel: Ein Kunde sucht ein bestimmtes Produkt und fordert beim Server ein Suchformular an (HTML-Code). Nachdem er das Formular ausgefüllt hat, wird es an den Webserver zurückgeschickt (1). Der Webserver übergibt das Formular an das CGI-Programm zur Ausführung (2). Das Programm liest die Daten aus dem Formular aus, sucht in einer Datenbank nach den im Formular spezifizierten Produkten (3), sammelt die Ergebnisse der Datenbankabfrage und wandelt diese in HTML-Code um (4). Danach übergibt es diesen HTML-Code an den Web-Server (5), der ihn zum Browser zurückschickt (6). Abbildung 2.26 (nach [4]) zeigt den prinzipiellen Ablauf der Prozesse und den Zusammenhang zwischen den einzelnen Komponenten.

Die vom Browser übermittelten Daten speichert der Web-Server in so genannten CGI-Umgebungsvariablen (Environment-Variablen). Darüber hinaus stellt er eine Reihe weiterer Daten zum Client bereit (z. B. die Art des verwendeten Browsers) , auf die das CGI-Programm zugreifen kann. Konkret besteht die CGI-Schnittstelle aus

- einem bestimmten Verzeichnis auf dem Serverrechner, das die CGI-Programme enthält (meist cgi-bin) und

- einer Reihe von Daten, die der Web-Server speichert, und die ein CGI-Script auslesen und verarbeiten kann [4].

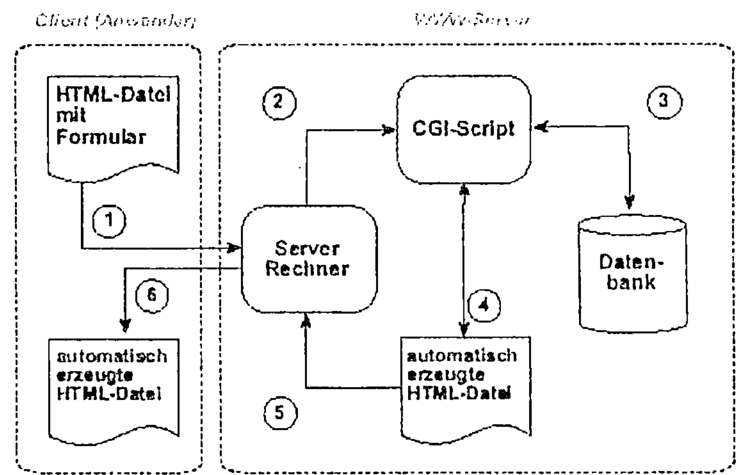

Abbildung 2.26: Zusammenhang zwischen Client und Server bei der Verwendung von CGI

Weitere Schnittstellen

Neben der CGI-Schnittstelle gibt es noch andere Schnittstellen, die es ermöglichen ausführbare Programme, an Web-Server zu binden. Solche Schnittstellen sind beispielsweise die NSAPI-Schnittstelle (Netscape) und die ISAPI-Schnittstelle (Microsoft). Dabei handelt es sich um APIs[7], die für die jeweiligen Server optimiert sind. Dadurch verfügen sie zwar über eine wesentlich bessere Performance, werden jedoch nur von den jeweiligen Servern unterstützt.

Vorteil der CGI-Schnittstelle

Der entscheidende Vorteil der CGI-Schnittstelle besteht darin, dass es sich um einen kommerziell unabhängigen, kostenlosen und produktübergreifenden Standard handelt. CGI-Programme können in allen Programmiersprachen erstellt werden. Stark etabliert haben sich in diesem Bereich die Sprachen PERL und PHP. PERL empfiehlt sich insbesondere durch seine leistungsstarken Funktionen zur Analyse von Texten (reguläre Ausdrü-

---

[7] API = Application Programming Interface

cke), PHP ist eine Scriptsprache, die in HTML-Code eingebunden wird und insbesondere den Zugriff auf Datenbanken (z. B. zur Datenbank MySQL) unterstützt. In beiden Fällen ist jedoch auf dem Server ein Interpreter erforderlich, der die Scripte übersetzen und ausführen kann.

Den Vorteilen der CGI-Programme stehen jedoch eine Reihe von Nachteilen gegenüber, die besonders für E-Business Anwendungen gravierend sind:

- Der Web-Server startet für jeden Request auf ein CGI-Programm einen neuen Betriebssystem-Prozess. Dies führt zu einem hohen Bedarf an Systemressourcen und erfordert einem hohen Zeitaufwand für den Aufbau und den Abbau der Prozesse.

- Bei jeder Anfrage muss ein Interpreter gestartet werden. Dieser Nachteil kann jedoch zum Teil ausgeglichen werden, indem der Interpreter (z. B. als Modul) in den Web-Server integriert wird.

- CGI-Programme sind vom Web-Server abgekoppelte Programme. Eine Interaktion mit dem Web-Server ist dadurch nicht mehr möglich. Standardfunktionen, wie Transaktionsprozesse beim Datanbankzugriff, können so nicht durch den Server übernommen werden.

- Die Kommunikation zwischen Server und CGI-Programm erfolgt über die Environment-Variablen oder durch den Standard-Eingabestrom des CGI-Prozesses.

Trennung der Logik von der Präsentation

Hinzu kommt, dass programmtechnisch eine Trennung der Präsentations- von der Logikfunktionalität nur schwer zu realisieren ist. Als Konsequenz daraus müssen z. B. notwendige Änderungen in der Darstellung der Daten am Browser immer über Programmeingriffe realisiert werden. Im ungünstigsten Fall ist eine erneute Kompilierung des gesamten Programms erforderlich (z. B. bei C/C++-Programmen). Dies ist bei komplexen Applikationen, wie sie E-Business-Systeme darstellen, nicht akzeptabel. Hier sind insbesondere arbeitsteilige Prozesse notwendig, z. B. zwischen Web-Designer und Logik-Entwickler, die eine Konzentration auf die jeweilige Kernkompetenz ermöglichen.

2.2.2.2   Das MVC-Entwurfsmuster

Schichten Model, View und Controller (MVC)

Grundlage der weiteren Betrachtungen ist ein generisches objektorientiertes Entwurfsmuster der Firma SUN, das eine grundlegende Strukturierung komplexer Anwendungen in die Schichten Model, View und Controller (MVC) empfiehlt [5][6].

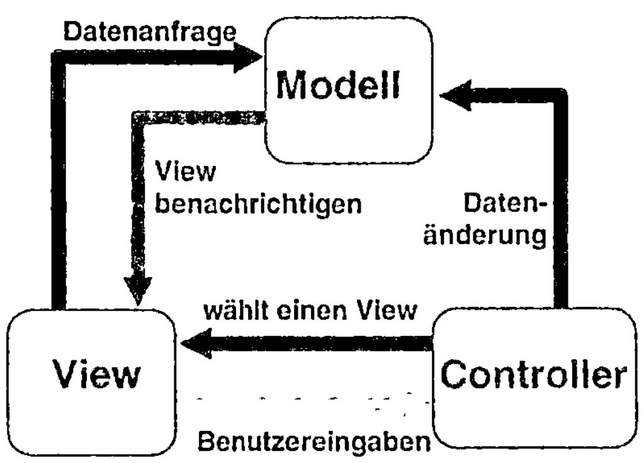

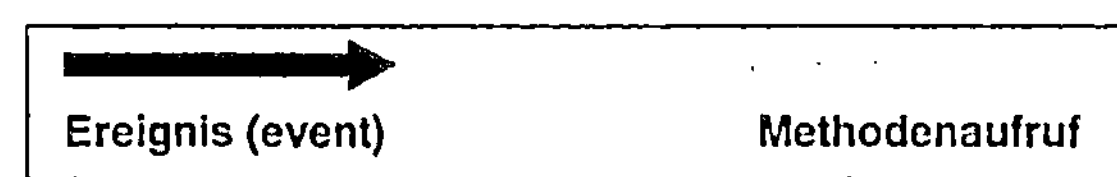

Abbildung 2.27: Abläufe innerhalb des MVC-Entwurfs

Das Modell beschreibt dabei die Anwendungsdaten und die Methoden, die auf die Daten angewendet werden. Insofern verwalten Modell-Objekte die Daten eines E-Business-Systems. Ein View definiert die Sicht auf die Daten, d. h. ihre Präsentation am Bildschirm. Er nimmt die Benutzereingaben auf und gibt sie an den Controller weiter, der für deren Umsetzung in Operationen auf die Daten verantwortlich ist. Abbildung 2.27 zeigt die Zusammenhänge zwischen den MVC-Komponenten (nach [5] und [7]).

Entkopplung

Auf diese Weise ermöglicht das MVC-Konzept eine Entkopplung zwischen den Schichten, was die Flexibilität und Wiederverwendbarkeit erhöht. Dadurch können z. B. Views ausgetauscht werden, ohne die anderen Schichten zu berühren.

2.2.2.3   Mehrschichtarchitekturen

Three-Tier-Architektur

Legt man das MVC-Konzept als Architekturprinzip bei der Entwicklung von E-Business-Applikationen zugrunde, so kann man auf Serverseite eine dreischichtige Strukturierung unterscheiden, die auch als Three-Tier-Architektur bezeichnet wird. In bestimmten Fällen kann sich der Einsatz zusätzlicher Zwischenstufen (z. B. Erzeugung von HTML aus einer XML-Repräsentation) anbieten, was zu einer Mehrschicht-Architektur (auch: Multi-Tier-Architectur) führt (Abbildung 2.28 nach [8]).

Eine solche Architektur ermöglicht eine Verteilung der MVC-Funktionskomponenten auf drei oder mehrere unabhängig voneinander operierende Teilsysteme. Durch Verwendung eines verteilten Objektmodells im Bereich der Geschäftslogik lässt sich auch eine räumliche Verteilung erreichen.

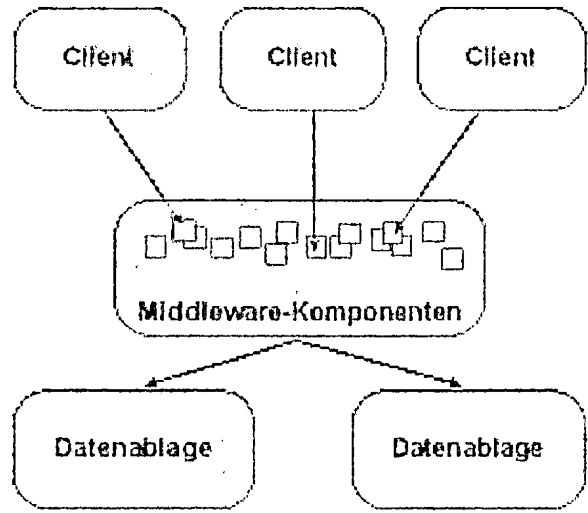

Abbildung 2.28: Multi-Tier-Architektur

Vorteile der Multi-Tier-Architektur

Allgemeine Vorteile der Multi-Tier-Architektur sind:

- Die Client-Programme werden vom Umfang her wesentlich kleiner (Thin Client).

- Die Datenablage wird für den Client Entwickler transparent, d. h. er muss sich nicht darum kümmern.

- Die E-Business-Anwendungen werden besser skalierbar (Lastverteilung über Applikationsserver).

- Geschäftslogik wird nur einmal implementiert.

Die eingangs beschriebenen Anforderungen an E-Business-Systeme und zusätzliche technische Anforderungen wie Transaktionsunterstützung, verteilte Systeme, Sicherheit oder offene Architektur betreffen in erster Linie die Implementierung der Geschäftslogik. Andere Anforderungen sollten unter Beachtung einer geeigneten Granularität separat realisiert werden, da sie keinen direkten Bezug zu den Geschäftsprozessen haben. Dies betrifft vor allem die Personalisierung (z. B. über die Profile) oder auch die Mehrsprachigkeit.

Middleware

Systeme, die eine solche Multi-Tier-Architektur unterstützen, werden auch als Middleware bezeichnet. Sie „vermitteln" zwischen

- der Benutzerschicht (Client) auf der einen Seite und

- der Datenbankschicht auf der anderen Seite.

Im Bereich der Geschäftslogik sollten daher vorhandene Middleware-Konzepte genutzt werden, da sich hierdurch der Implementationsaufwand verringert und die Anbindung an externe Produkte erleichtert wird.

Middleware-Plattformen

Während in der Vergangenheit Middleware-Plattformen oft mit erheblichen Investitionen verbunden waren, sind heute leistungsfähige freie Implementierungen verfügbar. Allen Plattformen gemeinsam ist ein verteiltes Objektmodell. Dagegen verlieren nichtobjektorientierte Standards wie z. B. Remote-Procedure-Calls (RPC) zunehmend an Bedeutung [9]. Für die Entwicklung von E-Business Applikationen wichtige Systeme sind

- das Microsoft Distributed Component Objekt Model (DCOM),

- die Common Object Request Broker Architecture (CORBA) und

- Java 2 Enterprise Edition (J2EE),

die im Folgenden kurz charakterisiert werden sollen.

DCOM

Das Component Object Model (COM) wurde 1993 von Microsoft als Technologie zur Entwicklung komponentenbasierter Softwaresysteme eingeführt und später um verteilte Objekte erweitert. Distributed COM (DCOM) bietet ein vereinheitlichtes Programmiermodell, mit dem mehrere Komponenten zu einer Anwendung zusammengesetzt werden können [10]. DCOM ist ein objektorientierte Technologie und unterstützt folglich auch

- Kapselung und

- Vererbung.

Schnittstellen-beschreibung mit DCOM-IDL

Zur Schnittstellenbeschreibung wird die DCOM-IDL benutzt. IDL steht hier für Interface Definition Language. Ein Client kann beim COM-System die Schnittstelle einer bestimmten Komponente anfordern, und die Dienste der Komponente in Anspruch nehmen, auch wenn sich diese nicht auf dem selben lokalen System befinden. Die DCOM-Laufzeitbibliothek sorgt dafür, dass Aufrufe und Parameter an die Zielklasse gesendet werden und die Antwort ihren Weg zum Client zurückfindet. Dabei ist der dezentrale Aufruf der Zielklasse für den Client transparent. Das von Microsoft eingesetzte Protokoll DCE RPC (Distributed Computing Environment Remote Procedure Call) ist weder mit Java/RMI noch mit CORBA/IIOP (siehe CORBA und J2EE) kompatibel.

DCOM-Technologie

Die DCOM-Technologie unterstützt Sicherheitsfunktionen wie Zugriffsrechte, Identitätsabfragen von Clients und gesicherte Datenübertragung. Um die Ausfallsicherheit zu erhöhen, können mehrere Klassen des gleichen Typs auf verschiedene Systeme verteilt werden. Diese Verfahren begründen die Skalierbarkeit innerhalb des DCOM-Modells. Aufgrund der großen Anzahl von verfügbaren Entwicklungsumgebungen können Klassen in vielen verschiedenen Programmiersprachen, wie z. B.

- C
- C++
- Basic
- PASCAL oder
- Java

erstellt werden. DCOM ist ein weit verbreiteter proprietärer Standard, einfach in Microsoft-Umgebungen einzusetzen und bietet eine Vielzahl von einsetzbaren Komponenten.

CORBA

CORBA (Common Object Request Broker Architecture) wird von der Object Management Group (OMG) definiert und spezifiziert im Wesentlichen ein verteiltes Objektmodell und die Kommunikationsmechanismen innerhalb einer verteilten Umgebung [11], [12] und [13]. Damit ist es möglich, aus einer Anwendung heraus Methoden auf einem anderen Rechner so zu benutzen, als wären sie auf dem lokalen Rechner verfügbar. Diese Mechanismen werden von einem Object Request Brokern (ORB) implementiert. Zusätzliche Dienste wie Transaktionen und Persistenzdienste sind ebenfalls spezifiziert. ORB´s sind in vielen Varianten für alle gängigen Betriebssysteme sowohl als freie wie auch als kommerzielle Produkte verfügbar. Da die Kommunikationsmechanismen genau definiert sind, ist ein problemloses Zusammenspiel verschiedener Produkte möglich. Zur Programmierung von CORBA-Anwendungen bietet sich jede gängige objektorientierte Programmiersprache an.

J2EE

Bei der Java 2 Enterprise Edition handelt es sich um eine Sammlung von Standards, die u. a. ein verteiltes Komponentenmodell inklusive Transaktions- und Persistenzdiensten definieren [5][14][15]. Zusätzlich werden weitere Schnittstellen und Architekturen beschrieben, die das Erstellen von Web-Anwendungen erleichtern. Somit handelt es sich bei J2EE nicht um eine reine Middleware-Plattform. Das verteilte Komponentenmodell in J2EE sind Enterprise Java Beans (EJB), die trotz ihres Namens keinen direkten Bezug zu Java Beans haben. Als Programmiersprache wird nur Java unterstützt. Die Kommunikation zwischen den Komponenten erfolgt über RMI-IIOP, das auch in CORBA-Umgebungen eingesetzt wird. Dadurch ist eine relativ leichte Integration in CORBA Umgebungen möglich. J2EE-Implementierungen sind auf den meisten verbreiteten Plattformen verfügbar.

Interoperabilität

Hinsichtlich der Interoperabilität zwischen den verschiedenen Systemen muss angemerkt werden, dass sich CORBA und J2EE gut ergänzen. Bei DCOM handelt es sich dagegen um einen konkurrierenden Standard, wobei z. B. so genannte DCOM/CORBA-Bridges existieren, die eine Kooperation zwischen DCOM- und CORBA-Systemen ermöglichen.

2.2.2.4 Infrastruktur für Multi-Tier-Architekturen

Container

Alle Technologien haben gemeinsam, dass sie ihren Komponenten auf dem Server eine technische Infrastruktur zur Verfügung stellen, die auch als Container bezeichnet wird und die sie bei der Erbringung ihrer Dienste unterstützt. Die wichtigste Funktion eines Containers besteht darin, grundlegende Dienste wie

- Transaktionen

- Namensdienste

- Datenbankzugriffe oder

- Sicherheitsmechanismen

zur Verfügung zu stellen. Dadurch müssen diese allgemeinen Funktionen im Entwicklungsprozess nicht umständlich und zeitraubend selbst programmiert werden, wodurch eine Konzentration der Entwickler auf die Implementation der Geschäftslogik erfolgen kann.

Darüber hinaus hat ein Container noch folgende Aufgaben:

- Bereitstellung eines systemunabhängigen Zugriffs auf die Laufzeitumgebung für die Komponenten über definierte Programmierschnittstellen

- Sicherung der Orttransparenz, das heißt es ist unerheblich, ob sich die angesprochene Komponente auf dem lokalen System oder auf einem entfernten Rechner befindet

- Gewährleistung der Plattformunabhängigkeit der verfügbaren Komponenten

- Überwachung des Lebenszyklus der Komponenten, indem er sie bei Bedarf erzeugt, zerstört, deaktiviert oder aktiviert

J2EE-Architektur

Exemplarisch sollen im Folgenden die J2EE-Architektur, insbesondere mit den Enterprise Java Beans, und CORBA betrachtet werden. Neben der bereits betrachteten Aufteilung einer komplexen E-Business-Applikation in Module bzw. Komponenten (funktionaler Aspekt) kann sie unter technologischen Gesichtspunkten in die Schichten

- Client

- Präsentation

- Logik und

- Datenhaltung

strukturiert werden. Dabei kommuniziert eine Schicht im Allgemeinen nur mit einer ihrer benachbarten Schichten. Es kann aber auch zu Zugriffen über Schichten hinweg kommen.

J2EE-Umgebung

Überträgt man also eine Multi-Tier-Architektur unter Berücksichtigung des MVC-Konzeptes auf die J2EE-Umgebung, ergeben sich die in Abbildung 2.29 (nach [2]) dargestellten Zusammenhänge.

Innerhalb der Client-Schicht (View) wird die für den Kunden bestimmte Information dargestellt. Dazu werden dynamisch generierte HTML-Seiten an den Web-Browser geschickt.

Die Generierung dieser Daten kann durch:

- Java Servlets oder

- Java Server Pages (JSP)

erfolgen.

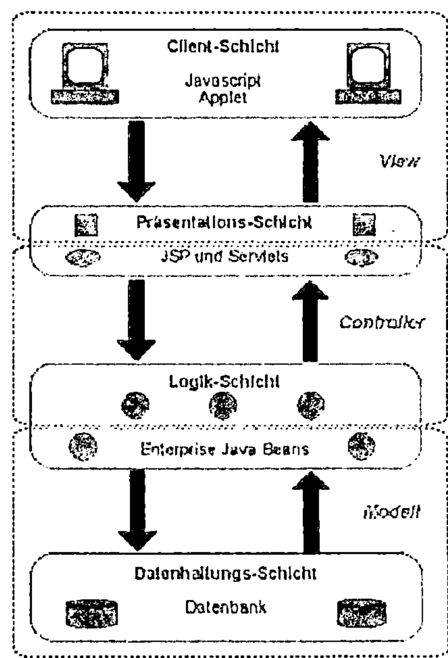

Abbildung 2.29: MVC-Konzept in einer J2EE-Umgebung

Java Servlets oder Java Server Pages (JSP) Dabei handelt es sich um separate Java-Programme (Servlets) oder um Java-Anweisungen, die mit HTML-Anweisungen kombiniert werden (JSP). Java Server Pages werden bei ihrem erstmaligen Aufruf in Servlets übersetzt [16]. In dieser Form präsentieren die durch die Servlets/JSPs erzeugten HTML-Seiten die Benutzerschnittstelle (User Interface). Über Links und Formularfelder kann der Kunde mit dem E-Business-System interagieren. Neben dem HTML-Code sind auch

- Java-Applets oder

- XML-Daten

als Komponenten der Client-Schicht denkbar.

Präsentations-Schicht Der Präsentations-Schicht sind in der Regel die Controller-Objekte aus der MVC-Architektur zugeordnet. Die Controller-Objekte entscheiden aufgrund der Benutzereingaben (und der Model-Daten), welches Servlet/JSP-Seite dem Kunden als nächstes eine HTML-Seite generieren soll. Funktional sind diese Objekte in einem so genannten Web-Container auf dem Server untergebracht.

Logik-Schicht In der Logik-Schicht befinden sich die EJBs, die die Geschäftslogik der Anwendung repräsentieren. Zusätzlich befinden sich hier auch Controller-Objekte (so genannte Session-Beans), die für die Aktualisierung der Daten zuständig sind.

**Daten-
haltungs-
schicht**

Die Datenhaltungsschicht wird meist durch eine relationale oder objekt-relationale Datenbank repräsentiert, auf die transaktionsgesteuert zugegriffen werden kann. Hier kann aber auch die geforderte Anbindung der Warenwirtschaftssysteme (ERP[8]-Systeme, Legacy-Systeme) erfolgen.

2.2.2.5 Die Common Object Request Broker Architecture (CORBA)

CORBA definiert ein Objektmodell zur Beschreibung von verteilten Komponenten und Schnittstellen sowie zur Integration in konkrete Programmiersprachen. Es ist somit ein Architektur-Rahmenwerk, dessen zentraler Bestandteil der Object Request Broker (ORB) ist. Der ORB ist vergleichbar mit einem Software-Bus, der die einzelnen Komponenten der Architektur transparent miteinander verbindet. Objekte, die beispielsweise die Geschäftslogik des E-Business-Systems implementieren, können andere Objekte über diesen Bus ansprechen und ihnen Nachrichten schicken. Sie treten somit als Client mit anderen Objekten, die als Server fungieren, in Kontakt.

**CORBA-
Architektur**

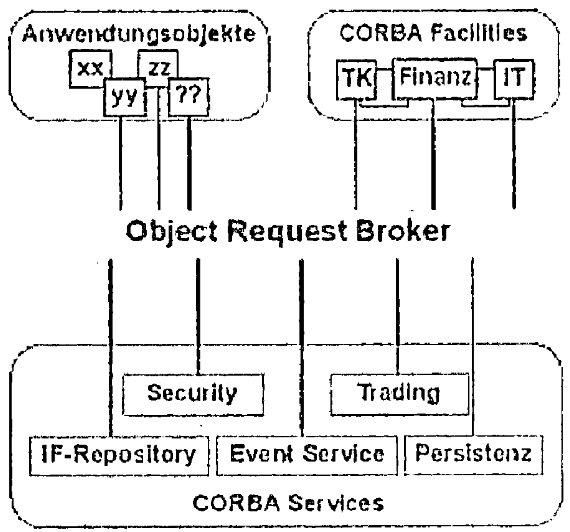

Abbildung 2.30: Abwicklung von Diensten über den Object Request Broker

---

[8] ERP = Enterprise Resource Planning

ORB-Funktionen

Neben dem CORBA-Bus besteht die Gesamtarchitektur aus einer Reihe von Diensten, die in CORBA Services und CORBA Facilities unterteilt werden können (Abbildung 2.30 – nach [11]). Komponenten aus den verschiedenen Teilbereichen einer E-Business-Applikation können diese Dienste über den ORB in Anspruch nehmen.

CORBA Services

Die CORBA Services stellen fundamentale Dienste dar, wie sie von jeder Applikation und auch fast von jedem Objekt benötigt werden. Sie werden, wie alle CORBA-Dienste, in IDL definiert und standardisiert und können über den ORB angesprochen und benutzt werden. Beispiele für die CORBA-Services sind der Lebenszyklusdienst, der Namensdienst, der Sicherheitsdienst und der Persistenzdienst

CORBA Facilities

Bestimmte Dokumente, die sich aus Text, Bildern, Tabellen etc. zusammensetzen und mehr oder weniger anwendungsneutral sind, werden durch die horizontalen Dienste bearbeitet (z. B. die Benutzerschnittstelle). Die vertikalen CORBA Facilities werden anwendungsbezogen als Standarddienste entwickelt und fließen als branchenspezifische Standards in die CORBA-Standards ein, so z. B. Dienste aus dem Bankwesen oder der Telekommunikation.

ORB-Aufgaben

Die Anfrage eines CORBA-Objekts (Client) an ein anderes CORBA-Objekt (Server) wird vom ORB entgegengenommen. Danach wird

- der Server lokalisiert

- der Aufruf weiter leitet und

- die Antwort wieder zum Client transportiert.

Kapselung

Für den Client ist der Prozess der Lokalisierung des Servers transparent. Er hat lediglich eine Referenz auf das Serverobjekt. Der Client spricht den ORB nicht direkt an, sondern kommuniziert mit dem Client-Stub, dem Repräsentanten des Serverobjektes auf der Seite des Clients. Das Interface Repository enthält die Beschreibung aller registrierten Objekte, ihrer Methoden und Attribute. Der Client kann darauf zugreifen und das Interface darin enthaltene Objekte lesen.

Objektadapter

Auf der Serverseite, d. h. dort wo das zu benutzende Objekt implementiert ist, stellt ein so genannter Objektadapter die direkte Schnittstelle zum ORB dar. Er erhält die Aufrufe für Objekte aus dem ORB, startet und instantiiert die Objektimplementierungen und übergibt den Aufruf. Der Objektadapter registriert die

Klassen, die er unterstützt, und deren Objektimplementierungen in der Implementierungsablage (Implementation Repository). Für neue Instanzen vergibt und verwaltet er eindeutige Objektreferenzen. CORBA schreibt für jede konforme ORB-Implementierung einen Standard-Objektadapter vor, den Portable Object Adapter (POA).

Namensdienst Das Implementation Repository enthält einen Namensdienst, der die Namen der auf dem Server für einen entfernten Aufruf zur Verfügung stehenden Klassen, die instantiierten Objekte und deren Objektreferenzen verwaltet.

Der Object Request Broker ist im CORBA-Standard durch sein Interface definiert. Um ein Objekt über den ORB ansprechen zu können, ist jedem Objekt eine eindeutige Referenz zugewiesen. Diese Referenz wird einem Objekt bei Erzeugung durch ORB zugeteilt und ist so lange gültig, wie das zugehörige Objekt existiert. Die Referenz kann anderen Objekten verfügbar gemacht werden, die dann auf das Objekt zugreifen können. Dabei gibt es zwei Wege [9]:

1. Die Referenz ist in einer Datenbank abgelegt, die vom Client gelesen wird.

2. Der Client kann sich an einen Dienst (Namensdienst) wenden, der die Objektreferenzen zur Verfügung stellt.

Hat ein Client eine Referenz auf ein Objekt erhalten, so kann er die Methoden auf diesem Objekt abrufen. Dieser Aufruf geschieht entweder dynamisch oder statisch über den Client-Stub. Grundsätzlich funktioniert die Benutzung einer Methode dadurch wie ein lokaler Aufruf.

Ablauf des Aufrufs Der konkrete Ablauf sieht so aus, dass der Stub die Parameter, mit der er die entfernte Methode aufrufen möchte, in geeigneter Form verpackt (marshalling) und sich dann mit diesem Aufruf an den ORB wendet, der ihn an den Objektadapter weiterleitet.

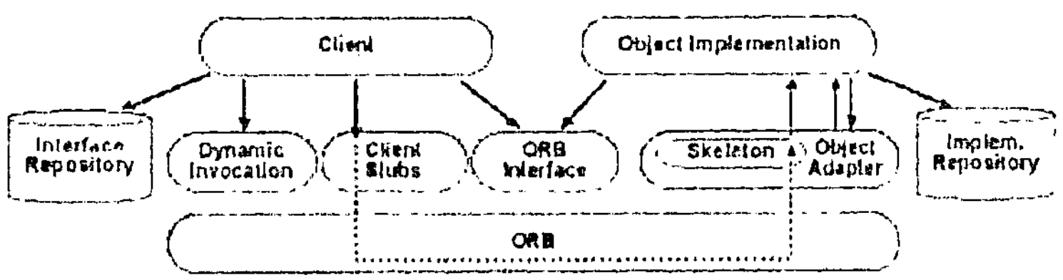

Abbildung 2.31: Abläufe unter Einbeziehung des ORB

Der Objektadapter aktiviert das Objekt, erzeugt notfalls eine neue Instanz und reicht den Aufruf an das Skeleton weiter. Das Skeleton entpackt (demarshalling) die Parameter wieder und ruft die Objektimplementierung auf. Das Aufrufergebnis wird auf gleiche Weise in umgekehrter Richtung verpackt, verschickt, wieder entpackt und schließlich an den Client zurückgeliefert (Abbildung 2.31).

IDL als Schnittstellenbeschreibungssprache

CORBA-Komponenten können in jeder Programmiersprache erstellt werden, für die eine ORB-Bibliothek zur Verfügung steht, und auf jeder Plattform installiert werden, für die eine ORB-Implementierung existiert. Zur formalen Spezifikation der Schnittstellen wird die CORBA-Interface Definition Language IDL benutzt. Durch die IDL werden Objekte mit ihren Methoden und Attributen beschrieben. Sie ist damit eine Schnittstellenbeschreibungssprache, die unabhängig ist von den Sprachen, mit der diese Schnittstellen schließlich konkret implementiert werden. Dadurch können Client und Server durchaus in unterschiedlichen Sprachen implementiert sein. Syntaktisch ist die IDL an C++ angelehnt.

Internet-Inter-ORB Protocol (IIOP)

CORBA-Komponenten kommunizieren miteinander über Rechnergrenzen hinweg mit Hilfe des Internet-Inter-ORB Protocol (I-IOP), das auf TCP/IP aufsetzt. CORBA findet aufgrund seiner Plattformunabhängigkeit meist Verwendung in heterogenen Netzen und stellt eine mächtige Infrastruktur zur Erstellung von komponentenbasierten Softwaresystemen zur Verfügung.

2.2.2.6   Java 2 Enterprise Edition

Verteilte Architekturen

Neben CORBA stellt die J2EE eine geeignete Technologie dar, um komplexe, verteilte Architekturen für E-Business-Systeme in der geforderten Trennung zwischen Präsentation und Logik zu realisieren. Die J2EE ist eine Spezifikation der Firma Sun und umfasst neben der Definition der Java Server Pages, der Servlets und anderer Komponenten auch eine Spezifikation der Enterprise Java Beans. Diese Spezifikation beschreibt ein Service-Framework für serverseitige Komponenten.

Web-Browser

Nach der Spezifikation sind clientseitg verschiedene Endgeräte nutzbar. Dazu gehören Web-Browser, die entweder über HTML-Seiten oder über Java Applets mit dem Server kommunizieren. Daneben können auch separate und von einem Browser unabhängige Client-Applikationen eingesetzt werden. Dies ist jedoch für E-Business Applikationen weniger relevant, da im Gegensatz zur Installation eines speziellen Clients ein einfacher Zugriff der

Kunden über handelsübliche Browser gewährleistet werden sollte.

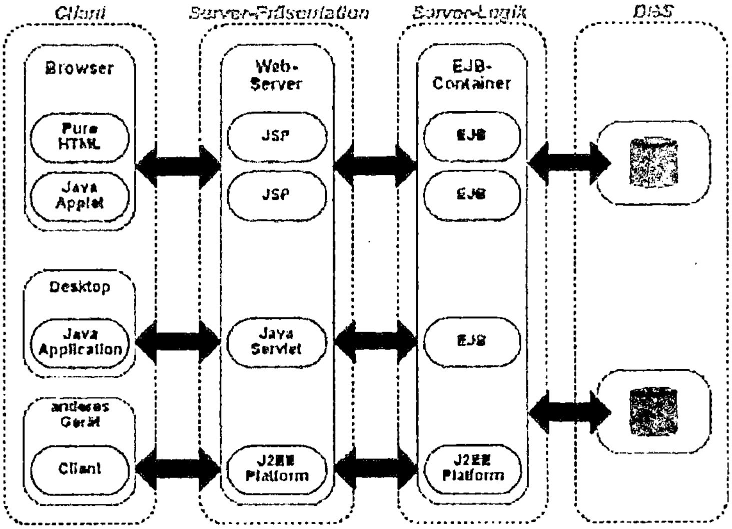

Abbildung 2.32: J2EE

Three-Tier-Architektur

Auf Serverseite besteht die J2EE-Spezifikation zunächst aus einer Three-Tier-Architektur, die in eine Präsentationsschicht, eine Logikschicht und eine Datenschicht unterschieden werden kann. Die Präsentationsschicht basiert auf JSPs und Servlets.

Entscheidend für die Schaffung von E-Business-Systemen sind jedoch die Enterprise Java Beans. Diese sind zwar dem Namen nach den Java Beans, den Java-Komponenten, ähnlich, unterscheiden sich jedoch wesentlich von diesen.

Enterprise Java Beans (EJB)

EJB sind eine Komponentenarchitektur für verteilte, serverseitige und transaktionsorientierte Komponenten [5], [8], [17] und [18]. Die Spezifikation definiert darüber hinaus ein systemtechnisch orientiertes Komponentenmodell, das den Einsatz verschiedener Typen von Enterprise Java Beans erlaubt.

Es definiert Protokolle für

- die Verwaltung der Komponenten

- die Kooperation und Kommunikation der Komponenten untereinander und

- für die Benutzung durch den Client.

Entity- und Session-Beans

Hinsichtlich der konkreten Ausprägung der Enterprise-Beans werden

* Entity-Beans und

* Session-Beans

unterschieden. Sie enthalten die Anwendungslogik, die von den Client-Programmen genutzt wird und existieren in einem EJB-Container, der ihnen eine Laufzeitumgebung zur Verfügung stellt. Die EJBs sind durch die Clientprogramme nicht direkt ansprechbar, sondern sie kommunizieren mit der Außenwelt über ein Remote- und ein Home-Interface. Über den Container wird die Ansprechbarkeit über das Home- und Remote-Interface gesichert. Ebenso übernimmt er das Lebenszyklusmanagement.

EJB-Container-Dienste

Der EJB-Container enthält darüber hinaus Dienste, die er der Bean über Standardprogrammierschnittstellen zur Verfügung stellt. Dazu gehören

* der Zugriff auf Datenbanken über JDBC

* der Zugriff auf einen Transaktionsservice über JTA und

* der Zugriff auf Namensservice.

Der EJB-Container ist, gegebenenfalls zusammen mit anderen Containern, in einem Server installiert [8]. Abbildung 2.33 verdeutlicht die Zusammenhänge.

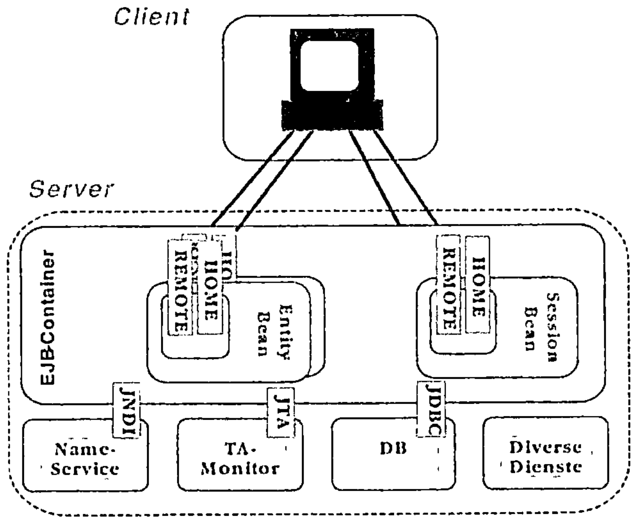

Abbildung 2.33: EJB-Container

Der Server

Die Basiskomponente der EJB-Architektur ist ein Server, der die Laufzeitumgebung für verschiedene Container bereitstellt. Jeder Container repräsentiert dabei wiederum eine Laufzeitumgebung für eine bestimmte Art von Komponenten (Servlets, EJBs etc.).

Der Server stellt die grundlegende Funktionalität zur Verfügung. Dazu gehört beispielsweise:

- ein Thread- und Prozessmanagement zur Unterstützung mehrerer, parallel arbeitender Container auf dem Server

- die Unterstützung von Clustering und Lastverteilung (d. h. die Fähigkeit, mehrere Server im Verbund zu betreiben und die Anfragen der Clients je nach Auslastung zu verteilen)

- die Gewährleistung der Ausfallsicherheit

- ein Namens- und Verzeichnisdienst (zur Lokalisation von Komponenten)

- die effiziente Verwaltung von Betriebssystemressourcen (z. B. Pooling von Netzwerk-Sockets).

Hersteller-abhängige Schnittstelle

Die Schnittstelle zwischen dem Server und den Containern ist dabei sehr stark herstellerabhängig. Weder die Spezifikation der Enterprise Java Beans noch die Spezifikation der Java-2-Plattform, Enterprise Edition, definieren hierfür ein Protokoll. Da ein Standard für dieses Protokoll fehlt, ist nicht sichergestellt, dass der EJB-Container des Herstellers A im Server des Herstellers B betrieben werden kann.

Der EJB-Container

Ein EJB-Container ist eine Laufzeitumgebung und stellt Dienste für Enterprise-Bean-Komponenten zur Verfügung. Die Dienste werden der Bean über Standardprogrammierschnittstellen zur Verfügung gestellt. Zusätzliche Dienste können über Standardschnittstellen angeboten werden.

Ein Beispiel für eine stark vereinfachte Architektur eines E-Business-Systems soll den Zusammenhang zwischen den einzelnen Komponenten verdeutlichen. (Abbildung 2.34).

System-Kontroll-Komponente

Alle Benutzeranfragen (Requests) an das E-Business-System gehen in einer System-Kontroll-Komponente ein, die als Servlet implementiert sein kann. Alle eintreffenden HTTP-Requests werden über dieses Servlet geleitet. Es stellt somit den zentralen Einstiegspunkt in die Präsentationschicht dar. Aufgabe der Control-Komponente ist es, das Anwendungsverhalten zu steuern, eine View zu wählen und die Modell-Daten zu aktualisieren. Die Benutzereingaben treffen in Form von HTTP-Requests in der Präsentationsschicht ein. Aufgrund dieser Requests müssen Logikmethoden der EJBs in der Logikschicht aufgerufen werden. Das System-Control-Servlet hat im Wesentlichen die Aufgabe, den HTTP-Request einer Session und damit einem Kunden zuzuordnen und dann die durch den Request gewählte JSP-Seite aufzurufen.

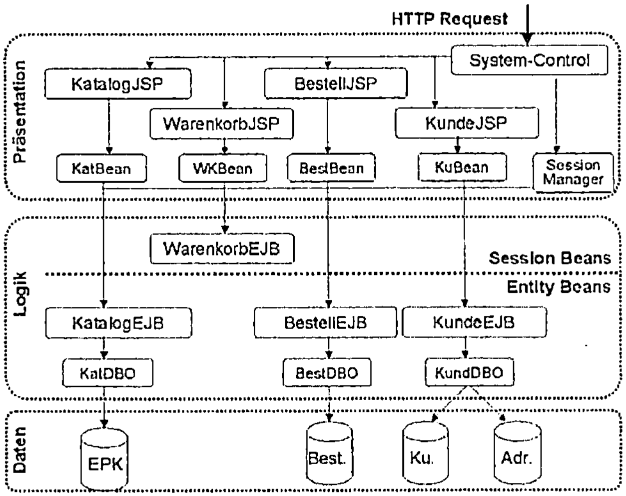

Abbildung 2.34: Vereinfachte Architektur eines
E-Business-Systems

**Session-
Manager**

Für die Verwaltung der Session ist der Session-Manager zuständig. Dieser legt ein neues Session-Objekt an, wenn ein Benutzer das erste Mal das System benutzt und registriert ansonsten dessen Aktivitäten.

Die JSP-Seiten repräsentieren den View-Bereich der Anwendung und generieren die HTML-Ausgaben für den Browser des Benutzers. Sie benötigen dazu Daten aus der Datenschicht, die von den EJBs zur Verfügung gestellt werden. Der Zugriff auf die EJBs wird nicht direkt aus den JSP ausgeführt, sondern über Java Beans (nicht zu verwechseln mit den Enterprise Java Beans). Im Beispiel wird angenommen, dass für jedes Modul eine entsprechende Java Bean-Klasse existiert. Sie sind in Anlehnung an die JSP- und EJB-Komponenten als KatBean, WKBean, BestBean und KunBean benannt. Die Aufgabe der JavaBeans ist es, über bestimmte Methoden (so genannte get-Methoden) die relevanten Daten aus der Datenbank über die Attribute der EJB-Obkjekte zu lesen. Sie enthalten also Logik zur Initialisierung und Aktualisierung der Daten.

JSP-Tag

Die Java Beans werden mit dem JSP-Tag useBean unter einer bestimmten ID in die JSP-Seiten integriert. Dadurch wird eine Instanz der angegebenen Klasse eingebunden und deren Methoden in der JSP-Seite verfügbar gemacht. Das folgende Beispiel zeigt die Einbindung der JavaBeans [2]:

```
<jsp:useBean
   id=„kunde“
   class=„beispiel.KundenKlasse“

   scope=„session“
/jsp:useBean>
   ...
```

Über die verschiedenen get-Methoden können dann die Daten gelesen werden.

```
<%= kunde.getName() %>
<%= kunde.getVorname() %>
   ...
```

Bevor die Funktionalität der Enterprise Java Beans beschrieben wird, soll zunächst eine stark vereinfachte Datenstruktur auf der Basis der bereits beschriebenen Module definiert werden.

**Produkt-
katalog**

Der elektronische Produktkatalog enthält Information über die im E-Business-System angebotenen Produkte, die meist hierarchisch strukturiert sind (Produkte, Produktgruppen, Kategorien, etc.). Der Einfachheit halber soll hier nur mit Artikeln gearbeitet werden, wobei jeder Artikel durch eine Reihe von Daten repräsentiert wird. Das sind z. B. Bezeichnung, Einheit, Dimension, Preis, Bild, Beschreibung, Hersteller und Steuersatz. Der Artikel wird durch eine Java-Klasse (KatalogEJB) repräsentiert, die die Attribute der Artikel und verschiedene Methoden enthält. Für die Implementierung werden Entity-Beans verwendet, um auf die Anwendungsdaten in der Datenhaltungsschicht zuzugreifen.

Warenkorb

Der Warenkorb speichert die vom Kunden zum Kauf ausgewählten Artikel, wobei ein Artikel mehrmals in den Warenkorb gelegt werden kann. Als Daten für die Speicherung des Warenkorbes benötigt man also die Artikelanzahl und die dazugehörigen Artikelbeschreibungsdaten des EPK. Auch die Warenkorbdaten werden in einer Java-Klasse gekapselt, wobei eine Instanz dieser Klasse einem Eintrag im Warenkorb entspricht. Diese Instanz stellt einen lesenden Zugriff auf ihre Attribute zur Verfügung und kann außerdem die Kosten für die ausgewählten Produkte berechnen.

Der Warenkorb ist einem Kunden zugeordnet und wird nach Auslösung der Bestellung wieder gelöscht. Insofern stellt er eine typische Anwendung für eine (stateful) Session-Bean (WarenkorbEJB) dar. Da der Warenkorb nach Abschluss der Bestellung bzw. nach Verlassen des Systems gelöscht wird, ist keine Datenbankspeicherung erforderlich. Die Session-Bean stellt – neben der Liste von Warenkorbelementen – Methoden zum Anlegen eines neuen Eintrags, das Verändern und Löschen eines Eintrags sowie das Leeren des Warenkorbes zur Verfügung.

Kunde

Das Kundenkonto enthält Information über einen bestimmten Kunden, wie beispielsweise dessen Vorname, Nachname, Adresse (Straße, Hausnummer, PLZ, Ort, Land), Telefonnummer, E-Mail-Adresse. Auch das Kundenkonto wird durch eine Entity Bean Klasse (KundeEJB) repräsentiert. Dabei kann die Datenstruktur der Adresse zum Beispiel in eine separate Klasse gekapselt werden, um flexibel auf Änderungen im Adressenformat zu reagieren.

Neben dem lesenden Zugriff auf die Kundendaten stellt KundeEJB Methoden zur Verfügung, mit denen die Daten editiert werden können.

Bestellung

Die Bestellung eines Kunden besteht aus einer Reihe von Artikeln, einer Lieferanschrift, Daten zur Bezahlung, gegebenenfalls dem Lieferdatum sowie Anzahl und dem zum Bestellzeitpunkt aktuellen Preis der bestellten Produkte. Auch die Bestellung wird durch eine Entity-Bean (BestellungEJB) im EJB-Container repräsentiert.

Werden nun z. B. Daten aus dem Katalog über die KatBean bei der KatalogEJB angefordert, muss die EJB die aktuellen Werte aus der Datenbank auslesen. Dafür kann ein Persistenzmechanismus benutzt werden, der vom Container bereitgestellt wird (Container Managed Persistence – CMP), oder in den EJBs kann dieser Persistenzmechanismus individuell implementiert werden (Bean Managed Persistence – BMP). Letzteres erhöht zwar den Implementierungsaufwand, gestattet aber einen flexibleren Zugriff auf die Datenbank.

**Datenbankab-
fragesprache
SQL**

Die Zugriffslogik wird in der Regel über die Datenbankabfrage-
sprache SQL (Structered Query Language) realisiert. Da die Syntax der SQL-Abfragen datenbankabhängig ist, wird die Logik für
die Datenbankzugriffe in separate Klassen gekapselt. Damit wird
die Flexibilität bei der Anpassung an unterschiedliche Datenbanken erhöht, ohne die Logikkomponenten (EJBs) zu berühren. In
Abbildung 2.34 sind KatDBO (Zugriff über KatalogEJB),
BestDBO (Zugriff über BestellungEJB) und KunDBO (Zugriff ü-
ber KundeEJB) die Java-Klassen mit der Datenbankzugriffslogik.
Der Zusatz DBO steht dabei für Datenbankobjekt. Die Klasse
WarenkorbEJB benötigt keine DBO-Klasse, da die Warenkorbdaten nicht in einer Datenbank gespeichert werden.

2.2.3   Sicherheit

**Sicherheits-
mechanismen**

Ein wichtiger Maßstab, an dem E-Business-Systeme gemessen
werden, ist die Frage nach der Sicherheit [2]. Unter Sicherheit soll
der Schutz der persönlichen Daten der Kunden vor der Einsicht
Dritter verstanden werden, sowie die Sicherung, dass sich kein
Dritter der Identität eines Kunden bedienen kann, um in dessen
Namen Geschäfte abzuschließen. Für den Anbieter des E-
Business-Systems bedeutet Sicherheit, dass ein abgewickeltes
Geschäft nicht bestritten werden kann und dass der Schutz aller
relevanten Daten vor dem Zugriff Dritter gewährleistet wird. Dies
wird unter anderem durch

- Autorisierung

- Verschlüsselung

- Authentifzierung und

- Zertifikate

erreicht.

Autorisierung

Autorisierung bezieht sich auf die Rechtevergabe innerhalb eines
Softwaresystems. Dazu erhalten die Benutzer bzw. Benutzergruppen bestimmte Rechte auf bestimmte Ressourcen. Dabei
wird der Kunde eines E-Business-Systems intern meist auf einen
anonymen Benutzer abgebildet. Existieren im System allerdings
Bereiche, auf die nur bestimmte Personenkreise Zugriff haben
dürfen, ist eine Abgrenzung dieser Bereiche gegen anonyme Benutzer notwendig.

**Verschlüsse-
lung**

Verschlüsselungsverfahren werden eingesetzt, wenn zwischen
mehreren Instanzen Daten über ungesicherte Verbindungen aus-

getauscht werden. Verschlüsselungsverfahren stellen sicher, dass nur der richtige Empfänger die Daten entschlüsseln und somit lesen kann. Dadurch soll vermieden werden, dass Dritte, die beim Datenaustausch unrechtmäßige Kopien erlangt haben, diese verwerten können. Es existieren sehr viele Verschlüsselungsverfahren die sich im Aufwand, der betrieben werden muss, um eine Nachricht zu verschlüsseln (und zu entschlüsseln), unterscheiden. Im Internet wird meist das Verschlüsselungsprotokoll SSL (Secure Socket Layer) benutzt. Die Kommunikation zwischen Client und Server geschieht dann über HTTPS, einer Erweiterung von HTTP.

Authentifizie-rung

Authentifizierung weist die Identität eines Kommunikationspartners nach. Mit Sicht auf ein E-Business-System gilt es zu vermeiden, dass eine Person eine Bestellung unter dem Namen einer anderen Person abgibt. Die einfachste Möglichkeit der Authentifizierung ist die Benutzung eines Passwortes, das nur dem Benutzer und dem E-Business-System bekannt ist. Authentifizierungsverfahren können aber auch wesentlich aufwendiger und sicherer sein, bis hin zu biometrischen Verfahren.

Zertifikate

Ein Zertifikat ist eine nachprüfbare Aussage einer Person über einen Sachverhalt. Die Aussage beschreibt dabei einen in einer standardisierten Form repräsentierbaren Zustand (z. B. ein Zeugnis). In einem Zeugnis werden beispielsweise Noten und Verhaltenseigenschaften beschrieben, die nachprüfbar sind und durch Siegel und Unterschrift einer vertrauenswürdigen Person zertifiziert werden. Zertifikate im Internet sind Authentizitätsnachweis öffentlicher Schlüssel. Im Bereich von E-Business-Systemen werden Zertifikate benutzt, um die Identität des Anbieters zu beweisen. Solche Zertifikate werden von einer unabhängigen Instanz (Zertifizierungsstelle) erstellt. Diese wird von den Internetnutzern als vertrauenswürdig angesehen und bestätigt die Aussage des Zertifikates. Das Zertifikat wird im Allgemeinen vom Webbrowser des Kunden erkannt und ermöglicht so eine sichere, verschlüsselte Datenübertragung über HTTPS.

Details zum Einsatz dieser Sicherheitsmechanismen werden im Kapitel „Elektronische Zahlungssysteme" beschrieben.

2.2.4   Literaturverzeichnis

[1] Peppers, Rogers: The One to One Future: Building Relationships One Customer at a Time, 1993

[2] Weber, Architektur eines Online-Shops auf der Basis einer serverseitigen Komponententechnologie am Beispiel von Enterprise Java Beans, FH Fulda, Diplomarbeit, 2001

[3] H.-W. Six, J. Voss, W. Schäfer: Architekturschema für VU-Systeme; http://www.campussource.de/projekte/ architektur/ architektur_vusysteme.html

[4] Münz, SelfHTML, muenz@csi.com 1998

[5] Sun, J2EE Blueprints, http://java.sun.com/j2ee/blueprints/ sample_application/index.html, 2000,

[6] Coulouris, Dollimore: „Distributed Systems, concept and design"; Addison Wesley, 1998

[7] Kassem, Enterprise Team: „Designing Enterprise Applications with the Java 2 Platform, Enterprise Edition"; Addison-Wesley 2000

[8] Denninger, Peters: „Enterprise Java Beans"; Addison-Wesley 2000

[9] Boger: Java in verteilten Systemen. Nebenläufigkeit, Verteilung, Persistenz, dpunkt-Verlag, Heidelberg, 1999

[10] Microsoft: Entwicklerbibliothek, http://www.microsoft.com/ GERMANY/ms/msdnbiblio/artikel/sj2Lektionen.htm

[11] Object Management Group, http://www.omg.org

[12] Siegel: „CORBA – Fundamentals and Programming"; John Wiley & Sons, 1996

[13] Coulouris, Dollimore: „Distributed Systems, concept and design"; Addison Wesley, 1998

[14] Sun: Java 2 Enterprise Edition, http://java.sun.com/j2ee/, 2001,

[15] Sun : Enterprise Java Technologie, http://java.sun.com/ products/ejb/, 2001,

[16] Hall: „Core Servlets and Java Server Pages (JSP)"; Prentice Hall 2000

[17] Ed Roman: Enterprise JavaBeans and the Java 2 Platform, Enterpise Edition, Wiley Computer Publishing, 2000

[18] Monson-Haefel: Read all about EJB 2.0, http://www.java-world.com/javaworld/jw-06-2000/jw-0609-ejb.html, 2000

Autor: Prof. Dr. Uwe Schröter, Fachhochschule Fulda,
           Fachbereich Angewandte Informatik, Mar-
           quardstr. 35, 36039 Fulda.

Email: Uwe.Schroeter@informatik.fh-fulda.de.

Web: www.fh-fulda.de/fb/ai/profs/schroeter.htm.

Netzwerke und Sicherheit

<table>
<tr><td>E-Business findet im Netz statt</td><td>Praktiziertes E-Business wird von den eingesetzten Netzwerken geprägt. Ohne eine funktionierende und leistungsfähige Netz-Infrastruktur sind die an das E-Business gestellten Anforderungen heute nicht mehr zu erfüllen. Waren die Datenmengen bei der Durchführung von Transaktionen in der Vergangenheit gering und die Kommunikation zwischen verschiedenen Partner (Unternehmen oder Kunden) asynchron, so hat sich die Situation heute drastisch geändert. Im Vordergrund steht der Austausch von multimedialen Informationen unter zusätzlichem Einsatz von synchronen Kommunikationslösungen, wie z. B. Videokonferenzsystemen. Diese Entwicklung wird durch die Globalisierung der Unternehmen und der Geschäftsfelder weiter forciert. Die dabei anfallenden Datenmengen müssen häufig auch schon unter Echtzeitbedingungen transportiert werden.</td></tr>
<tr><td>Globale Unternehmensstruktur</td><td>Netzwerke bestimmen auch die Abläufe innerhalb eines Unternehmens. Außenstellen oder Niederlassungen werden über Netzwerke mit der Zentrale im globalen Unternehmen verbunden. Bestimmte Tätigkeiten, z. B. im Vertrieb oder im Support, die ursprünglich von einem Arbeitsplatz innerhalb der Unternehmen durchgeführt wurden, sind heute auf Telearbeitsplätze oder zu einem Call-Center ausgelagert. Teilweise werden diese Tätigkeiten auch mobil ausgeübt.</td></tr>
<tr><td>Virtuelle Unternehmen</td><td>Daneben schließen sich heute verschiedene Partner zur Verfolgung gemeinsamer Ziele auf Dauer oder auf Zeit zu so genannten virtuellen Unternehmen zusammen. Virtuell bedeutet in diesem Zusammenhang, dass diese Unternehmen nur als „verteilte Systeme" im Netz existieren.</td></tr>
<tr><td>Sensible Unternehmensdaten</td><td>Transportiert werden in der Regel sensible Unternehmensdaten, deren Kenntnis für die beteiligten Partner meist Wettbewerbsvorteile bedeuten und entsprechend zu schützen sind. Wurden in der Vergangenheit Geschäftsbesprechungen in relativ sicherer Umgebung innerhalb der Unternehmen durchgeführt, so führt die Globalisierung dazu, dass hierfür heute Videokonferenzsysteme unter Verwendung der Kommunikationsnetze eingesetzt werden. Hier wird eine sichere Datenübertragung gefordert.</td></tr>
</table>

Beiträge zu Netzwerke und Sicherheit

In der Praxis des E-Business werden heute in diesem Bereich verschiedene Techniken eingesetzt, die einerseits die erforderlichen Leistungen bieten und gleichzeitig die notwendige Sicherheit gewährleisten. Zu den besonders innovativen Techniken und praktischen Anwendungen gehören hier z. B.:

- Virtuelle Private Netze,

- Mobile Commerce (M-Commerce) oder

- Elektronischen Zahlungssysteme.

Virtuelle Private Netze (VPN)

Virtuelle Private Netze (VPN) sind Verfahren, die lokale (private) Netze (LAN) räumlich erweitern. Einzelne Rechnersysteme oder auch vollständig andere Netze können so mit einem LAN verbunden werden, dass sie mit den Teilnehmern in diesem LAN zusammenarbeiten können, als wären sie ebenfalls dort Teilnehmer. Zur Kopplung werden öffentliche Kommunikationsnetze verwendet. Geschützt wird diese Kopplung über einen so genannten Tunnel. Die Grundlagen der VPNs werden vorgestellt und diskutiert.

Mobile Commerce

Der Einsatz von mobilen Kommunikationsmöglichkeiten nimmt zu. Dabei wird die Funktionalität der mobilen Endgeräte ständig erweitert. Trotzdem befindet sich die Entwicklung von Mobile-Commerce-(M-Commerce) Anwendungen erst am Anfang. Visionen hierzu, die große Gruppen von mobilen Benutzern mit vielen Online-Diensten in Kontakt sehen und damit ein sehr großes neues Geschäftsfeld eröffnen, existieren viele. Im Rahmen des E-Business muss M-Commerce auf Grund der großen Wechselwirkung mitberücksichtigt werden.

Elektronische Zahlungssysteme

Innerhalb der Geschäftsprozesse ist der Vorgang des Bezahlen's der wohl wichtigste Teilschritt. Hierfür müssen bei einer elektronischen Nachbildung geeignete Mittel und Verfahren zur Verfügung gestellt werden, die neben einem vollen Funktionsumfang der Geldfunktion auch die nötige Sicherheit bieten. Ebenso wie die mobilen Kommunikationsmöglichkeiten sind auch die elektronischen Zahlungssysteme und -verfahren im Wechselfeld von E-Commerce und E-Business. Dabei sind Verfahren, die bei Geschäften zwischen den Unternehmen angewendet werden, einfacher zu beherrschen und zu realisieren, als zwischen einem Unternehmen und privaten Einzelkunden. In einer umfangreichen Übersicht werden die verschiedenen Möglichkeiten vorgestellt und auf ihre praktische Bedeutung hin analysiert.

3.1 VPN als Netzstruktur für E-Commerce-Systeme
(Anatol Badach)

Virtual Private Networks (VPNs)

E-Commerce und virtuelle Unternehmen sind zwei wichtige Trends, die eine Anwendungsart des öffentlichen Internets und anderen privaten Netzen mit dem Protokoll IP *(Internet Protocol)* darstellen. Diese Anwendungen verlangen eine flexible und virtuelle Netzstruktur, die oft in Form von sog. Virtual Private Networks (VPNs) realisiert wird.

Kosteneinsparungen

VPNs versprechen enorme Kosteneinsparungen und verdrängen die klassischen Lösungen beim Aufbau von E-Commerce-Systemen. Doch um öffentliche IP-Netze (wie z. B. dem Internet) für E-Commerce-Anwendungen zu nutzen, sind bestimmte Vorkehrungen hinsichtlich der Sicherheit bei der Übermittlung von sensiblen Daten notwendig.

Das Ziel dieses Kapitels ist es, die wichtigsten Aspekte von VPNs in einer kurzen und fundierten Form darzustellen.

3.1.1 Tunneling als VPN-Basis

Tunneling-Techniken

In der Vergangenheit wurden private Unternehmensnetze so aufgebaut, dass mehrere Standorte eines Unternehmens über gemietete physikalische Standleitungen verbunden waren. Da Standleitungen in der Regel teuer sind, haben derartige Lösungen in Unternehmen mit einer Vielzahl von weit entfernten Standorten zu sehr hohen Kosten geführt. Mit Hilfe von Tunneling-Techniken lassen sich *virtuelle Standleitungen* für den sicheren Transport von vertraulichen Daten über öffentliche IP-Netze, wie z. B. dem Internet, aufbauen. Setzt man solche virtuelle Standleitungen ein, um beispielsweise mehrere Standorte eines Unternehmens miteinander zu verbinden, entsteht ein *virtuelles privates Netz* (VPN). Über ein VPN lassen sich daher mehrere und beliebig entfernte Standorte sicher miteinander verbinden. Somit kann das Internet bzw. ein anderes IP-Netz für eine private und geschützte Kommunikation genutzt werden.

Tunneling-Konzept

Das *Tunneling* ist ein Konzept, nach dem man beliebige Datenpakete über ein Weitverkehrsnetz als ein reines Transitnetz transportiert. Dieses Konzept wird schon seit langem eingesetzt, um IP-Pakete über andere Netze zu transportieren, in denen man ein anderes Protokoll verwendet. Das Tunneling-Prinzip über ein IP-Netz (wie z. B. dem Internet) bei der Kopplung von LANs illustriert die Abbildung 3.1.

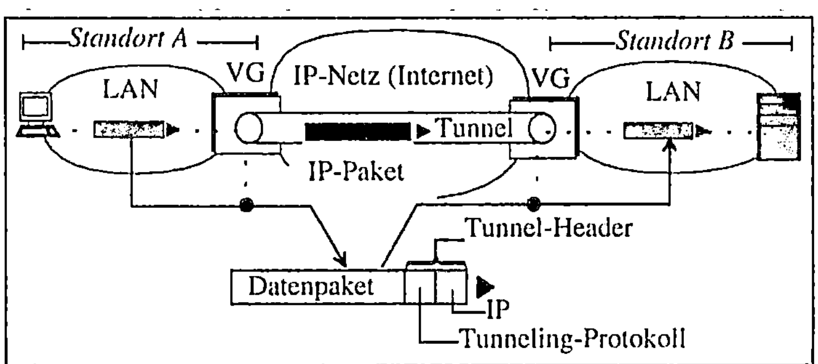

Abbildung 3.1: Tunneling über ein IP-Netz   IP: Internet Protocol,
LAN: Local Area Network, VG: VPN-Gateway

Encapsulation

Wie hier ersichtlich verpackt der Quell-Rechner das zu übertragende „Original"-Datenpaket als Nutzlast (*Payload*) in ein IP-Paket. Diese Verpackung wird auch als *Encapsulation* bezeichnet und besteht darin, dass dem Original-Datenpaket ein zusätzlicher Header vorangestellt wird. Diesen Header nennt man *Tunnel-Header*. Im Ziel-Rechner wird der Tunnel-Header entfernt, um das Original-Datenpaket wieder in die ursprüngliche Form zu bringen. Diesen Vorgang nennt man *Decapsulation*. Auf diese Art und Weise entsteht quasi ein *Tunnel* über das IP-Netz, in dem das Datenpaket transportiert wird.

Tunnel-Header-Zusammensetzung

Der Tunnel-Header setzt sich oft aus zwei Teilen zusammen. Der erste Teil stellt immer einen zusätzlichen IP-Header dar, der Beginn und Ende des Tunnels sowie den Übertragungsweg über das IP-Netz bestimmt. Der zweite Teil des Tunnel-Headers wird von einem zusätzlichen Protokoll (sog. *Tunneling-Protokoll*), wie z. B. L2TP oder IPsec, festgelegt. Durch das Tunneling-Protokoll werden weitere Angaben übermittelt, um die Authentizität des Absenders zu überprüfen, die Datenintegrität und Vertraulichkeit (durch eine Verschlüsselung) zu garantieren.

Da der Transport über das IP-Netz auf Basis des vorangestellten IP-Headers verläuft, können die „Angreifer" unterwegs nicht mehr die Quell- und Zieladresse des in der Regel verschlüsselt übertragenen Original-Datenpakets ablesen, sondern lediglich nachvollziehen, dass die Daten zwischen Tunnel-Beginn und Tunnel-Ende transportiert werden.

Virtual Leased Line

Ein Tunnel über ein IP-Netz verhält sich also wie eine bidirektionale Direktverbindung zwischen den Systemkomponenten, die Tunnel-Beginn und -Ende bilden. Somit kann jeder Tunnel als eine virtuelle Standleitung VLL (*Virtual Leased Line*) angesehen werden.

3.1.2   Arten von VPNs

Je nachdem, wie der Tunnel eingerichtet wird und ob der *Remote Access Service* (RAS) unterstützt wird, unterscheidet man die in der Abbildung 3.2 gezeigten Arten von VPNs.

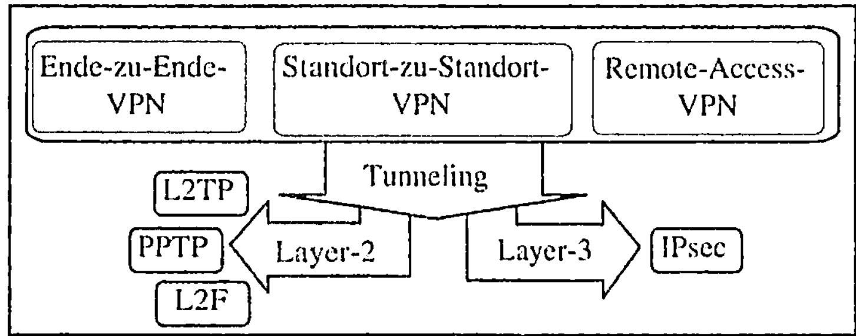

Abbildung 3.2: VPN-Arten auf Basis der IP-Netze   IPsec: IP Security, L2TP: Layer 2 Tunneling Protocol, PPTP: Point-to-Point Tunneling Protocol, L2F: Layer 2 Forwarding

Tunnel über ein IP-Netz

Werden die kommunizierenden Rechner mit einem Tunnel über ein IP-Netz direkt verbunden, so bezeichnet man ein solches VPN als *Ende-zu-Ende-VPN* (*End-to-End-VPN,* => Abb. 3.3). Wird der Tunnel dagegen nur zwischen den verschiedenen Standorten eines Unternehmens eingerichtet, so spricht man von einem *Standort-zu-Standort-VPN* (*Site-to-Site-VPN,* =>Abb. 3.4). Soll Remote Access in einem VPN ermöglicht werden, so kann ein Remote-Benutzer die Verbindungen über ein Zubringernetz (z. B. über das ISDN) zu einem Einwahl-Punkt aufbauen, an dem der Tunnel über ein IP-Netz zu einem bestimmten Unternehmensnetz beginnt. Eine solche Lösung stellt ein *Remote-Access-VPN* dar (=> Abb. 3.5).

VPN-Aufbau

Für den VPN-Aufbau stehen mehrere Prinzipien als sog. *Tunneling-Protokolle* zur Verfügung. Man unterscheidet zwischen:

- *VPNs mit Layer-2-Tunneling* und

- *VPNs mit Layer-3-Tunneling.*

Beim Layer-2-Tunneling können die Tunneling-Protokolle L2TP, PPTP bzw. L2F verwendet werden. Die VPNs mit Layer-3-Tunneling werden mit Hilfe des Protokolls IPsec (*IP Security*) eingerichtet. Mit der Auswahl des geeigneten *Tunneling-*

Protokolls wird bereits eine wichtige Weichenstellung für einen sicheren und wirtschaftlichen VPN-Betrieb getroffen.

3.1.2.1   Ende-zu-Ende-VPNs

Ein Ende-zu-Ende-VPN illustriert die Abbildung 3.3. Ein derartiges VPN ermöglicht es, mehrere „Remote"-Rechner über virtuelle Standleitungen mit einem zentralen Rechner zu verbinden. Ein *VPN-Gateway* (oft auch VPN-Server genannt) stellt ein Tunnel-Beginn/Ende dar. Hierbei ist zu beachten, dass ein entsprechendes Tunneling-Protokoll auf jedem von den an das VPN „angeschlossenen" Rechnern installiert werden muss.

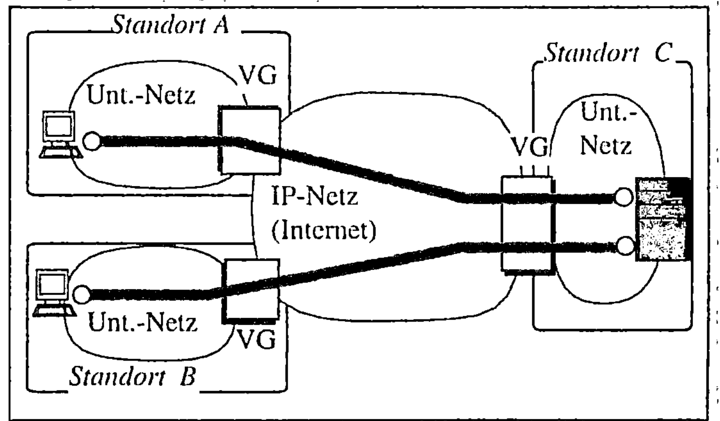

Abbildung 3.3: Beispiel für ein Ende-zu-Ende-VPN   Unt.-Netz: Unternehmensnetz, VG: VPN-Gateway

Einsatzfälle für Ende-zu-Ende-VPN

Ein Ende-zu-Ende-VPN kann z. B. eingesetzt werden,

* um einige Rechner verschiedener Unternehmen über verschlüsselte, virtuelle Standleitungen an einen Server eines Unternehmens mit E-Commerce-Angeboten anzubinden.

* um Kunden eines Geldinstituts über das Internet sicher mit einem Buchungsserver bei den E-Commerce-Anwendungen zu verbinden.

* um Rechner von Mitarbeitern zu vernetzen, die an verschiedenen Standorten tätig sind und an einem gemeinsamen Projekt arbeiten (=> Unterstützung der Gruppenarbeit, Telekooperation).

3.1.2.2 Standort-zu-Standort-VPNs

Ein Standort-zu-Standort-VPN stellt eine Lösung dar, um mehrere Standorte eines Unternehmens über ein IP-Netz zu verbinden (=> Abb. 3.4). Hier handelt es sich eigentlich um eine Kopplung von mehreren LANs über ein öffentliches IP-Netz (z. B. das Internet). Steht z. B. eine Workstation aus dem Unternehmensnetz am Standort A in Verbindung mit einem Datenserver im Unternehmensnetz am Standort B, kann die Kommunikation mit Hilfe von beiden VPN-Gateways so erfolgen, dass der „Weg" über das VPN nicht bemerkbar ist (falls die Übertragungsrate im IP-Netz ausreichend groß ist!).

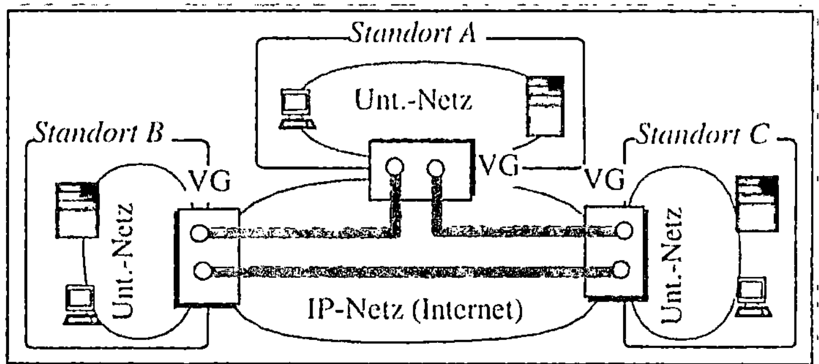

Abbildung 3.4: Beispiel für ein Standort-zu-Standort-VPN

Einsatzfälle für Standort-zu-Standort-VPNs

Die Standort-zu-Standort-VPNs können z. B. eingesetzt werden,

- um mehrere Standorte eines Unternehmens über virtuelle und verschlüsselte Standleitungen zu vernetzen.

- um den Datenaustausch zwischen mehreren Standorten eines E-Commerce-Systems kostengünstig zu ermöglichen.

3.1.2.3 Remote-Access-VPNs

Hat ein Unternehmen sowohl eine Vielzahl von Telearbeitsplätzen als auch einige kleine Außenstellen, so kann ein Remote-Access-VPN eine Lösung sein, um allen Mitarbeitern den Zugang zum Unternehmensnetz zu ermöglichen. Eine solche Lösung illustriert die Abbildung 3.5. Hier wählt sich ein Remote-Benutzer bei seinem *Network Service Provider* (NSP) ein, um über einen Tunnel auf das Unternehmensnetz zuzugreifen. Als ein Zugangsnetz zum NSP kann das ISDN, das analoge Telefonnetz bzw. ein Mobilfunknetz dienen.

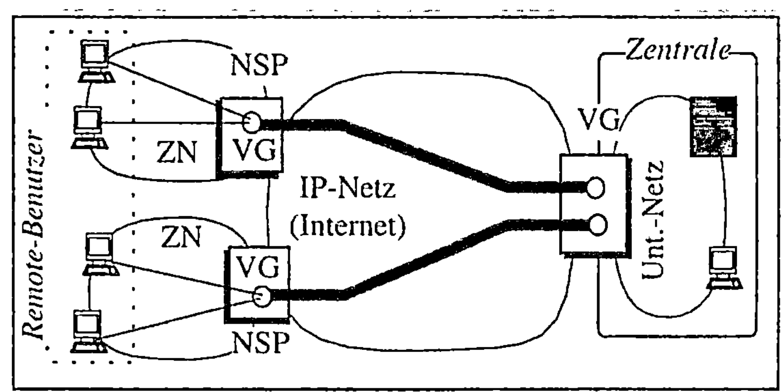

Abbildung 3.5: Beispiel für ein Remote-Access-VPN   NSP: Network Service Provider,   ZN: Zugangsnetz (z. B. ISDN, Mobilfunknetz)

Remote-Access-VPN Einsatzfälle

Ein Remote-Access-VPN bietet sich u. a. an,

- um die Kunden an eine E-Commerce-Zentrale anzubinden.

- um globale Präsenz in einem virtuellen Unternehmen zu erreichen. Die Unternehmen können ihren Mitarbeitern weltweiten Zugriff über das Internet zum Ortstarif einrichten.

3.1.3   Virtuelle Leitungen mit Layer-2-Tunneling

Layer-2-Tunneling-Protokolle

Für das Einrichten von virtuellen Leitungen stehen folgende Layer-2-Tunneling-Protokolle zur Verfügung:

- L2TP *(Layer 2 Tunneling Protocol)*,

- PPTP *(Point-to-Point Tunneling Protocol)* und

- L2F *(Layer 2 Forwarding)*.

Datenpaket eines L3-Protokolls

Die Abbildung 3.6 zeigt, welche Angaben einem zu übertragenden Datenpaket eines L3-Protokolls (L3: Layer-3) wie z. B. IP, IPX beim L2-Tunneling vorangestellt werden. Das Datenpaket wird zuerst mit einem Header des Protokolls PPP *(Point-to-Point Protocol)* ergänzt. Für Näheres über PPP ist auf [Bada01] bzw. [BaHo01] zu verweisen.

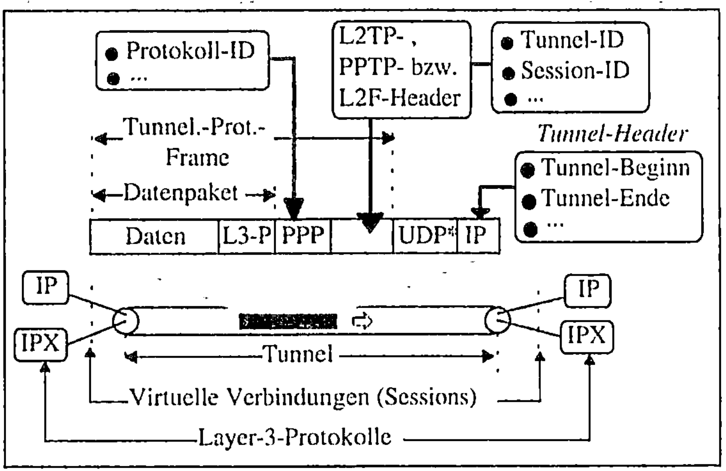

Abbildung 3.6: Layer-2-Tunneling

L3-P: Header des L3-Protokolls (IP, IPX, ...)
*) beim PPTP wird der UDP-Header nicht verwendet.

PPP-Header

Im PPP-Header wird u. a. die Identifikation (ID) des L3-Protokolls übermittelt, somit können die Datenpakete unterschiedlicher L3-Protokolle über einen L2-Tunnel übermittelt werden. Damit ist die Kommunikation nach nicht-IP-Protokollen über ein IP-Netz möglich. In einem L2-Tunnel können mehrere virtuelle Verbindungen (sog. Sessions) verlaufen. Dem PPP-Header wird weiterhin ein Header des L2-Tunneling-Protokolls vorangestellt, in dem u. a. die Tunnel-ID und Session-ID angegeben wird. Über eine Session wird normalerweise die Kommunikation nach einem L3-Protokoll realisiert.

Das Datenpaket mit den vorangestellten Headern des PPP- und des Tunneling-Protokolls bildet einen Frame, der bei den Protokollen L2TP und L2F als Nutzlast in einem IP-Paket transportiert wird. Hierfür wird das verbindungslose Transportprotokoll UDP (*User Datagram Protocol*) verwendet. Ausnahmsweise wird der IP-Header beim Tunneling-Protokoll PPTP direkt dem Frame vorangestellt.

Im weiteren wird nun auf die Protokolle L2TP und PPTP näher eingegangen.

3.1.3.1 RAS und Tunneling mit L2TP

Das Tunneling-Protokoll L2TP legt der Internet-Standard RFC 2661 fest. Beim Aufbau eines Tunnels nach L2TP, der als eine virtuelle Leitung dient, werden folgende Funktionsmodule beteiligt:

- LAC (*L2TP Access Concentrator*) als Tunnel-Initiator (-Beginn) und

- LNS (*L2TP Network Server*) als Tunnel-Akzeptant (-Ende).

Tunnel mit Remote-Access-Unterstützung

Die Abbildung 3.7 illustriert wie ein Tunnel mit der Remote-Access-Unterstützung nach L2TP aufgebaut wird. Es wurde hier vorausgesetzt, dass ein Remote-Benutzer über ein öffentliches IP-Netz an ein Unternehmensnetz, z. B. an eine E-Commerce-Zentrale, „virtuell" angeschlossen werden soll. Dieses IP-Netz kann auch das weltweite Internet darstellen.

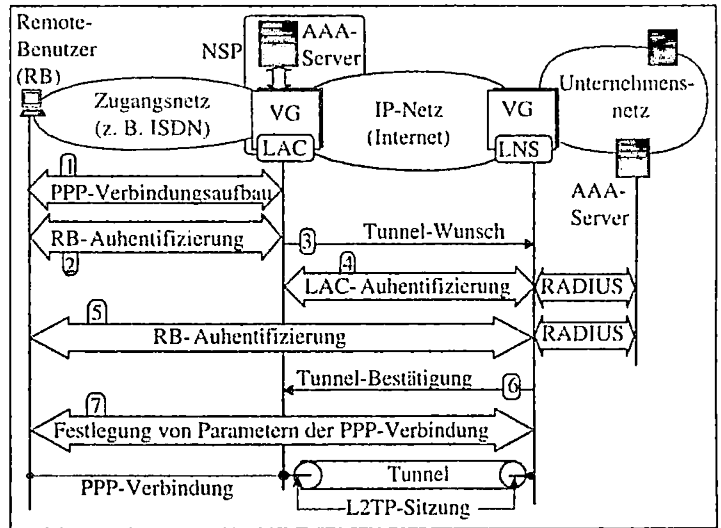

Abbildung 3.7: RAS und Tunneling nach L2TP

NSP: Network Service Provider, RADIUS: Remote Authentication Dial-In User Service,   RB: Remote Benutzer, VG: VPN-Gateway
*) Ist IP-Netz = Internet, stellt NSP einen ISP (*Internet Service Provider*) dar.

Beim Aufbau eines Tunnels mit der Remote-Access-Unterstützung sind folgende Schritte auszuführen:

1) *Aufbau einer PPP-Verbindung zum Network Service Provider (NSP):* Zuerst wird eine physikalische Verbindung zwischen dem Remote-Benutzer und dem Einwahl-Rechner beim NSP, der auch als ein VG dient, hergestellt. Über diese Verbin-

dung wird nachher eine virtuelle Verbindung nach dem PPP-Protokoll (sog. PPP-Verbindung) eingerichtet. Dies bedeutet, dass die vorher vereinbarten Konfigurationsparameter (L3-Protokoll, seine Parameter etc.) zwischen dem Rechner des Remote-Benutzers und dem Funktionsmodul LAC im Einwahl-Rechner (sog. VPN-Gateway) beim NSP eingestellt werden. Für weitere Informationen über PPP ist auf [Bada01] zu verweisen.

2) *Authentifizierung des Remote-Benutzers:* Das Protokoll PPP enthält u. a. das Hilfs-Protokoll CHAP (*Challenge-Handshake Authentification Protocol*), nach dem die Authentizität (Wer ist das?) des Remote-Benutzers überprüft werden kann. Hierfür kann der AAA-Server (*AAA: Authentifizierung, Autorisierung, Accounting*) beim NSP eingesetzt werden (=> [Ba-Ho01]).

3) *Tunnelaufbau-Wunsch:* Ist das Ergebnis der Authentizitätsprüfung des Remote-Benutzers beim LAC positiv, wird der Aufbau des Tunnels zum gewünschten Unternehmensnetz initiiert. Der Tunnel-Wunsch wird vom Ziel-VPN-Gateway nur dann akzeptiert, wenn er von einem berechtigten LAC stammt und auch von einem berechtigten Remote-Benutzer genutzt wird. Um dies zu überprüfen, sind Schritte 4 und 5 nötig.

4) *Authentifizierung des LAC durch LNS im Ziel-VPN-Gateway:* Hier wird die Authentifizierung des den Tunnel initiierenden LAC durchgeführt.

5) *Authentifizierung des Remote-Benutzers durch LNS im Ziel-VPN-Gateway:* Der Remote-Benutzer wird am „Eingang" zum Unternehmensnetz nochmals überprüft. Die Authentifizierung in den Schritten 4 und 5 wird in der Regel nach den Sicherheitsinformationen im AAA-Server im Unternehmensnetz durchgeführt. Für den Austausch der Daten zwischen dem LNS im VPN-Gateway und dem AAA-Server im Unternehmensnetz dient in der Regel das Protokoll RADIUS (*Remote Authentication Dial-In User Service*).

6) *Tunnel-Bestätigung:* Ist das Ergebnis der Authentifizierung in den Schritten 4 und 5 positiv, wird der Tunnel-Wunsch vom LAC im Ziel-VPN-Gateway akzeptiert. Dies wird dem LAC auch entsprechend bestätigt.

7) *Festlegung von Parametern der PPP-Verbindung:* Im Tunnel zwischen LAC und LNS wird eine virtuelle Verbindung (sog.

L2TP-Sitzung) eingerichtet. Mit dieser Verbindung wird die PPP-Verbindung, die über das Zugangsnetz zwischen dem Remote-Benutzer und dem LAC im Quell-VPN-Gateway (=> Schritt 1) aufgebaut wurde, zum Ziel-VPN-Gateway verlängert. Dadurch entsteht eine PPP-Verbindung zwischen dem Remote-Benutzer und dem VPN-Gateway im Unternehmensnetz. Die Parameter dieser PPP-Verbindung müssen festgelegt werden.

Die wichtigsten Besonderheiten des Protokolls L2TP sind:

- Mit L2TP lassen sich alle VPN-Arten aufbauen (=> Abb. 3.2).

- Zwischen einem LAC und einem LNS können mehrere Tunnel eingerichtet werden:

  ⇨ Hierfür dient die Tunnel-ID im L2TP-Header.

- Über einen Tunnel kann parallele Kommunikation nach unterschiedlichen L3-Protokollen (IP, IPX, ...) stattfinden;

  ⇨ Hierfür dienen: Protokoll-ID im PPP-Header und Session-ID im L2TP-Header.

- Beim L2TP kann auch IPsec als ein Mechanismus für die Unterstützung der Sicherheit verwendet werden.

- Die Tunnel nach L2TP können auch über verbindungsorientierte Paketvermittlungsnetze wie Frame-Relay- und ATM-Netze realisiert werden. Für Näheres über diese Netze ist auf [Bada02] zu verweisen.

3.1.3.2   Tunneling-Protokoll PPTP

PPTP-Entwicklung

Das PPTP (*Point-to-Point Tunneling Protocol*) wurde ursprünglich von Ascend und Microsoft entwickelt und ist durch seine Integration in Windows (98, NT, 2000) ein sehr verbreitetes Tunneling-Protokoll. Nach dem PPTP werden die PPP-Frames in den IP-Paketen übermittelt, so dass die Daten nach verschiedenen L3-Protokollen (IP, IPX, ...) über ein IP-Netz transportiert werden können. Somit ist PPTP als eine Erweiterung des Protokolls PPP zu sehen.

Da PPTP die Authentifizierung von Remote-Benutzern mit CHAP ermöglicht, kann es auch zum Aufbau von Remote-Access-VPNs verwendet werden (=> Abb. 3.5). Dabei kann ein Remote-Benutzer eine PPP-Verbindung zu seinem *Internet Service Provider* (ISP) herstellen. Dann kann er entweder einen Tunnel vom ISP aufbauen lassen oder der Remote-Benutzer kann, falls PPTP auf seinem eigenen Rechner installiert ist, den Tunnel selbst initiieren. Das PPTP wird im Internet-Standard RFC 2637 festgelegt. Für Näheres über PPTP ist auf [BaHo01] zu verweisen.

PPTP-Besonderheiten

Die wichtigsten Besonderheiten des Protokolls PPTP sind:

- Zwischen zwei IP-Adressen kann nur ein Tunnel eingerichtet werden.

- Über einen Tunnel kann parallele Kommunikation nach verschiedenen L3-Protokollen stattfinden.

- Die Daten können verschlüsselt transportiert werden.

- Die Verschlüsselung von übertragenen Daten kann z. B. nach dem Verfahren von *Ronald Rivest* (RC4) bzw. nach dem *Data Encryption Standard* (DES) erfolgen.

3.1.4   Einsatz von IPsec zum Aufbau von VPNs

Das Layer-3-Tunneling (kurz L3-Tunneling) besteht darin, dass den zu übertragenden IP-Paketen zuerst ein zusätzlicher Header mit den Angaben für die Sicherheitszwecke und dann noch ein Tunnel-IP-Header vorangestellt wird (=> Abb. 3.1, 3.8b und 3.11). Hierbei wird das Protokoll PPP (d. h. Layer-2-Protokoll) nicht mehr verwendet. Von größter Bedeutung für das L3-Tunneling ist das Protokoll IPsec (*IP Security*), das als IETF-Standard gilt. Da das IPsec sehr komplex ist, sind mehrere RFCs bezüglich IPsec entstanden, die unterschiedliche Aspekte behandeln (=> Literatur und Standards).

Schutz der Datenpakete

Das IPsec beschreibt, wie die Datenpakete des Protokolls IP erweitert werden sollen, um sie vor Verfälschungen und vor dem „Abhören" während der Übertragung zu schützen. Mit dem IPsec können parallele Tunnel (als quasi virtuelle Standleitungen) über ein IP-Netz (z. B. über das Internet) zwischen zwei Standorten eines Unternehmens aufgebaut werden. Somit stellt das IPsec die Basis für das Einrichten von VPNs dar.

3.1.4.1   Ziele von IPsec

Das IPsec bietet folgende Funktionen, um eine sichere Kommunikation zu gewährleisten:

- *Vertraulichkeit (Verschlüsselung)*

Mit dem IPsec kann die Vertraulichkeit der Daten während der Übertragung erreicht werden, so dass sie unterwegs nicht durch einen Unbefugten interpretiert (abgelesen) werden können. Dies ist durch die Verschlüsselung der Daten vor deren Übertragung möglich. Die Daten können am Ziel nur nach der Entschlüsselung mit einem geheimen Schlüssel interpretiert werden.

- *Authentifizierung der Datenquelle*

IP-Spoofing

Ein Unbefugter kann mit Hilfe von speziellen Programmen IP-Pakete erzeugen, in denen eine gültige Quell-IP-Adresse vorgetäuscht wird (IP spoofing). Nachdem sich dieser Unbefugte mit einer gültigen IP-Adresse den Zugang zum Netzwerk verschafft hat, kann er Daten aus diesem Netz abrufen, ändern, umleiten etc. Mit dem IPsec ist es möglich, festzustellen, ob die Daten aus der wahren Quelle stammen (Authentifizierung).

- *Datenintegrität*

Datenpaket-Änderung

Nachdem ein Datenpaket während der Übertragung von einem Unbefugten gelesen wurde, kann er es in einer veränderten Form an den Zielrechner weiterleiten. Damit können die Datenpakete ohne Wissen des Absenders und des Empfängers unterwegs gezielt verändert werden. Mit dem IPsec können die Daten vor solchen unberechtigten Änderungen während der Übertragung geschützt werden. Durch eine Prüfsumme wird sichergestellt, dass die empfangenen Daten exakt mit den gesendeten Daten übereinstimmen. Nur der Absender und der Empfänger verfügen über den geheimen Schlüssel zur Berechnung dieser Prüfsumme. Auf diese Art und Weise kann jedes zu übertragende IP-Paket signiert werden.

- *Anti-Replay-Schutz (Replay-Verhinderung)*

Datenpaket-Mißbrauch

Die von einem Unbefugten unterwegs gelesenen IP-Pakete können unterschiedlich mißbraucht werden. Sie können beispielsweise verwendet werden, um eine neue Sitzung einzurichten und illegal auf die Daten im Zielrechner zuzugreifen. Mit dem Anti-Replay-Schutz beim IPsec wird verhindert, dass man mit Hilfe von aus dem IP-Paket unterwegs illegal abgelesenen Daten auf die Daten im Zielrechner zugreifen kann.

3.1.4.2   Erweiterung der IP-Pakete mit IPsec-Angaben

IPsec-Betriebsart

Die grundlegende Idee von IPsec besteht darin, jedes einzelne IP-Paket unterwegs vor Verfälschungen zu schützen (=> Authentizität und Integrität) und verschlüsselt zu übertragen (=> Vertraulichkeit). Um dies zu erreichen, werden die zu übertragenden IP-Pakete um zusätzliche Angaben nach dem IPsec erweitert. Diese Erweiterung ist davon abhängig, wie man das IPsec zum Schützen der IP-Pakete einsetzt. Dies wird durch eine sog. *IPsec-*

Betriebsart festgelegt. Man unterschiedet die folgenden zwei IPsec-Betriebsarten:

- den *Transport-Mode* und

- den *Tunnel-Mode*.

Durch den IPsec-Einsatz im Transport-Mode werden die einzelnen Rechner-Rechner-Verbindungen geschützt. Um die sicheren Verbindungen über unterschiedliche Netze zu realisieren, z. B. bei der Verbindung von zwei Unternehmensstandorten über ein IP-Netz, ist das IPsec im Tunnel-Mode zu empfehlen.

Erweiterung der IP-Pakete   Die Prinzipien der Erweiterung der zu übertragenden IP-Pakete mit den IPsec-Angaben illustriert die Abbildung 3.8.

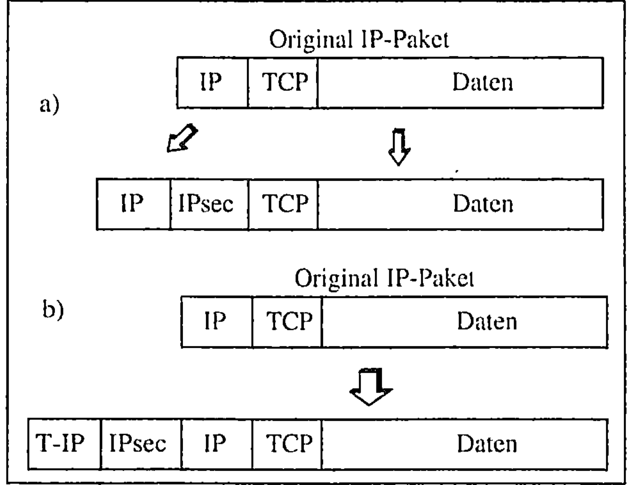

Abbildung 3.8: IP-Pakete mit den IPsec-Angaben: a) im Transport-Mode, b)im Tunnel-Mode   T-IP: Tunnel-IP-Header

Der IPsec-Header wird aus den folgenden zwei Headern gebildet:

- *Authentication Header* (AH) und

- *Encapsulating Security Payload* (ESP).

Bei der Bildung des IPsec-Headers kommen folgende Möglichkeiten in Frage:

- IPsec-Header = AH: Den IPsec-Header bildet nur der AH.

- IPsec-Header = ESP: Den IPsec-Header bildet nur der ESP.

- IPsec-Header = [AH, EPS]: Der IPsec-Header setzt sich aus dem AH und dem ESP in dieser Reihenfolge zusammen.

3.1.4.3   Security Association von IPsec als Sicherheitsvereinbarung

Das IPsec kann sowohl bei der Übertragung von Daten nach dem herkömmlichen Protokoll IP (d. h. IPv4) als auch nach dem zukünftigen Protokoll IPv6 eingesetzt werden. Hier wird nur auf den IPsec-Einsatz beim Protokoll IPv4 eingegangen.

Sicherheits-vereinbarung

Bevor die IP-Pakete beim IPsec-Einsatz zwischen zwei Rechnern ausgetauscht werden können, muss eine Vereinbarung zwischen ihnen getroffen werden. Diese Vereinbarung wird als *Security Association* (SA) bezeichnet und legt fest, wie die IP-Pakete für die Übertragung geschützt werden sollen. Eine SA stellt eine Art des Vertrags dar, der zwischen den beiden Rechnern in bezug auf die eingesetzten Sicherheitsmaßnahmen für die Übertragung der IP-Pakete ausgehandelt wurde. Somit beschreibt eine SA die vereinbarte *Sicherheits-Policy* (SP).

3.1.4.3.1   Aushandlung von Sicherheits-Policies

Bevor die IP-Pakete zwischen den kommunizierenden Rechnern beim IPsec-Einsatz ausgetauscht werden können, müssen die entsprechenden Sicherheits-Policies (SPs) vereinbart werden. Die Abbildung 3.9 illustriert den Prozess bei der Aushandlung von Sicherheits-Policies.

Jeder von den beiden Rechnern verfügt über eine SPD, in der vorgegeben wird, welche Sicherheits-Policies (z. B. welche Authentifizierungs-, Verschlüsselungsverfahren) eingesetzt werden können. Jeder Eintrag in der SPD definiert die Art des Datenverkehrs (z. B. nach der Quell- bzw. Ziel-IP-Adresse, nach der Anwendung etc.), der geschützt werden soll, wie er zu schützen ist und zu welchem Ziel dieser Schutz erfolgen muss. Der Netzwerkadministrator, der für die Sicherheit zuständig ist, kann die SPD konfigurieren.

Sichere Kommunikation einrichten

In der Abbildung 3.9 wurde angenommen, dass der Rechner A eine sichere Kommunikation zum Rechner B initiiert. Hierbei kann es sich um eine nach dem IPsec geschützte TCP-Verbindung handeln. Da sich jede TCP-Verbindung aus zwei unidirektionalen und entgegengerichteten virtuellen Verbindungen zusammensetzt, muss für jede Übertragungsrichtung eventuell eine Sicherheits-Policy (als eine SA) ausgehandelt werden.

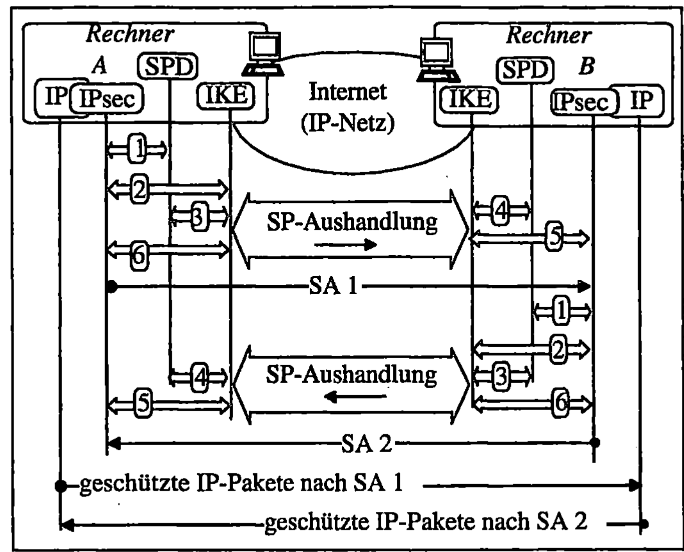

Abbildung 3.9: Aushandlung von Sicherheits-Policies   IKE: Internet
Key Exchange, SA: Security Association, SP: Sicherheits-Policy,
SPD: Security Policy Database

Das IPsec-Modul im Rechner A ermittelt somit anhand entsprechender Filterlisten, die in der SPD abgespeichert sind, ob die zu übertragenden IP-Pakete überhaupt gesichert werden müssen (1). Ist dies der Fall, teilt er dem Modul IKE (*Internet Key Exchange*) mit, die Aushandlung von Sicherheitsparametern mit dem Zielrechner B zu initialisieren (2). Der IKE-Dienst, nach dem die Aushandlung der Sicherheitsrichtlinien zwischen den kommunizierenden Rechnern erfolgt, wird im IETF-Standard RFC 2409 spezifiziert.

Der IKE-Modul im Rechner A fragt in der SPD die verfügbaren Sicherheits-Policies ab (3) und übergibt eine entsprechende Anforderung an das IKE-Modul im Rechner B. Nach dem Eintreffen der Anforderung beim Modul IKE im Rechner B, eine SA einzurichten, überprüft er in seiner SPD, welche Sicherheits-Policy dem Rechner A angeboten werden kann (4). Daraufhin wird zwischen den beiden Rechnern eine Sicherheits-Policy (z. B. Verschlüsselungsart, gemeinsamer Schlüssel, Hash-Funktion) ausgehandelt und dies wird auch den IPsec-Modulen in den beiden Rechnern A und B mitgeteilt (5), (6). Auf diese Art und Weise wurde die erste SA in die Richtung von Rechner A zum Rechner B „aufgebaut".

IP-Kommunikation

Da die IP-Kommunikation in beide Richtungen stattfindet, ist eine zweite SA in die Richtung vom Rechner B zum Rechner A ebenfalls nötig. Wie die Abbildung 3.9 illustriert, wird sie nach den gleichen Prinzipien ausgehandelt.

Bemerkung

Findet zwischen den kommunizierenden Rechnern bereits eine nach dem IPsec gesicherte Kommunikation statt, so besteht in der Regel bereits eine TCP-Verbindung mit dem IPsec-Einsatz. Aus dieser können einige Sicherheits-Policies bzw. -Parameter für eine neue TCP-Verbindung direkt übernommen werden, so dass der Prozess der Aushandlung von Sicherheits-Policies vereinfacht werden kann.

3.1.4.3.2   Prinzip der Datensicherung beim IPsec

Aushandlung der Sicherheitsvereinbarung

Das Prinzip der Sicherung von übertragenen IP-Paketen beim IPsec-Einsatz illustriert die Abbildung 3.10.

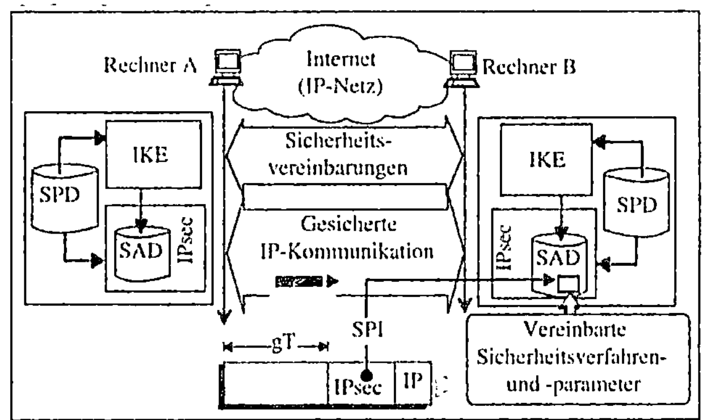

Abbildung 3.10: Prinzip der Datensicherung beim Ipsec
gT: gesicherter Teil, SAD: Security Association Database,   SPD: Security Policy Database, SPI: Security Parameter Index

Bevor die Daten sicher über ein IP-Netz ausgetauscht werden können, müssen die beiden Rechner die Sicherheitsvereinbarungen, d. h. Vereinbarungen hinsichtlich der zu verwendenden Sicherheitsverfahren und -parameter aushandeln. Eine Sicherheitsvereinbarung stellt eine Security Association (SA) dar (=> Abb. 3.9).

Security Association Database (SAD)

Die Sicherheitsvereinbarungen werden in einer speziellen Datenbank SAD (*Security Association Database*) abgespeichert, die eine Liste von aktuellen Sicherheitsvereinbarungen (SAs) enthält.

Jedes zu übertragende IP-Paket wird, um es zu schützen, im allgemeinen um einen zusätzlichen IPsec-Header erweitert (=> Abb. 3.8). Im IPsec-Header des IP-Pakets werden <u>keine direkten Angaben gemacht (!)</u>, nach welchem Verschlüsselungsverfahren und mit welchem Schlüssel das betreffende IP-Paket gerade verschlüsselt wird. Derartige Angaben werden <u>nur (!)</u> in den beiden kommunizierenden Rechnern in deren SAD abgespeichert.

Der IPsec-Header in jedem geschützten IP-Paket enthält nur den Parameter SPI (*Security Parameter Index*). Dieser Parameter verweist auf die „Stelle" in der SAD, wo die entsprechenden Informationen über die Sicherheitsparameter wie z. B. Verschlüsselungsverfahren, Schlüssel usw. abgespeichert worden sind, die für das entsprechende IP-Paket eingesetzt werden müssen, um es zu entschlüsseln. Mit Hilfe des Parameters SPI im IPsec-Header des IP-Pakets wird die Adresse in der SAD bestimmt, wo die Art und Weise der „Entschlüsselung" des jeweils empfangenen IP-Pakets abgespeichert ist. Somit muss der Parameter SPI in jedem übertragenen und geschützten IP-Paket enthalten sein.

3.1.4.3.3   IPsec-Einsatz im Tunnel-Mode

Die Erweiterung der IP-Pakete im Transport-Mode mit dem AH bzw. ESP wurde bereits in der Abbildung 3.8 dargestellt. Den IPsec-Einsatz im Tunnel-Mode zwischen zwei Sicherheits-Gateways SG (*Security Gateway*) entsprechend bei einem NSP (*Network Service Provider*) und in einem NAS (*Network Access Server*) eines Unternehmensnetzes illustriert die Abbildung 3.11.

Hierbei werden dem zu sendenden IP-Paket zuerst zusätzliche Sicherheitsparameter als Header AH oder/und als Header ESP vorangestellt. Das dadurch erweiterte Original-IP-Paket wird nachher noch um einen Tunnel-IP- Header ergänzt, in dem die Quell- und Ziel-IP-Adressen der beiden Tunnel-Endpunkte enthalten sind. Der Tunnel-Mode hat den Vorteil, dass Quelle und Ziel der Kommunikation versteckt und nur die Tunnel-Endpunkte bei der Übermittlung über ein IP-Netz sichtbar sind.

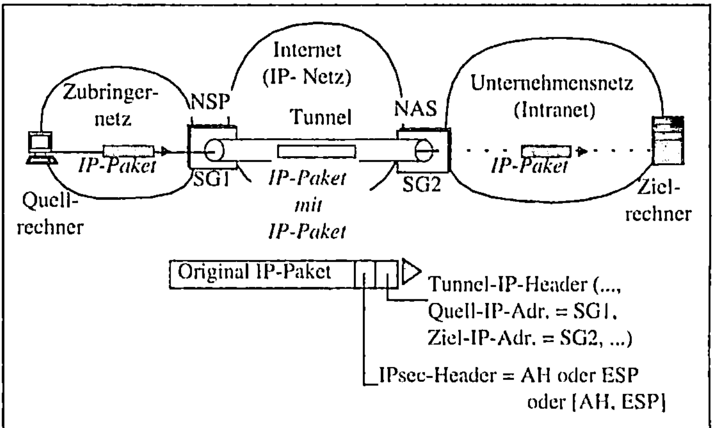

Abbildung 3.11: IPsec-Einsatz im Tunnel-Mode

AH: Authentication Header, ESP: Encapsulating Security Payload,
SG: Security Gateway, NSP: Network Service Provider

3.1.4.4   Standort-zu-Standort-VPNs mit IPsec

Das IPsec ermöglicht den Aufbau aller VPN-Arten. Die Möglichkeiten des Einsatzes von IPsec zum Aufbau von Standort-zu-Standort-VPNs zeigt die Abbildung 3.12. Es werden hier zwei Fälle dargestellt:

- Tunnel über IP-Netz,

- Tunnel über IP-Netz und SA intern.

Tunnelaufbau im IP-Netz

Um einen Tunnel über ein IP-Netz aufzubauen, muss das IPsec im Tunnel-Mode realisiert werden. Sollte die Kommunikation über den Tunnel in beide Richtungen erfolgen, so muss der Tunnel mit zwei entgegengerichteten SAs eingerichtet werden (=> Abb. 3.9).

Das IP-Paket (d. h. der Teil IP[xxxx]) wird typischerweise verschlüsselt übertragen und der Teil AH/ESP[IP[xxxx]] mit einer Prüfsumme gesichert, um so Verfälschungen während der Übertragung zu erkennen (=> D1 in Abb. Bild 3.12).

Falls die Kommunikation innerhalb des Unternehmensnetzes auch vertraulich sein soll, bietet sich an, das IPsec im Transport-Mode zu implementieren. Hierfür kann nach Bedarf eine gesicherte virtuelle Verbindung vom Tunnel zu den bestimmten Endsystemen aufgebaut werden. Eine derartige Verbindung stellt eine SA im Transport-Mode dar. Hier wird das Original-IP-Paket so gesichert, dass ein Header AH bzw. ESP zwischen dem IP-Header und der Nutzlast [xxxx] eingebettet wird (=> D2 in Abb. 3.12). Dadurch wird die Nutzlast verschlüsselt und der Teil ESP[xxxx] kann mit einer Prüfsumme gegen Verfälschungen gesichert werden.

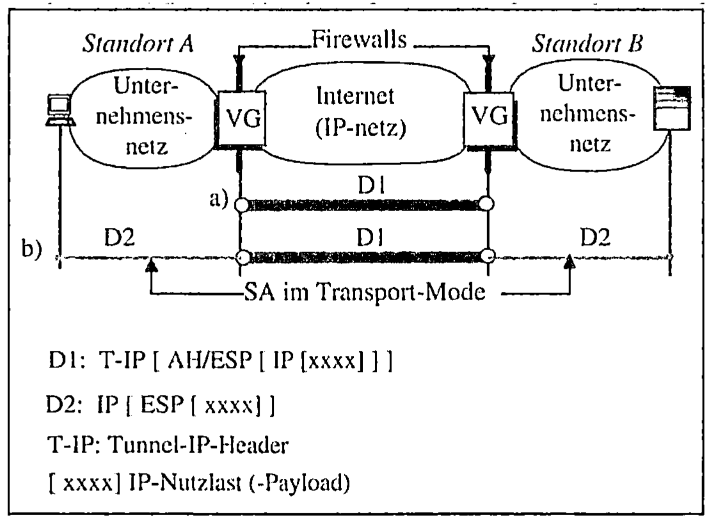

Abbildung 3.12: Standort-zu-Standort-VPN mit IPsec D1, D2: Struktur von übertragenen Daten, SA: Security Association, VG: VPN-Gateway

3.1.4.4   Aufbau von Remote-Access-VPNs mit IPsec

Die Möglichkeiten des IPsec-Einsatzes zum Aufbau von Remote-Access-VPNs zeigt die Abbildung 3.13.

Firewall-Stufen

Hier wurde angenommen, dass die Firewalls im Unternehmensnetz zweistufig realisiert werden. Zwischen der ersten und zweiten Firewall-Stufe im Unternehmensnetz entsteht eine sog. demilitarisierte Zone DMZ (*DeMilitarized Zone*). Für die Sicherung der Datenübertragung innerhalb der DMZ müssen normalerweise noch bestimmte Sicherheitsmaßnahmen ergriffen werden. Hierbei sind mehrere IPsec-Einsatzszenarien denkbar (Fall: a, b, c und d).

Fall a

Im Fall a) handelt es sich um eine Situation, in der ein IPsec-Tunnel nur über das IP-Netz zwischen einem Network Service Provider (NSP) und dem ersten Security Gateway (SG1) im Unternehmensnetz eingerichtet wurde. Das IPsec wird über das IP-

Netz im Tunnel-Mode betrieben. Ein Remote-Benutzer (A) hat den Zugang zum Tunnel über eine PPP-Verbindung. Mit dem Protokoll CHAP (*Challenge Handshake Authentication Protocol*), das im PPP enthalten ist, kann er beim NSP authentifiziert werden. Innerhalb des Unternehmensnetzes wird das IPsec bei dieser VPN-Lösung nicht implementiert.

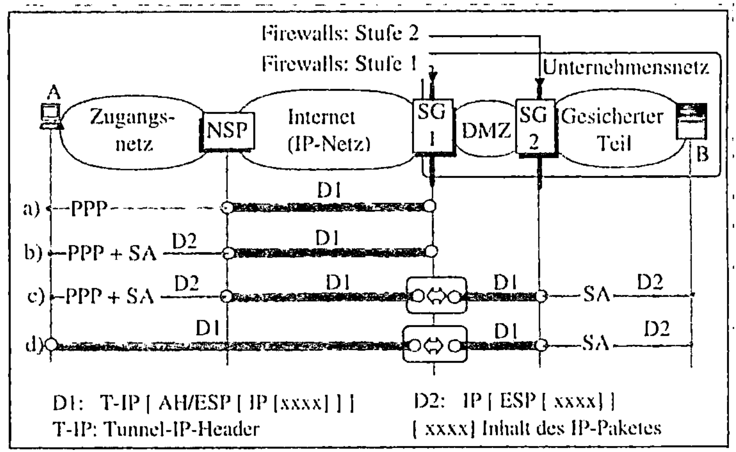

Abbildung 3.13: IPsec-Einsatz bei VPNs mit Remote Access

D1, D2: Struktur von übertragenen Daten, NSP: Network Service Provider, PPP: Point-to-Point Protocol, SA: Security Association, VG: VPN-Gateway (Security Gateway)

Fall b

Im Fall b) wird das IPsec auch im Zugangsbereich implementiert. Dies bedeutet, dass eine Security Association (SA) über eine PPP-Verbindung eingerichtet wird. Auf diese Art und Weise kann die Nutzlast der über das Zugangsnetz übertragenen IP-Pakete verschlüsselt und der Teil [AH/ESP[xxxx]] so gesichert werden, dass sich mögliche Verfälschungen entdecken lassen. Wird eine Verfälschung entdeckt, ist das betreffende IP-Paket einfach zu verwerfen.

Fall c

Der Fall c) stellt eine solche Systemlösung dar, wo die Kommunikation auch innerhalb des Unternehmensnetzes gesichert wird. An der ersten Firewall-Stufe findet eine Überprüfung der Authentizität von Remote-Benutzern und der Integrität von Daten statt. Erst dann, falls die Überprüfung positiv war, wird der IPsec-Tunnel bis zur zweiten Firewall-Stufe verlängert. Im Sicherheits-Gateway SG1 ist hierfür eine Art von *Tunnel-Switching-Funktion* nötig. Im gesicherten Teil des Unternehmensnetzes wird das IPsec auch eingesetzt. Dies bedeutet, dass das IPsec im Transport-Mode für die Kommunikation zwischen einem Endsystem und dem SG2 eingesetzt wird. Somit wird eine SA im Transport-Mode zwischen dem Endsystem und dem SG2 aufgebaut, die als eine gesicherte virtuelle Verbindung an zu sehen ist.

Fall d

Im Fall d) wird das IPsec im Tunnel-Mode für die Kommunikation sowohl über das IP-Netz als auch über das Zubringernetz eingesetzt. Somit kann ein Remote-Benutzer einen Tunnel initiieren, der direkt (d. h. über die Systemkomponenten sind beim NSP transparent) bis zum Unternehmensnetz geführt wird.

3.1.5   Trends und Entwicklungen

VPN-Trends

Auf dem VPN-Gebiet sind folgende Trends und Entwicklungen hervorzuheben:

- Weiterentwicklung von Verfahren für die Verbesserung der Sicherheit in VPNs:

  ⇨   Um E-Commerce ohne Bedenken zu ermöglichen

- Entwicklung der Protokolle für die Anbindung von mobilen Remote-Benutzern an VPNs:

  ⇨   Einsatz des Protokolls *Mobile IP.*

- Einsatz der Verzeichnis-Dienste *(Directory Services)* für die Administration von VPNs.

- Einführung der Protokolle für die Reservierung der Bandbreite und QoS-Unterstützung:

  ⇨   Sprache und Video über IP-basierte VPNs.

- Entwicklung von Systemkomponenten für das Tunnel-Switching (=> Abb. 3.9):

  ⇨   Flexible Gestaltung von VPNs

- Konzepte für den Aufbau von sog. Policy-basierten VPNs.

- Einsatz der MPLS-Technik *(Multiprotocol Label Switching)* zum Einrichten von VPNs über verbindungsorientierte IP-Netze.

  ⇨   Einsatz von IPsec im Transport-Mode (=> Abb. 3.8) für die sichere Übermittlung von Daten in VPNs auf der MPLS-Basis.

3.1.6   Nutzungspotenziale beim Einsatz von VPNs

VPN-Nutzungs-
potenziale im
Internet

Das Internet wird immer leistungsfähiger und kann als Plattform für die standortübergreifende Kommunikation in Unternehmen eingesetzt werden. VPNs stellen somit eine billigere Alternative zu den klassischen Lösungen von Unternehmensnetzen dar, in denen mehrere Standorte über gemietete und teuere Standleitungen miteinander verbunden sind. Hierbei sollen die Sicherheitsfragen nicht außer Acht gelassen werden. Bei einem Datenaustausch über ein öffentliches IP-Netz, wie z. B. dem Internet, besteht immer das Risiko, dass die Daten durch Unbefugte mißbraucht werden können. Es ist also immer nötig, entsprechende Sicherheitsmaßnamen zu treffen (z. B. Authentifizierung jedes Remote-Benutzers und jedes Tunnel-Initiators) und die zu übertragenden Daten vor der Übertragung mit entsprechend langen Schlüsseln (z. B. 128 Bit) zu verschlüsseln.

VPN-Nutzungs-
potenziale

Die Nutzungspotenziale beim Einsatz von VPNs sind u. a.:

- Geringere Kosten von virtuellen Standleitungen gegenüber angemieteten Standleitungen:

    ⇨ Insbesondere bei internationalen Leitungen.

- Internet als kostengünstiges Zugangsnetz zu E-Commerce-Angeboten:

    ⇨ Die Anzahl der Internet-Zugangspunkte nimmt zu, so dass der Weg zu den E-Commerce-Angeboten immer kürzer und damit kostengünstiger sein wird.

- VPNs sind mit geringem Aufwand beliebig erweiterbar.

- Vorhandene Netzinfrastrukturen können kostengünstig, beliebig räumlich erweitert werden.

- Kostenersparnis von ca. 20...60% bei einer räumlichen Erweiterung einer Netzinfrastruktur durch den VPN-Einsatz gegenüber klassischen Lösungen.

- Lokale Netzwerke an verschiedenen Standorten können kostengünstig über das Internet vernetzt werden.

- Vorhandene Internet-Hardware kann oft für den VPN-Aufbau verwendet werden.

- Outsourcing von Security-Management:

⇨ Das laufende Security-Management sowie Updates können bei kleinen und mittleren Unternehmen von Network Service Providern übernommen werden.

⇨ Dadurch kann sich eine neue IT-Branche (sog. Security-Provider) etablieren.

Tunneling-Protokolle in MS-Windows

Da die Tunneling-Protokolle (IPsec, PPTP) die Bestandteile des Betriebssystems MS-Windows 2000 sind, stellen VPNs mit der Remote-Access-Unterstützung eine kostengünstige Lösung dar, um Telearbeitsplätze, Heimbüros und andere Teleworker an E-Commerce-Systeme anzubinden.

3.1.7   Literaturverzeichnis und Standards

[Bada01] Badach, A.: Datenkommunikation mit ISDN, International Thompson Publishing, 1997

[Bada02] Badach, A.: Integrierte Unternehmensnetze.X.25, Frame Relay, ISDN, LANs und ATM, Hüthig Verlag, 1997

[BaHo01] Badach, A., Hoffmann, E.: Technik der IP-Netze, Hanser Verlag, 2001

[SWEr01] Scott, Ch., Wolfe, P., Erwin, M.: Virtuelle Private Netzwerke. O'Reilly Verlag, 1999.

RFC 1661   The Point-to-Point Protocol (PPP)

RFC 2401   Security Architecture for the Internet Protocol,

RFC 2402   IP Authentication Header (AH)

RFC 2406   IP Encapsulating Security Payload (ESP)

RFC 2409   The Internet Key Exchange (IKE)

RFC 2637   Point-to-Point Tunneling Protocol (PPTP)

RFC 2661   Layer Two Tunneling Protocol L2TP

Autor: Prof. Dr. Anatol Badach, Fachhochschule Fulda, Fachbereich Angewandte Informatik, Marquardstr. 35, 36039 Fulda.

Email: Anatol.Badach@informatik.fh-fulda.de,

Web: www.fh-fulda.de/fb/ai/profs/badach.htm.

3.2   Mobile Commerce
(Rumen Stainov)

3.2.1   Einführung

Entwicklungs-perspektiven des M-Commerce

Mobile Commerce (oder M-Commerce) stellt eine natürliche Weiterentwicklung von E-Commerce dar. Zunächst bedeutet das die Abwicklung von E-Commerce über mobile Telefone. M-Commerce ist also E-Commerce über das mobile (drahtlose) Internet. Eine Studie der British Market Research Agency MORI[9] zeigte, dass ungefähr achtmal mehr Menschen M-Commerce nutzen würden, verglichen mit der Anzahl der Menschen, die E-Commerce nutzen. Die Studie zeigte weiterhin, dass 90 Prozent der Menschen, die Interesse an M-Commerce zeigen, auch bereit sind, mehr für diesen Service zu zahlen. Man erwartet, dass Mobile Commerce im Jahre 2005 einen Umsatz von mehreren Milliarden erzielen wird [Dur01].

mobiler Zugang zu Internet-Diensten

Es stellt sich die Frage, warum dieses einfache Ersetzen des Computers eines Anwenders durch ein Handy, dem Mobile Commerce eine solch außerordentliche Rolle im E-Business zukommen lässt, dass man es sogar als eine eigene Disziplin betrachtet. In erster Linie liegt der Unterschied in der Nutzung des mobilen Telefons, um die Internet-Dienste abzurufen:

Ease-of-use

Das mobile Telefon ist in Sekunden betriebsbereit, der Computer dagegen erfordert ein aufwendiges und zeitraubendes Laden von Programmen und Diensten. Eine einfache Transaktion - wie z. B. der Kauf eines Kino-Tickets - ist zu aufwendig am Computer, wenn man dafür das Laden eines WEB-Browsers und die Verbindung über das Modem abwarten muss. Was vielleicht noch wichtiger ist, für viele Anwender ist der Computer viel zu unübersichtlich und kompliziert. Viele Nutzer mit weniger Computererfahrung haben das Gefühl, dass für die Computeranwendungen spezielle Kurse notwendig sind, und haben Angst, die Tastatur und die Maus zu bedienen. Das Handy dagegen wird eher als ein Telefon betrachtet, die Menüauswahl oder das Durchsagen von Texten stellt keine besondere Schwierigkeit dar. Es ist bekannt, dass in Italien das mobile Telefon dazu beigetra-

---

[9] Mori hat über 11.000 Menschen in sechs Ländern (Großbritannien, Südkorea, Italien, USA, Brasilien und Finnland) von Oktober 2000 bis Januar 2001 befragt.

gen hat, dass sich die Anzahl der Nutzer von E-Mails oder Short Messages verdoppelt hat.

Mobilität   Die Anwender bevorzugen es, ihre Zeit optimal zu nutzen und die mobilen Dienste überall in Anspruch zu nehmen - im Auto, in der Bahn oder im Wartezimmer. Im Gegensatz zum Telefonieren, kann das Browsing im mobilen Internet, der Austausch von E-Mails oder das Bestellen eines Buches geräuschlos erfolgen und ist dadurch für Anwesende nicht störend.

Verfügbarkeit   Über das Handy immer erreichbar zu sein, ist in vielen Fällen vorteilhaft. Die Verfügbarkeit von mobilen Internetdiensten ist allerdings immer vorteilhaft. Das gilt besonders für das E-Business – egal wo und wann man gerne Marktforschung betreiben, Preise vergleichen oder einkaufen will, das Handy ist immer verfügbar.

Personalisierung   Das mobile Telefon wird durch den Diensteanbieter über die SIM-Karte eindeutig identifiziert. Das ermöglicht es, ein persönliches Interessen-Profil des Benutzers zu erstellen. Dadurch kann das Angebot im Internet auf dieses Profil zugeschnitten werden, z. B. ermöglicht es im mobilen E-Business schnell das richtige Angebot zu finden und anzubieten.

Ortsabhängige Dienste   Das Festnetz-Internet ist ein globales Netz. Im globalen Dorf bleibt jeder Teilnehmer mehr oder weniger anonym und sein exakter geographischer Ort ist irrelevant. Alle Dienste und Informationen werden weltweit angeboten. Im mobilen Internet dagegen ist die geographische Position (Zelle) des Benutzers genau bekannt. Das erlaubt, die Internet-Dienste „location-oriented" d. h. ortsabhängig zu gestalten. Es ist zu erwarten, dass die „lokalen" WEB-Seiten oder Informationen mit größerer Wahrscheinlichkeit abgerufen werden. Befindet sich der Benutzer beispielsweise im Bankenviertel, werden wahrscheinlich die WEB-Pages der Banken abgerufen – diese WEB-Seiten können dann beim Diensteanbieter im Cache gespeichert werden, um deren Abrufzeit zu verkürzen. Gleichzeitig kann der Diensteanbieter Informationen über die „lokalen" Geschäfte und Sonderangebote anbieten.

In zweiter Linie liegt der Unterschied in den spezifischen Vorteilen des mobilen Telefons für das E-Business:

Bestätigte Transaktionen   USSD (Unstructured Supplementary Services Data) wird zur Datenübertragung im GSM-Mobilfunknetz genutzt. USSD ähnelt den SMS (Short Message Services), bietet aber zusätzlich eine Echtzeitverbindung während einer GSM Sitzung. Dies macht den

Dienst besonders nützlich für Börsengeschäfte, die eine Bestätigung erfordern. Weiterhin kann USSD für mobile finanzielle Dienste (z. B. bestätigte Banküberweisungen) benutzt werden.

Direkte Kreditierung
Im allgemeinen Fall wird bei der Anmeldung des Benutzers beim mobilen Diensteanbieter die Bankverbindung des Benutzers angegeben. Dadurch kann der Diensteanbieter als Geldinstitut für das mobile E-Business auftreten. Die Übertragung der Kreditkartennummer des Benutzers über das Internet (mit allen dazugehörigen Risiken) wird auf diesem Weg vermieden.

Cell Broadcast
Dieser Dienst erlaubt, Short Messages (SMS) gleichzeitig an alle Teilnehmer einer geographischen Region zu senden. Wenn sich ein Benutzer in einer Region (oder Zelle) befindet, kann er diese Messages oder News empfangen. Der Benutzer sollte vorher den Cell-Broadcast-Kanal eines bestimmten Anbieters zulassen, um von dort Nachrichten zu empfangen. Dadurch wird auch unerwünschte Reklame (spamming) vermieden. Dieser Dienst kann als „Informationskiosk" für lokale Neuigkeiten, Politik, Geschäfte, Dienste usw. benutzt werden.

Sichere Transaktionen
WAP (Wireless Application Protocol) und das ältere SAT (SIM Application Toolkit) beinhalten Mittel, um sichere Transaktionen zu unterstützen [Are01]. Komplexe Sicherheitsmodule wie WAP Identity Module (WIM), Wireless Transport Layer Security (WTLS) und Wireless Public Key Infrastructure (W-PKI) garantieren die Sicherheit des WAP. Der wichtigste M-Commerce-Service hier ist „Mobile Banking". Sicherheit ist allerdings auch für jede E-Business-Abwicklung wichtig [Anu01].

Neues Medium M-Commerce
M-Commerce stellt ein neues und herausforderndes Medium für Privatkunden, aber auch für die Geschäftsleute dar. Deshalb ist es besonders wichtig, von der Sicht der Geschäftsanwendungen (Business Applications) auszugehen, ihre Anforderungen zu studieren und dann die Technologien zu untersuchen, die es erlauben solche Anwendungen zu programmieren.

3.2.2   M-Business-Anwendungen

Die Beispiele für M-Commerce-Anwendungen teilen sich in zwei Hauptgruppen:

1. Save-Time-Anwendungen:

- Mobile Banking: Geldtransfer zwischen verschiedenen Konten, Rechnungen bezahlen, Überweisungen ausführen usw.

- Finanzen: Aktien kaufen und verkaufen,

2. Kill-Time-Anwendungen:

- Mobiles Shopping/Anbieten: nach dem Motto „amazon.com überall".

- Mobiler Lifestyle: nicht nur Horoskope oder Unterhaltung, sondern auch die Implementierung der Idee „business is local" (Hauptthema von M-Commerce), „making life easier", usw.

3.2.2.1   Mobiles Shopping

Das Mobile Shopping ist die wichtigste Anwendung von M-Commerce. Hier sind die bereits erwähnten Aspekte zu berücksichtigen, wie Transparenz (ease of use), Zahlungsverfahren (z. B. direkte Kreditierung), Sicherheit, Personalisierung und Lokalisierung (location-orientation).

M-Commerce-Ausrichtung

Neben der Hauptidee von M-Commerce „business is local and personal", haben auch die Personalisierung und die Lokalisierung eine rein technische Bedeutung. Beide Aspekte versuchen vor allem die eingeschränkte Rechenkapazität der mobilen Telefone (kleinere Prozessorkapazität, kleinere Speicherkapazität, kleinere Batteriekapazität), die eingeschränkten Benutzungsschnittstellen (kleineres Display, eingeschränkte Tastatur) und den drahtlosen Kommunikationskanal (niedrige Bitrate, kurze Übertragungszeiten, große Fehlerrate) zu kompensieren. Das erstellte persönliche Profil des Benutzers und sein derzeitiger Standort erlauben es, die entsprechende Information (WEB-Seiten, Angebote, Tipps) am nächsten „Informationskiosk" zu speichern. Dieses Verfahren ist der Organisation eines Cache-Speichers ähnlich, hier ist jedoch das Kriterium zur Aufnahme in den Cache nicht die Häufigkeit des Zugriffs, sondern das persönliche Profil und der Standort des Benutzers. Meist trägt der Cache wesentlich zur Überwindung von Engpässen bei Rechenleistung, Benutzerschnittstellen und Übertragungsraten bei. In vielen Fällen sind die Daten bereits vor Ort zugestellt worden, bevor sie überhaupt aufgerufen werden. Dies erspart das mühsame WEB-Browsing am kleinen Display, beschleunigt die Datenzustellung und schont die Batterie. Deshalb werden die Personalisierung und die Lokalisierung als Voraussetzung für den Erfolg von M-Commerce angesehen. Natürlich könnten manche Benutzer die Erstellung ihres Profils und die Kenntnis ihres Standortes als Verletzung ihrer persönlichen Datenschutzrechte und Freiheiten ansehen. Man sollte hier deshalb sehr sensibel die Grenze zwischen hilfreich und aufdringlich ziehen.

Erwartungen an M-Commerce

Die naive Erwartung an M-Commerce nach dem Motto „amazon.com überall" sollte man differenziert und mit der gebotenen Vorsicht betrachten. M-Commerce sollte vor allem unter wirtschaftlichen Gesichtspunkten betrachtet werden, wobei eine Geschäftsidee in einem Land zum Erfolg, in einem anderen aber zu Misserfolg führen kann. Zum Beispiel hatte die Idee der Blumenbestellung über das Handy von Mannesmann Mobilfunk auf dem US-amerikanischen Markt wenig Erfolg.

Die wesentlichen Typen von Mobile Shopping können wie folgt zusammengefasst werden:

Mobiles Bestellen

Bestellen von Karten für Kino, Theater, Flugreisen, Ferienreisen, usw. Dieser mobile Service wurde als einer der ersten WAP-Anwendungen implementiert. Welche Anforderungen werden hier gestellt? Das mobile Telefon sollte ausreichend intelligent sein, um festzustellen, dass ein bestimmter Kunde jedes Wochenende in eine andere Stadt (z. B. zu seiner Familie) fährt und immer einen Fahrschein für den gleichen Zug braucht. Der mobile Portal-Server sollte das dann als Standardoption im Menu „Bahnticket" aufnehmen. Letzten Endes sollte das Handy das elektronische Ticket herunterladen und es dann am Kino, am Theater oder beim Schaffner über Bluetooth- oder Infrarotschnittstelle elektronisch entwerten.

Mobile Auktion

Die Versteigerungen übers Internet gewinnen immer mehr an Bedeutung. Mehr und mehr WEB-Seiten entstehen, die besonders für private Versteigerungen vorgesehen sind (Consumers-to-Consumers, wie eBay). Man geht davon aus, dass die Interessenten auch weiterhin an der Auktion teilnehmen wollen, auch wenn sie nicht am Computer sind. Welche Anforderungen werden hier gestellt?

- Ein WAP-fähiges Handy, ein Communicator oder ein normales Handy mit SAT könnte so programmiert werden, dass immer eine Short Message SMS mit dem letzten Versteigerungswert empfangen wird. Dies könnte dann ein Menu ausblenden, die Versteigerung aufgeben oder das Gebot erhöhen. Das kann über SMS in Quasi-Echtzeit erfolgen, ohne eine direkte Internet-Verbindung zu haben.

- Falls Instant Messaging und realer Internet-Zugang über das mobile Datennetz GPRS implementiert worden sind, kann die Teilnahme an Auktionen auch über reale Internet-Sitzungen erfolgen. Mit GPRS kann der Benutzer ständig ans

Internet angeschlossen sein, aber Kosten entstehen für ihn nur, wenn tatsächlich Daten übertragen werden.

Mobile Reservierungen

M-Commerce eignet sich am besten für Reservierungen von Restaurants und Hotels, weil man relativ einfach den Anforderungen des Klienten genügen kann. Außerdem ist diese Auswahl mit dem Standort des Klienten verbunden, besonders wenn es sich um einen Geschäftsreisenden oder Ferienreisenden handelt. Welche Anforderungen werden hier gestellt? Mit seinem Handy oder Communicator könnte ein Restaurant vom mobilen Portal ausgewählt werden. Auch hier könnte das Profil des Kunden mit Informationen über seinen Geschmack behilflich sein. Die Reservierung könnte dann direkt auf der WEB-Seite des Restaurants erfolgen.

Mobile Werbung

Die beschränkten Möglichkeiten des Displays eines Handys haben zu der Auffassung geführt, dass M-Commerce nicht so sehr von Werbung und Reklame abhängen wird, wie dies beim Festnetz-Internet der Fall ist. Mobile Reklame wird jedoch eingeschränkt über die freien Nachrichten-Kanäle über Cell-Broadcast angeboten. Ein anderes Modell sieht vor, die mobile Reklame für Eins-zu-Eins-Marketing zu nutzen, um dadurch den individuellen Anforderungen des Kunden zu genügen. Das individuelle Profil des Kunden kann dabei behilflich sein. Das Geschäftsmodell sieht also vor, dass die Kunden bestimmte finanzielle Vorteile haben werden, wenn sie sich die Reklame ansehen.

3.2.2.2   Mobiler Lifestyle

Hierzu gehören unter anderem mobile Spiele, mobile Musik, mobiles Video, mobiles Wetten und mobile Telematik.

Mobile Spiele

Zur Zeit werden keine mobilen Spiele mit mehreren Teilnehmern im GSM angeboten. Die Ursache dafür ist die teure und eingeschränkte Datenübertragung im GSM. Der Übergang zur mobilen Kommunikation der dritten Generation (UMTS) mit wesentlich höheren Bitraten und Datenvolumen-abhängiger Abrechnung, wird den mobilen Spielen eine gute Perspektive bieten. Hier ist der Erfolg der NTT in Japan mit dem DoCoMo's iMode Portal zu erwähnen. Die Eröffnung des ersten NTT UMTS-Netzwerks erfolgt am 1. Oktober 2001.

Mobile Musik

Die ersten mobilen MP3-Player sind bereits auf dem Markt. Samsung hat bereits einen MP3-Handy entwickelt. Hier werden vor allem Musik-Clips aus den neuesten CDs und Radiosendungen angeboten.

Mobiles Video

Die eingeschränkte Bandbreite des drahtlosen Kommunikationskanals erlaubt heutzutage eine Videoübertragung von maximal fünf Bildern/s. Selbst die Bitraten von heutigen GPRS und UMTS Systemen kombiniert mit MPEG-4-Kodierung und Komprimierung sind jedoch für Standardbildwiederholraten von 25 bis 30 Bilder/s nicht ausreichend. Außerdem macht die Qualität und die Größe des Displays Video per Handy für viele Anwendungen unattraktiv. Mobiles Video wird vor allem für Nachrichten, Wetter, Finanzen und Unterhaltung eingesetzt werden.

Mobiles Wetten

Mobiles Wetten ist zeitabhängig und stellt besondere Anforderungen an die Sicherheit, da sechsstellige Wettsummen durchaus möglich sind. Da das Wetten in Echtzeit erfolgt, könnten Wetten auch zeitgebunden sein, z. B. dass ein Tor in den letzten 15 Minuten eines Fußballspieles fallen wird.

Mobile Telematik

Sie liefert Wegbeschreibungen in vielen Lebenslagen, ähnlich den Auto-Navigationssystemen. Hier werden zusätzlich Staumeldungen und mögliche alternative Routen angeboten. Auch auf Wanderungen könnten diese Informationen hilfreich sein.

3.2.3   Das M-Commerce Geschäftsmodell

3.2.3.1   Die M-Commerce Mehrwertkette

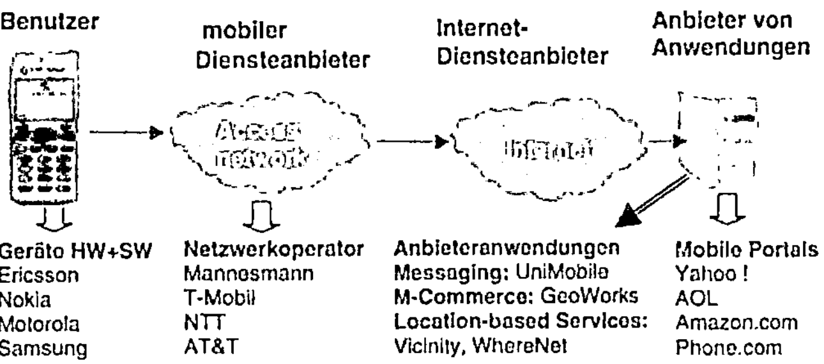

Abbildung 3.14: Systemarchitektur für M-Commerce

Mobile Infrastruktur

Im mobilen Internet wird die Infrastruktur (der mobile oder Internet-Diensteanbieter) von den Anwendungsanbietern getrennt. Wesentlich für die Infrastruktur sind die Hersteller von Endgeräten (Hardware und Software) und die Hersteller von Infrastruktursystemen. Maßgebend für den Anwendungsanbieter sind die Entwickler von Anwendungen (die bestimmte Entwickler-Plattformen benutzen) und die Inhalteanbieter, die so genannte

Content Aggregators und Mobile Portals betreiben. Abbildung 3.14 zeigt die entsprechende Systemarchitektur.

Die M-Commerce Infrastruktur wird technologisch wie folgt aufgeteilt:

Hersteller von Benutzer- Geräten
Der Benutzer betrachtet sein Handy als etwas Persönliches und legt besonderen Wert auf seine Zuverlässigkeit und Qualität. Für ihn ist die Marke, die einfache Bedienbarkeit und das Design von Wichtigkeit.

Hersteller der mobilen Systemsoftware
Die Hersteller der mobilen Systemsoftware liefern die Betriebssysteme und die Systemsoftware (wie Micro-Browsers) für die mobilen Geräte. Beispiele solcher Betriebssysteme sind Windows CE, Palm, Symbian.

Hersteller von Infrastruktur- Geräten
Die Hersteller von Infrastrukturgeräten haben die Lösungen für die mobilen Datendienste, für das mobile Internet und das M-Commerce entwickelt. Diese Entwicklung geht sehr rasch voran und ist besonders wichtig für die Entwicklung der dritten Generation mobiler Systeme.

Mobile Netzbetreiber
Mobile Netzbetreiber sind die Eigentümer der mobilen Infrastruktur. Sie treten gleichzeitig als mobile Diensteanbieter auf. Obwohl sie verpflichtet sind, anderen Diensteanbietern die Infrastruktur zu leihen, haben sie eine besonders profitable Position im M-Commerce. Als Eigentümer der Infrastruktur werden sie am Profit der anderen Diensteanbieter beteiligt (normalerweise 20 - 25%), als Diensteanbieter können sie für den Benutzer auch die Funktion eines sicheren Geldinstituts für M-Commerce übernehmen, wodurch die Angabe von Kreditkartennummern vermieden wird. Sie können auch als Internet-Diensteanbieter auftreten.

Die M-Commerce Anwendungsanbieter werden wie folgt technologisch aufgeteilt:

Hersteller von Middleware
Die Hersteller von so genannter Middleware für mobile Anwendungssoftware bilden die Softwareschicht zwischen den Anwendungen und dem mobilen Netzwerk. Die Middleware kommuniziert mit den Standard-WEB- oder Netzwerkservern und übersetzt ihre Daten und die Anwendungen in XML-Format (Extensible Markup Language) oder WML-Format (Wireless Markup Language), das dann von den mobilen Geräten interpretiert werden kann. Neben den Hauptorganisationen für Standardisierung, International Telecommunication Union (ITU) und European Telecommunications Standards Institute (ETSI), versuchen eine Reihe von Industriekonsortien (wie 3GPP, WAP-Forum, UMTS-Forum),

de facto Standards schneller zu erstellen, indem sie sich auf bereits bestehende Entwicklungen stützen.

Hersteller von Anwendungen

Die Hersteller von Anwendungen basieren ihre Softwareentwicklungen hauptsächlich auf Windows CE, Symbian's EPOC32 oder Palm OS. Eine besondere Rolle spielt dabei das WAP-Programmieren, das auch als die führende Technologie für mobiles Anwendungsprogrammieren eingestuft wird, d. h. auch für M-Commerce.

Inhalteanbieter

Inhalteanbieter (Content Providers) nutzen verschiedene Verteilungsmethoden, um die Informationen (die Inhalte) zu verbreiten. Das Motto hier ist, „wenn der Inhalt der König ist, ist die Verteilung der Kaiser". Der einfachste Weg, als Inhalteanbieter Profit zu erzielen, ist, sich prozentual am Profit jedes einzelnen Aufrufes zu beteiligen. Es werden jedoch verschiedene differenzierte und dynamische Profitstrukturen eingesetzt, wenn M-Commerce boomt.

Inhaltesammler

Die Inhaltesammler (content aggregators) führen die Konvertierung der Informationen, das Zusammenstellen der Inhalte und ihre Verteilung an mobile Geräte durch. Der Mehrwert ist die Auswahl und die Zustellung von Inhalten an das passende Inhaltspaket.

Mobile Portale

Mobile Portale treten als Hauptzusteller von WEB-basierten Informationen des mobilen Benutzers auf. Sie stellen eine Sammlung von Inhalten von verschiedenen Diensteanbietern zusammen, bieten aber zusätzlich Anwendungen an, wie Kalender, E-Mail, Instant Messaging, Spiele, etc. Das mobile Portal ist die Stelle, wo das persönliche Profil des Benutzers ausgewertet wird und die ortsgebundenen Informationen für M-Commerce zusammengestellt werden. Die mobilen Portale sind für die Zustellung der richtigen Information zum richtigen Zeitpunkt und für die Benutzerfreundlichkeit der M-Commerce-Schnittstelle verantwortlich. Daher sind sie entscheidend für den Erfolg von M-Commerce. Die Netzwerkoperatoren sind normalerweise die Eigentümer von mobilen Portalen und die mobilen Diensteanbieter verwalten sie.

3.2.3.2   Offene und geschlossene Geschäftsmodelle

Heute sind grundsätzlich zwei verschiedene Geschäftsmodelle für M-Commerce sinnvoll, die von der Position des Benutzers auf dem Markt abhängen, d. h. ob auf mehrere oder nur auf einen mobilen Diensteanbieter zugegriffen werden kann.

Offenes Mo-dell

Im Offenen Modell sind der Benutzer, die Inhalteanbieter und der mobile Diensteanbieter zu unterscheiden:

- Einige Dienste werden vom mobilen Diensteanbieter ausgewählt.

- Der Benutzer hat aber Zugriff zu anderen mobilen Diensteanbietern.

- Der Benutzer bezahlt monatliche Gebühren und er bezahlt die Menge der übertragenen Daten.

Inhalte-anbieter

Die Inhalteanbieter (werden durch den mobilen Diensteanbieter ausgewählt):

- bezahlen für die Dienstentwicklung und unterstützen eventuell den mobilen Diensteanbieter.

- Sie versuchen neue Benutzer für die M-Commerce-Dienste zu gewinnen (in Konkurrenz) und.

- bestehende Kunden zu halten (in Konkurrenz)

Mobile Diensteanbie-ter

Der mobile Diensteanbieter

- sorgt für die Ausbreitung der Dienste,

- sorgt für größere Datenübertragung (höhere Gebühren),

- fördert die längere Nutzung des Sprachkanals,

- versucht neue Benutzer für die M-Commerce-Dienste zu gewinnen (in Konkurrenz) und

- bestehende Kunden zu halten (in Konkurrenz).

Geschlossenes Modell

Im geschlossenen Modell sind ebenso der Benutzer, die Inhalteanbieter und der mobile Diensteanbieter zu unterscheiden.

Einige Dienste werden vom mobilen Diensteanbieter ausgewählt.

Benutzer

Der Benutzer bezahlt monatliche Gebühren für die Menge der übertragenen Daten und für den Dienstzugriff

Die Inhalteanbieter (werden durch den mobilen Diensteanbieter ausgewählt):

- bezahlen für die Dienstentwicklung und unterstützen eventuell den mobilen Diensteanbieter,

- erhalten Prozente vom Benutzer für die Nutzung des Dienstes,

- versuchen ebenfalls neue Kunden für die M-Commerce-Dienste zu gewinnen sowie

- bestehende Kunden zu halten.

Mobile Diensteanbieter

Mobile Diensteanbieter sorgen für die Ausbreitung der Dienste.

- Sie erhalten Prozente vom Benutzer für den Zugriff des Dienstes,

- streben Größere Datenübertragung (höhere Gebühren) und

- längere Nutzung des Sprachkanals an,

- versuchen neue Benutzer für die M-Commerce-Dienste zu gewinnen

- und bestehende zu halten.

3.2.4   M-Commerce-Programmieren mit WAP

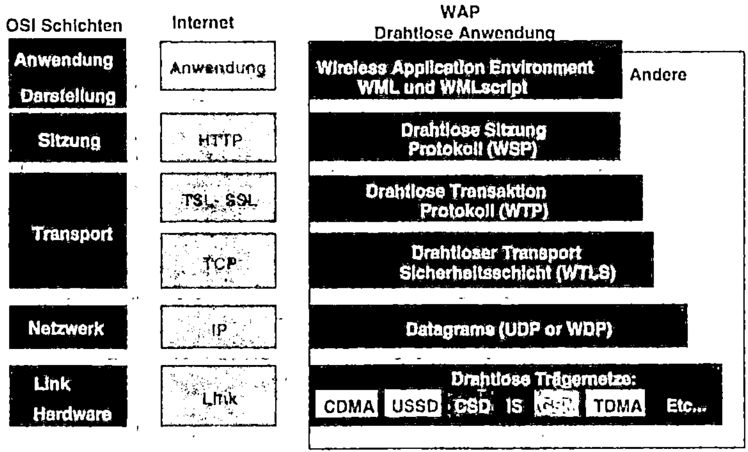

Abbildung 3.15: Schichtenmodell für M-Commerce

WAP

WAP (Wireless Application Protocol) definiert einen Anwendungsrahmen (application framework), sowie Netzwerkprotokolle (in vier Schichten: Anwendungs-, Sitzungs-, Transaktions-, Sicherheits- und Transportschicht) für mobile Geräte [Are01]. WAP erlaubt einen direkten Zugriff auf die Internetdienste. WAP berücksichtigt zum einen die Unterschiede zwischen den Internet-PCs und mobilen Endgeräten (kleines Display, weniger Speicher- und Prozessorkapazität, kleinere Tastatur), andererseits aber auch unterschiedliche Datenraten und Zuverlässigkeiten des Kommunikationskanals.

WAP besteht aus fünf Protokollschichten (siehe Abbildung 3.15):

**Schichten-
modell**

1. Das Wireless Datagram Protocol (WDP) verwendet UDP für alle IP-Trägernetze und für die sichere Adaption an Nicht-IP-Trägernetze, wie SMS, USSD, CSD, CDPD, IS–136 packet data, und GPRS.

2. Das Wireless Security Protocol (WTLS) basiert auf IPsec und SSL und sichert die Integrität und die Verschlüsselung der Daten, wie auch die Authentifizierung des Benutzers.

3. Das Wireless Transaction Protocol (WTP) basiert auf dem transaktionsfähigen TCP und sichert die Zuverlässigkeit der Transaktionen.

4. Das Wireless Session Protocol (WSP) basiert auf HTTP1.1 und erlaubt einen effektiven Datenaustausch zwischen den Anwendungen.

5. Das Wireless Application Environment (WAE) besteht aus User Agent (UA) und Wireless Telephony Application Environment (WTAE). Der UA interpretiert die WML/WML-Skripte und sichert deren Darstellung auf dem Benutzerbildschirm. Das WTAE unterstützt und interpretiert die Wireless Markup Language (WML, eine Version von XML) und die Wireless Markup Scripting Language – eine erweiterte Untermenge von Java Script. Zum WEA kann auch ein Proxy Server gehören, der den Graben zwischen den IP-Netzwerken und dem mobilen Netzwerk überbrückt. Dieser Proxy Server kann dann auch den HTML-Inhalt in ein WAP-kompatibles Format übersetzen. Hier sollte auch der WAP-fähige Micro-Browser erwähnt werden, der am mobilen Endgerät ausgeführt wird.

3.2.5   Ausblick

Vorhersagen

Alle Vorhersagen über M-Commerce sind extrem optimistisch, trotz der deutlichen Zurückhaltung nach dem Misserfolg mancher dot-com-Firmen. Beispielhaft seien hier zwei unterschiedliche Studien zitiert:

* „Die Industrie kann bis zum Jahre 2004 in Verbindung mit M-Commerce ca. 200 Milliarden Dollar verdienen," lautet die Aussage von Wireless Data and Computing Service, einer Abteilung von Strategy Analytics. Die Studie sagt voraus, dass der Umsatz der Geschäfte, die über drahtlose Geräte

abgewickelt werden, auf 14 Milliarden Dollar jährlich steigen werden.

- Laut einer Studie des Marktforschers The Yankee Group, wird die Anzahl der mobilen Benutzer bis zum Jahre 2003 eine Milliarde übersteigen, wobei ca. 60 % von ihnen in der Lage sein werden, mobiles Internet zu empfangen. Dies stellt ein enormes Potenzial für M-Commerce dar.

3.2.6   Literaturverzeichnis

[Dur01] Durlacher: Mobile Commerce Report, 1999, http://www.durlacher .com/fr-research-reps.htm.

[Are01] Arehart, C. and et al.: Professional WAP. 1st edition, Wrox Press, 2000.

[Anu01] Anup K. Ghosh, Tara M. Swaminatha: Software Security and Privacy Riscs in Mobile E-Commerce, Communications of ACM, Feb. 2001/Vol. 44, No.2.

Autor:	Prof. Dr. Rumen Stainov, Boston University, MET Computer Science Department, 808 Commonwealth Avenue, Boston, MA 02215, USA,
Mail:	rstainov@bu.edu,
Web:	www.bu.edu oder http://metcs.bu.edu/~rstainov/index.htm.

3.3 Elektronische Zahlungssysteme
(Peter Peinl)

3.3.1 Einführung

3.3.1.1 Motivation

Bedeutung elektronischer Zahlungssysteme

Nicht erst seit der Entstehung vielfältiger neuer Geschäftsmodelle durch den E-Commerce und der Umgestaltung und umfassenden Optimierung herkömmlicher Geschäftsmodelle und Geschäftsprozesse im Rahmen des E-Business kommt dem Thema Elektronische Zahlungssysteme eine besondere Bedeutung zu. Wird der Begriff der Elektronischen Zahlungssysteme sehr weit gefasst, dann müssen darunter auch die teilweise bereits seit Jahrzehnten existierenden Netzwerkverbunde von Banken und anderen bankähnlichen Finanzinstitutionen, z. B. Kreditkartenorganisationen, subsumiert werden, über die der größte Teil des nationalen und internationalen Zahlungsverkehrs abgewickelt wird, und dies bei hoher Zuverlässigkeit und großer Verfügbarkeit.

S.W.I.F.T.

Erinnert sich doch der Autor an einen Besuch im Rahmen einer studienbegleitenden Exkursion an den Finanzplatz Frankfurt im Jahre 1978, als er zum ersten Male mit dem Akronym S.W.I.F.T. (Society for Worldwide Interbank Financial Telecommunication) in Berührung kam. S.W.I.F.T steht für ein geschlossenes, d. h. nicht jedermann zugängliches Netzwerk, das im Auftrag der Banken betrieben wird und in der Lage ist, weltweite Zahlungen und Überweisungen auszuführen. Diese Funktionen wurden schon vor mehr als 25 Jahren einigermaßen zufriedenstellend erbracht, und dies von Rechnern, deren Herstellernamen heutzutage nur noch einer kleinen Minderheit geläufig sind, und auf der Basis von Netzprotokollen, die ebenfalls weithin unbekannt sind. Welches also sind die neuartigen Anwendungen und welches sind deren funktionale Anforderungen, die das Thema Elektronische Zahlungssysteme gerade in letzter Zeit ins Blickfeld der Allgemeinheit gerückt haben?

3.3.1.2 Anwendungsgebiete

Einerseits setzt sich der Preisverfall bei herkömmlichen Personalcomputern unvermindert rasant fort, wobei gleichzeitig neue Funktionsmerkmale, wie Multimedia-Fähigkeiten hinzukommen und sich die Leistungsfähigkeit vervielfacht. Andererseits ermöglicht der Siegeszug des Internet als im alltäglichen Umgang schon fast gleichrangige Kommunikationsinfrastruktur neben dem herkömmlichen Telefonnetz die universelle Vernetzung der in den Haushalten und Unternehmen anzutreffenden Rechner zu maßvollen Kosten. Aufgrund der Offenheit des Internets, d. h. alle Verfahren und Protokolle basieren auf herstellerunabhängigen kostenfreien Standards, und seiner technischen Eleganz wurden teilweise unüberwindliche Zugangshürden für breite Schichten der Verbraucher beseitigt und ein unmittelbarer, praktisch verzögerungsfreier, von den üblichen Geschäftszeiten unabhängiger Zugang zu den Produzenten und Händlern von Waren und Dienstleistungen geschaffen.

Elektronische Läden

In einer ersten technologisch getriebenen Phase entwickelten sich unter Nutzung des auf dem Internet aufsetzenden WWW und weiterführender Technologien, z. B. XML, unter dem Oberbegriff E-Commerce vielfältige Geschäftsbeziehungen zwischen Händlern und Verbrauchern. Stichwortartig seien dabei die Begriffe B2C (Business to Consumer) und Elektronische Läden (Electronic Shops and Malls) genannt. Bei diesen wird entweder ein Geschäft über das Internet zunächst nur vertraglich vereinbart, z. B. beim Kauf von Waren wie Büchern, Tonträgern, Einkaufskörben mit Gütern des alltäglichen Bedarfs, Kleidung, oder aber die Ware unmittelbar an den Geschäftsabschluss auf elektronischem Wege geliefert. Letzteres geschieht bei der Bestellung von Waren, die in digitalisierter Form vorliegen, z. B. Musikstücke, Nachrichtenmagazine, Börsenkurse und vieles mehr. Die Geschäftsbeziehung ist insbesondere im letztgenannten Falle vollständig unpersönlich bzw. anonym, d. h. Kunde und Händler begegnen sich noch nicht einmal in der Gestalt eines menschlichen Lieferanten. Bei derartigen Geschäften muss aus ersichtlichen Gründen die Bonitätsprüfung bzw. die Zahlung vor der Lieferung der Ware erfolgen. Allein aus wirtschaftlichen Gründen kommen daher nur elektronische Zahlungsverfahren in Frage.

Internethändler

Obwohl die Euphorie im Zusammenhang mit der Neuen Ökonomie (New Economy), nicht zuletzt bedingt durch das Scheitern zahlreicher unausgegorener und wirtschaftlich nicht konsequent durchdachter Geschäftsideen, stark nachgelassen hat, übernimmt die Alte Ökonomie (Old Economy), also die etablierten Unternehmen, die seit langem eine Fülle von erfolgreichen Produkten anzubieten in der Lage sind, die führende Rolle in diesem Bereich. So zählen inzwischen traditionelle Versandhändler wie Quelle oder Otto in Deutschland zu den umsatzstärksten Internethändlern. In Zukunft darf man von der Alten Ökonomie die Umsatzzahlen und Wachstumsraten erwarten, die der Neuen Ökonomie immer vorausgesagt wurden.

Einsatz elektronischer Zahlungssysteme

Zusätzliche Impulse für den Einsatz Elektronischer Zahlungssysteme sollten sich aus den stark wachsenden Transaktionsvolumina im Bereich B2B (Business to Business) ergeben. Darunter wird die Vorbereitung und Abwicklung von Geschäften zwischen Unternehmen verstanden, also etwa die Beziehung zwischen dem Hersteller eines Endproduktes und seinen unterschiedlichen Lieferanten. Als typisch sind hier die Automobilindustrie oder die chemische Industrie zu erwähnen, die außerordentliche Anstrengungen auf diesem Gebiet unternehmen. Mit so genannten elektronischen Marktplätzen (Business Portals, B2B Exchanges) wird dabei eine Infrastruktur angelegt, die es in Zukunft erlauben soll, einen großen Teil des Beschaffungsvolumens der genannten Wirtschaftssektoren automatisch und zu wesentlich geringeren Kosten als bisher abzuwickeln. Dabei ist sowohl an die Unterstützung dedizierter direkter Geschäftsbeziehungen zwischen einem Lieferanten und dem Kunden als auch an multilaterale Beziehungen gedacht, wie sie etwa bei der Durchführung einer elektronischen Versteigerung zustande kommen. Eine Nummer kleiner, aber dennoch in seinem Rationalisierungspotenzial nicht zu unterschätzen, ist der Handel mit bzw. die Beschaffung von Artikeln des alltäglichen Geschäftsbedarfes (C-Teile), wie Büromaterial und Kleinteilen. Diese fallen zwar wertmäßig in der Regel kaum ins Gewicht, ihre Beschaffung verursacht jedoch bei den noch weitgehend praktizierten nicht bzw. semi-automatisierten Bestellverfahren unverhältnismäßig hohe Prozesskosten. Auch in diesem Umfeld gilt, dass die Notwendigkeit und der Nutzen des Einsatzes Elektronischer Zahlungssysteme umso größer ist, je anonymer und kurzfristiger die Käufer-Verkäufer-Beziehung ist. Insofern dürften die Chancen also weniger bei der Abwicklung wertmäßig großer, regelmäßiger Beschaffungen innerhalb von fest etablierten Geschäftsbeziehungen, etwa zwischen einer Raffinerie und dem sie beliefernden Öl-Multi liegen, als bei den vielen Kleinbeschaffungen, die in einem Unternehmen anfallen.

E-Business mit elektronischer Zahlung

Unabhängig von den soeben geschilderten technischen Entwicklungen beim E-Business gibt es schon seit langer Zeit ein betriebswirtschaftlich und fiskalisch wohl begründetes Interesse weiter Bereiche der Wirtschaft und der öffentlichen Hände, den Anteil der mit bar abgewickelten Transaktionen möglichst gering zu halten. Dabei sei hier nur kurz auf die mit der Bargeldhaltung verbundenen Sicherheitsrisiken, den Zinsverlust und die hohen Handhabungskosten verwiesen, die das Betriebsergebnis unnötig belasten bzw. auf das staatliche Interesse der vollständigen Erfassung fiskalisch relevanter geschäftlicher Vorgänge.

Wahrung der Privatsphäre

Sicherlich existiert in der realen Welt ein Spannungsfeld zwischen dem Wunsch der genannten Institutionen nach einer vollständigen, nachvollziehbaren und kosteneffizienten Abwicklung von Geschäftstransaktionen auf der einen Seite und dem berechtigten Bedürfnis des Individuums nach Anonymität und der Wahrung der Privatsphäre auf der anderen Seite. Hier ist nicht der Ort, um auf derartige gesellschaftliche, soziale und auch juristische Aspekte einzugehen. Dieser Beitrag versucht vielmehr, sich auf die technischen Aspekte des Themas zu konzentrieren. Es soll aber nicht unerwähnt bleiben, dass in besonderem Maße falsche und unrealistische Annahmen und Erwartungen bei der Konzeption neuer Elektronischer Zahlungssysteme und ihrer anschließenden, nur mäßig erfolgreichen Einführung eine nicht unerhebliche Rolle gespielt haben dürften.

Ersatz des Bargeldeinsatzes

Ungeachtet dessen gibt es eine von der Wirtschaft, insbesondere dem Finanzsektor, getriebene permanente Bestrebung, die auf das Zurückdrängen des Bargeldeinsatzes im Wirtschaftsalltag abzielt und deren Ersatz durch (mehr oder weniger) elektronische Zahlungsverfahren. Dies begann mit der flächendeckenden Einführung von Girokonten in den sechziger Jahren, wurde fortgesetzt durch die inzwischen gewohnheitsmäßige Ausgabe von Magnetkarten, z. B. EC-Karte, durch die Banken bzw. durch die weitgehende Verbreitung von Kreditkarten ebenfalls durch die Banken oder spezielle Finanzorganisationen wie Visa oder Mastercard. Heutzutage sind die meisten im Umlauf befindlichen Bankkarten nicht mehr nur mit einem Magnetstreifen versehen, sondern werden durch einen in die Plastikoberfläche eingeschweißten Chip, der u. a. einen kleinen Mikroprozessor enthält, zur Smartcard aufwertet.

3.3.1.3   Transaktionsarten und -volumina

Klassifikation von Geschäftsvorfällen im E-Business

Ein häufig verwendetes Kriterium für die Klassifikation von Geschäftsvorfällen im E-Business-Bereich bildet das Transaktionsvolumen, also der Betrag eines einzelnen Zahlungsvorgangs. Die Volumina werden nach herrschender Meinung vier Größenklassen zugeordnet, deren betragsmäßige Intervalle hier in Ermangelung einer allgemein akzeptierten Regelung in Übereinstimmung mit [Merz99] festgelegt wurden.

Hieraus ergeben sich die Größenklassen:

- Macropayment

- Mediumpayment,

- Micropayment und

- Nanopayment.

Zwischen diesen Größenklassen, den gehandelten und zu bezahlenden Waren und Dienstleistungen, der Art der Geschäftsbeziehung zwischen Käufer und Verkäufer und den in Frage kommenden elektronischen Zahlungsverfahren bestehen vielfältige Abhängigkeiten und Zusammenhänge. Insofern implizieren sich oftmals Zahlungssystem und Größenklasse gegenseitig.

Macropayment

Macropayments bezeichnen Zahlungen über einen Mindestbetrag von 1000 Euro, wobei nach oben keine Grenze gesetzt ist. Tatsächlich kann es sich dabei im Extremfall auch um Geschäfte handeln, bei denen Millionenbeträge umgesetzt werden. Im vorangehenden Abschnitt wurden etwa große über B2B-Plattformen vermittelte Beschaffungsaufträge als Beispiel genannt. Auch die durchaus häufiger anfallenden Beschaffungen zur Aufrechterhaltung des laufenden Geschäftsbetriebes in einem Unternehmen sind Macropayments. Dies schließt so unterschiedliche Vorgänge wie die Bestellung eines oder mehrerer Laptops, die Beschaffung eines größeren Postens Kopierpapier oder auch die Bezahlung eines Flugtickets für eine Geschäftsreise ein. In allen Beispielen existiert eine fest etablierte, oftmals langjährige Geschäftsbeziehung zwischen den Partnern mit einem entsprechenden Vertrauensverhältnis. Lieferungs- und Zahlungsmodalitäten sind in der Regel durch ein vertragliches Rahmenwerk fixiert bzw. werden bei den genannten Millionenaufträgen jeweils individuell ausgehandelt. Deshalb spielen Zahlungsverfahren und Transaktionskosten wenn überhaupt bestenfalls eine untergeordnete Rolle, d. h. Macropayments sollen hier nicht weiter betrachtet werden.

Mediumpayment

Mediumpayments decken den Bereich von 5 Euro bis unter 1000 Euro ab. Zahlungen dieser Größenordnung werden heutzutage entweder mit Schecks oder Kreditkarten, aber auch noch in großem Umfang mit Bargeld geleistet. Nimmt man die Begleichung einer Tankrechnung beim Sonntagsausflug mittels Kreditkarte als Beispiel, dann ist klar, dass zwischen Käufer und Verkäufer, von Ausnahmen abgesehen, keine etablierte Geschäftsbeziehung existiert. Das Vertrauensverhältnis kommt indirekt durch die Vermittlung Dritter, also der Kreditkartenorganisation oder der die

EC-Karte ausgebenden Bank, zustande. Wie die Praxis gezeigt hat, lässt sich ein solches Verfahren am ehesten auf das Internet übertragen.

Micropayment Micropayments Zahlungen umfassen das Intervall zwischen 10 Cents und 5 Euro, also die klassische Domäne der baren Transaktionsabwicklung. Bargeld ist aus der Sicht des Käufers flexibel zu handhaben und kostengünstig, genauer gesagt fallen überhaupt keine Transaktionskosten an, und die Liquiditätshaltung verursacht praktisch keine Zinsverluste. Alle Hoffnung im Hinblick auf die auch nur teilweise Verdrängung des Bargeldes muss in die unterschiedlichen Methoden zur Schaffung und Verwaltung digitalen Geldes gesetzt werden, seien diese nun Chipkarten- oder Internet-basiert. Offline-Fähigkeit und Anonymität sind ein wesentliches Kriterium, und es muss leider festgestellt werden, dass es dabei nicht zum Besten gestellt ist. Andererseits hängt der Erfolg vieler, gerade der neueren Geschäftsmodelle – etwa der selektive Verkauf kostenpflichtiger Information über das Internet wie Zeitungsausgaben, Finanzdaten, Fachinformationen, nachfrageorientierte Nutzung digitaler Medien (audio on demand, video on demand) – in entscheidender Weise von der Praktikabilität und Bezahlbarkeit der genannten Verfahren ab. Das dürfte auch dem letzten klargeworden sein, seit die Börse sich nicht mehr nur mit brilliant(klingend)en Geschäftsideen zufrieden gibt, sondern wieder auf althergebrachte betriebswirtschaftliche Größen wie Umsatz, Ertrag und Rendite Wert legt.

Nanopayment Der Bezeichnung Nanopayment steht zum gegenwärtigen Zeitpunkt, überspitzt formuliert, mit ihrer Definition, also Zahlung in einer Größenordnung unter zehn Cents, in einem inhärenten Widerspruch. Ihre Existenzberechtigung lässt sich bestenfalls aus Gründen der Vollständigkeit der Systematik rechtfertigen. Außerdem wird Begriff benötigt, unter dem alle Geschäftstransaktionen subsumiert werden können, bei denen zwar eine Ware, in der Regel in digitaler Form vorliegende Information geliefert wird, eine Bezahlung jedoch aufgrund des eklatanten Mißverhältnisses zwischen dem Warenwert der Transaktion und den Kosten der Zahlungsabwicklung nicht verlangt werden kann, da im gegenteiligen Falle die Transaktion nicht zustande kommen würde. Es ist nämlich kaum vorstellbar, dass jemand für das Herunterladen eine Bildes aus dem Internet ein Cent für die Ware und noch einmal das Doppelte als Provision für die Zahlungsabwicklung zu zahlen bereit wäre. Solange mit entsprechenden Abrechnungsverfahren mit dem Ziel einer erheblichen Kostendegression noch kräftig experimentiert wird, müssen sich die geschilderten

Geschäftsmodelle weiterhin aus anderen Quellen wie Werbung zu finanzieren suchen.

3.3.1.4 Begriffsdefinition und Abgrenzung

Nach den Ausführungen in den vorangehenden Abschnitten, in denen ziemlich unsystematisch Beispiele elektronischer Zahlungssysteme angeführt wurden, soll nun die Aufgabe einer möglichst allgemeingültigen umfassenden Definition des Begriffes angegangen werden.

Definition Elektronische Zahlungssysteme

Eine erste intensionale Begriffsdefinition könnte folgendermaßen lauten: Unter elektronischen Zahlungssystemen versteht man die Menge der Technologien, Systeme, Verfahren und Organisationsstrukturen, die Individuen und Unternehmen in der Lage versetzen, auf elektronischem Wege Zahlungen zu leisten oder Zahlungsmittel zu transferieren.

Frontend und Backend

In dieser recht weitgehenden, teilweise etwas vagen Formulierung wären einerseits die komplexen, seit Jahrzehnten mit großem Erfolg betriebenen Netzwerke des Finanzsektors, in der Hauptsache der Banken und Kreditkartenorganisationen, und die in ihnen praktizierten Verfahren gleichermaßen eingeschlossen. Obwohl deren Darstellung ebenfalls in technischer Hinsicht nicht ohne Reiz wäre, liegen diese außerhalb des Interessenbereiches dieses Beitrages. Das liegt zum einen in dem proprietären Charakter der verwendeten Netze und Verfahren begründet und zum anderen in ihrer Abgeschlossenheit, die den direkten Zugang auf eine relativ kleine, exklusive Gruppe von Institutionen beschränkt, die über die technologischen Fähigkeiten und die finanziellen Mittel zur Teilnahme verfügen. Derartige Systeme eignen sich weder als Infrastruktur für die universelle, kostengünstige Vernetzung von Millionen Personen und Unternehmen noch sind sie explizit für diesen Zweck konstruiert worden. Dennoch spielen sie in dem betrachteten Themenumfeld eine nicht unbeachtliche Rolle. Sie agieren gewissermaßen im Hintergrund (Backend), weil einige der hier behandelten moderneren Zahlungssysteme, z. B. das sichere elektronische Bezahlen per Kreditkarte (SET), sich als Beschaffer (Frontend) von Transaktionen für diese proprietären Systeme (Backend) betätigen. Wenn also in der Folge von Kommunikationsnetzen die Rede sein wird, dann sind aus den angeführten Gründen, außer wenn ausdrücklich darauf hingewiesen wird, immer offene Systeme gemeint, in der Regel das Internet als dessen bekanntester und am weitesten verbreiteter Vertreter.

Andererseits fiele etwa die Überlassung von Datenträgern, wie Magnetkassetten oder Magnetbändern, oder die elektronische Übermittlung von Dateien mit Datensätzen, die Überweisungen oder Lastschriften beschreiben, unter diese Definition. Da der explizite oder implizite Vertragsabschluss bei den hier betrachteten Geschäftstransaktionen zeitlich ganz eng mit der Zahlung, sowie der Lieferung oder Herausgabe der Ware oder Dienstleistung verzahnt ist, können die sich durch das obige Verfahren (Datenträger) implizierten Verzögerungen nicht toleriert werden. Diese Verfahren werden als bekannt vorausgesetzt.

Kartenbasierte elektronische Zahlungssysteme

Im Zusammenhang mit der zu Anfang gemachten Definition sei noch auf zwei Sachverhalte hingewiesen. Zum einen ist nirgends explizit gefordert, dass in jedem Fall Kommunikationsnetze bei der Zahlungsabwicklung involviert sein müssen. Auf diese Weise gelingt es, rein kartenbasierte elektronische Zahlungssysteme, z. B. Mondex, in die Definition einzubeziehen. Bei diesen Verfahren werden Zahlungsmittel in Form zweckmäßig codierter Bitfolgen repräsentiert und auf Chipkarten gespeichert. Mit speziell für diesen Zweck entwickelten Geräten lassen sich Guthaben ohne Zuhilfenahme einer zentralen Einrichtung dabei von einer Karte direkt auf eine andere Karte transferieren. Andererseits könnte auch, um einer enger gefassten Definition mit Netzwerkbeteiligung zu genügen, der Standpunkt vertreten werden, es handele sich bei jedem solchen Transfervorgang um ein adhoc aus zwei Knoten gebildetes Netzwerk, das anschließend wieder aufgelöst wird.

Bitfolgen als Bargeld

Zum zweiten wird in der Definition sowohl vom Transfer von Zahlungsmitteln als auch von der Leistung von Zahlungen gesprochen. Dies geschieht in Anlehnung an die auch im Alltag geläufige Unterscheidung zwischen der Begleichung einer Schuld durch Bargeld im Gegensatz zur Veranlassung bzw. Durchführung einer Umbuchung zwischen Konten bei einer oder mehreren Banken. Sind wir mit letzterem aus unserer alltäglichen Erfahrungswelt hinlänglich vertraut, so fällt es vielen Lesern sicherlich zunächst schwer, sich mit dem Gedanken vertraut zu machen, dass es möglich sein soll, Bitfolgen derart zu konstruieren, dass sie alle bzw. die wesentlichen Eigenschaften von Bargeld nachbilden und dass weiterhin deren Übertragung von einem Rechner zum anderen bzw. von einer Chipkarte zu einer anderen formal und materiell gleichwertig zum Übergang von Banknoten von einer Person zu einer anderen gestaltet werden kann.

Digitales Geld

Dies leitet unmittelbar auf das technisch wohl herausforderndste, algorithmisch eleganteste Teilgebiet aus dem Bereich der elektronischen Zahlungssysteme über: digitales Geld (digital money, digital cash). Wie soll es einerseits gelingen, das Schöpfen beliebiger Geldbeträge durch einen trivialen Kopiervorgang beim digitalen Geld wirksam zu verhindern, ohne die Anonymität, eine der herausragenden Eigenschaften des Bargeldes, aufzugeben, wenn sich Aufzeichnungen über die jeweiligen Besitzer digitaler Banknoten oder Münzen verbieten? Insbesondere dieser intellektuell sehr anspruchsvolle Aspekt stand in den frühen neunziger Jahren für eine ganze Zeit im Mittelpunkt intensiver Forschungsbemühungen und soll gegen Ende des Beitrags ausführlich behandelt werden.

3.3.2   Verfahrensübersicht

Wurde der Begriff Elektronische Zahlungssysteme im vorigen Abschnitt noch intensional, aber recht vage definiert, so ließe sich auch ein extensionaler Ansatz rechtfertigen, also durch Aufzählung der als relevant betrachteten Systeme und Verfahren. Dieser soll jetzt verfolgt werden und gleichzeitig zu einem Überblick der im Folgenden beschriebenen Themen genutzt werden. Aufgrund der anhaltend rasanten technischen Entwicklung, die regelmäßig entweder zu neuen Verfahrensvorschlägen oder zu Fortschreibungen und Erweiterungen bestehender führt, ist es nicht möglich, hier immer den aktuellsten Zustand zu schildern. Darüber hinaus gibt es eine größere Anzahl interessanter und vielversprechender Verfahren, die zwar technisch spezifiziert, prototypisch realisiert und in Feldversuchen erprobt worden sind, deren massenhafter Einsatz dagegen entweder noch nicht erfolgt oder dessen Erfolg zur Zeit noch nicht eindeutig bewertet werden kann.

Betriebskostenermittlung

Die Schwierigkeit, wenn nicht gar Unmöglichkeit, einer unparteiischen Bewertung liegt in dem mangelhaften Zugang insbesondere zu betriebswirtschaftlich aussagekräftigen, unternehmensunabhängigen Zahlen zu den Betriebskosten und entsprechenden Gewinnen oder Verlusten beim Betreiber. Natürlich wollen auch die Banken am Betrieb der neueren elektronischen Zahlungssysteme verdienen, um insbesondere die technisch aufwendige, zum Teil bestehende, zum Teil neu zu schaffende Infrastruktur und das Personal zu deren Betrieb zu finanzieren. Welche Kostenrechnungsansätze dabei zum Tragen kommen und ob es dabei immer neutral gegenüber den neuen Verfahren zugeht, insbesondere wenn diese mit einem Kannibalisierungseffekt gegenüber existierenden Produkten einhergehen, kann hier nicht überprüft werden. Wenn sich also ein Verfahren in der Praxis nicht durchsetzt, dann sind viele Ursachen denkbar, unter denen die technischen durchaus in den Hintergrund treten können. Davon wird im folgenden Abschnitt noch die Rede sein.

Verfahrens-auswahl

Da es wegen des beschränkten Rahmens nicht möglich ist, die ganze Vielfalt der vorgeschlagenen Verfahren hier im Detail zu erörtern, muss eine Auswahl der konkret zu beschreibenden Verfahren getroffen werden. Als Kriterium bietet sich natürlich in erster Linie der praktische Erfolg an. Aufgrund der vorangehenden Bemerkungen ist es jedoch, abgesehen von Ausnahmen, schwer, zum jetzigen Zeitpunkt Gewinner und Verlierer sauber zu trennen. Deshalb werden in den späteren Abschnitten zwar einerseits die unzweifelhaft erfolgreichen, bereits etablierten Verfahren und Systeme diskutiert. Andererseits sollen auch solche genannt werden, die durchaus das Potenzial haben, sich in naher Zukunft durchzusetzen. Darüber hinaus sollen auch einige der innovativen Verfahren angesprochen werden, die trotz ihrer technischen Eleganz den Durchbruch nicht geschafft haben bzw. diesen vermutlich auch nie schaffen werden. Immerhin lässt sich von diesen Beispielen auch lernen, welche nicht-technischen Randbedingungen beachtet werden müssen, um ein auch wirtschaftlich tragfähiges System zu konzipieren. Dass bei der Auswahl die subjektive Einschätzung des Autors eine gewisse, manchmal mehr, manchmal weniger ins Gewicht fallende Rolle spielt, ist dabei wohl selbstverständlich.

Klassen von Zahlungs-systemen

Die Bandbreite und Heterogenität der zum Einsatz kommenden Techniken und Verfahren in Kombination mit deren schneller Evolution erlauben es zur Zeit nicht, elektronische Zahlungssysteme auf der Basis einer systematischen Klassifikation im Sinne einer sauberen Taxonomie zu diskutieren. Deshalb werden einige wenige Klassen von Systemen herausgegriffen und jeweils am Beispiel eines gängigen Verfahrens erläutert. Weiterhin sei auf [Merz99], [Wayn97] und [RaEf00] verwiesen, in denen ebenfalls die hier beschriebenen Verfahren und Technologien fokussiert behandelt sind und die eine Fülle von weiterführender Literatur anführen.

In der Klasse der einfachen elektronischen Zahlungssysteme werden eine ganze Reihe eher herkömmlicher Verfahren zusammengefasst. Dazu zählen beispielsweise der gesicherte Transport von Zahlungsinformationen zwischen Kunden und Händler und das elektronische Lastschriftverfahren, die zwar in technischer Hinsicht, was etwa die Sicherheit und die Zeitdauer zwischen Geschäft und Zahlungseingang angeht, nicht das Optimum bieten, sich dennoch wegen ihrer Einfachheit und günstiger Kosten einer großen Beliebtheit erfreuen.

Zahlungssysteme mit Kreditkarten

In der Praxis ebenfalls recht häufig anzutreffen sind elektronische Zahlungsverfahren, die auf dem Einsatz von Kreditkarten beruhen. Da heute die Kreditkarte fast schon als Standardbaustein zum Girokonto angeboten wird, ist ihr Verbreitungsgrad entsprechend groß. Nicht zuletzt auch, weil gerade Kreditkarten hohe Einnahmen in Form von Provisionen und Zinsen, insbesondere bei amerikanischen Banken erwirtschaften, scheinen sie zu den bevorzugten Instrumenten des Finanzsektors zu zählen und werden entsprechend gefördert (durch Marketing, Sonderangebote etc.)

Zahlungssysteme mit Guthabenkarten

Weniger weit verbreitet sind dagegen die auf Guthabenkarten basierenden Verfahren. Diese unterscheiden sich von den zuletzt genannten Kreditkartenverfahren dadurch, dass vor der Zahlung ein Guthaben auf die Karte geladen werden muss, welches durch aufeinanderfolgende Zahlungen schrittweise verbraucht wird. In Deutschland zählt dazu beispielsweise die Geldkarte oder im Ausland Verfahren wie Visa Cash und Mondex. Umfassende Darstellungen der eingesetzten Chipkartentechnologie finden sich in [HaTa99] und [RaEf00].

Digitales Geld

Anschließend wird der weite Bereich des digitalen Geldes kritisch betrachtet, kommt dieses von seiner Intention und seinen Eigenschaften dem Bargeld weitaus am nächsten. Nach einer euphorischen Entwicklung besonders im akademischen Umfeld, das in zahlreiche Verfahrensvorschläge und prototypische Implementierungen mündete, die u. a. ausführlich in [Wayn97], [SFE97] und [FuWr97] beschrieben sind, ist es in letzter Zeit etwas ruhiger um dieses Thema geworden. Der aktuelle Status des von David Chaum [Chau92] erfundenen, patentierten und von seiner Firma DigiCash kommerziell verwerteten Verfahrens E-Cash, das als „Paradepferd" bezeichnet werden muss, und der zugehörigen Feldversuche, ist unklar.

Abrechnungsverfahren

Zum Schluss sollen dann noch einige Abrechnungsverfahren dargestellt werden, bei denen eine zentrale Stelle eine Menge von Einzelzahlungen auf einem Verrechnungskonto bucht und diese in regelmäßigen Abständen zusammen mit einer entsprechenden Abrechnung in Rechnung stellt. Dies spart Transaktionskosten, insbesondere wenn die Volumina klein sind und die Zahl der ausgeführten Transaktionen groß ist. Beispiele sind etwa das Verfahren von T-Online oder Millicent.

3.3.3   Auswirkungen Elektronischer Zahlungssysteme

Bargeldersatz Obwohl elektronische Zahlungssysteme in diesem Beitrag hauptsächlich unter einem technischen Blickwinkel betrachtet werden, sollen die potentiell erheblichen Auswirkungen auf die Wirtschaft zumindest angedeutet werden, die sich aus dem universellen Einsatz, insbesondere des elektronischen Geldes als Bargeldersatz, ergeben könnten. Außerdem werden in diesem Abschnitt einige der nicht-technischen Aspekte betrachtet werden, die über die Durchsetzungsfähigkeit der neuartigen Verfahren gegenüber den eingeführten Techniken entscheidend sind bzw. entscheiden werden.

3.3.3.1   Wirtschaftliche Aspekte

Enterprise Resource Planning (ERP) Bereits heute kann man beobachten, wie sich makroökonomische Produktions- und Distributionsprozesse unter dem Einfluss der Techniken des E-Business und E-Commerce verändern. Integrierte Systeme betriebswirtschaftlicher Standardsoftware (Enterprise Resource Planning – ERP) gestatten etwa die zeitgerechte Erfassung von Informationen über alle wesentlichen betrieblichen Funktionsbereiche wie Beschaffung, Produktion, Vertrieb und Distribution. Tagesaktuelle Übersichten über den Auftragsbestand und dessen Entwicklung erlauben eine Optimierung der Lagerhaltung und eine rasche und bedarfsgerechte Anpassung der vorgeschalteten Produktion an die aktuelle Nachfrage, wie das noch vor zehn Jahren nicht denkbar gewesen wäre. Neue und weiterentwickelte Logistiksysteme und -prozesse ermöglichen die effizientere Verteilung und schnellere Lieferung von Gütern.

Online-Banking und Online-Brokerage Neue, vorwiegend elektronische Güter und Dienstleistungen, wie elektronische Nachrichtenmagazine, digitale, über das Internet beziehbare Musikstücke, ein ganzer Reigen verzögerungsfrei abrufbarer Finanzdienstleistungen (Online-Banking und Online-Brokerage) und vieles mehr, entstanden unter dem Einfluss neuer Technologien. Neue Berufsbilder und eine Vielzahl neuer und zusätzlicher Arbeitsplätze sind weltweit bisher auf diese Weise geschaffen worden. Elektronische Zahlungssysteme mit verkürzten Transferzeiten und einer effizienteren Zahlungsabwicklung bei gleichzeitig hoher Zuverlässigkeit wirken als Transmissionsriemen zwischen den einzelnen Wirtschaftssubjekten. Makroökonomische Studien, insbesondere in den USA, sehen in dieser technologiegetriebenen Entwicklung die Ursache für eine zu beobachtende langfristige und dauerhafte Erhöhung des Produktivitätswachstums der amerikanischen Volkswirtschaft. Dadurch kann sich das langfristige gesamtwirtschaftliche Wachstums- und Wohlstandspotenzial um mehr als ein Prozent vergrößern.

Mikroökonomische Aspekte

Nach den volkswirtschaftlichen Auswirkungen elektronischer Zahlungssysteme sollen nun die betriebswirtschaftlichen bzw. die mikroökonomischen Aspekte thematisiert werden, d. h. die Vor- und Nachteile, die einzelnen Unternehmen, aber auch Privatpersonen, aus der Nutzung und dem Betrieb solcher Systeme erwachsen. Typische Transaktionen eines gängigen Elektronischen Zahlungssystems involvieren direkt immer den Verkäufer oder Lieferanten auf der einen und den Käufer oder Besteller auf der anderen Seite, darüber hinaus eine oder mehrere Banken direkt oder indirekt und manchmal auch noch weitere Finanzinstitutionen wie Kreditkartenorganisationen. Bei allen aufgeführten Beteiligten fallen teilweise nicht zu vernachlässigende Betriebskosten an, die in irgendeiner Weise auf die Parteien umgelegt werden müssen. Die Art der gewählten technischen Lösung bestimmt die Höhe der Betriebskosten und deren primäre Verteilung.

Der elektronisch zahlende Käufer einer Ware, sofern er eine Privatperson ist, hat bei vielen der beschriebenen Verfahren technische Ausrüstung, etwa einen PC mit Spezialsoftware, ggf. auch spezielle Hardware wie einen Chipkartenleser, vorzuhalten, zu installieren und zu pflegen, dazu in der Regel auch noch die Telekommunikationskosten für einen Netzwerkanschluss und dessen laufenden Betrieb zu tragen. Direkter Nutzen oder ein monetärer Ertrag erwächst beispielsweise durch Zinsgewinne aus verminderter Liquiditätshaltung oder gewissen Kreditierungsoptionen einiger Verfahren. Der Verkäufer bei einer solchen Transaktion hat ebenfalls die notwendige technische Infrastruktur vorzuhalten, wobei diese meist deutlich aufwendiger ausfällt als beim Käufer. Die erforderliche Rechenleistung ist höher, die eingesetzte Software deutlich komplexer und anspruchsvoller und auch die Anforderungen an die Telekommunikationstechnik sind größer. All dies resultiert u. a. aus den gesteigerten Sicherheitsbedürfnissen des Verkäufers, der sich aus wohlverstandenen geschäftlichen Interessen gegen Missbrauch und Betrug schützen muss. Im Gegenzug profitiert er von einer beschleunigten Zahlungsabwicklung und entsprechenden Zinsersparnissen. Positiv sind auch das geringere Sicherheitsrisiko und verminderte Versicherungskosten zu werten, sowie die Erfüllungsgarantie, die von den Betreiberorganisationen elektronischer Zahlungssysteme gegeben wird, die die Bonitätsprüfung vom Verkäufer auf den Betreiber überwälzt.

3.3.3.2   Kosten und Gebühren

**Betriebs-
Kosten-
verteilung**

Der wohl größte Anteil der Betriebskosten entfällt auf Banken und Finanzorganisationen, die hochzuverlässige und hochverfügbare Systeme und Kommunikationsnetzwerke bereitzustellen haben. Diese müssen weiterhin große Mengen von Buchungstransaktionen sicher verlässlich bewältigen können. Das stellt einerseits deutlich höhere Ansprüche an die Art und die Qualität der einzusetzenden Hardware. Bei den Betreibern Elektronischer Zahlungssysteme fallen aber auch die Entwicklungs-, Wartungs- und Betriebskosten der Software an, und zwar sowohl für den selbst betriebenen Anteil der Infrastruktur als auch für die bei den Nutzern der Systeme (Käufer und Verkäufer) ablaufenden Komponenten. Diese werden bei vielen Systemen im Rahmen eines Gesamtpaketes überlassen und ihre Kosten müssen überwiegend aus dem Gebührenaufkommen finanziert werden. Den Betreibern von Zahlungssystemen obliegt auch eine Aufzeichnungs- und Rechnungslegungspflicht, um später auftretende Unstimmigkeiten, Widersprüche und Anfechtungen seitens eines der Beteiligten klären bzw. zur Klärung beitragen zu können. Die Betreiberrolle impliziert die Verantwortlichkeit für Fehler im System oder ein Fehlverhalten des Systems. Betreiberorganisationen stehen gegenüber Kunden und Öffentlichkeit für die Sicherheit ein und müssen im Rahmen der Allgemeinen Geschäftsbedingungen für Fehler haften. Außerdem tragen sie das Bonitätsrisiko und haben, auch bei Illiquidität des Kunden Zahlungen zu leisten, sofern eine Zahlungsgarantie zu den Leistungsmerkmalen des elektronischen Zahlungssystems zählt. Diese muss in der Regel auch geboten werden, um die Wettbewerbsfähigkeit mit anderen Zahlungsarten, insbesondere dem Bargeld, herzustellen. Für die genannten Risiken müssen entweder Rückstellungen gebildet oder geeignete Versicherungen abgeschlossen werden, was sich ebenfalls in den Betriebskosten des Systems niederschlägt.

**Abrechnung
der Betriebs-
kosten**

Insgesamt fallen nicht unerhebliche Kosten an, obwohl diese in den meisten Fällen durch entsprechende Erträge und Ersparnisse auf der anderen Seite mehr als kompensiert werden. Die Betreiber Elektronischer Zahlungssysteme werden also versuchen, diese Kosten und, da sie selbst gewinnorientiert arbeiten, darüber hinaus einen Gewinnbeitrag in Form von Gebühren bei den Nutzern, d. h. entweder dem Verkäufer oder dem Käufer oder beiden Parteien zugleich, wieder einzuspielen. Dabei sind die unterschiedlichsten Gebührenmodelle denkbar, etwa ein monatlicher Grundbetrag, der unabhängig von der Höhe des Umsatzes ist, ein Festbetrag pro Transaktion unabhängig vom Wert derselben, sowie eine zum Transaktionswert proportionale Gebühr. Tatsächlich werden teilweise alle drei genannten Komponenten erhoben, manchmal auch nur eine oder zwei. So wird etwa bei der Zahlung per Kreditkarte ein Festbetrag pro Transaktion verlangt, der größenordnungsmäßig bei 0,50 DM liegt, darüber hinaus ein umsatzabhängiger Beitrag zwischen einem und vier Prozent. Alle diese Beträge sind Richtgrößen und können im Rahmen von Einzelvereinbarungen mit den Kreditkartenorganisationen ausgehandelt werden. Dabei geben Marktmacht und erwartetes Umsatzvolumen den Ausschlag. So wird etwa eine national operierende Tankstellenkette einen wesentlich geringeren Provisionssatz entrichten müssen als das Vier-Sterne-Restaurant um die Ecke. Für elektronische Zahlungen mit der EC-Karte, häufig auch als EC-Cash bezeichnet, gilt ein ähnliches Gebührenmodell, jedoch sind die wertabhängigen und die wertunabhängigen Komponenten geringer. Obwohl es kaum empirische Untersuchungen oder faktische Nachweise hinsichtlich der akzeptablen Obergrenzen für Gebührensätze gibt, so kann aufgrund von Erfahrungswerten davon ausgegangen werden, dass, vielleicht noch mit Ausnahme gewisser Luxusgüter, jenseits von ein oder höchstens zwei Prozent eine Schmerzgrenze für Händler und Verbraucher erreicht ist.

Praktikable Gebührensätze

Einige interessante Berechnungen und Angaben über Gebührensätze sind in [Merz99] zusammengestellt. Die jeweils aktuellen Werte können bei den Betreibern der elektronischen Zahlungssysteme erfragt oder auch mit ihnen über umsatzabhängige Rabatte verhandelt werden. Insgesamt handelt es sich bei der gesamten Kosten- und Gebührenfrage um eine extrem heikle Thematik, die in erheblichem Maße über die Lebensfähigkeit neuer Verfahren entscheidet. Interne Kostenrechnungen der Banken kommen so gut wie nie an die Öffentlichkeit, da es sich hier wie bei jeder Preiskalkulation um ein schutzwürdiges Geschäftsgeheimnis handelt. Inwieweit die aus Rechtfertigungsgründen öffentlich gemachten externen Kostenargumente wirklich nachhaltig und in der Höhe gerechtfertigt sind, ist hier weder nachzuprüfen noch wird es zum Gegenstand der Diskussion gemacht.

Aufteilung der Transaktionskosten

Die Aufteilung der Transaktionskosten zwischen Käufer und Verkäufer oder auch der bevorzugte Einsatz bestimmter Verfahren gegen die Intention der Betreiber von Zahlungssystemen ist als Konsequenz dann auch Gegenstand heftiger Debatten. Aus der Sicht des Handels wird es aus geschäftspolitischen Gründen als nicht machbar angesehen, derartige Gebühren offen als Transaktionskosten auszuweisen, sie müssen stattdessen in die allgemeine Preiskalkulation miteinbezogen werden. Dies hat erst jüngste wieder eine publik gemachte Kontroverse zwischen Handel und Banken um die extensive Nutzung des elektronischen Lastschriftverfahrens durch den Handel deutlich gemacht hat. Die Betreiber Elektronischer Zahlungssysteme favorisieren bei Einkäufen mit der EC-Karte das direkte elektronische Bezahlen mit derselben, bei dem neben einem fixen Anteil eine wertabhängige Provision fällig wird. Aufgrund der auf den Magnetstreifen der herkömmlichen EC-Karten codierten und leicht auslesbaren Informationen über Konto und Bankverbindung ist es jedoch auch mit geringem technischen Aufwand möglich, automatisch einen Datensatz für das elektronischen Lastschriftverfahren zu generieren und die Tagesumsätze kostengünstig im Sammelverfahren abzurechnen. Diese Variante wird vom Handel aufgrund der fixen und wesentlich geringeren Gebühren klar bevorzugt und in erheblichem Umfang genutzt. Daran kann man im Übrigen auch die Steuerungsfunktion von Gebühren erkennen.

3.3.3.3   Business-Plan für ein fiktives Zahlungssystem

Die vorangehenden betriebswirtschaftlichen Betrachtungen sind auch von erheblicher Tragweite für den potentiellen Erfolg neu zu entwickelnder elektronischer Zahlungssysteme. Zu viele wohlgemeinte und technisch fundierte Vorschläge sind bereits an der Unkenntnis oder mangelnden Berücksichtigung der geschilderten ökonomischen Sachverhalte gescheitert. Besonders im akademischen Bereich wurden in den früher neunziger Jahren zahlreiche innovative Verfahren zur Abwicklung solcher Zahlungen konzipiert, wirklich erfolgreich umgesetzt werden konnte bis heute jedoch keines von diesen. In dem folgenden gedanklichen Experiment sollen einige der Gründe herausgearbeitet werden, die für das Scheitern einiger Versuche mitverantwortlich sind, mit dem Ziel, solche Fehlstarts vermeiden zu helfen.

Fallbeispiel Nanopayment

Im Abschnitt über Transaktionsvolumina wurden die Begriffe Micropayment (fünf bis 0,10 Euro) und Nanopayment (unter 0,10 Euro) eingeführt. Stellen wir uns einmal vor, die fiktive Ultimate Nanopayments AG (UNPAG) wolle ihr technisch innovatives elektronisches Zahlungssystem für Nanopayments in die Praxis umsetzen und voll mit Gebühreneinnahmen aus dem Betrieb desselben finanzieren. Stellen wir uns weiter vor, dieses Verfahren beruhe auf einer Art Kunstgeld und alle getätigten Transaktionen würden über einen zentralen Server abgerechnet. Außerdem sollen alle Transaktionen auf den für Nanopayments höchstzulässigen Betrag von 0,10 Euro lauten. Wenn, wie oben festgestellt, ein maximaler Provisionssatz von einem Prozent durch die Nutzer des Systems akzeptiert wird, dann ergibt dies einen Ertrag von 0,001 Euro pro abgewickelter Transaktion.

Kostenseite

Bei der Betrachtung der Kostenseite soll eine extrem schlanke Organisation angenommen werden, um die wirtschaftliche Situation der fiktiven UNPAG möglichst günstig darzustellen. Darüber hinaus werden, um die Argumentation knapp führen zu können, wissentlich Kosten nicht berücksichtigt, die eigentlich in Ansatz gebracht werden müssten. Auch dies stellt die Position der UNPAG u.U. erheblich günstiger dar, als sie der Wirklichkeit entspräche. Nehmen wir also weiter an, der gesamte Geschäftsbetrieb, also Technik, Akquisition, Kundenbetreuung inklusive Reklamationsbearbeitung, um nur wenige zu nennen, könnte von zehn Personen vollständig erledigt werden. Setzen wir die Personalkosten infolgedessen konservativ mit einer halben Million Euro pro Betriebsjahr an. Die Firma benötigt Räume, Mobiliar und technische Geräte und muss dafür Abschreibungen erwirtschaften und die laufenden Betriebskosten decken. Auch hier wollen wir wieder sehr zurückhaltend eine halbe Million Euro veranschlagen, wobei darin schon die betreiberseitige IT-Infrastruktur für das Zahlungssystem enthalten sein möge.

Konsequenzen des Fallbeispiels

Billigen wir darüber hinaus der UNPAG nochmals eine halbe Million Euro pro Jahr für die Amortisation der Entwicklungskosten ihres neuartigen Zahlungssystems und die Wartung und Verbesserung der zugehörigen Software zu, dann müssen pro Jahr minimal 1,5 Millionen Euro Erträge erwirtschaftet werden, um eine Schwarze Null zu schreiben. Nach den gemachten Annahmen über die Gebührenhöhe hat dies zur Konsequenz, dass pro Jahr 1,5 Milliarden Transaktionen verrechnet werden müssen oder 50 Transaktionen in jeder Sekunde des Jahres. Da realistischerweise nicht von einer Gleichverteilung des zeitlichen Anfalls der Geschäfte ausgegangen werden kann, braucht man ein System, das zwischen 500 und 1000 solcher Transaktionen pro Sekunde in der Spitze bewältigen kann. Außerdem müsste das System ganzjährig 24 Stunden am Tag verfügbar sein. All dieses ist zu den hypothetischen Kosten niemals zu realisieren. Darüber hinaus überlege man einmal, was 1,5 Milliarden Transaktionen pro Jahr bedeuten, nämlich bei 1000 Transaktionen pro Kunde die Verwaltung eines Kundenstammes von 1,5 Millionen Personen. Diese Aufgabe mit den angenommenen zehn Mitarbeitern der Firma UNPAG zu erledigen, die nebenbei u. a. auch noch Rechner betreuen und Software entwickeln und Werbung für das Produkt machen sollen, ist, mit etwas Understatement formuliert, ein sehr ehrgeiziges Unterfangen.

Dieses kleine, zugegebenermaßen fiktive, aber durchaus nicht ganz unrealistische Beispiel hat hoffentlich verdeutlicht, wo einige der wesentlichen wirtschaftlichen Kernfragen bei der Implementierung elektronischer Zahlungssysteme zu suchen sind. Außerdem sollte nochmals gezeigt werden, dass, wie [Merz99] richtig feststellt, Nanopayments eigentlich Zeropayments heißen müssten. Sich eine Meinung zu bilden, wie es um die Wirtschaftlichkeit von Micropayments bestellt ist, möge dem Leser als Rechenübung empfohlen werden.

3.3.3.4   Folgen für das Geld- und Währungssystem

Geld in jedweder Form spielt eine so herausragende Rolle in jeder hochentwickelten Volkswirtschaft, dass deren reibungsloses Funktionieren bei einer Destabilisierung des Geld- und Währungssystems nicht gewährleistet ist, mit allen nachteiligen Folgen. Insofern müssen alle expliziten und impliziten Auswirkungen eines veränderten Umgangs mit Geld, oder gar die Schaffung neuer Formen desselben, mit besonderer Aufmerksamkeit analysiert und bewertet werden. Nach herrschender Meinung werden dem Geld mindestens drei hauptsächliche Funktionen zugeschrieben. Erstens ist Geld ein bzw. das offizielle Zahlungsmittel, d. h. jedermann ist verpflichtet, Forderungen aus Geschäften in Form von Geld abgelten zu lassen. Zweitens hat Geld eine Wertaufbewahrungsfunktion, d. h. die Annahme von Geld anstatt von Gütern und Dienstleistungen zu einem früheren Zeitpunkt und damit der Verzicht auf Konsum, darf nicht dazu führen, dass zu einem späteren Zeitpunkt dieselben Güter und Dienstleistungen mit einem höheren Betrag bezahlt werden müssen. Drittens ist Geld, zumindest für praktisch relevante Tausch- und Bezahlvorgänge, beliebig teilbar und kann als universeller Wertmaßstab für das Austauschverhältnis von Gütern und Dienstleistungen betrachtet werden.

Wertaufbe-
wahrungs-
funktion

Am kritischsten ist die Wertaufbewahrungsfunktion einzuschätzen, die auch mit (weitgehender) Inflationsfreiheit umschrieben werden kann. Ohne deren Bestand werden die beiden anderen Funktionen über kurz oder lang ihre Wirksamkeit verlieren. Nach der monetaristischen Theorie [Frie94] ist das Preisniveau im Wesentlichen eine Funktion der Geldmenge und der Umlaufgeschwindigkeit des Geldes. In hochentwickelten Volkswirtschaften wird die Geldmenge in aller Regel von einer unabhängigen Zentralbank, die das exklusive Recht zur Ausgabe, d. h. Schaffung zusätzlichen Geldes besitzt, gesteuert. Neue, elektronische Formen des Geldes und verbesserte, beschleunigte Verfahren zu seinem Transfer führen sicherlich tendenziell zu einer Erhöhung der Umlaufgeschwindigkeit des Geldes. Inwieweit tatsächlich ein merklicher Einfluss vorhanden ist, lässt sich jedoch nur schwer messen und ist damit leider kaum quantifizierbar.

Geldpolitische Konsequenzen von digitalem Geld

Viel interessanter und von potentiell größerer Bedeutung sind hingegen die geldpolitischen Konsequenzen der Ausgabe von digitalem Geld, wie es später aus der technischen Sicht beschrieben wird, durch Banken oder eigens zu diesem Zweck gegründete Finanzorganisationen. Hier stellt sich einerseits die Frage nach der Werthaltigkeit des so in Umlauf gebrachten digitalen Geldes, die sicherlich in wesentlichem Maße von der Menge und den zur Deckung vorhandenen Sicherheiten abhängt. Soll die Ausgabe von „Parallelwährungen" überhaupt gestattet werden und wem soll ggf. dieses Recht zugestanden werden? Wer soll die ausreichende Vorhaltung von Deckungsreserven durch die Institutionen, die digitales Geld in Umlauf bringen, kontrollieren? Sollen Sicherheiten als Äquivalent zu Mindestreserven verlangt werden und dabei ggf. ein höherer Prozentsatz als bei Sichteinlagen?

Parallelwährungen?

Diese und ähnliche Fragen werden seit dem Nachweis der technischen Realisierbarkeit bei der Bundesbank, der Europäischen Zentralbank oder auch der US-amerikanischen Federal Reserve Banks gestellt. Würde sich ein solches System unabhängiger, von Banken oder Bankengruppen getragener Parallelwährungen in großem Umfang durchsetzen, dann könnten die Steuerungsfunktion der Zentralbank und die eingebauten Sicherheiten eines Tages außer Kraft gesetzt werden. Nach mehr als 100 Jahren würde dann ein Prozess umgekehrt, der in den meisten Industrieländern gerade wegen der Probleme mit einem solchen System zur Gründung und staatlichen Garantie von Zentralbanken geführt hat. Viele, wenn nicht gar alle, der damals ins Feld geführten Argumente müssten in neuem Lichte auf ihre Stichhaltigkeit geprüft werden. Einige Erfahrungen, vor allem von der schlechteren Art, aus der Wirtschafts- und Währungsgeschichte sind, teils auch in Anekdotenform, in [Frie94] geschildert.

3.3.3.5   Politik und Rechtsprechung

Die im vorigen Abschnitt aufgezeigten möglichen Auswirkungen auf das Geld- und Währungssystem können langfristig nicht ohne Folgen auf die Wirtschafts- und Fiskalpolitik bleiben. Währungspolitische Fragen fallen in den Hoheitsbereich des Staates und, sollte sich digitales Geld in absehbarer Zeit als ein praktisch bedeutsames Zahlungsmittel durchsetzen, dann werden gesetzliche oder gesetzesähnliche Regelungen unabdingbar sein. Bei der Frage nach deren potentieller oder wahrscheinlicher Form handelt es sich um noch weitgehend unerforschtes Terrain.

Steuerlicher Firmensitz

Aus der Sicht des Staates ähnlich problematisch, jedoch inzwischen weit mehr ins Rampenlicht in der öffentlichen Diskussion gerückt, ist die Problematik der Steuerfestsetzung und Steuererhebung. Im Zeitalter des E-Business und E-Commerce, insbesondere wenn digitale Güter oder Dienstleistungen gehandelt oder erbracht werden, ist es ein Leichtes, steuerlichen und operativen Firmensitz geographisch derart anzusiedeln, dass Steuern nicht oder nicht in nennenswertem, d. h. mit einem herkömmlichen Geschäftsbetrieb, vergleichbaren Umfang anfallen, einmal ganz abgesehen von der Feststellung der Höhe und der praktischen Eintreibbarkeit der Steuerschuld. Wie hat man sich die steuerlich korrekte Behandlung der folgenden (fiktiven?) Geschäftstransaktion vorzustellen? Ein Leser in Frankfurt am Main bestellt per Internet ein Buch bei einem Online-Buchhändler mit juristischem Firmensitz auf den Niederländischen Antillen. Andererseits befindet sich der operative Firmensitz, d. h. die IT-Infrastruktur mit Kundenverwaltung, Auftragsbearbeitung und Rechnungsstellung in Bangalore in Indien und das Auslieferungslager für die Bücher in der Nähe des Stockholmer Flughafens. Das Inkasso läuft über ein Konto in Deutschland. Zur Klärung derartiger Sachverhalte bedarf es sicherlich eines speziellen Typs von Steuerfachmann. Obzwar es sich bei derartigen Konstruktionen und Konstellationen nicht gänzlich um Neuland handelt, ist die Geschwindigkeit und relative Leichtigkeit zu deren Realisierung mit der Technologie und im Zeitalter des E-Commerce verblüffend und von einer völlig neuen Qualität.

Konsum- und Verhaltensprofile

Sicherlich besteht ein berechtigtes Interesse des Staates an der ordnungsgemäßen und vollständigen Erfassung steuerlicher Tatbestände und den daraus resultierenden Steuerzahlungen. Prinzipiell wäre die umfassende Aufzeichnung aller elektronisch kontrahierten Geschäfte und der mit diesen in Zusammenhang stehenden Zahlungen technisch nicht allzu schwer zu lösen. Auf der anderen Seite kann dieses hoheitliche Recht des Staates sehr schnell mit dem verfassungsmäßig geschützten Recht des Individuums auf den Schutz der Privatsphäre in Widerstreit geraten, was man landläufig auch als die Datenschutzproblematik bezeichnet. Würden beispielsweise alle Käufe einer bestimmten Person an einer zentralen Stelle integriert und ausgewertet, dann könnten mit bescheidenem Aufwand nicht nur Konsum,- sondern eventuell auch Verhaltensprofile erstellt werden. Davon abgesehen existiert eine Reihe von Gütern und Dienstleistungen, deren Ankauf und das Wissen darum von vielen verständlicherweise als integraler Bestandteil der Privatsphäre betrachtet wird und bei denen allein das Wissen um die Existenz solcher Aufzeichnungen zum Kaufverzicht bzw. zum Einsatz von Bargeld führen würde. Gerade die letzte Beobachtung veranschaulicht, warum es ungeachtet bedeutender technischer Fortschritte vermutlich immer einen gewissen Anteil Transaktionen geben wird, die aufgrund seiner für jedermann begreiflichen und nachvollziehbaren Garantie weiterhin mit Bargeld abgewickelt werden. Bei der Konzeption jedweder elektronischer Zahlungssysteme sollte das immer in Rechnung gestellt werden.

Digitale Unterschrift

Da die Fülle der juristischen Aspekte beim Einsatz elektronischer Zahlungssysteme hier bestenfalls problematisiert werden kann, soll zum Abschluss lediglich noch das Problem der rechtlichen Behandlung von Vertragsabschlüssen über das Internet kurz umrissen werden, denn es illustriert in exemplarischer Weise die auftretenden Fragestellungen. Genauso, wie beim Kauf eines Buches im Geschäft um die Ecke juristisch betrachtet ein Vertrag zustandekommt und mehrere rechtlich verbindliche Willenserklärungen von natürlichen bzw. juristischen Personen abgegeben werden, muss die juristische Gleichwertigkeit bei der Bestellung des gleichen Buches über das Internet bei einem Online-Buchhändler hergestellt werden, da ansonsten die Zahlung ohne Konsequenzen für den Kunden verweigert werden könnte. Was macht beispielsweise den Charakter einer Willenserklärung im Sinne des BGB aus? Wie kann sichergestellt werden, dass jemand, der eine Willenserklärung, z. B. die elektronisch zu erteilte Zustimmung zu einer Zahlung, aus Hunderten von Kilometern Entfernung und ohne persönlichen Kontakt über ein Kommunikationsnetzwerk abgibt, juristisch eindeutig und unwiderlegbar als die Person identifiziert wird, für die er sich ausgibt? Unterschriften erfüllen diese Funktion in der nicht-elektronischen Welt. Das elektronische Äquivalent, digitale Unterschrift und Zertifikat werden bei den technischen Grundlagen erläutert. Die legale Seite kann der interessierte Leser im kürzlich verabschiedeten Signaturgesetz (SignG) weiter vertiefen.

3.3.4   Technologische Grundlagen

Erfolgreiche Implementierungen elektronischer Zahlungssysteme leben vom Ineinandergreifen einer ganzen Reihe von Software- und Hardwaretechnologien, sowie der Verfügbarkeit von geeigneten Algorithmen und Verfahren. Eine auch nur ansatzweise vollständige Darstellung würde den Rahmen dieses Beitrages mit Sicherheit sprengen. Dennoch soll hier nicht darauf verzichtet werden, die eine oder andere Schlüsseltechnologie zu streifen, ohne die elektronische Zahlungssysteme in ihrer heutigen Form nicht realisierbar wären. Von diesen Schlüsseltechnologien werden kryptographische Verfahren und die auf ihnen basierenden Zertifikate und die Technologie der Chipkarten exemplarisch herausgegriffen. Sicherlich kommt bei dieser Auswahl auch die subjektive Einschätzung des Autors ins Spiel, doch sieht er sich weitgehend in Übereinstimmung mit der herrschenden Lehrmeinung.

3.3.4.1   Kryptographische Verfahren

Passive und aktive Angriffe

Sofern bei einem Elektronischen Zahlungsverfahren Informationen über ein Kommunikationsnetzwerk – sei es auch nur durch ein spezielles Gerät von einer Chipkarte zur anderen – übermittelt werden, stellt sich sofort die Frage nach der Sicherheit der Übertragung. Diese Sicherheit kann in vielfältiger Weise gefährdet werden mit dem Ziel, entweder nur Informationen zu gewinnen und daraus einen Vorteil abzuleiten oder dieses durch Verfälschung von Nachrichten oder Versendung von Nachrichten mit gefälschtem Absender zu tun. Wird der Nachrichtenverkehr nur belauscht, so spricht man von einem passiven Angriff, sonst von einem aktiven. Da alle modernen elektronischen Zahlungsverfahren technisch auf dem zielgerichteten und wohldefinierten Austausch von Nachrichten über Netze, im Speziellen über das Internet, beruhen und Geld, wie schon mehrfach festgestellt, ein höchst sensitives Gut ist, gehören sämtliche Verfahren und Techniken, die die Sicherheit von Netzen garantieren, zum Kernbereich der Implementierungstechnologien Elektronischer Zahlungsverfahren. Einmal überspitzt formuliert und sicherlich in dieser extremen Form nicht wirklich haltbar, unterscheiden sich die verschiedenen elektronischen Zahlungsverfahren in technischer Hinsicht lediglich durch die Inhalte, Reihenfolgen und Beteiligten an dem gegenseitigen Nachrichtenaustausch, das so genannte Zahlungsprotokoll. Wenn das Protokoll korrekt definiert ist, sich alle Beteiligten an dasselbe halten und Manipulationsversuche eines Außenstehenden oder eines Beteiligten immer entdeckt und geahndet werden können, dann ist das Zahlungsverfahren sicher und zuverlässig.

Abwehr passiver Angriffe mit Schlüssel

Passive Angriffe, etwa mit dem Ziel des Auskundschaftens von Kontonummern, Geheimnummern oder Kreditkartennummern, lassen sich am einfachsten durch die Unkenntlichmachung der übertragenen Information abwehren. Dies wird in Computernetzwerken durch die Anwendung von Verschlüsselungsverfahren bewirkt. Prinzipiell benötigt man dazu eine geeignete geheime Information, die nur dem Sender und dem Empfänger einer Nachricht bekannt ist, den so genannten Schlüssel. Die ausgehende Nachricht wird dann nach einem recht komplizierten Algorithmus, der nur von einigermaßen leistungsfähigen Rechnern bewältigt werden kann und in den der Schlüssel als Parameter eingeht, in einen unverständlichen Datenstrom verwandelt. Dieser wird anschließend über das Kommunikationsnetz verschickt und kann auf der Empfängerseite durch einen entsprechenden Algorithmus, der nur mit Kenntnis des Schlüssels als Parameter das korrekte Ergebnis liefert, in die ursprüngliche Nachricht zurückverwandelt werden. Die Sicherheit des Verfahrens beruht einzig auf der Geheimhaltung der Schlüsselinformation, da der Algorithmus als allgemein bekannt vorausgesetzt wird. Sichere Verfahren müssen derart konzipiert sein, dass einem Eindringling, der beispielsweise eine gewisse Menge von Klartext und zugehörigen verschlüsselten Text zur Verfügung hat (plain text attack), daraus nicht die Fähigkeit erwächst, einen anderen, beliebigen Text zu entschlüsseln. Darüber hinaus wird von einem als sicher angesehenen Verfahren verlangt, dass ein systematisches Durchprobieren aller möglichen Schlüsselwerte praktisch mit einem nicht bezahlbaren oder völlig unverhältnismäßigen Aufwand verbunden ist. Generell gilt, dass der Aufwand des systematischen Probierens mit der Schlüssellänge wächst. [Schn95] enthält eine sehr gute Darstellung weiterer Details und einen systematischen und sehr umfassender Überblick über die Geschichte, die Algorithmen und die mathematischen Hintergründe der Kryptographie.

Symmetrische Verschlüsselungsverfahren

Abbildung 3.16 zeigt schematisch eine der beiden grundlegenden Vorgehensweisen. Bei den so genannten symmetrischen Verschlüsselungsverfahren gibt es nur einen Schlüssel, den sowohl der Sender als auch der Empfänger kennen müssen und der sowohl zum Ver- als auch zum Entschlüsseln verwendet wird. Problematisch dabei ist insbesondere der sichere Transport und die große Anzahl benötigter Schlüssel, da für jeweils zwei aus n Kommunikationspartnern immer ein eigenes Schlüsselpaar benötigt wird.

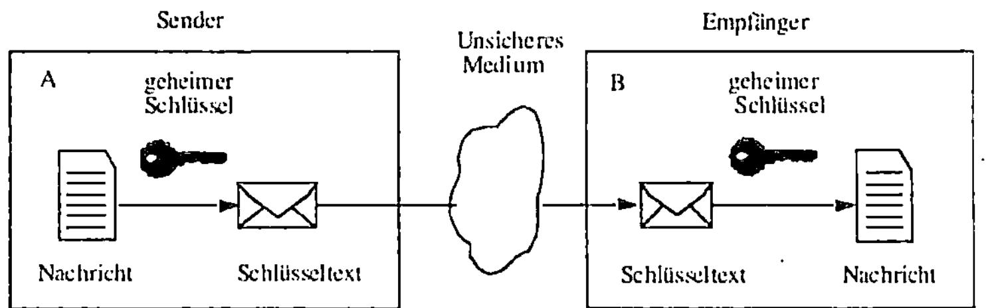

Abbildung 3.16: Symmetrische Verschlüsselungsverfahren

Die bekanntesten und am häufigsten eingesetzten Verfahren dieser Klasse sind das amerikanische DES (Data Encryption Standard) und das internationale IDEA (International Data Encryption Algorithm), die zu den Blockchiffrieralgorithmen zählen. DES unterliegt US-amerikanischen Exportkontrollvorschriften und kann daher nicht überall und ohne Weiteres eingesetzt werden, IDEA dagegen ist patentrechtlich geschützt, was eine Lizensierung erfordert. Bei beiden Verfahren werden Schlüssellängen in der Größenordnung von 64 oder 128 Bit genutzt. Der Datenstrom wird zunächst in 64 oder 128 große Blöcke zerlegt, die dann das eigentliche Verfahren durchlaufen. Diese Blöcke werden bis zu 16-mal durch unterschiedliche Permutations- und Substitutionsglieder geschickt. Dabei geht der Schlüssel in diesen Prozess mit ein, mit dem Endergebnis, dass die ursprünglichen Eingangsdaten am Ausgang nicht mehr zu erkennen sind.

Asymmetrische Verschlüsselungsverfahren

Asymmetrische Verschlüsselungsverfahren verwenden zwei unterschiedliche Schlüssel, und zwar den so genannten öffentlichen Schlüssel (public key) zum Verschlüsseln und den privaten Schlüssel zum Entschlüsseln (private key). Asymmetrische Verfahren werden oftmals, obwohl das nicht völlig korrekt ist, auch als Public-Key-Verfahren bezeichnet. Ihre prinzipielle Funktionsweise zeigt Abbildung 3.17.

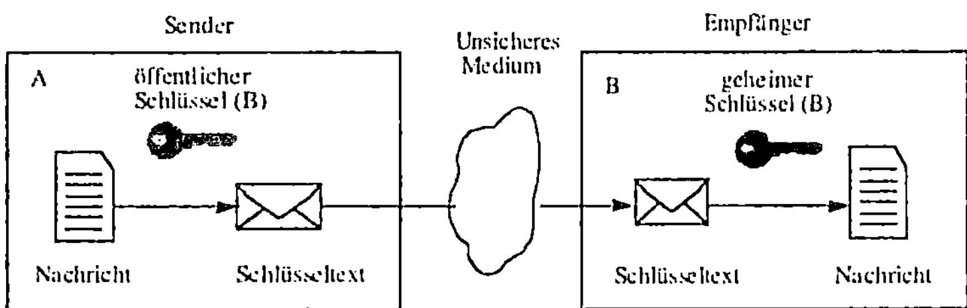

Abbildung 3.17: Asymmetrische Verschlüsselungsverfahren

**Öffentliche
und private
Schlüssel**

Wie der Name schon andeutet, wird der öffentliche Schlüssel nicht geheimgehalten, sondern über ein allgemein zugängliches Verzeichnis allen Interessierten bekannt gemacht. Der private Schüssel bildet den eigentlichen Geheimnisträger, er ist auch nur einer Partei bekannt. Wenn z. B. A eine Nachricht an B übermitteln möchte, dann verschlüsselt er diese mit dem öffentlichen Schlüssel von B. Damit wird eine Nachricht erzeugt, die für alle bis auf B uninterpretierbar ist. B benutzt seinen privaten Schlüssel, um den ursprünglichen Text zu regenerieren. Den Charme des Verfahrens macht die geringe Zahl von Schlüsseln (2 pro Person) aus, die benötigt werden, damit jeweils zwei aus einer größeren Gruppe von Personen miteinander sicher kommunizieren können. Das bekannteste Verfahren dieser Klasse wurde nach den Initialen seiner Erfinder RSA (Rivest, Shamir, Adleman) benannt. Dieses Verfahren ist in der Zahlentheorie fundiert und beruht im Wesentlichen darauf, dass kein Verfahren bekannt ist, welches in polynominaler Zeit eine gegebene Zahl n, die als Produkt zweier Primzahlen p und q definiert ist ($n=p*q$), faktorisieren kann. Bei hinreichend groß gewählten p und q (100 bis 200 Stellen) gilt das Verfahren als sicher. Aus p, q und n werden durch ein etwas komplexeres Verfahren zwei weitere Zahlen e und d mit besonderen mathematischen Eigenschaften abgeleitet, die die Rollen des privaten und des öffentlichen Schlüssels übernehmen. Zur Verschlüsselung der Nachricht wird diese zuerst in Blöcke zerlegt, deren Länge der des Schlüssels entspricht und dann durch eine Modulusdivision zur Basis n durch den öffentlichen Schlüssel (d) codiert. Auf anderen Seite wird dieser Prozess durch eine Modulusdivision zur Basis n durch den privaten Schlüssel (e) umgekehrt. Die Zahlen d und e werden so gewählt, dass sie die Rücktransformation jeder beliebigen Nachricht erlauben.

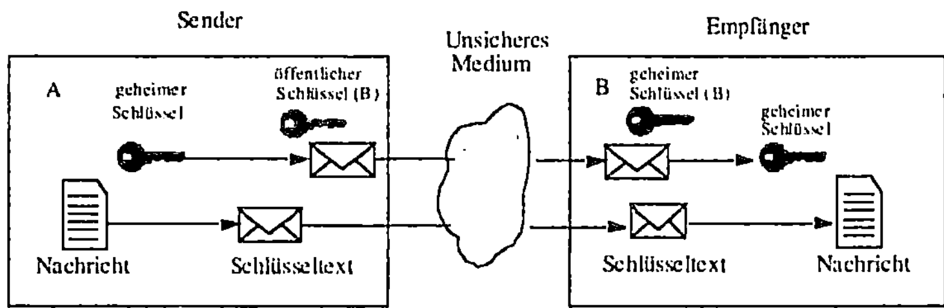

Abbildung 3.18: Hybride Verschlüsselungsverfahren

Hybride Verschlüsselungsverfahren . Das Verschlüsseln und Entschlüsseln erfordert zwar lediglich die mathematisch einfache Operation der Modulusdivision, jedoch auf der Basis einer 200-stelligen Arithmetik ist dies nun wieder nicht ganz so einfach und vor allem extrem rechen- und zeitaufwendig. Aus diesem Grunde wird sehr oft von der Verschlüsselung aller Nachrichten mit asymmetrischen Verfahren abgesehen und stattdessen auf hybride Verfahren, wie in Abbildung 3.18 gezeigt, zurückgegriffen. Angenommen, A will mit B mehrere Nachrichten austauschen. Dann erzeugt A zuerst einen beliebigen Schlüssel, der auch als Sitzungsschlüssel bezeichnet wird. Dieser Sitzungsschlüssel wird B als Inhalt einer Nachricht mitgeteilt, die durch ein Public-Key-Verfahren gesichert wird. Da diese Nachricht relativ kurz ist, hält sich der Aufwand in Grenzen. Nach dem Empfang entschlüsselt B die Nachricht und extrahiert den Sitzungsschlüssel. Anschließend schalten A und B für die weitere Kommunikation auf ein symmetrisches Verfahren um und verwenden den gerade ausgetauschten Sitzungsschlüssel. In dieser Konstellation hat das asymmetrische Verfahren kurzzeitig einen sicheren Kanal für den Schlüsselaustausch realisiert.

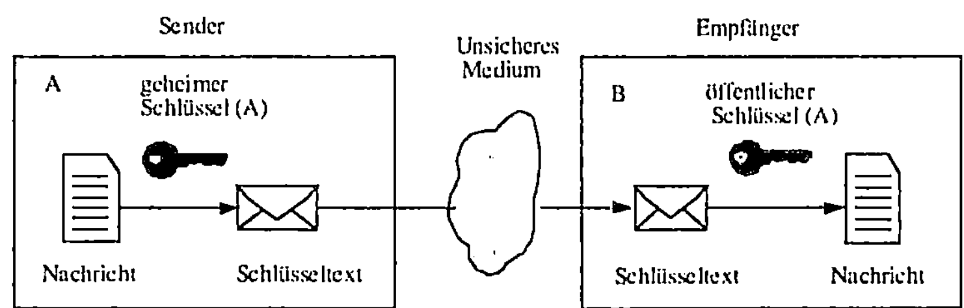

Abbildung 3.19: Digitale Unterschrift mit asymmetrischen Verschlüsselungsverfahren

Asymmetrische Verschlüsselungsverfahren sind in der Regel so beschaffen, dass unabhängig davon, ob zuerst der öffentliche Schlüssel zum Ver- und dann der private Schlüssel zum Entschlüsseln benutzt wird oder umgekehrt, die Nachricht immer korrekt rekonstruiert werden kann. Geschickt eingesetzt, kann diese Eigenschaft sehr vorteilhaft für die Erfüllung einer weiteren Anforderung an Nachrichten im E-Business ausgenutzt werden, wie das in Abbildung 3.19 illustriert ist.

Digitale Unterschrift

Für den Empfänger einer Nachricht ist es von entscheidender Bedeutung, dass die Autorenschaft des Absenders einer Nachricht beweisbar ist und der Inhalt des Dokumentes auch anerkannt wird, insbesondere wenn es sich um elektronische Zahlungen handelt. In der nicht-elektronischen Welt wird diese Anforderung in der Regel durch die Unterschrift des/der Vertragspartner rechtsverbindlich dokumentiert. Das elektronische Äquivalent, die so genannte digitale Unterschrift (Signatur) lässt sich mit den meisten asymmetrischen Verschlüsselungsverfahren, u. a. RSA, realisieren.

Praxisbeispiel Kaufvertrag

Angenommen, A aus Abbildung 3.19 möchte Waren, z. B. einen größeren Posten Schuhe, von B erwerben. Im herkömmlichen, nicht-elektronischen Geschäftsverkehr würde zunächst ein Kaufvertrag in Papierform verfasst. Extrem vereinfacht könnte Text etwa wie folgt lauten: „Der unterzeichnete A kauft hiermit 100 Paar Schuhe zum Preis von 88 DM von B". Diese Willenserklärung würde A durch Leisten einer Unterschrift rechtsverbindlich machen. A dokumentiert durch die Unterzeichnung seine bewusste Kenntnisnahme vom Inhalt des Vertrages. Die Identität des Unterzeichners gilt als bewiesen, weil die Unfälschbarkeit der Unterschrift angenommen wird. Die mehrmalige Verwertbarkeit derselben Unterschrift wird ausgeschlossen, da Teile des Dokumentes weder verschoben noch verbracht werden können, ohne es zu beschädigen (Nicht-Wiederverwertbarkeit). Durch die physische Verbindung von Dokument und Unterschrift wird das spätere Bestreiten der Abgabe der Willenserklärung durch A (Nicht-Bestreitbarkeit) ausgeschlossen.

Praxisbeispiel elektronischer Kaufvertrag

Elektronisch würde A diesen Vertrag, wieder grob vereinfacht, durch Versenden des obigen Texts als Inhalt einer Nachricht an B abschließen, und zwar mit seinem eigenen (A), privaten Schlüssel kodiert. B, wie im Übrigen auch jeder andere, könnte die Nachricht mit dem öffentlichen Schlüssel von A dekodieren. Allein die Entschlüsselbarkeit beweist die Authentizität des Textes, d. h. die bewusste Kenntnisnahme durch A, denn niemand anderes ist in der Lage, die Nachricht in eine Form bringen kann, die mit dem öffentlichen Schlüssel von A behandelt, den oben definierten Klartext ergibt. Gleichzeitig kann niemand diese Nachricht fälschen, da er den als geheim vorausgesetzten privaten Schlüssel von A kennen müsste. Die Nicht-Wiederverwertbarkeit ist sichergestellt, da die Unterschrift (kodierte Form der Nachricht) eine Funktion des Dokumentes ist. Die Nicht-Veränderbarkeit ist gewährleistet, weil eine Modifikation der chiffrierten Nachricht bei der Dechiffrierung einen völlig unverständlichen Text ergäbe. A kann die Urheberschaft auch nicht bestreiten, da nur er eine codierte Nachricht erzeugen kann, die mit Hilfe seines öffentlichen Schlüssels in den Klartext rücktransformiert werden kann.

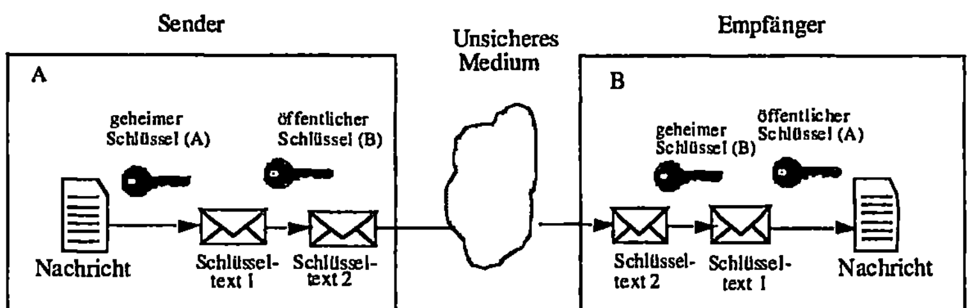

Abbildung 3.20: Gesicherte und authentische Nachrichten-übertragung

Um auch noch die letzte unschöne Eigenschaft der geschilderten Methode zu beseitigen, bietet es sich an, die Nachricht mit dem öffentlichen Schlüssel des Empfängers gegen Lauschangriffe abzusichern. Diese Hintereinanderschaltung beider Verfahren zeigt Abbildung 3.20.

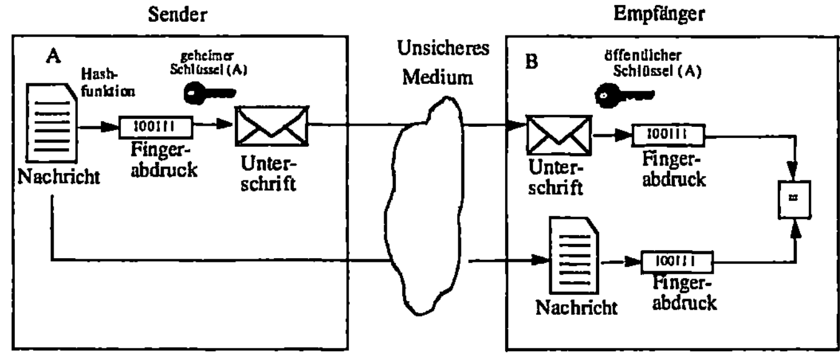

Abbildung 3.21: Digitale Unterschrift mit nicht invertierbaren Hash-Funktionen

Digitale Signaturverfahren

So elegant das Digitale Signaturverfahren mit asymmetrischer Verschlüsselung auch sein mag, es geht mit einem hohen Rechenzeitaufwand einher. Wie Ressourcen geschont werden können, ohne dass Kompromisse hinsichtlich der Anforderungen an die digitale Signatur gemacht werden müssen, ist in Abbildung 3.21 gezeigt.

Digitaler Fingerabdruck

In Abbildung 3.21 wird mit Hilfe einer so genannten nicht invertierbaren Hash-Funktion (One-way Hash Function) ein so genannter digitaler Fingerabdruck (Message Digest, Fingerprint) der Nachricht „Der unterzeichnete A kauft hiermit 100 Paar Schuhe zum Preis von 88 DM von B" berechnet. Beim digitalen Fingerabdruck handelt es sich um einen Bitvektor mit einer Länge größer 500. Eine nicht invertierbare Hash-Funktion hat einerseits die Eigenschaft, dass sie mit relativ geringem Aufwand zu berechnen sein sollte, andererseits muss es unmöglich sein, aus dem Fingerabdruck die Nachricht oder eine für einen Betrugsversuch brauchbare Nachricht mit demselben Fingerabdruck zu berechnen. Unmöglich meint auch hier wieder, dass der Aufwand zur Berechnung der Inversen in keinem vernünftigen Verhältnis zu dem durch einen Betrug zu erzielenden Vorteil stehen darf. MD4 bzw. MD5 (Message Digest) und SHA-1 (Secure Hash Algorithm) sind bekannte und häufig eingesetzte Verfahren aus dieser Gruppe. A kodiert in dem in Abbildung 3.21 skizzierten Szenario nur diesen Fingerabdruck mit einem asymmetrischen Verfahren und schickt diesen sowie den zugehörigen Vertrag, letzteren im Klartext, an B. Da davon ausgegangen wird, dass B den Hash-Algorithmus kennt, ist es ein Leichtes, den Fingerabdruck aus dem Vertragstext zu berechnen. Da B außerdem der öffentliche Schlüssel von A bekannt ist, kann B den verschlüsselten Fingerabdruck entschlüsseln und dessen Wert mit dem aus dem Vertragstext berechneten Wert vergleichen. Da wegen der Eigenschaften der Hash-Funktion und des asymmetrischen Verfahrens niemand außer A den Fingerabdruck (durch Verschlüsselung mit dem privaten Schlüssel von A) in eine Form bringen kann, die nach Dekodierung mit dem öffentlichen Schlüssel von A wieder den korrekten Fingerabdruck ergibt, sind alle fünf Anforderungen an dieses Unterschriftsverfahren erfüllt.

3.3.4.2   Zertifikate

Authentizität des Autors

Ein letzter Aspekt im Zusammenhang mit digitalen Signaturen, auf den hier eingegangen werden soll, ist die Authentizität des Autors einer Nachricht. In der bisherigen Argumentation wurde immer implizit unterstellt, dass der öffentliche Schlüssel einer Person in einem Verzeichnis abgelegt ist und von dort abgerufen werden kann. Wer garantiert jedoch diese Angaben und wie können sie gegen Fälschungsversuche gesichert werden? Die

Antwort auf diese Frage ist eng mit dem Begriff Zertifikat und dessen technischer Umsetzung verbunden. Im Alltagsleben verbinden wir mit dem Begriff Zertifikat eine Art Urkunde, auf der eine nachprüfbare Aussage einer Person oder Institution über einen Sachverhalt festgehalten ist [Merz99]. So wird etwa auf einem Bundespersonalausweis von den Einwohnermeldeämtern die Identität einer Person zertifiziert. Einige persönliche Daten, die Unterschrift und ein Passbild werden dabei technisch durch Einschweißen in eine Plastikumhüllung derart miteinander verbunden, dass eine teilweise Modifikation das Dokument zerstören würde. Darüber hinaus werden weitere fälschungssichere Merkmale und Techniken bei der Produktion eingesetzt.

Elektronisches Zertifikat

Ähnliches wird bei elektronischen Zertifikaten gemacht. Ein Industriestandard für den Inhalt von Zertifikaten ist ISO X.509v3. Zertifikate sind ebenfalls im PKCS (Public Key Cryptography Standard) genannten Industriestandard beschrieben. Zertifikate verbinden identitätsbeschreibende Eigenschaften einer Person, z. B. Name, Vorname etc., und deren öffentlichen Schlüssel in untrennbarer und unfälschbarer Weise miteinander. Letzteres wird dadurch erreicht, dass beide Informationen in eine Nachricht gepackt werden und diese mit dem privaten Schlüssel einer so genannten Zertifizierungsinstitution (Certification Authority – CA) digital unterschrieben wird. Mit Kenntnis des öffentlichen Schlüssels der CA lässt sich die Nachricht in Klartext transformieren und die Identität einer Person sowie deren öffentlicher Schlüssel zweifelsfrei erkennen. Etwas paradox an dieser Lösung erscheint zunächst, dass die Korrektheit der Zuordnung von Person und öffentlichem Schlüssel wiederum mittels eines öffentlichen Schlüssels, den der Zertifizierungsinstitution, gewährleistet wird. Wie aber wird sichergestellt, dass dieser zur angegebenen CA gehört? In letzter Konsequenz erreicht man dies durch zuverlässige, nicht-elektronische Informationskanäle verbunden mit herkömmlichen Sicherheitsmaßnahmen, z. B. durch Inkorporierung in den Code entsprechender originalverpackter Software, die nur von einem Hersteller bzw. Anbieter eines elektronischen Zahlungsverfahrens oder Shop-Systems zu beziehen ist. Dies stellt kein Problem dar, da die Menge der in Frage kommenden Institutionen in der Praxis sehr klein ist.

Aufgaben von Zertifizierungsinstitutionen

Die Hauptaufgaben von Zertifizierungsinstitutionen sind die Identitätsüberprüfung und die technische Erstellung der Zertifikate sowie deren Verwaltung. Zertifikate besitzen ein Verfallsdatum und werden periodisch aktualisiert, um Missbrauch zu erschweren und das Bekanntwerden privater Schlüssel von Zertifikatsinhabern aufgrund von Fehlverhalten oder Fahrlässigkeit derselben zu konterkarieren. Zusätzlich wird von jeder CA eine interaktive abfragbare Schwarze Liste verwaltet, in der die kompromittierten, d. h. nicht mehr benutzbaren Zertifikate aufgeführt sind. An den Betrieb von Zertifizierungsinstitutionen werden höchste Sicherheits- und Zuverlässigkeitsanforderungen gestellt. Im Signaturgesetz werden diese Forderungen konkretisiert. Darin wird festgelegt, dass solche Zertifizierungsinstitutionen selbst von einer obersten Zertifizierungsstelle zertifiziert werden müssen.

Kosten von Zertifizie-rungs-institutionen

Der Aufbau und Betrieb einer CA ist mit relativ hohen Kosten verbunden, mit den entsprechenden Auswirkungen auf den Preis des individuellen Zertifikates. Heutzutage kostet ein solches immer noch etwa 100 DM, mit der Konsequenz, dass deren Verbreitung stark zu wünschen übrig lässt. Übersichten über existierende Zertifizierungsinstitutionen und eine ausführliche Erörterung der gesamten Problematik finden sich in [Merz99]. Aus dieser Quelle stammt auch das Vorbild für Abbildung 3.22, anhand deren die Funktionsweise von Zertifikaten und die Rolle der Zertifizierungsinstitutionen diskutiert werden soll.

Zum Verständnis muss man weiter wissen, dass es üblicherweise mehr als eine konkurrierende Institution gibt und deren Zusammenarbeit nach verschiedenen Modellen organisiert werden kann. Wir wollen uns in der Folge auf das hierarchische Modell konzentrieren, bei dem eine oberste Zertifizierungsinstitution existiert, die CAs auf einer zweiten hierarchisch untergeordneten Ebene zertifiziert. Dieses Verfahren könnte rekursiv beliebig fortgesetzt werden. Vorteilhaft an dem hierarchischen Ansatz ist die Übersichtlichkeit und leichte Kontrolle der Institutionen.

Abbildung 3.22 illustriert einen Geschäftsvorfall, bei dem der Autor sein vom CA der Telekom produziertes Zertifikat einem Händler zur Überprüfung einreicht. Der Händler kennt den öffentlichen Schlüssel der Telekom allerdings nicht, jedoch kann er aus dem Zertifikat die Adresse des CAs der Telekom ermitteln, dort dessen (CAs) öffentlichen Schlüssel erfragen und mit diesem das Zertifikat des Autors verifizieren. Weil aber die Authentizität des öffentlichen Schlüssels der Telekom CA selbst überprüft werden muss, wird deren Zertifikat geholt (es hat seinen Ursprung bei der Firma Trust Center – TC) und der Vorgang beginnt von neuem, und zwar so lange, bis eine Zertifizierungsinstitution gefunden ist, deren öffentlicher Schlüssel dem Händler bekannt ist. Im Beispiel ist das die CA von VeriSign.

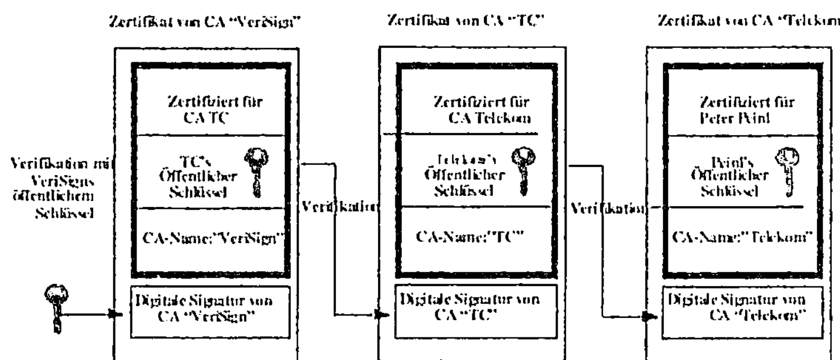

Abbildung 3.22: Zertifikate

3.3.4.3   Chipkarten

Chipkarten-
Entwicklung

Chipkarten Chipkarten haben ihren Ursprung in den fünfziger Jahren in den USA, als Diners-Club als eine der ersten Gesellschaften eine Vollplastikkarte für den überregionalen Zahlungsverkehr einführte, damals selbstverständlich noch ohne elektronische Zahlungsfunktion. Nächster Schritt in der technischen Entwicklung war das Aufbringen eines Magnetstreifens (Magnetkarte) mit codierten Kunden- und Konteninformationen in Verbindung mit einer persönlichen Identifikationsnummer (PIN – Personal Identification Number), wie heute noch beim Abheben am Geldautomaten gebraucht wird. Die Minitiaturisierung in der Mikroelektronik erlaubte es spätestens zu Beginn der achtziger Jahre, einen Mikrochip von wenigen Millimetern Größe in eine Plastikkarte zu integrieren. Inzwischen ist die Leistungsfähigkeit eines solchen Chips, der in der Massenfertigung einen bzw. wenige Euro kostet, durchaus vergleichbar mit der eines PC der ersten Generation. Neben Anwendungen im Finanzwesen werden Chipkarten in vielen anderen Lebensbereichen verwendet, etwa bei Krankenkassen und Versicherungen, in der Mobiltelefonie, nachdem zuvor die Telefonkarte gewissermaßen als Killerapplikation den Durchbruch dieser Technologie bewirkt hatte.

Kompatibilität
der Karten

Eine Reihe von internationalen Normen stellt die Kompatibilität der Karten sicher. Beispielsweise werden die Anzahl, Form und Position der Kontakte sowie die physikalischen Eigenschaften in der ISO-Norm 7816-1/2 festgelegt. Chipkarten kommunizieren mit der Außenwelt entweder über direkte Kontakte oder durch eine auf der Oberseite des Plastikkörpers aufgebrachte Spule und dem Aussenden und Empfangen elektromagnetischer Wellen.

Speicherkar-
ten

Speicherkarten stellen im Vergleich mit Mikroprozessorkarten die einfachere Variante der Chipkartentechnologie dar, die in speziellen Anwendungen zum Einsatz kommen, bei denen ein günstiger Preis des Chips eine entscheidende Rolle spielt, etwa bei der schon erwähnten Telefonkarte. Speicherkarten enthalten in der Regel einen EEPROM (Electrically Erasable Programmable Read Only Memory) und eine Sicherheitslogik, die im einfachsten Fall den Schreib- und Lesezugriff auf den gesamten oder auf Teile des Speichers überwacht. Außerdem besteht die Möglichkeit, über eine entsprechende Sicherheitslogik einfache Verschlüsselungen durchzuführen. Über den eingebauten IO-Port kann die Karte mit einem speziellen Übertragungsprotokoll mit der Außenwelt kommunizieren.

Mikroprozessorkarten

Mikroprozessorkarten enthalten anstelle eines einfachen Speicherchips einen voll funktionsfähigen Mikroprozessor mit ROM (Read Only Memory), in dem das Chipkartenbetriebssystem fest eingebrannt ist, einen EEPROM als nicht-flüchtigen Speicher zur längerfristigen Aufbewahrung von Daten und RAM (Random Access Memory) zur kurzfristigen Zwischenspeicherung von Daten während der Verarbeitungsvorgänge der Karte und so lange wie Betriebsspannung anliegt. Schließlich ist noch ein IO-Port (Input/Output) für den Kontakt mit der Außenwelt integriert. Im ROM gespeichert ist ein Betriebssystem, das Grundfunktionen zur Kommunikation mit der Außenwelt umfasst, das strukturierte Speichern von Informationen im EEPROM ermöglicht, indem es ein kleines Dateisystem implementiert, und den Schutz gegen unbefugtes Auslesen übernimmt. Die bereitgestellte Funktionalität lässt sich mit den ersten Implementierungen von UNIX oder DOS vergleichen.

Sicherheit gegen Manipulationsversuche

Was Mikroprozessorkarten so attraktiv für Anwendungen im Bankenbereich, vornehmlich also elektronische Zahlungssysteme, macht ist ihre inhärente Sicherheit gegen sowohl Manipulationsversuche als auch gegen das Auskundschaften von Informationen. Alle Versuche, den Inhalt des Speichers durch mechanische (Öffnen des Chips) oder physikalische Verfahren (Strahlung etc.) zu erkunden, würden die Zerstörung des Chips auslösen. Einzig die Kommunikation über die im Chip eingebaute I/O-Schnittstelle kann als Angriffspunkt genutzt werden. Da letztlich der Chip nur im Rahmen eindeutig definierter, nachgewiesenermaßen sicherer Protokolle mit der Außenwelt kommuniziert und zudem aufgrund seiner Prozessorlogik relativ komplexe kryptografische Verfahren beherrscht, sind solche Angriffe zum Scheitern verurteilt. Wenn beispielsweise ein asymmetrisches Verschlüsselungsverfahren wie RSA zum Einsatz kommt, könnte der Chip selbständig einen privaten Schlüssel generieren, diesen absolut sicher vor unberechtigtem Zugriff im Innern des Chips verwahren und nur den öffentlichen Schlüssel über den I/O-Port und ein wohldefiniertes Kommunikationsprotokoll zugänglich machen.

3.3.5   Verfahren

3.3.5.1   Anforderungen und Klassifikation

Anforderungen an digitales Geld

Anforderungen an Elektronische Zahlungssysteme sind vielfältig und stehen in nicht wenigen Fällen in Konkurrenz zueinander. So steht die Forderung nach mehr Sicherheit im Gegensatz zur schnellen Abwicklung von Zahlungsvorgängen, da komplexe Verschlüsselungsverfahren mehr Zeit erfordern als einfache, oder aber die Forderung nach Anonymität bildet einen Widerspruch zu der nach Rückverfolgbarkeit von Zahlungen zwecks Aufklärung von Betrugsfällen. Nachfolgend werden zentrale Anforderungen an Elektronische Zahlungsverfahren und digitales Geld zusammengestellt. Deren Erfüllungsgrad kann zur Bewertung der Qualität der einzelnen Verfahren herangezogen werden.

Sicherheit von Systemen muss immer im Vordergrund stehen, wenn von Geld die Rede ist, und zwar ganz besonders im Zusammenhang mit dem Internet, da dieses wegen seines gewollt offenen Charakters geradezu zu Betrugsversuchen einlädt und Angriffe herausfordert.

Kosten sind, wie schon ausführlich erläutert, von herausragender Bedeutung.

Anonymität und **Rückverfolgbarkeit** von Zahlungen stehen vordergründig in einem diametralen Widerspruch und bilden den Gegenstand einer Kontroverse, die mit technischen Mitteln kaum zu lösen ist.

Online-Überprüfungserfordernis beschäftigt sich mit der Frage, ob eine Zahlung geleistet werden kann, auch ohne dass eine Online-Verbindung mit einem Abwicklungssystem oder Abwicklungsrechner bestehen muss. Ist dies nicht der Fall, dann schränkt das den Nutzer, speziell wenn es sich um digitales Geld handelt, erheblich ein.

Übertragbarkeit (insbesondere bei digitalem Geld) ist eine nützliche Eigenschaft, die es erlaubt, wie beim Bargeld einen Betrag von einer Person zu einer anderen zu übertragen.

Teilbarkeit (insbesondere bei digitalem Geld) beschreibt eine Eigenschaft, die es erlaubt, digitale Münzen einer bestimmten Denomination in solche kleinerer Denominationen zu zerlegen, ohne dass bei diesem Vorgang die münzausgebende Bank involviert werden muss.

Akzeptanzfähigkeit umschreibt den Verbreitungsgrad eines Verfahrens. Selbstverständlich ist ein Verfahren umso nützlicher, an je mehr Stellen es eingesetzt werden kann.

Bedienbarkeit befasst sich mit den ergonomischen Eigenschaften eines Zahlungsverfahrens. Insbesondere wird Wert darauf gelegt, dass auch ein technisch nicht gebildeter und mit Informationstechnologie wenig vertrauter Personenkreis ein Verfahren intuitiv begreifen oder mit wenig Aufwand erlernen und nutzen kann.

Skalierbarkeit meint, dass ein Verfahren in technischer Hinsicht so beschaffen sein muss, dass es auch bei steigender Nutzerzahl und Nutzungshäufigkeit nicht zu Leistungsverschlechterungen oder gar Leistungsengpässen kommen darf.

3.3.5.2   Einfache Verfahren

Der Vollständigkeit halber werden in diesem Abschnitt drei Verfahren vorgestellt, die den technischen Puristen ob ihrer Einfachheit und wegen ihrer nur sehr bescheidenen IT-Lastigkeit die mahnende Frage erheben lassen, ob es sich wohl dabei überhaupt um elektronische Zahlungsverfahren im strengen Sinne des Begriffes handelt. Da hier aber ein pragmatischer Ansatz verfolgt wird und diese Verfahren sich teilweise einer überaus großen Beliebtheit erfreuen, sollen sie hier Erwähnung finden.

Gebührenpflichtige 0190erNummern

Nicht nur im Zusammenhang mit der Beschaffung von Erotikartikeln und einer Fülle kongenialer Dienstleistungen können **0190er-Nummern** von großem Nutzen bei der Zahlungsabwicklung sein. Ein Geschäft, bei dem auf elektronischem Wege kostenpflichtige Informationen in digitaler Form (Audio- oder Video-Clip, technische Dokumentation) von einem Server auf den Rechner einer Privatperson heruntergeladen werden soll, könnte etwa so ablaufen. Der Kunde besorgt sich über eine Recherche beim Online-Shop des Händlers im WWW die Artikelnummer des gewünschten Produktes und ruft dann über seinen konventionellen Telefonanschluss eine 0190er-Nummer des Händlers an. Dann gibt er über Tastendruck die Artikelnummer ein und wird so lange in eine, musikalisch nett untermalte, kostenpflichtige Warteschleife versetzt, bis der Gebührenzähler einen aus der Sicht des Händlers befriedigenden Stand aufweist. Anschließend wird dem Kunden gegen Ende des Gespräches, zur Sicherheit und zur weiteren Verbesserung des pekuniären Status des Händlers mehrmals wiederholt, ein vielstelliger Abrufcode verkündigt, der als Passwort zum Herunterladen der digitalen Ware berechtigt. Dieses verblüffend einfache und effektive Verfahren hat allerdings den Nachteil, dass die Telekommunikationsgesellschaften sich diese Dienstleistung mit etwa 30 bis 50 Prozent des Gebührenaufkommens mehr als üppig vergüten lassen und somit die Transaktionskosten in schwindelnde Höhen treiben. Bei manchen Gütern und Dienstleistungen scheint dies hingegen keine Rolle zu spielen, erfolgt die tatsächliche Bezahlung doch ohnehin erst mit der nächsten Telefonrechnung. Trotz alledem wird dieses Verfahren gar nicht so selten eingesetzt, hat es doch gegenüber so manchem Micropayment-Verfahren den Vorteil der praktisch unbegrenzten Verbreitung und dass es funktioniert.

Übermittlung mittels SSL

Übermittlung von Zahlungsinformationen mittels SSL Übermittlung von Zahlungsinformationen mittels SSL muss zum gegenwärtigen Zeitpunkt wohl als die am häufigsten genutzte Variante bei der Bezahlung von Bestellungen über das Internet angesehen werden. Zahlungsinformationen sind beispielsweise eine Kontonummer und die zugehörige Bank sowie der Name des Kontoinhabers, also genau die Daten, die erforderlich sind, um eine elektronische Lastschrift zu generieren. Gleiches gilt für die Nummer, den Monat der letzten Gültigkeit und den Namen des Inhabers einer Kreditkarte. Jeder, der einmal bei Amazon oder einem Mitbewerber Bücher bestellt hat, kennt dieses Verfahren. Doch was genau geschieht dabei im Einzelnen im technischen Sinne und inwiefern ist dies als elektronisches Zahlungsverfahren im engeren Sinne zu werten? Zuerst einmal wird bei diesem Verfahren über die Software des Online-Anbieters veranlasst, dass die Internet-Verbindung vom unsicheren in den sicheren Übertragungsmodus wechselt. Dabei wird üblicherweise ein Übertragungsprotokoll mit dem Namen SSL (Secure Socket Layer) benutzt, das zu den Standardverfahren im Internet zählt. Sicher bedeutet, dass von nun an jedes übertragene Byte auf der Senderseite ver- und auf der Empfängerseite wieder entschlüsselt wird, und zwar ohne dass sich für der Nutzer oder Programmentwickler irgendwelche Einschränkungen oder Behinderungen ergeben. SSL ist nicht auf ein bestimmtes kryptografisches Verfahren festgelegt, sondern unterstützt sowohl symmetrische Verschlüsselungsverfahren wie DES und IDEA als auch asymmetrische wie

RSA. Nach dem Umschalten der Verbindung in den SSL-Modus gibt der Kunde die geforderten Daten in ein ganz gewöhnliches HTML-Formular ein, die sodann an den Server des Online-Anbieters übertragen werden, allerdings mit der Garantie, dass ein potentieller Lauscher keine Chance hat, die gesendete Information zu entschlüsseln. Der Händler kann anschließend mit dieser Information verfahren, wie es ihm am Günstigsten erscheint, etwa einmal täglich elektronische Lastschriften erstellen und diese per Dateitransfer zu seiner Bank übermitteln. Bei Kreditkarteninformationen könnte er sofort oder aber zu einem geeigneten späteren Zeitpunkt in Verbindung mit weiteren Zahlungen bei der Kreditkartenorganisation anfragen. Festzuhalten ist jedoch, dass bei dieser Vorgehensweise bei der SSL-gesicherten Übertragung vom Kunden zum Händler überhaupt keine Zahlung stattfindet.

Elektronisches Lastschriftverfahren

Bei dem nun schon mehrfach erwähnten elektronischen Lastschriftverfahren werden Datensätze in einem normierten Format (DTA-Format) erzeugt und bei der Bank des Kunden eingereicht. Dies kann entweder den Händler direkt oder aber ein Dritter, z. B. die Firma CyberCash, besorgen. Die Lastschrift kann sofort, etwa mit einer Online-Autorisierung des Kaufbetrages durch die Firma CyberCash, oder aber auch verzögert eingereicht werden. Lastschriften sind aus der Sicht des Händlers besonders kostengünstige Inkassoverfahren, die jedoch im Falle von Unregelmäßigkeiten und Reklamationen im Einzelfall mit extrem hohen Kosten (Nachforschungsaufträge etc.) verbunden sein können. In rechtlicher Hinsicht haben Lastschriften weiter den Nachteil, dass sie der Schriftform bedürfen, weshalb auch bei jeder Transaktion etwa in einem herkömmlichen Geschäft eine Unterschrift geleistet werden muss.

3.3.5.3   Verfahren auf der Basis von Kreditkarten

Erstes experimentelles Zahlungssystem „First Virtual (FV)"

Zu Anfang dieses Abschnitts soll eines der ersten experimentellen Systeme, welches die Bezeichnung elektronische Zahlungssysteme wirklich verdient, skizziert werden. Einerseits ist dieses Verfahren aus historischen Gründen interessant, andererseits lassen sich daran einige der nicht in Erfüllung gegangenen Blütenträume exemplifizieren. Die Firma First Virtual (FV), zu deren Gründer mehrere Pioniere des Internets zählten, startete mit viel Enthusiasmus im Jahre 1994 mit einem konzeptionell einfachen Geschäftsmodell, welches zu seiner Implementierung nutzerseitig recht geringe Ansprüche und Hardware und Software stellt. Im Prinzip wird ein gewöhnlicher PC benötigt und ein funktionierender E-Mail-Anschluss. Neue Kunden senden eine E-Mail an FV mit dem Teilnahmewunsch und der E-Mail-Adresse des Kunden an FV. Danach wird über den sicheren Kanal Telefon die Kreditkarteninformation an FV weitergemeldet und der Kunde erhält eine FV-Kontonummer (PIN in Abbildung 3.23), genauso wie der Händler eine solche hat. Jedoch ist die Anmeldeprozedur für einen Händler etwas formaler.

Kauf über FV Ein Kauf über FV wird so abgewickelt, dass der Kunde dem Händler die Art der gewünschten Ware und die Kunden-PIN per E-Mail mitteilt. Der Händler prüft den Auftrag und schickt die vom Kunden erhaltene Information samt seiner Händler-PIN ebenfalls per E-Mail an FV. Dort wird die Nachricht revisionsfähig gespeichert und an den Kunden zurückgeschickt. Dieser kann nun den Geschäftsabschluss verbindlich machen, indem er den Text „Yes" zurückschickt oder, falls er sich inzwischen eines anderen besonnen hat, mit „No" antworten. Als dritte Antwortmöglichkeit wird „Fraud", also Betrug, geboten, die FV signalisiert, dass mit der vom Händler kommenden Nachricht etwas nicht in Ordnung ist, insbesondere dass der Kunde niemals ein solches Geschäft abgeschlossen hat. Im Falle einer positiven Antwort bucht FV den Betrag von der Kreditkarte des Kunden ab und schreibt ihn dem Konto des Händlers gut. Um alle Vorgänge rechnergestützt und damit kostengünstig abwickeln zu können, haben alle Nachrichten von FV vorgegebenes Format.

Die Funktionstüchtigkeit dieses höchst einfachen Systems beruht weniger auf strikter Kontrolle und hohen Sicherheitsanforderungen als auf der Etablierung von verlässlichen Kunden- und Händlerbindungen und Sanktionen bei Fehlverhalten. Kunden, die regelmäßig ihre Entscheidungen zwischen Bestellung und Bestätigung verwerfen, können ermahnt werden oder ihre Teilnahme am FV-System kann im Extremfall unterbunden werden. Äquivalentes gilt für betrügerische Händler. Darüber hinaus ist ein weiterer Sicherheitsmechanismus dadurch eingebaut, dass Zahlungen an Händler je nach Status erst mit einer Verzögerung von Tagen, Wochen oder Monaten geleistet werden, wodurch sich Unregelmäßigkeiten auch noch relativ spät behandeln lassen.

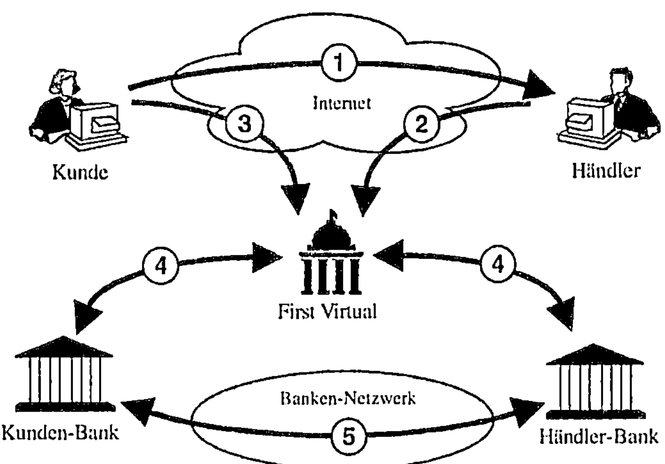

(1) Bestellung und PIN per E-Mail

(2) Transaktionsinformationen mit Kunden-PIN per E-Mail

(3) Rückfrage und Bestätigung per E-Mail

(4) Monatliche Abrechung mit Kunden und Händlern

(5) Clearing

Abbildung 3.23: Zahlungsabwicklung bei First Virtual (FV)

Finanzierung von FV

Die Finanzierung des FV-Systems erfolgt über einen relativ niedrigen Jahresfixbeitrag pro Käufer und höhere Händlertyp-spezifische Jahresbeiträge. Darüber hinaus fallen transaktionsbezogene wertabhängige Kosten von etwa zwei Prozent für Kunde und Händler an, die FV einbehält und noch Fixkosten pro Transaktion. Da FV zwar Kundenkonten führt, jedoch selbst keine Bank ist, wird die eigentliche Zahlung, wie das in Abbildung 3.23 angedeutet ist, über das Clearingsystem der Banken und Kreditkartenorganisationen abgewickelt. Um die durch dessen Nutzung anfallenden Kosten zu minimieren, aggregiert FV mehrere Geschäfte und Zahlungen erfolgen periodisch, also etwa einmal oder zweimal pro Monat.

Leider erwies sich dieses Geschäftsmodell nach anfänglichen Erfolgen als nicht praktikabel, wobei über die Gründe nur spekuliert werden kann. Lag es an den Kosten? Zu den oben genannten Komponenten muss man nämlich noch die Kosten des Bankensystems und der Kreditkarte selbst hinzuzählen. Entsprach das Menschenbild der Erfinder von FV nicht dem der realen Kunden oder war die Technik zu simpel?

SET-Standard

Direktes und sicheres elektronisches Bezahlen mit Kreditkarten vom eigenen PC aus ist seit der Einführung des SET-Standards (SET = Secure Electronic Transactions) möglich. Nachdem zu Anfang konkurrierende Vorschläge der Duos Mastercard/IBM (IKP) und VISA/Microsoft vorlagen, wurde den Kontrahenten bald deutlich, dass zur Durchsetzung eines Verfahrens am Markt eine Bündelung der Kräfte unabdingbar war. Daraus entstand, gewissermaßen als Kompromiss, SET. Eine eigene, nicht gewinnorientierte Organisation wurde ins Leben gerufen, die u. a. alle Spezifikationen im WWW (unter www.setco.org) zugänglich macht.

SET garantiert die sichere Abwicklung von kompletten Kaufvorgängen von der Bestellung bis zur Zahlungsabwicklung über das Internet. Vertraulichkeit wird dabei durch die Verschlüsselung der Nachrichten (hybrides Verfahren mit RSA und DES) erreicht, die Integrität von Zahlungen durch digitale Unterschriften und die unwiderlegbare Feststellung der Identität durch die Benutzung von Zertifikaten. Es werden insgesamt drei Varianten von SET danach unterschieden, welche Parteien notwendigerweise ein Zertifikat besitzen müssen, um am Verfahren teilzuhaben. Je mehr Beteiligte ein solches vorweisen können, desto „sicherer" ist das Protokoll.

SET-Parteien

An SET beteiligte Parteien sind der Kunde (Cardholder), der eine Ware erwerben möchte, der Händler (Merchant) und der Kartenherausgeber (Issuer), also die Bank des Kunden. Darüber hinaus spielt der so genannte Acquirer als Zahlungsabwickler für den Händler eine wesentliche Rolle im Verfahren. Er betreibt das Payment-Gateway, welches den Übergang in die proprietären Zahlungsnetzwerke der Banken und Kreditkartenorganisationen bewerkstelligt. Hinter dem Payment-Gateway laufen im langjährigen Betrieb bewährte Verfahren ab, die lange vor SET entwickelt wurden. Diese zählen daher nicht zum Definitionsbereich des Verfahrens.

Wallet, Händler- und Payment-Server

Die Software-Infrastruktur von SET umfasst drei wesentliche Bestandteile, und zwar dem elektronischen Portemonnaie (SET-Wallet), dem SET-Server des Händlers und dem SET-Payment-Server (Payment-Gateway) beim Acquirer.

Anhand von Abbildung 3.24 seien die Phasen einer Zahlung mit SET erläutert. In jeder der Phasen werden in der Regel mehr Nachrichten ausgetauscht als dies die Pfeile in der Abbildung 3.24 suggerieren.

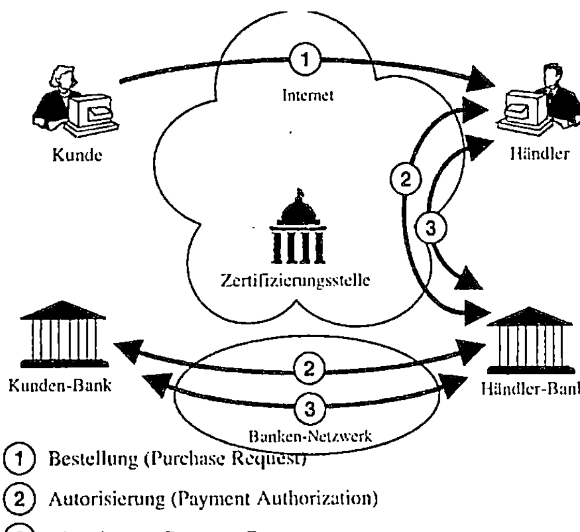

Abbildung 3.24: Secure Electronic Transactions (SET)

Phasen der Zahlung mit SET

In der ersten Phase wird die Bestellung aufgenommen. Dabei teilt der Kunde dem Händler seinen Produktwunsch mit, worauf dieser eine Nachricht mit dem Angebotspreis zurückschickt. Nach Prüfung durch den Kunden sendet er diese Nachricht digital signiert mit seinem Zertifikat an den Händler zurück, der sie zur Überprüfung ihrer Authentizität entschlüsselt. Eine interessante Eigenschaft von SET, in der es sich vom Bezahlen mit einer physischen Kreditkarte in einem Geschäft unterscheidet, ist, dass der Händler die Kundeninformation, z. B. Kreditkartennummer nicht einsehen kann. Nachdem sich der Händler von der Ordnungsmäßigkeit der signierten Bestellnachricht vergewissert hat, unterschreibt er seinerseits die vom Käufer erhaltene Nachricht und schickt sie inklusive des Händlerzertifikats zum Payment-Gateway. Beim Umzeichnen wird eine Variante der digitalen Signatur, die so genannte duale Signatur verwendet, die die Unterschriften von Käufer und Verkäufer unwiderlegbar mit dem Vertrag verbindet. Technische Einzelheiten sind etwa in [Schn95] beschrieben. Nach dem Empfang durch das Payment-Gateway, in Abbildung 3.24 mit Händler-Bank bezeichnet, setzt sich dieses mit der Kunden-Bank in Verbindung, um die Zahlung zu autorisieren. Dazu muss die Kunden-Bank zumindest zusichern, dass der gewünschte Betrag abrufbereit verfügbar ist. Ob auf dem Kreditkartenkonto nur eine Art Rückstellung vorgenommen wird oder die Zahlung sofort erfolgen soll, ist ein weiterer Parameter des Autorisierungsverfahrens. Ist das Geld verfügbar, dann erhält der Händler und auf Wunsch der Kunde eine Bestätigung und Zahlungsgarantie vom Payment-Gateway und kann die Ware ausliefern. In der dritten, der Abrechnungsphase, die auch Tage später erfolgen kann, wird die Zahlung von der Kunden- an die Händler-Bank durchgeführt.

Potenzial von SET

Von allen hier geschilderten Verfahren muss SET das größte Potenzial zugebilligt werden, und zwar nicht nur wegen seiner technischen Reife. Hinter SET steht der mächtige Interessenblock der etablierten Finanzinstitutionen. Sie verfügen nicht nur über ein beträchtliches Know-how auf diesem Gebiet, sondern können SET als zusätzliche Internet-Variante, d. h. als Eingangspunkt (Frontend) zu ihrer kostenintensiven, aber gut funktionierenden Infrastruktur nutzen. Überdies ist das Zahlen mit Kreditkarte wegen der Provisionsstaffeln wohl eines der lukrativsten Zahlungsverfahren, zumindest vom Standpunkt der Finanzinstitutionen aus betrachtet.

3.3.5.4   Digitales Geld

E-Cash

Zum Abschluss soll noch exemplarisch ein Vertreter derjenigen Verfahren unter die Lupe genommen werden, welche sich mit digitalem Geld befassen, also Bitstrings, die, wie eine Münze in der realen Welt, von Rechner zu Rechner transferiert werden können und einen bestimmten Geldbetrag repräsentieren. E-Cash von Firma DigiCash ist das bekannteste Verfahren. Beide, Firma und Verfahren, wurden von einem Pionier im Bereich des digitalen Geldes, David Chaum, der mehrere Patente auf diese Technologie besitzt, begründet. Der Charme des Verfahrens beruht auf seiner Eigenschaft, dass Zahlungen anonym sind, die münzausgebende Bank also den Weg der digitalen Münzen (Cybercoins) nicht verfolgen kann. Die technische Realisierung wird später noch etwas genauer erläutert.

Ablauf des E-Cash-Verfahrens

Der prinzipielle Ablauf beim E-Cash-Verfahren ist in Abbildung 3.25 skizziert. Im ersten Schritt erzeugt der Kunde den „Rohling" einer digitalen Münze und sendet diesen an seine Bank. Der Rohling enthält eine eindeutige Seriennummer, die die Bank allerdings zu diesem Zeitpunkt nicht sehen kann. Die Bank signiert diese Münze mit ihrer eigenen digitalen Unterschrift, ohne den Inhalt der Nachricht, die den Rohling repräsentiert, entziffern zu können. Dieses so genannte blinde Unterschreiben (Blind Signature, Blinding) garantiert die Anonymität des Verfahrens. Da die Bank die Seriennummer der gerade geprägten Münze nicht feststellen und damit keine Beziehung zu einem Kunden für die spätere Verwendung aufzeichnen kann, ist es auch nicht möglich, beim Einreichen durch eine andere Person einen Abgleich mit Kundendaten vorzunehmen.

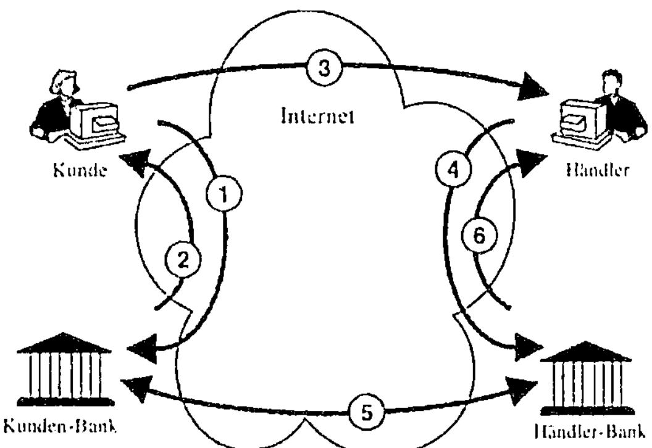

(1) Kunde sendet Münze mit verschlüsselter Seriennummer an die Bank

(2) Bank sendet unterschriebene Münze zurück

(3) Kunde entschlüsselt Seriennummer und bezahlt mit der Münze

(4) Händler reicht die Münze bei seiner Bank ein

(5) Prüfung und Clearing

(6) Händler erhält Bestätigung und Gutschrift

Abbildung 3.25: Prinzipielle Vorgehensweise bei E-Cash

Digitale Münze abrechnen

Nach dem Validieren der Münze wird das laufende Konto des Kunden mit dem entsprechenden Betrag belastet und die digitale Münze auf elektronischem Wege an den Kunden übermittelt. Bevor der Kunde seine Münze weiterverwerten kann, verwandelt er den von der Bank signierten Rohling in eine vollwertige Münze, indem er das Blinding rückgängig macht. Danach kann jeder, der den öffentlichen Schlüssel der Bank kennt, den Inhalt der Münze inklusive der Seriennummer lesen und deren Authentizität überprüfen.

Zahlen mit digitaler Münze

Im dritten Schritt erwirbt der Kunde beim Händler Ware und zahlt mit der digitalen Münze. Diese wird im vierten Schritt vom Händler an seine Bank weitergeleitet. Diese prüft die Münze und wendet sich anschließend im fünften Schritt gemäß Abbildung 3.25 an die Bank des Kunden. Die Bank nimmt die Münze entgegen, erkennt deren Gültigkeit und transferiert einen entsprechenden Buchgeldbetrag zur Händler-Bank (Clearing), die diesen wiederum dem Konto des Händlers gutschreibt.

Verhinderung von Missbrauch

Bevor der Blinding-Prozess verdeutlicht wird, soll noch kurz die Verhinderung von Missbräuchen thematisiert werden. Offensichtlich hat das bisher geschilderte Verfahren ein Problem, wenn an irgendeiner Stelle (Kunde oder Händler) durch eine triviale Kopieroperation „falschgemünzt" wird. Um derartige Betrugsversuche zu erkennen, ist es notwendig, auf seiten der Bank, die die Münzen zurücknimmt, eine Datenbank mit den Seriennummern aller eingereichten Cybercoins zu pflegen, die jeweils vor dem Akzeptieren einer Münze konsultiert wird. Zwar kann dann das so genannte Mehrfachausgeben (Double Spending) sofort erkannt werden, allerdings nicht der „Geldfälscher", denn dieser könnte die Kopie bereits vor dem Original eingelöst haben. Dies wäre z. B. dadurch zu verhindern, dass Münzen vom Händler immer sofort eingereicht werden müssten, d. h. noch während der Verkaufstransaktion validiert werden könnten. Eine weitere Lösung, die ohne Online-Überprüfung auskommt, allerdings hier nicht diskutiert werden soll, ist das so genannte Secret-Sharing.

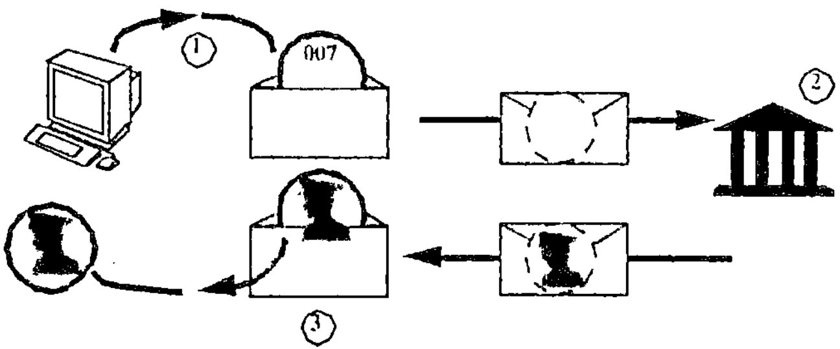

Abbildung 3.26: Prinzipieller Ablauf bei der Erzeugung einer Cybercoin (mit Blinding)

Prägen von E-Cash-Münzen

Abbildung 3.26 illustriert das Prägen von Münzen beim E-Cash-Verfahren. Der Kunde erzeugt nach einem bestimmten Verfahren eine digitale Münze mit der Seriennummer 007 und einem Betragswert, der in der Abbildung 3.26 nicht gezeigt ist. Die Cybercoin wird, wie der Briefumschlag in der Abbildung 3.26 symbolisiert, in eine Nachricht verpackt und an die Bank geschickt. Die Bank signiert diese Nachricht (Stempelsymbol) und sendet sie an den Kunden zurück. Dieser extrahiert die ursprüngliche Nachricht (Cybercoin mit Seriennummer 007) aus dem Umschlag heraus, jedoch ohne die Unterschrift der Bank zu beschädigen. Für Verfahrensdetails und mathematischen Hintergrund sei wieder auf [Schn95] verwiesen. Dem aufmerksamen Leser wird nicht entgangen sein, dass, so wie das Verfahren bisher dargestellt wurde, die Bank ohne Kenntnis des Münzwertes gewissermaßen einen

Blankoscheck ausstellen würde. In Wirklichkeit ist das Verfahren noch ein wenig komplexer. Das Prägen des Münzrohlings geht in Wahrheit so vonstatten, dass der Kunde der Bank eine vorgegebene Anzahl von z. B. 100 Rohlingen mit jeweils unterschiedlichen Seriennummern, aber dem gleichen Münzwert, chiffriert zusendet. In dem Beispiel würde die Bank nach dem Zufallsprinzip einen der 100 Rohlinge auswählen und den Kunden auffordern, die Schlüsselinformation zum Dechiffrieren der restlichen 99 Rohlinge zu senden. Anschließend würden die 99 Rohlinge daraufhin überprüft, dass sie alle denselben Betrag beschreiben. Wenn dies so wäre, dann würde die Bank den hundertsten anonym unterschreiben in der Annahme, einen potentiellen Betrüger hinreichend nachhaltig abgeschreckt zu haben.

Dieses sehr interessante und technisch höchst elegante Verfahren wird zur Zeit von mehreren Feldversuchen getestet, kann bisher jedoch nicht die ihm prophezeiten Erfolge verbuchen.

3.3.6 Ausblick

In technischer Hinsicht wird weiter auch an der Erweiterung und Verbesserung der geschilderten Verfahren zu arbeiten sein. Das betrifft nicht nur die bessere Handhabbarkeit durch die Benutzer, sondern insbesondere auch die Reduktion der Betriebskosten Elektronischer Zahlungssysteme. Rechtliche Anforderungen wie Datenschutz und die fiskalische Behandlung von Internet-Geschäften werden in zunehmendem Maße an Bedeutung gewinnen. Für den Fall einer zukünftigen Dominanz des digitalen Geldes könnten sich ganz neue Fragestellungen für und Auswirkungen auf das Geld- und Währungssystem ergeben. Nicht alle Blütenträume des E-Commerce und des E-Business werden in Erfüllung gehen. Dessen ungeachtet handelt es sich dabei um eine Schlüsseltechnologie des 21. Jahrhunderts, die ein gebührendes Maß an Aufmerksamkeit verdient. Dieser Beitrag soll dem Leser dabei helfen, die gegenwärtigen und zukünftigen Entwicklungen auf dem Gebiet der elektronischen Zahlungssysteme im Rahmen des E-Business einzuordnen, ein Verständnis für die dahinterstehende Technik zu entwickeln und kritisch zu verfolgen. Die allermeisten der hier gemachten Aussagen beruhen auf dem fachmännischen Wissen des Autors, einige dagegen, sofern sie die Zukunft betreffen, mit einer etwas spekulativen Komponente versehen, allerdings nach besten Wissen und Gewissen. Was Letztere angeht, so soll abschließend noch einmal auf den Grundsatz verwiesen werden, dass alle Prognosen mit Vorsicht zu behandeln sind, insbesondere, wenn sie sich auf die Zukunft beziehen.

3.3.7   Danksagung

Mein Dank gilt den Studenten der Veranstaltung Elektronische Zahlungssysteme im Rahmen des Studiengangs Master of Science E-Business und den Teilnehmern des Seminars Techniken des E-Commerce, aus deren Beiträgen ich insbesondere einige der Abbildungen entnommen habe. Ebenfalls danke ich Frau Viera Rewucki, die den Großteil der Zeichnungen während meines Forschungssemesters am Institut für Parallele und Verteilte Höchstleistungsrechner (IPVR) der Universität Stuttgart angefertigt hat.

3.3.8   Literaturverzeichnis

[BVR98] BVR: Informationen zur Geldkarte. Deutscher Genossenschaftsverlag, Wiesbaden, 1998

[Cahu92] D. Chaum: Achieving Electronic Privacy. In: Scientific American, 1992, S. 96-101

[Frie94] M. Friedman: Money Mischief. Harvest Books of Harcourt Brace, San Diego, 1994

[FuWr97] A. Furche, G. Wrightson: Computer Money: Zahlungssysteme im Internet. dpunkt.verlag, Heidelberg, 1997

[HaTa99] Y. Haghiri, T. Tarantino: Vom Plastik zur Chipkarte: Wegweiser zum Aufbau und zur Herstellung von Chipkarten. Hanser Verlag, München, 1999

[Kris98] G. Kristoferitsch: Digital Money – electronic cash-smart cards: Chancen und Risiken des Zahlungsverkehrs im Internet. Wien, 1998

[LyLu97] D. Lynch, L. Lundquist: Zahlungsverkehr im Internet. München, 1997

[Merz99] M. Merz: Electronic Commerce – Marktmodelle, Anwendungen und Technologien. dpunkt.verlag, Heidelberg, 1999

[RaEf00] W. Rankl, W. Effing: Handbuch der Chipkarten: Aufbau – Funktionsweise – Einsatz von Smart-Cards. Hanser Verlag, München, 2000

[Schn95] B. Schneier: Applied Cryptography: Protocols, Algorithms and Source Code in C. John Wiley & Sons, 1997

[Siet97] R. Sietmann: Electronic Cash. Schäffer-Poeschel Verlag, 1997

[SFE97] R. Schuster, J. Färber, M. Eberl: Zahlungssysteme im Internet. Springer-Verlag, Berlin, Heidelberg, 1997

[Wayn97] P. Wayner: Digital Cash: Commerce on the Net. AP Professional, 1997

Autor: Prof. Dr. Peter Peinl, Fachhochschule Fulda, Fachbereich Angewandte Informatik, Marquardstr. 35, 36039 Fulda

E-Mail: Peter.Peinl@informatik.fh-fulda.de,

Web: www.fh-fulda.de/fb/ai/profs/peinl.htm.

Betriebswirtschaftliche und rechtliche Aspekte

E-Business und E-Commerce wird heute neben der technischen Realisierung wesentlich von den verfolgten Megatrends, den betriebswirtschaftlichen und rechtlichen Standards im internationalen Umfeld geprägt. Ohne die Berücksichtigung dieser für die Entwicklungen in den Unternehmen bedeutenden Regelungen und Interdependenzen können die Potenziale des E-Business und des E-Commerce nicht annähernd ausgeschöpft werden.

Megatrends Ein Antrieb für die Umsetzung einzelner Visonen des E-Business oder des E-Commerce sind die heute häufig diskutierten Megatrends:

- Globalisierung und Glokalisierung

- Virtualisierung

- New Work

Globalisierung und Glokalisierung Die Globalisierung des Wettbewerbs und der Unternehmensstrukturen ist heute bereits jedermann ersichtlich. Die Glokalisierung spricht die Globalisierung mit Ausrichtung auf einige lokale Besonderheiten an, wie diese z. B. durch die Anpassung von Online-Angeboten an regionale Bedürfnisse und Gewohnheiten praktiziert wird. Hier liegt die Erkenntnis zu Grunde, dass regionale Besonderheiten zu beachten sind.

Virtualisierung Die Virtualisierung erlaubt die Entwicklung von Virtuellen Realitäten, die in den Systemen realitätsgerecht erzeugt und dem Benutzer, z. B. in virtuellen Einkäufsläden oder in virtuellen Data-Warehouse-Angeboten, präsentiert werden. Im Data-Warehouse werden die zu präsentierenden Informationen benutzergerecht aufbereitet angeboten. Dies wird heute für die eigenen Mitarbeiter, aber auch für Kunden und Partnerunternehmen, z. B. um aktuelle Liefertermine erkennen zu können, notwendig. Die Virtualisierung der Unternehmen führt zu neuen, für den Benutzer oder für das beteiligte Unternehmen, nicht direkt erkennbaren Strukturen.

New Work Mit New Work wird der Megatrend bezeichnet, in dem die neuen Arbeitsformen, wie z. B. Tele-Arbeit oder verteilte Arbeitsstrukturen mit mehreren Mitarbeitern an unterschiedlichen Arbeitsorten und z. B. auch in verschiedenen Unternehmen, entstehen.

Interdependenzen

Die Umsetzung der sich heute aus den Megatrends im Unternehmen ergebenden Visionen des E-Business und auch des E-Commerce sind durch die Interdependenzen zwischen den rechtlichen und technischen Möglichkeiten ebenso, wie von den betriebswirtschaftlichen Interessenlagen nur im Zusammenhang entwickelbar.

Inhalt

Zu dieser umfassenden und grundlegenden Thematik für das E-Business im europäischen Umfeld mit globaler Ausrichtung werden die folgenden Beiträge angeboten:

- E-Marketing

- E-Logistik im E-Business

- Umsetzung europäischer Regelungen zum E-Commerce in deutsches Recht

E-Marketing

Die Notwendigkeit des E-Marketings ist unbestritten und die Einsatzmöglichkeiten in den Unternehmen mit den aktuellen Forschungsansätzen zu den elektronischen Diensten sind für die Praktiker heute von großer Bedeutung. Die E-Marketingansätze durchdringen viele andere Bereiche und fordern die davon betroffenen Mitarbeiter. Für die strategische Planung von E-Marketing-Projekten werden die Grundlagen ausführlich erörtert.

E-Logistik im E-Business

Die Bedeutung der E-Logistik im E-Business nimmt mit Fortschreiten der E-Business-Geschäftsfelder kontinuierlich zu und führt zu einer neuen Distributionslogistik. Die Vernetzung von Geschäftsprozessen über Unternehmensgrenzen hinweg im Supply Chain Management erlaubt eine Vielzahl neuer kostensparender Lösungen und steht deshalb im Blickfeld vieler aktueller Projekte und Forschungsansätze in Unternehmen.

Umsetzung europäischer Regelungen

Die Umsetzung der europäischen Regelungen zum E-Commerce in deutsches Recht wird ein sehr interessanter und wichtiger Prozess. Zudem ist noch eine rasche Änderung im internationalen Umfeld zu erwarten, die wiederum Auswirkungen auf das europäische Recht haben werden. Ein aktuelles Thema ist hierbei die Vereinbarung einer Internet-Agentur, die für die Gewährleistung der Urheberrechte in Online-Diensten und die Erteilung von Nutzungsrechten vorgesehen ist.

4.1 E-Marketing

(Christian Jost / Volker Warschburger)

Einleitung

Da die Anwendung neuer netzbasierter Medien sowohl im Privatbereich als auch insbesondere im Geschäftsleben immer weiter voranschreitet, ist eine Einbeziehung dieser neuen Medien in die Marketingkonzeption von Unternehmen unerlässlich. Hierzu ist eine Einbindung in die strategische Planung der Unternehmen vorzunehmen, um langfristige Erfolgspotenziale aufzubauen. Das folgende Kapitel zeigt eine sinnvolle Möglichkeit zur strategischen Planung von E-Marketing-Vorhaben.

4.1.1 Notwendigkeit einer E-Marketing Konzeption

First-Mover-Effekt

Anfang des Jahres 2000 herrschte eine regelrechte Euphorie bezüglich der Perspektiven des Internets und des elektronischen Handels. Insbesondere die Börse honorierte weitgehend ohne kritische Hinterfragung jede Geschäftsidee, die auf dem Internet basierte. Start-Up-Unternehmen schossen wie Pilze aus dem Boden und gingen nach kürzester Zeit an die Börse. Schnelligkeit hieß die Devise. Die Hauptsache war zunächst, dass man vor der Konkurrenz im Internet präsent war und dies durch entsprechende marketingpolitische Aktivitäten auch publik machte.

Quick-and-Dirty-Lösungen

Strategische Aspekte spielten in dieser Phase – wenn überhaupt – nur eine untergeordnete Rolle. *Quick-and-Dirty-Lösungen (Q&D-Lösungen)* wurden realisiert, um den *First – Mover – Effekt* für das eigene Unternehmen nutzen zu können. Unternehmen der so titulierten Old-Economy wurden als behäbig bezeichnet, weil sie sich für ihre E-Marketing-Konzepte wesentlich mehr Zeit nahmen oder – was viel schwerwiegender war – die Notwendigkeit einer Ausrichtung ihrer Geschäftsmodelle auch auf das Internet nicht erkannten.

von Q&D-Lösungen zu strategischen Fundamenten

Die Euphorie verflog sehr rasch, erste Internet-Start-Ups gerieten in wirtschaftliche Schieflagen und sehr rasch wurden die Geschäftsmodelle der Unternehmen auf ihre Fähigkeit, langfristig Gewinne zu erzielen, kritisch hinterfragt. Es rückten klassische betriebswirtschaftliche Fragestellungen wie Marktforschung, Produktpositionierung, Kundengewinnung und Kundenbindung, Nachhaltigkeit des Geschäftsmodells, Kopierbarkeit des Geschäftsmodells, Umsatzentwicklung und Gewinnentwicklung in den Vordergrund. In diesem Zusammenhang wurde klar, dass eine E-Marketing-Lösung oder ein E-Business[10]-Geschäftsmodell, ob von einem Start-Up oder von einer etablierten Unternehmung der Old Economy, das Ergebnis einer sorgfältigen strategischen Analyse sein muss.

Ein gänzlicher Verzicht auf E-Marketing Aktivitäten kommt aufgrund der durch das Internet angestoßenen Umwälzungsprozesse in der Gesellschaft aus unserer Sicht nicht mehr in Frage. Neue Medien wie Internet, Mobiles Internet, interaktives Fernsehen oder bedienerfreundliche Kiosksysteme am Point of Sale oder Point of Interest sind aus dem täglichen Leben und damit auch aus dem Geschäftsleben nicht mehr wegzudenken. Eine Abkoppelung von dieser Entwicklung bedeutet für den Großteil der Unternehmen bereits auf mittlere Sicht einen Verlust an Wettbewerbsfähigkeit bis hin zum Ausscheiden aus dem Markt. Neue

↪ Produkte,

↪ Dienstleistungen,

↪ Wettbewerber,

↪ Geschäftsmodelle,

↪ Organisationsformen

sind u. a. die Folge der technologischen Entwicklung. Eine weitere wesentliche Folge ist die zunehmende Informationstransparenz infolge der weltweiten Verbreitung der Daten im Netz; die Unternehmen sind virtuell nur einen Mausklick voneinander entfernt. Das Informationsangebot wird für den einzelnen Informationssuchenden quasi unüberschaubar.

Branchen wie der Buchhandel, der Musikhandel, der Verkauf von Reisen, Tickets oder Finanzdienstleistungen werden schon heute sehr stark vom Einsatz neuer Medien geprägt. Neue Geschäftsfelder wie Internet Provider, Suchmaschinen, Software Agenten oder Multimedia Agenturen sind entstanden.

Wer in diesem technologiegeprägten, extrem dynamischen Umfeld wettbewerbsfähig bleiben will, muss sich mit den neuen Medien und den sich hieraus ergebenden ***Chancen und Risiken*** intensiv beschäftigen und geeignete ***Reaktionspotenziale***

---

[10] Da das E-Marketing elementarer Bestandteil einer umfassenden E-Business Konzeption ist, wird im Zusammenhang mit der strategischen Planung auch häufig der Begriff E-Business-Strategie verwendet.

zur Nutzung dieser Chancen beziehungsweise zur Abwehr der Risiken sowohl von der technischen aber auch von der Management- und Organisationsseite her aufbauen. Dies impliziert eine Einbindung der Fragestellungen des E-Marketing in die strategische Ausrichtung des Unternehmens. *Die E-Marketing-Konzeption muss in die Unternehmensstrategie eingepasst werden.*

Unternehmensstrategie

Unternehmensstrategien sind dabei Verhaltensweisen zur Schaffung und Erhaltung von Erfolgspotenzialen eines Unternehmens.[11] Im Rahmen der Strategieentwicklung wird festgelegt,

- mit welchen Produkten,
- auf welchen Märkten,
- mit welchem Mitteleinsatz und
- mit welchen Aktivitäten

das Unternehmen beziehungsweise ein betrachteter Unternehmensteilbereich in Zukunft tätig sein soll.

Start-Up-Firmen

Während bei Start-Up Firmen für das Unternehmen als Ganzes Strategien neu zu definieren sind und auf bisherige Strategien keine Rücksicht genommen werden muss, liegt dies bei Old-Economy Unternehmen anders. Hier sind die im Zuge der E-Business Pläne diskutierten Strategien mit den bisherigen Strategien abzustimmen und gegebenenfalls Anpassungen vorzunehmen.

Inhalts-übersicht

In Kapitel 4.1.2 soll zunächst neben einigen Begriffsdefinitionen ein Überblick über den möglichen Einsatz der neuen Medien im Marketing gegeben werden. Kapitel 4.1.3 ist dann der Frage gewidmet, welche Vor- und Nachteile das *E-Marketing* aufweist und welche Anforderungen an ein erfolgreiches *E-Marketing* zu stellen sind. Das abschließende Kapitel 4.1.4 zeigt dann im Überblick die Vorgehensweise bei der strategischen Planung von *E-Marketing*-Systemen.

---

[11] Vgl. dazu z. B. L. Hans, V. Warschburger; Controlling, 2000, S. 62.

4.1.2   Einsatzmöglichkeiten des E-Marketings

Als Electronic-Marketing bezeichnet man die innovative Nutzung der neuen, interaktiven, digitalen Informations- und Kommunikationsmedien im Marketing.

Online-Marketing

Statt von E-Marketing wird häufig auch von Online-Marketing gesprochen. Dies wird beispielsweise definiert als interaktives Marketing über elektronische Netzwerke oder Nutzung von Online-Medien für das Marketing.

Wir werden allerdings im Folgenden den Begriff E-Marketing verwenden, um auch Medien wie CD-ROMs oder POS-Kiosksysteme mit abzudecken.

Electronic-Business

Als Electronic-Business (E-Business) bezeichnet man dagegen die umfassende automatische Abwicklung von Geschäftsprozessen zwischen Unternehmen einerseits und Unternehmen und Endverbrauchern andererseits. Dabei wird in der Regel unterschieden in B-to-B, B-to-C[12] sowie Intrabusiness.

Während sich das E-Marketing in erster Linie mit Fragen des Einsatzes der neuen Medien an der Kundenschnittstelle befasst, ist der E-Business-Begriff deutlich weiter gefasst. Er beinhaltet den Einsatz der neuen Medien in der gesamten Wertschöpfungskette eines Unternehmens von der Lieferantenseite über sämtliche interne Prozesse bis hin zu Kundenseite. Insofern kann man das E-Marketing als einen (wichtigen) Teilaspekt einer umfassenden E-Business-Konzeption auffassen.

B-to-A, C-to-A und C-to-C

Zusätzlich unterscheidet man noch nach B-to-A-Ansätzen, also die Abwicklung von Geschäftsprozessen zwischen Unternehmen und Behörden (zum Beispiel Finanzamt, Bauamt, Gewerbeamt), C-to-A-Ansätzen (Privatpersonen zu Behörden, virtuelle Behördengänge ☞ Finanzamt, Zulassungsstelle, Meldeamt) sowie nach C-to-C[13] Ansätzen wie elektronische Kleinanzeigebörsen oder auch Kontaktbörsen, wobei dahinter meist aber ein kommerzieller Betreiber steht.

Was ist nun das Besondere der neuen Medien im Vergleich zu den traditionellen?

---

[12] Business-To-Business, Business-To-Consumer

[13] Business-To-Administration, Consumer-To-Administration, Consumer-To-Consumer

Mit Hilfe der neuen Medien kann ein elektronischer Marktplatz aufgebaut werden, in dem alle Schritte marktlicher Transaktionen bis hin zur Distribution der Erzeugnisse durchgeführt werden können.

digitale Güter/ nicht digitale Güter

Dies gilt insbesondere für *digitalisierbare Güter*, bei denen der gesamte Informationsprozess im Vorfeld eines Kaufs über die Kauftransaktion selbst, die Distribution und die Zahlung bis hin zum After-Sales-Service, zum Beispiel in Form einer internetbasierten Hotline, über die neuen Medien abgewickelt werden kann.

Bei *nicht digitalisierbaren Gütern* müssen natürlich die Auslieferung der betreffenden Produkte sowie insbesondere bestimmte Leistungen des After-Sales-Service wie Wartungs- und Reparaturarbeiten sowie die Ersatzteilversorgung physisch abgewickelt werden. Aber auch hier bietet sich zum Beispiel im Bereich der Telewartung schon der Einsatz moderner Netztechnologien an.

Trotz dieser Möglichkeiten wird das digitale Marketing auf absehbare Zeit das klassische Marketing ergänzen und nicht ersetzen. Ein wesentlicher Grund dafür ist darin zu sehen, dass trotz stark gestiegener Verbreitung des Internets dennoch viele Zielgruppen derzeit noch nicht über das Netz zu erreichen sind. Ein weiterer wichtiger Aspekt sind die selbst von intensiven Internet-Nutzern geäußerten Bedenken bezüglich Sicherheit und Datenschutz.

zentraler Aspekt des E-Marketing

Im Mittelpunkt des E-Marketing sollte in keinem Fall die Frage stehen „Was ist technisch machbar?" oder „Was hat die Konkurrenz auf diesem Sektor unternommen?", sondern:

> Welche Bedürfnisse haben die Kunden und
> wie können diese Bedürfnisse mit den neu-
> en Technologien besser als bisher befriedigt
> werden, so dass damit Wettbewerbsvorteile
> zu erzielen sind?[14]

Diese Argumentation soll anhand des folgenden Zitats untermauert werden:

---

[14] Vgl. D. Fink: Einführung in das Electronic Marketing – von der Technik zum Nutzen; in: C. Wamser, D. Fink (Hrsg.), Marketing-Management mit Multimedia, Wiesbaden 1997, S.14.

„Es ist jedoch eine Illusion zu glauben, dass es im Electronic Commerce in erster Linie auf den Informatikeinsatz ankommt. So neu und speziell der Marktplatz Internet sein mag, so alt sind doch die betriebswirtschaftlichen Herausforderungen, an denen viele Anbieter scheitern."[15]

Marktforschung und Marketing-Mix

Die Definition des E-Marketing dokumentiert, dass der Einsatz der neuen Medien sowohl in der Marktforschung als auch bei der Gestaltung des Marketing-Mix möglich ist. Da eine detaillierte Darstellung der Einsatzmöglichkeiten der neuen Medien im Marketing im Rahmen dieses Kapitels nicht möglich ist, sollen in Abbildung 4.1 einige ausgewählte Einsatzmöglichkeiten aufgezeigt werden.

Marktforschung	➢ Diskussionsforen ➢ Virtuelle Testmärkte ➢ Desk Research im Internet ➢ Online-Befragungen
Produkt- und **Sortimentspolitik**	➢ Virtuelle Kataloge ➢ Produkt-Konfiguratoren ➢ Virtuelle Produkte ➢ Elektronische Beipackzettel ➢ Virtuelle Sortimente
Kontrahierungspolitik	➢ Online-Versteigerungen ➢ Virtuelle Agenten ➢ Online-Zahlungssysteme
Distributionspolitik	➢ Malls ➢ Virtuelle Shops ➢ POS-Kiosksysteme ➢ Elektronischer Versand ➢ Tracking-Systeme
Kommunikations- **politik**	➢ Home-Pages ➢ Pull Werbung im Netz ➢ Push Werbung im Netz ➢ Advertainment ➢ Virtuelle Hauptversammlungen

Abbildung 4.1: Beispiele für den Einsatz neuer Medien im Marketing

Es gilt dabei, dass im Netz die einzelnen marketingpolitischen Instrumente nicht immer scharf voneinander abzugrenzen sind;

---

[15] D. Rosenthal: E-Commerce spart keine Kosten, in: PC Guide 1998, S.17.

beispielsweise im Bereich der Produktpräsentation, die sowohl den Bereich Produktpolitik als auch den Bereich Werbung betrifft. Auch die klassische Aufteilung der Kommunikationspolitik in Werbung, Verkaufsförderung und PR wächst im Netz immer mehr zusammen.

AIDA-Konzept Die Potenziale des E-Marketing können auch anhand der Aktionsschritte des ***AIDA-Konzeptes*** dargestellt werden (vergleiche hierzu die Abbildung 4.2).[16]

Das AIDA-Konzept gibt eine Handlungsempfehlung für die Gestaltung der durchzuführenden Marketingaktivitäten, um den Kaufentscheidungsprozess beim Kunden anzustoßen und zu beeinflussen.

  A ☞ Attention

    ↳ Erzeugung von Aufmerksamkeit

  I ☞ Interest

    ↳ Wecken von Interesse für die angebotene Leistung

  D ☞ Desire

    ↳ Wecken von Wunschgefühlen und Verlangen

  A ☞ Action

    ↳ Ausführung der Transaktion

Die Darstellung in Abbildung 4.2 verdeutlicht, dass über sämtliche vier Phasen des AIDA-Konzeptes ein Einsatz der neuen Medien möglich und sinnvoll ist.

---

[16] F. Steimer: Mit eCommerce zum Markterfolg, München u. a. 2000, S. 85

Aktions-schritt	Unterstützungsfunktion – Beispiele
Attention	➢ Erzeugung von „Stoppereffekten" an Verkaufs-punkten durch Audio- und Videoeffekte ➢ Animierung zur weiterführenden Informations-abfrage durch Multimedia-Effekte, Hyperlinks, Computeranimationen, Laufschriften u. a. ➢ Befriedigung des Aktualitätsverlangen durch kontinuierlich aktualisierte Online-Information
Interest	➢ Selektier- und Individualisierbarkeit von Infor-mationen ➢ Plausible Darstellungen und individuell steuer-bare Informationsvertiefung und Informations-verdichtung ➢ Verfügbarkeit globaler Informationsquellen ➢ Vergleichbarkeit konkurrierender Information
Desire	➢ Maßschneidern auf den Informationsbedarf ei-nes speziellen Nutzers ➢ Benutzerindividuelle, iterative Konfiguration von Produkten und Dienstleistungen ➢ Zeit- und anlassbedingter Abruf von Informati-onen ➢ Beliebige Reproduzierbarkeit von Informatio-nen ➢ Multimedia-Kostproben ➢ Multimediale Produkt- und Unternehmensprä-sentation
Action	➢ Computergestützter Konfigurator ➢ Elektronische Kataloge mit Online-Bestellung ➢ Teleshopping/Online-Bestellmöglichkeit ➢ Anbieten von Add-on-Funktionen ➢ Online-Auslieferung digitalisierbarer Produkte

Abbildung 4.2: Möglichkeiten des E-Marketings im Rahmen des AIDA-Konzeptes

4.1.3   Vor- und Nachteile des E-Marketing

In diesem Kapitel sollen die Vor- und Nachteile des E-Marketings dargestellt werden. Dabei begnügen wir uns mit einer Aufzäh-lung. Die genannten Vor- und Nachteile sind von der an einer E-Marketings Konzeption arbeitenden Unternehmung im Hin-blick auf ihre konkrete Situation zu bewerten und auf ihren ori-ginären Unternehmenszweck anzupassen. Ist die Unternehmung beispielsweise Technologieführer in ihrer Branche, so könnte diese Tatsache durch ein frühzeitiges und qualitativ hochwertiges E-Marketing-Konzept gefestigt werden.

Vorteile des E-Marketing

Als mögliche Vorteile eines E-Marketing sind zu nennen:[17]

❖ Aufhebung geographischer Schranken der Kommunikation und damit weltweite Präsenz.

❖ Rund-um-die-Uhr-Präsentation und Transaktionsmöglichkeiten.

❖ Chance der Individualisierung des Marketing, das heißt vom Mass-Marketing hin zum Relationship-Marketing oder One-to-One-Marketing, bei dem der einzelne Kunde mit seinen individuellen Bedürfnissen und Wünschen stärker in den Mittelpunkt rückt[18]. Allerdings besteht bei vielen Menschen die Angst, zum gläsernen Kunden zu werden. In diesem Zusammenhang ist es sehr wichtig, eine Vertrauensbasis zwischen Unternehmen und Kunden aufzubauen.

❖ Interaktivität, die durch die Unternehmen zum Beispiel durch direktes Antworten auf Anfragen oder Bearbeiten von Vorgängen auch gelebt werden muss.

❖ Verbesserte Kommunikations- und Informationsmöglichkeiten durch multimediale Ansprache.

❖ Verbesserte Corporate-Identity, Nachweis von Modernität, Kundennähe und Innovationsbereitschaft.

❖ Zeitnahe Erlangung detaillierter Marktkenntnisse durch Auswertung der Daten.

❖ Rationalisierungspotenziale; hier liegt insbesondere im B-to-B-Bereich der Einsatzschwerpunkt der neuen Technologien. Durch ihren Einsatz lassen sich sowohl die Geschäftsprozesse mit externen Marktpartnern als auch die internen Geschäftsprozesse deutlich effizienter gestalten.

---

[17] Vgl. zu den Vor- und Nachteilen des E-Marketings z. B. J. Link: Zur zukünftigen Entwicklung des Online-Marketings, in: J. Link (Hrsg.) Wettbewerbsvorteile durch Online-Marketing, Berlin u. a. 1998, S. 18 f.

[18] Zum Beispiel durch personalisierte Websites oder auf die Bedürfnisse des Individuums abgestimmte Werbebotschaften

    ⅎ Verbesserter Workflow, zum Beispiel durch papierlose Belegweitergabe, paralleles Arbeiten an Vorgängen statt sukzessiver Vorgehensweise.

    ⅎ Möglichkeit der Schaffung von Zusatznutzen (zum Beispiel Advertainment).

Nachteile eines E-Marketings

Als mögliche Nachteile im Hinblick auf ein E-Marketing sind zu nennen:

    ⅎ Schwellenängste bestimmter Zielgruppen (zum Beispiel Geschäftspartner beziehungsweise ältere Endkunden) gegenüber den neuen Technologien.

    ⅎ Bestimmte Zielgruppen sind noch nicht via Internet erreichbar (Tendenz abnehmend).

    ⅎ Sicherheitsbedenken bezüglich Datenschutz, Zahlungsabwicklung, Rechtssicherheit.

    ⅎ Starke Pull-Orientierung.

    ⅎ Derzeit noch existierende technische Restriktionen (zum Beispiel geringe Bandbreite) führen zu einer geringen Beeindruckung von Interessenten.

    ⅎ Erhöhte Marketingaufwendungen durch Parallelität alter und neuer Medien.

    ⅎ Verstärkte Transparenz und damit erhöhter Wettbewerbsdruck.

    ⅎ Unmittelbare Vergleichbarkeit führt zu einem erhöhten Preisdruck.

    ⅎ Notwendigkeit der Anpassung interner Prozesse an die Möglichkeiten des E-Marketings / E-Business; hieraus resultieren aber vielfach Rationalisierungspotenziale.

    ⅎ Veränderte Mitarbeiterprofile sind notwendig.

    ⅎ Hohe Kundenwechselgefahr (***Schlagwort:*** Mausklick), Kundenbindung wird zunehmend schwieriger.

Die aufgezeigten Punkte machen deutlich, dass die Gestaltung von E-Marketing-Systemen sorgfältig in die Unternehmensstrategie eingepasst und mit den klassischen Marketing-Maßnahmen abgestimmt werden muss.

Dabei sollten bei der Konzeptionierung von E-Marketing-Auftritten folgende Spielregeln beachtet werden: [19]

- Pull-Marketing, das heißt der Interessent initiiert den Kommunikationsprozess; Push-Strategien sowohl über die klassischen als auch über die neuen Medien (Banner-Werbung) dienen als door-opener;

- Dialogmarketing;

- Individualmarketing;

- Real-time-Marketing;

- Integriertes Marketing, das heißt sowohl Einbindung in das klassische Marketing als auch Abstimmung aller Unternehmensfunktionen auf die Anforderungen des E-Marketings (zum Beispiel Logistik, Produktion);

- Vernetztes Marketing, das heißt es sind Allianzen mit anderen Unternehmen, aber auch mit Suchmaschinen einzugehen, um den eigenen Web-Auftritt bekannt zu machen;

- Value-Added Marketing, der Interessent muss einen Zusatznutzen erhalten, zum Beispiel Online-Spiele oder detaillierte Börseninformationen, Depotanzeige u.a.;

- Bedienerfreundlich.

Erfolgs-orientiertes E-Marketing

Ein erfolgreiches und auf Erfolg ausgerichtetes E-Marketing sollte stets die spezifischen Vor- und Nachteile von elektronischen, ganzheitlichen Marketingmaßnahmen berücksichtigen, um aus deren Zusammenspiel eine kundenorientierte Bedürfnisbefriedigung zu gewährleisten, wie Abbildung 4.3 zeigt.

---

[19] Vgl. C. Wamser, D. Fink: Electronic Marketing Management – die Spielregeln der neuen Medien, in : C. Wamser, D. Fink (Hrsg.): Marketing-Management mit Multimedia, Wiesbaden 1997, S.47 ff.

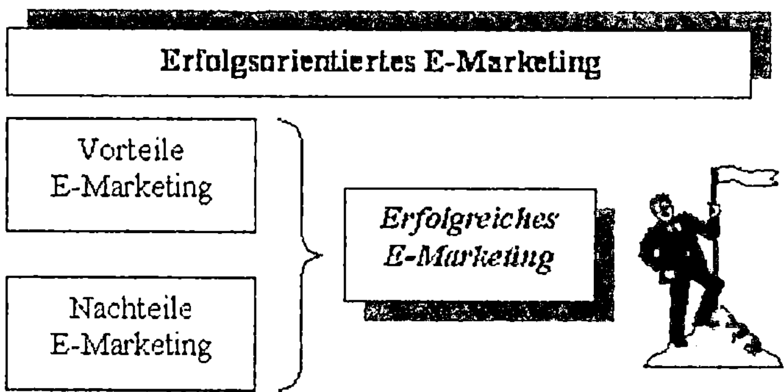

Abbildung 4.3: Erfolgsorientiertes E-Marketing

4.1.4   Strategische Planung von E-Marketing- / E-Business-Projekten

Erfolgspotenziale eines Unternehmens

Wie weiter oben bereits erwähnt, bezeichnet man als **Unternehmensstrategie** Verhaltensweisen zur Schaffung und Erhaltung der Erfolgspotenziale eines Unternehmens. Eine solche Strategie setzt voraus, dass das Unternehmen Chancen und Risiken in der Zukunft erkennt und darauf aufbauend geeignete Maßnahmen zur Nutzung erkannter Chancen und zur Abwehr erkannter Risiken trifft.

Chancen und Risiken von E-Marketing-Projekten

Durch die neuen Medien verändert sich das Wettbewerbsumfeld vieler Unternehmen gravierend. Hieraus ergeben sich naturgemäß eine Vielzahl von Chancen und Risiken, wobei man auf diesem Feld auch sagen kann, dass aus nicht genutzten Chancen sehr schnell Risiken werden können, nämlich dann, wenn ein Wettbewerber die Chance für sich nutzt und seine Marktstellung damit ausbaut.

Die Möglichkeiten, E-Marketing erfolgreich zu nutzen, sind von Unternehmen zu Unternehmen unterschiedlich. Sie hängen von vielen Faktoren ab, von denen

- die Branche,
- die Kunden- und Lieferantenbeziehungen,
- die Art der Produkte und
- der Zielgruppenfokus

die wichtigsten sind.

Einbettung in Unternehmensprozesse

Da der Einsatz von E-Marketing-Lösungen nur sinnvoll gestaltet werden kann, wenn eine Einbettung in die gesamten Unternehmensprozesse – sowohl extern zu Kunden, Lieferanten, Banken als auch intern zu Forschung und Entwicklung, Produktion, Logistik – erfolgt, soll im Zusammenhang mit der strategischen Planung von E-Business gesprochen werden, um dem ganzheitlichen Anspruch eher zu genügen. Dies entspricht auch unserer Auffassung, dass eine E-Marketing Konzeption in eine E-Business Strategie eingebunden werden sollte.

Chancen	Risiken	Reaktionspotenziale
Weltweite Präsenz	Erhöhter Wettbewerbsdruck	Aufbau einer zielgerichteten Internetpräsenz
Direktvertrieb	Erhöhter Preisdruck	Aufbau neuer Vertriebswege
Vertriebspartnerschaften	Neue Anbieter	Schaffung von Zusatznutzen
One-To-One-Marketing	Abwehrreaktionen traditioneller Partner	Neue Konzepte zur Kundenansprache
Rationalisierungseffekte	Vernachlässigung persönlicher Kundenkontakte	Virtuelle Verkaufseinrichtungen
After-Sales-Services	Modularisierung der Produkte	Neugestaltung der Geschäftsbeziehungen zu traditionellen Partnern
Neue Dienstleistungen	Nachahmung eigener Innovationen	Zielgerichtete Logistikkonzepte
Telewartung	Erhöhte Logistikkosten	Loyality-Programme
Virtuelle Kataloge	Verlust an Kundenbindung	Webmiles-Konzepte
Referenzmarketing	Geringere Markteintrittsbarrieren	Elektronische Einkaufsprozesse

Abbildung 4.4: Chancen, Risiken und Reaktionspotenziale des E-Business

Die Abbildung 4.4 fasst Chancen, Risiken und mögliche Reaktionspotenziale eines Unternehmens auf einer relativ abstrakten Ebene zusammen.[20] Die Tabelle liefert Anhaltspunkte für eine unternehmensspezifische Untersuchung.

Wie werden nun strategische Auswahlentscheidungen für E-Marketing- / E-Business-Projekte getroffen?

Nachdem die strategischen Chancen und Risiken von E-Business erläutert sind, soll im Folgenden ein Vorschlag für die Strategiefindung bei E-Business-Anwendungen erarbeitet werden. Dabei wird die Methode der Portfolio-Analyse angewandt, wobei nach den in Abbildung 4.5 wiedergegebenen Schritten vorgegangen wird.

Zunächst sind unternehmensspezifisch die mit E-Business verbundenen Chancen und Risiken zu ermitteln. Dabei bieten die weiter oben dargebotenen Überlegungen eine Orientierungshilfe.

Die **Portfolio-Analyse** stellt für derartige Auswahlentscheidungen ein leistungsfähiges Instrument dar. Sie arbeitet normalerweise zweidimensional, das heißt die entscheidungsrelevanten Sachverhalte müssen nach zwei Klassifizierungsmerkmalen zusammengefasst werden. Für die hier betrachtete Fragestellung können folgende Klassifizierungskriterien ausgewählt werden:

1. **Akquisitorisches Potenzial durch E-Business**

   Hierunter sollen in diesem Zusammenhang zum einen die Veränderungen des Marktpotenzials aufgrund von E-Business und zum zweiten die Auswirkungen von E-Business auf die Branchenstruktur und die Wettbewerbssituation verstanden werden.

2. **Rationalisierungspotenzial durch E-Business**

   Hierunter versteht man allgemein die Möglichkeiten zur Verbesserung der Kostensituation infolge von E-Business-Anwendungen. Dadurch wird naturgemäß

---

[20] Vgl. hierzu L. Hans, V. Warschburger: Klug gewählt ist halb gewonnen, in IT-Management 2000, S. 72-77 und mit branchenspezifischer Orientierung L. Hans, V. Warschburger: E-Commerce: Chancen und Herausforderungen für das Controlling, in: A.W. Scheer (Hrsg.): Electronic Business und Knowledge Management – Neue Dimensionen für den Unternehmenserfolg, Heidelberg 1999, S. 291 – 313.

auch die strategische Wettbewerbssituation des Unternehmens verbessert, da es aufgrund der niedrige-
ren Kosten in der Lage ist, günstigere Produkte
und/oder Dienstleistungen als die Konkurrenten
anzubieten.

(1)	Erstellung einer Argumentenbilanz anhand der be-schriebenen Chancen und Risiken
(2)	Gruppierung der Argumente nach zwei strategierele-vanten Klassifizierungsmerkmalen
(3)	Gewichtung und Bewertung der relevanten Argumente (Punktbewertungsverfahren)
(4)	Zusammenfassung der Bewertungen nach den beiden Klassifizierungsmerkmalen
(5)	Festlegung der Portfolio-Position
(6)	Auswahl einer geeigneten Strategie anhand der Portfo-lio-Position

Abbildung 4.5 Auswahl von E-Business-Strategien

**Portfolio-
Analyse**

In Abbildung 4.6 sind für die beiden soeben festgelegten Klassifizierungsmerkmale mögliche Indikatoren aufgelistet.

Akquisitorisches Potenzial	Rationalisierungs- Potenzial
Neue Wettbewerber	Logistikkosten
Neue Märkte (zum Beispiel regionaler Ausprägung)	Kosten der Auftragsbearbeitung
Neue Vertriebssysteme	Kosten des Einkaufs
Zusatzleistungen (Value-Added-Services)	Kosten der Kundenbetreuung
Markteintrittsbarrierenverän-derungen	Marketingkosten

Abbildung 4.6 Klassifizierungsmerkmale von E-Business-
Lösungen

**Interaktions-
mehrwert**

Eine weitere Klassifizierungsmöglichkeit im Hinblick auf eine
Portfolio-Analyse zur Definition einer E-Business-Strategie besteht in der Betrachtung des Wertschöpfungspotenzials und des

Interaktionsmehrwertes für deren Empfänger. Je nachdem wie eine neue oder zusätzliche E-Business-orientierte Strategie zur Unternehmenswertschöpfung beitragen soll, lassen sich verschiedene Ausprägungen des E-Business realisieren, die von einer einfachen Vorstellungswebsite bis hin zu geschäftsprozessintegrierenden elektronischen Transaktionsmöglichkeiten reichen[21].

Gewichtung der Indikatoren

Nach der Auswahl geeigneter Indikatoren erfolgt im Rahmen einer Punktbewertung deren Gewichtung in Abhängigkeit von der Bedeutung, welche das Unternehmen den einzelnen Chancen und Risiken beimisst. Im Anschluss hieran ist dann die Bewertung der einzelnen Indikatoren vorzunehmen mittels einer geeigneten Bewertungsskala, zum Beispiel *gering – mittel – hoch*.

Das Gesamturteil für jedes der beiden Klassifizierungsmerkmale erhält man dann durch Addition der gewichteten Punktwerte. Diese werden dann in die Portfoliomatrix übertragen.

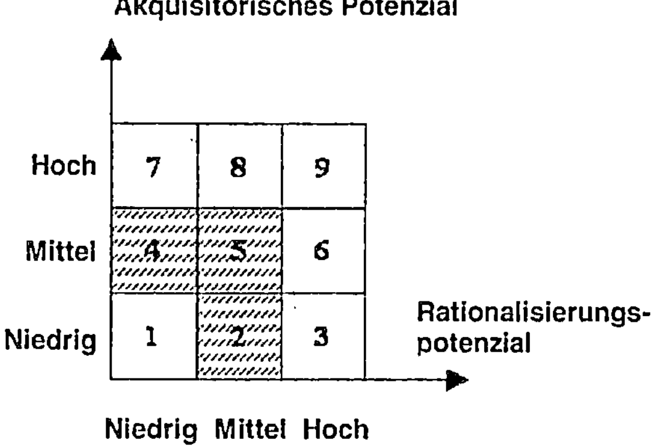

Abbildung 4.7: Portfolio zur Auswahl von E-Business-Strategien

Anhand der so gefundenen Portfolio-Positionen lassen sich dann Strategieempfehlungen für den geeigneten Einsatz von E-Business-Anwendungen ableiten. In Abbildung 4.7 ist als Beispiel ein mögliches Portfolio skizziert, in dem die beiden Klassifizierungsmerkmale in einer dreistufigen Skalierung bewertet wurden. Es ergeben sich damit neun Felder, anhand derer die Bedeutung von E-Business für das jeweilige Unternehmen abge-

---

[21] Vgl. C. Jost: Strategische Optionen für den E-Business-Einstieg; in: Controlling, 2000 München u. a., Seite 450 ff.

schätzt werden kann. Im Folgenden sollen beispielhaft für zwei Felder Einschätzungen vorgenommen werden.

Feld 1   Sowohl das akquisitorische als auch das Rationalisierungspotenzial von E-Business ist in seinen jeweiligen Ausprägungen gering. Dem E-Business kommt keine strategische Bedeutung zu; vorstellbar ist lediglich die Nutzung des Internets als zusätzliches Präsentationsmedium.

Feld 9   Werden beide Klassifizierungsmerkmale als bedeutend eingeschätzt, so ist eine integrierte E-Business-Lösung über die gesamte Wertschöpfungskette anzustreben.

Sind anhand einer derartigen strategischen Analyse geeignete Planstrategien für E-Business ausgewählt, so hat man anschließend Maßnahmen zur Realisierung der Strategien zu planen.

Balanced Scorecard   Zur Umsetzung von Strategien ist das Konzept der Balanced Scorecard entwickelt worden[22]. Aus der Strategie sollen entsprechende Handlungen abgeleitet werden. Das Konzept setzt eine aus den visionären Zielvorstellungen des Unternehmens heraus erarbeitete Strategie quasi als Inputgröße voraus. Die Balanced Scorecard fungiert somit als ein Managementinstrumentarium zur Strategieumsetzung, welches folgende Aufgaben wahrnimmt:[23]

↪   Transformation der aus der Vision abgeleiteten Strategie in konkrete (bereichsbezogene) strategische Ziele und deren operativen Steuerungsgrößen.

↪   Unternehmensweite Kommunikation und Herunterbrechen der Strategie auf Basis der definierten strategischen Ziele und Steuerungsgrößen.

↪   Umsetzung der Strategie in Pläne und Budgets.

↪   Kontrolle der Zielerreichung und Initiierung von Lernprozessen.

Balanced Scorecard Perspektiven   Bei der Erfüllung dieser Aufgaben ist es charakteristisch für die Balanced Scorecard, dass sie unterschiedliche Sichtweisen be-

---

[22] Zu diesem Management-Konzept vgl. R.S.Kaplan; D.P. Norton, The Balanced Scorecard, Translating Strategy into Action, Boston 1996; aus dem amerikanischen übersetzt von P. Horvath, Balanced Scorecard. Strategien erfolgreich umsetzen, Stuttgart 1997

[23] Vgl. P. Horvath, B. Gaiser, Implementierungserfahrungen mit der Balanced Scorecard, www.bdu.de/beraterauswahl/fach/fach/38.htm Seite 2

rücksichtigt; man spricht hier von **Perspektiven**. Neben der traditionellen finanziellen Perspektive werden in der Regel die weiteren Perspektiven „Kunden", „Interne Prozesse" sowie „Lernen und Entwicklung" berücksichtigt.[24] Für jede dieser Perspektiven sind

- Ziele,

- Kennzahlen,

- Vorgaben und

- Maßnahmen

festzulegen.

Betrachtet man jetzt speziell den Bereich des E-Marketings, so wird deutlich, dass auch hier die Balanced Scorecard bei der Realisierung gewählter Strategien sinnvoll eingesetzt werden kann. Unabhängig davon, ob eine E-Marketing-Strategie bisherige Strategien ersetzt oder ergänzt, lassen sich anhand der vier aufgezeigten Perspektiven Realisierungsansätze aufzeigen. Ausgangspunkt dabei ist – wie oben ausgeführt – eine festgelegte Strategie. Diese kann im Bereich des E-Marketings beispielsweise die Erschließung neuer regionaler Märkte, die Erschließung bisher nicht erreichbarer Zielgruppen durch neue Geschäftsmodelle (Online-Banking) u.ä. sein.

Finanz-perspektive Ausgehend von der gewählten Strategie sind als erstes die Ziele der einzelnen Perspektiven zu wählen. Da die finanziellen Ziele die Oberziele darstellen, sind sie zunächst zu bestimmen. In Frage können Umsatz- oder Marktanteilsziele kommen, sofern es um die Erschließung neuer Märkte geht. Gerade was diesen Aspekt angeht, setzen viele Firmen große Hoffnungen in das E-Marketing. In etablierten Märkten sind dagegen die klassischen finanziellen Ziele wie Renditen, Cash Flow, Deckungsbeiträge u. a. dominierend. Das E-Marketing kann auf zwei Arten zur Verbesserung dieser Zielgrößen beitragen. Zum einen durch Erhöhung der Umsätze – zum Beispiel durch die regionale Ausweitung des Vertriebs – und zum andern aber auch durch Realisierung von Kostensenkungspotenzialen. Hier wird bereits deutlich,

---

[24] Mit der zunehmenden Akzeptanz des Balanced Scorecard Konzeptes werden auch vielfach andere Perspektiven gewählt. Letztlich sind im Einzelfall die individuell zweckmäßigen Perspektiven zu bestimmen. Vgl. P. Horvath, B. Gaiser, Implementierungserfahrungen mit der Balanced Scorecard, www.bdu.de/beraterauswahl/fach/fach/38.htm Seite 7

dass ebenfalls unmittelbar die Kunden- und die Prozessperspektive angesprochen wird.

Kundenperspektive

Im Bereich der **Kundenperspektive** sind naturgemäß Ziele wie Kundenzufriedenheit, Kundentreue oder Neukundengewinnung von großer Bedeutung. Hier lassen sich durch das E-Marketing zahlreiche Ansatzpunkte zur Verbesserung der Wettbewerbsstellung erreichen. Zu nennen sind Aspekte wie Bequemlichkeit, Schnelligkeit, Rund-um-die-Uhr-Verfügbarkeit und viele mehr.

Hervorzuheben sind dabei auch die möglichen Value-Added Services. Das E-Marketing erleichtert vielfach die Neukundengewinnung insbesondere in bisher nicht bearbeiteten Marktsegmenten. Allerdings ist die Kundentreue nur schwer herzustellen, da die Konkurrenz im Web nur einen Mausklick entfernt ist. Hier sind im Rahmen von Kundenbindungsmaßnahmen geeignete Abwehrstrategien wie Bonussysteme, gezieltes One-To-One-Marketing oder die bereits erwähnten Zusatzofferten einzusetzen.

Prozessperspektive

Im Rahmen der **Prozessperspektive** ergeben sich durch Einsatz der neuen Medien gravierende Veränderungen der Geschäftsprozesse. Dabei werden nicht nur die internen Geschäftsprozesse, sondern verstärkt auch die Geschäftsprozesse zu externen Partnern wie Lieferanten, Kunden oder auch Banken verändert. Die Perspektive ist also im Zusammenhang mit den neuen Medien zu erweitern. Kundenansprache, Kundeninformation, Kataloge, Bestellwesen und viele mehr wird über das Internet abgewickelt. Die Betreuung vor als auch nach dem Kauf kann – zumindest partiell – schnell und kostengünstig über das Netz abgewickelt werden.

Im Bereich der Produktentwicklung beziehungsweise Produktinnovation lassen sich die Prozesse durch die Nutzung neuer Medien dramatisch beschleunigen; die Folge davon sind kürzere „Time-to-Markets" und meist auch Kosteneinsparungen.

Beschleunigung der Produktentwicklung

Weiterhin können sowohl interne Prozesse als auch die Prozesse zu den Lieferanten durch netzbasierte Lösungen radikal verändert und hierdurch teilweise drastische Kostensenkungen erreicht werden. Dies zeigt unter anderem auch die intensive Diskussion zur Thematik des Supply-Chain-Management. Diese ist ohne die entsprechende IT-Unterstützung der Prozesse nicht denkbar. Hier wird wieder die Verbindung von Prozesszielen zu finanziellen Zielen deutlich.

**Lern-
perspektive**

Auch in der Perspektive „Lernen und Entwicklung" führen die neuen Technologien zu Veränderungen. Beispiele hierfür sind das Distance-Learning, das Kowledge-Management oder auch der Einsatz virtueller Teams, die über das Netz kommunizieren und an einer gemeinsamen Aufgabe arbeiten können.

Befassen sich in Zukunft die Unternehmungen stärker mit strategischen Vorüberlegungen im Rahmen ihrer Geschäftsausdehnung auf das E-Business, so werden aller Voraussicht nach die zu Anfang erwähnten Quick-and-Dirty-Lösungen ausgereifteren Konzepten weichen. Dies wird eine Grundlage für den weiteren Geschäftserfolg einer Unternehmung sein, denn ohne ein ausreichendes Fundament wird jedwedes Haus früher oder später in sich zusammenfallen. Strategische Planungen und Überlegungen können dabei behilflich sein, die Statik eines Unternehmens auf eine langfristige Haltbarkeit hin auszurichten.

4.1.5   Literaturverzeichnis

C. Jost: Strategische Optionen für den E-Business-Einstieg; in: Controlling, 2000 München u. a., Seiten 445-452

D. Fink: Einführung in das Electronic Marketing – von der Technik zum Nutzen; in: C. Wamser, D. Fink (Hrsg.): Marketing-Management mit Multimedia, Wiesbaden 1997, S. 13-27

L.Hans, V. Warschburger: E-commerce: Chancen und Herausforderungen für das Controlling, in: A.W. Scheer (Hrsg.): Electronic Business und Knowledge Management – Neue Dimensionen für den Unternehmenserfolg, Heidelberg 1999, S. 291–313

L. Hans, V. Warschburger: Controlling, 2000

L. Hans, V. Warschburger: Klug gewählt ist halb gewonnen, in IT- Management 2000, S. 72–77

R. S. Kaplan, D. P. Norton: The Balanced Scorecard, Translating Strategy into Action, Boston 1996; aus dem amerikanischen übersetzt von P. Horvath, Balanced Scorecard. Strategien erfolgreich umsetzen, Stuttgart 1997

J. Link: Zur zukünftigen Entwicklung des Online Marketing, in: J. Link (Hrsg.) Wettbewerbsvorteile durch Online Marketing, Berlin u. a. 1998, S. 1-34

D. Rosenthal: E-Commerce spart keine Kosten, in: PC-Guide 1998

F. Steimer: Mit eCommerce zum Markterfolg, München u.a. 2000

C. Wamser, D. Fink: Electronic Marketing Management – die Spielregeln der neuen Medien, in : C. Wamser, D. Fink (Hrsg.): Marketing-Management mit Multimedia, Wiesbaden 1997, S. 41-50

4.1.6 Internet-Quellen

P. Horvath, B. Gaiser, Implementierungserfahrungen mit der Balanced Scorecard   ,
http://www.bdu.de/beraterauswahl/fach/fach/38.htm **Stand:** Juni 2001

Autoren:	Prof. Dr. Volker Warschburger, FH Fulda, Fachbereich Angewandte Informatik, Marquardstr. 35, 36039 Fulda
Email:	Volker.Warschburger@informatik.fh-fulda.de
Web:	www.fh-fulda.de/fb/ai/profs/warschburger.htm
	Christian Jost – IT-Controller, E-Business-Spezialist, Commerzbank AG, Frankfurt am Main
Email:	Christian-Jost@Ch-Jost.de
Web:	www.ch-jost.de

E-Logistik im E-Business
(Christian Jost / Volker Warschburger)

Bedeutung der Logistik

Die Logistik nimmt im Rahmen des E-Marketing[25]-Mixes eine zentrale Bedeutung ein. Diese Ausführung soll einen Überblick über logistische Fragestellungen des E-Marketings/E-Business geben und begründet damit die E-Logistik[26]. Für einen detaillierten Einblick in das Themengebiet des E-Marketing verweisen wir auf nachfolgendes Buch:

Jost/Warschburger: Nachhaltig erfolgreiches E-Marketing, Friedr. Vieweg & Sohn Verlagsgesellschaft mbH, 2001.

4.2.1 Die Bedeutung der Logistik im E-Marketing

Einleitung

Die erfolgreiche Umsetzung einer E-Marketing-Konzeption impliziert eine detaillierte Auseinandersetzung mit logistischen Fragestellungen, da der Logistik als direkte Schnittstelle zwischen Kunden und Unternehmen eine besondere Bedeutung zugemessen wird. Insofern ist es etwas verwunderlich, wenn in zahlreichen Büchern zum E-Commerce oder E-Marketing der Begriff „Logistik" nicht einmal im Stichwortregister auftaucht[27].

Logistik

Die Logistik umfasst die Gesamtheit der Tätigkeiten zur zielgerichteten Planung, Steuerung, Realisation und Kontrolle der sich in den Wertschöpfungs– und Entsorgungsketten des Unternehmens bewegenden Objekte, wobei auch die hierfür notwendigen Informationsobjekte und Prozesse beinhaltet sind.

Logistische Fragestellungen treten sowohl gesamtwirtschaftlich als auch einzelwirtschaftlich auf.

Makrologistik

Im ersten Fall spricht man von Makrologistik, sie beschäftigt sich mit der Gestaltung von Güterflusssystemen in Volkswirtschaften, zum Beispiel mit dem Auf- und Ausbau der Verkehrsinfrastruktur wie Wasserwege, Autobahnnetze, Flughäfen aber auch rechtli-

---

[25] E-Marketing – Electronic Marketing

[26] E-Logistik – Electronic Logistik

[27] vgl. z. B. T. Köhler, R. Best; Electronic Commerce, München u. a. 2000; M. Merz, Electronic Commerce, Heidelberg 1999; R. Pispers, S. Riehl; Digital Marketing, Bonn u. a. 1997 und F. Steimer, Mit E-Commerce zum Markterfolg, München 2000.

chen Rahmenbedingungen in den Verkehrssystemen. Dabei stellen die makrologistischen Rahmenbedingungen einen wesentlichen Bestimmungsfaktor für die Ausgestaltung der einzelwirtschaftlichen Logistiksysteme dar.

Mikrologistik Zum Gegenstandsbereich der Mikrologistik zählen die Güterflüsse innerhalb und zwischen Einzelwirtschaften; hierauf wollen wir im Folgenden näher eingehen. Betrachtet man den Wertschöpfungsprozess in einem Unternehmen, so kann hieraus eine Unterteilung der Mikrologistik in

- Beschaffungs- oder Materiallogistik
- Produktionslogistik
- Distributionslogistik und
- Entsorgungslogistik,

abgeleitet werden.

Häufig werden auch die Lagerlogistik und die Ersatzteillogistik als weitere Logistikelemente genannt. Die Ersatzteillogistik kann z. B. als Spezialgebiet der Distributionslogistik angesehen werden, da die bedarfs- und zeitgerechte Versorgung der Kunden mit Ersatzteilen und Serviceleistungen eine zentrale Aufgabe des After-Sales-Service darstellt. Die Fragestellungen der Lagerhaltung sind unmittelbar mit den Entscheidungen der Beschaffungs-, Produktions- und Distributionslogistik verknüpft.

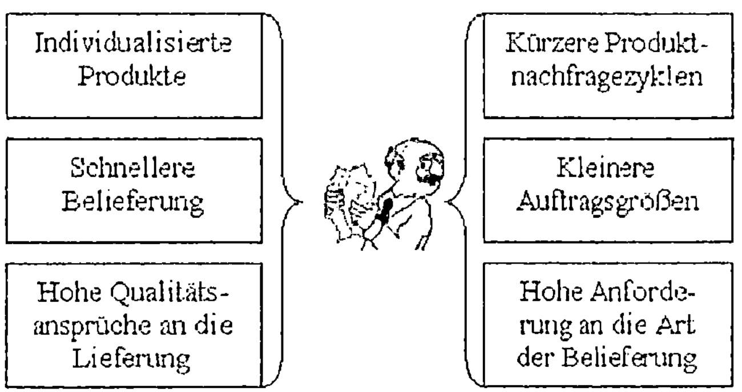

Abbildung 4.8: Logistische Käuferforderungen an einen Produktkauf

Bedeutungs- zuwachs der Logistik Die Bedeutung der Logistik hat in den letzten Jahren stark zugenommen. Gründe hierfür sind unter anderem die zunehmende Dynamik des Wettbewerbsumfelds, die Globalisierung sowohl auf der Beschaffungs- als auch auf der Absatzseite und der Wandel der Märkte zu Käufermärkten.

Somit verbinden die jeweiligen potenziellen Käufer eines Produktes immer explizitere Forderungen zum einen an das jeweilige und zum anderen rund um das eigentliche Produkt mit einem entsprechenden Produktkauf, die beispielhaft in Abbildung 4.8 aufgeführt sind.

Bereichsübergreifende Betrachtung

Die Erfüllung der genannten Aufgaben erfordert eine bereichsübergreifende Betrachtung der Unternehmensprozesse. Dabei wird versucht, eine Optimierung der Logistikprozesse entlang der gesamten Wertschöpfungskette vom Lieferanten bis hin zum Endkunden vorzunehmen (Supply Chain Management (SCM)).

Outsourcing

Für viele Unternehmen stellte sich im Hinblick auf die Abgrenzung ihrer Kernkompetenzen die Frage, ob Logistikleistungen zu diesen Kompetenzen gehören oder ob diese Leistungen auf spezialisierte Dienstleister outgesourct werden sollen. Auch die Outsourcingdiskussion hat somit die Logistik in den Focus strategischer Unternehmensentscheidungen gerückt. Ein weiterer Punkt, der zur gestiegenen Bedeutung der Logistik beigetragen hat, ist die Notwendigkeit der so genannten umgekehrten Logistik. Hierunter versteht man den Rücktransport vom Verbraucher zum Anbieter. Zum Beispiel müssen laut EU-Richtlinie von 2005 an alle elektrischen und elektronischen Waren von den Herstellern zurückgenommen werden. Dies ist in der Regel nur durch spezialisierte Logistik-Dienstleister zu bewältigen.

Bedeutung der Logistik für den Internet-Handel

In jüngster Zeit erfuhr die Logistik einen weiteren Bedeutungsschub durch den Internet-Handel. Geschäftsabschlüsse werden zunehmend über das Internet getätigt. *Die realen Warenströme abzuwickeln und sie mit den virtuellen Geschäftsprozessen abzustimmen, ist eine Kernaufgabe der Logistik im E-Marketing*. Da aber auch die Waren, die bisher schriftlich, telefonisch oder per Fax geordert wurden, auszuliefern sind, stellt sich zunächst die Frage, warum gerade das E-Marketing eine grundsätzliche Überarbeitung der Logistik-Strategie notwendig macht.

Folgende Gründe sind hier zu nennen:

1. Das Internet ermöglicht vielen Herstellern potenziell den Übergang zum Direktvertrieb ihrer Waren. Will man dies realisieren, ist die Logistik anzupassen; insbesondere sind die logistischen Dienstleistungen, die

bisher beispielsweise der Handel als Vertriebspartner übernommen hat, neu zu gestalten.

2. Im Internet-Handel kommt es zum Markteintritt so genannter virtueller Händler, die die physischen Warenströme von ihren Lieferanten bis zu den Kunden gestalten müssen. Solche reinen „Mausklick"-Firmen sind ohne verlässliche Logistikpartner am Markt chancenlos.

3. Das E-Marketing ermöglicht eine räumliche Ausdehnung der Vertriebsaktivitäten. Propagiert wird zwar immer die weltweite Präsenz der Unternehmen im Internet, für die meisten Unternehmen ist es aber unrealistisch und unwirtschaftlich, weltweit Produkte auszuliefern. Gründe hierfür sind unter anderem fehlende Marktkenntnisse in vielen Märkten, hohe Kosten für notwendige Produktanpassungen für den internationalen Vertrieb, fehlende Serviceleistungen vor Ort, zu hoher Logistikaufwand, rechtliche Hürden u.v.m. Dennoch wird das Internet in vielen Fällen zu einer Ausweitung des bisherigen Vertriebsgebiets führen; hier muss die Logistik entsprechend z. B. durch den Bau und Unterhalt von Regionallägern angepasst werden.

4. Durch das Internet werden die traditionell linearen Beziehungen zwischen Kunden und Lieferant durch mehrdimensionale Vernetzungen zwischen Marktteilnehmern ersetzt. Die Logistik muss diese Netzwerke unterstützen.

5. Da immer mehr Güter nicht mehr über den Handel, sondern direkt vom Hersteller zum Kunden gelangen, verändern sich die Sendungsstrukturen in der Logistik dramatisch. Statt in großen Mengen auf LKW-Paletten zum Zwischenhändler, werden die Produkte in vielen kleinen Paketen an die einzelnen Kunden geliefert[28]. Hieraus ergeben sich komplizierte Sendungsstrukturen mit vielen Stopps, wenig Frachtstücken pro Kunde und einem hohen Informationsbedarf wegen der Vielzahl von Kunden pro Tour.

---

[28] Vgl. Handelsblatt vom 9.10.2000: Der lange Weg zum gelben E

6. Da das Internet ein extrem schnelles Medium ist und für potenzielle Kunden rund um die Uhr Einkaufsmöglichkeiten bietet, sollte auch die Belieferung der Kunden sehr zeitnah erfolgen; auch hier muss die Logistik im Vergleich zum klassischen Vertrieb über den Handel angepasst werden.

7. Die 24 Stunden an sieben Tagen Verfügbarkeit erfordert darüber hinaus auch das Vorhalten von Personalkapazitäten abends und an Wochenenden – zum Beispiel in Call Centern aber auch in Vertriebslägern.

8. Gerade im B-to-B-Bereich nehmen die Anforderungen der Kunden an die Logistik durch die Anwendung des Internets stark zu. Erwartet werden u. a. Reduzierungen der Dauer der Auftragsbearbeitung, Sendungsverfolgung bis hin zu vorauseilenden Informationen, durch die der Kunde den wahrscheinlichen Ankunftstermin seiner Sendung erfährt.

9. Die Logistik wird im elektronischen Handel zu einem strategischen Erfolgsfaktor, der wesentlich über den Markterfolg eines Unternehmens mit entscheidet. Die Logistik bietet hier insbesondere die Möglichkeit, sich durch Mehrwertdienste Wettbewerbsvorteile zu verschaffen (hierauf werden wir im weiteren Verlauf unserer Ausführungen eingehen).

10. Durch das Internet lassen sich häufig wiederkehrende, standardisierbare Prozesse effektiver gestalten; insofern bietet sich ein Ansatzpunkt zur Effizienzsteigerung der Prozessabwicklung auch in der Logistik.

Da sich das Marketing in erster Linie mit der Schnittstelle zwischen Unternehmen und Kunden befasst, wollen wir im Weiteren unser Hauptaugenmerk auf die ***Distributionslogistik*** legen.

Distributions-logistik

Gegenstand der Distributionslogistik ist die Gestaltung, Planung und Steuerung der Güterverteilung und des damit verbundenen Informationsflusses, damit die Produkte des Unternehmens über ein Netz von Transportkanälen, Lager- und Umschlagpunkten zu den Endabnehmern kommen[29]. Die Logistikleistung an den Kunden soll optimiert werden. Dabei setzt sich die Logistikleistung aus den Logistikkosten und dem Logistikservice zusammen.

---

[29] vgl. O. Heiserich, Logistik, 2.Aufl., Wiesbaden 2000, S.12

Kriterien des Logistikservice sind die Lieferzeit, die Lieferzuverlässigkeit oder Termintreue, die Lieferflexibilität sowie die Lieferbeschaffenheit (Art, Menge, Qualität und Zustand der Ware).

Die Fokussierung auf die Distributionslogistik bedeutet aber keinesfalls, dass die Aspekte der Beschaffungs- und Produktionslogistik außer Acht gelassen werden dürfen. Wie bereits erwähnt, kann eine optimale Gestaltung der Logistik nur durch eine den gesamten Wertschöpfungsprozess umfassende Betrachtungsweise erfolgen. Besonders deutlich wird dies im Bereich des E-Marketing zum Beispiel bei dem Geschäftsmodell „virtueller Händler", wo Beschaffungs- und Distributionslogistik Hand in Hand greifen müssen. Auch die im Zuge der Mass Customization aufkommende production on demand lässt sich nur mit einer ausgefeilten Beschaffungs- und Produktionslogistik realisieren. Eine Betrachtung dieser beiden Logistik-Teilbereiche würde aber den Rahmen dieses Aufsatzes sprengen.

Gestaltungs-felder der Beschaffungs-und Produktionslogistik

Es seien hier lediglich aus beiden Bereichen exemplarisch typische Gestaltungsfelder aufgeführt, die im Rahmen einer umfassenden E-Marketing–Strategie mit zu behandeln sind.

Dies sind beispielsweise:

- Der Aufbau einer elektronischen Beschaffungsmarktforschung

- Der Aufbau von B-to-B Plattformen beziehungsweise Handelsplätzen

- Der Aufbau von B-to-B Auktionen beziehungsweise reversen Auktionen

- Die Integration von JIT[30]-Konzepten

- Supply-Chain-Optimierung

- Der Aufbau flexibler Production on Demand Produktionssysteme

- EDI-Konzepte

- Anbindung der PPS[31]-Systeme an Internet-Lösungen im Sinne eines Kundeninformationssystems

- Reduzierung von Durchlaufzeiten.

---

[30] JIT – Just in Time

[31] PPS – Produktions-Planung und -Steuerung

**Veränderungs-
potenziale**

Die Aufzählung verdeutlicht, welche Veränderungspotenziale im gesamten Wertschöpfungsprozess von Unternehmen auftreten können. Eine Vielzahl von Projekten in Unternehmen befassen sich derzeit mit derartigen Fragestellungen. Konzentriert man sich ausschließlich auf die Distributionslogistik, so ist zunächst zu hinterfragen, welche Determinanten bei ihrer Gestaltung eine wesentliche Rolle spielen.

4.2.2   Determinanten der E-Marketing orientierten Distributionslogistik

**Bestimmungs-
faktoren des
Logistik-
systems**

Bevor eine Unternehmung, die einen elektronischen Vertriebskanal aufbauen möchte, Entscheidungen über die Ausgestaltung der Distributionslogistik trifft, ist es notwendig, sich im Vorfeld über die Bestimmungsfaktoren klar zu werden, die das Logistiksystem beeinflussen. Die wichtigsten Bestimmungsfaktoren (Abbildung 4.9) sollen im Folgenden nach Klassen geordnet erläutert werden.

**Makrologisti-
sche Rahmen-
bedingungen**

Hier ist zunächst die Verkehrsinfrastruktur sowohl im Heimatmarkt als auch in den neuen geographischen Zielmärkten zu analysieren. Diese Infrastruktur legt u. a. fest, welche Transportwege und Transportmittel sinnvoll eingesetzt werden können oder müssen und wo günstige Standorte zum Beispiel für Auslieferungsläger liegen könnten. Ferner ist die Gesetzgebung der einzelnen Länder insbesondere bei grenzüberschreitendem Güterverkehr zu beachten. Eine weitere Fragestellung von Bedeutung ist, ob es auf den jeweiligen Märkten einen breiteren Markt für Logistikleistungen gibt, auf den im Zuge von Outsourcingentscheidungen zurückgegriffen werden kann. Fasst man den Infrastrukturbegriff noch weiter, gehört auch die qualitative und quantitative Verfügbarkeit von Arbeitskräften zu den makrologistischen Determinanten.

**Merkmale der
Güterbereit-
stellung**

Hier sind zunächst für eine Unternehmung des produzierenden Gewerbes die vorhandenen Produktions- und Lagerstandorte, die Produktions- und Lagerkapazitäten sowie die Umschlagsorte und -kapazitäten zu berücksichtigen. Ferner spielen die Durchlaufzeiten sowie die Reaktionszeiten der Akteure im Distributionssystem eine große Rolle zum Beispiel im Hinblick auf die Lieferzeiten[32].

---

[32] http://www.ecommerce.wiwi.uni-frankfurt.de/lehre/oows/wmKapitel05b_Distributionslogistk.pdf
Stand: 3/2001

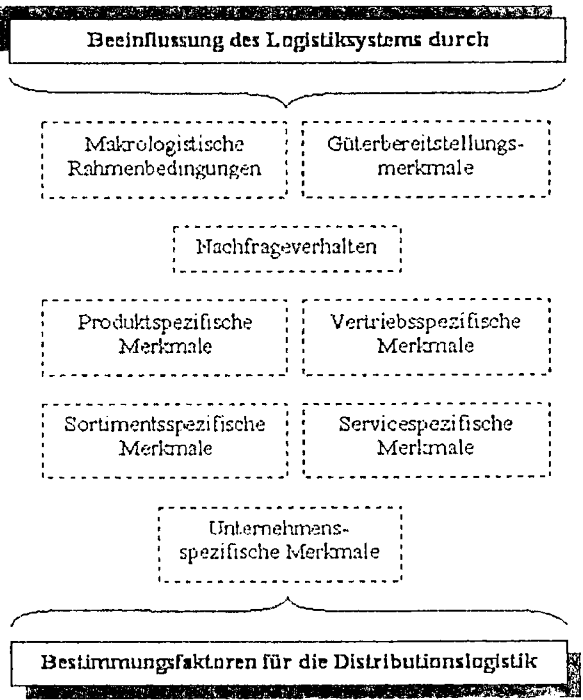

Abbildung 4.9: Bestimmungsfaktoren für eine
E-Distributionslogistik

Bei langen Produktionsdurchlaufzeiten, aber kurzen Reaktionszeiten der Akteure im Distributionssystem und damit kurzen Lieferzeiten an die Kunden, ist eine Lagerhaltung innerhalb der
Distributionskette nicht zu vermeiden. Auch die Art der Produktion ist von Bedeutung. Fallen in relevantem Umfang in der Produktion Rüstprozesse an, so ist im Rahmen einer Serienfertigung
die Bildung von Halb- oder Fertigwarenbeständen erforderlich.

Es wird hier wieder deutlich, dass die Ausrichtung der Distributionslogistik an den Belangen des E-Marketings eng verzahnt werden muss mit der Durchleuchtung der Logistikprozesse in den
Bereichen Beschaffung und Produktion und ggf. ihrer Neugestaltung.

Bei Handelsunternehmen mit einer vorhandenen physischen
Struktur sind die Standorte der Filialen sowie der dezentralen Lä-
ger sowie gegebenenfalls des Zentrallagers die wesentlichen Determinanten.

Nachfrageverhalten der Akteure im Distributionssystem

Ein wesentlicher Bestimmungsfaktor ist natürlich die art- und mengenmäßige Verteilung der Nachfrage, zum Beispiel die Anzahl der Bestellungen pro Periode, die Anzahl Artikel pro Bestellung, die Größe der Artikel oder der durchschnittliche Bestellwert pro Bestellung. Weiterhin ist hier die geographische Verteilung der Nachfrage von besonderer Wichtigkeit. Wie oben bereits erläutert, wird in vielen Fällen bei einer Aufnahme des elektronischen Vertriebs das Vertriebsgebiet größer werden, so dass die bereits vorhandene Distributionslogistik angepasst werden muss. Auch die zeitliche Verteilung der Nachfrage beeinflusst das System der Distributionslogistik, da das System sowohl personell, organisatorisch, IT[33]-mäßig aber auch von den Transportkapazitäten mit den Spitzenbelastungen fertig werden muss. Beispielsweise versendete Amazon aus dem neuen Logistikzentrum in Bad Hersfeld Ende 2000 täglich circa 27.500 Sendungen per Post. Am Tag, als der neue Harry-Potter-Roman auf den Markt kam, waren es 50.000 Päckchen mit diesem Buch. Auch das Weihnachtsgeschäft führt im elektronischen Handel mit Büchern oder Spielzeugen zu einer Lastspitze bei den Logistiksystemen. Ein Beispiel für die Bedeutung der IT sind die Probleme der Online-Broker an Börsentagen mit außergewöhnlich hohem Handelsvolumen. Hier werden die Systeme häufig mit der Orderflut nicht mehr fertig, Transaktionen können nicht zeitnah durchgeführt werden, was zu einer Kundenverärgerung führt. Unter anderem gilt es dann, Überlegungen anzustellen, die sich mit Kapazitätsvorhaltungen für bestimmte Umstände beschäftigen (Parallelrechenzentren, Partnerunternehmen etc.).

Produktspezifische Merkmale

Auch die Produkteigenschaften üben einen großen Einfluss auf das Distributionssystem aus. Von wesentlicher Bedeutung ist dabei zunächst die Unterscheidung zwischen *digitalisierbaren* Gütern und *nicht-digitalisierbaren* Gütern.

Digitalisierbare Produkte

Digitalisierbare Güter weisen die Besonderheit auf, dass sie nicht nur über das Internet angeboten, sondern vielmehr auch direkt über das Netz versandt werden können. Digitalisierbar sind zum Beispiel Software, Audio- und Videoprodukte, Bücher, Dienstleistungen wie Broking, Bankgeschäfte, Nachrichten, Informationen, Reisen oder Fahrkarten. Dabei ist zu bemerken, dass nicht alles, was digitalisierbar ist, auch als digitale Produktversion derzeit erfolgreich am Markt ist. Dies gilt beispielsweise für Bücher, die zwar prinzipiell digitalisierbar sind, die aber aus

---

[33] IT – Informations-Technologie

verschiedenen Gründen nach wie vor als physisches Produkt am Markt dominieren. Ferner ist die Frage zu beantworten, ob die Zielgruppen für die Produkte über das Internet bereits erreichbar sind und auch über das entsprechende technische Equipment zum Online-Empfang der digitalen Güter verfügen. Da dies bei vielen digitalisierbaren Gütern bisher nicht ausreichend der Fall ist, sind bei Eröffnung des Online-Vertriebskanal bei gleichzeitiger Beibehaltung der traditionellen Vertriebswege mögliche Kanalkonflikte zu hinterfragen. Letztlich spielt es auch eine große Rolle, welche technischen Veränderungen erwartet werden, die Einfluss auf den elektronischen Versand und die bequeme Nutzung digitalisierbarer Güter haben können. Hier sind beispielsweise die ADSL-Technologie, die Breitbandtechnologie oder das Pervasive Computing[34] zu nennen.

Nicht-digitalisierbare Produkte

Bei ***nicht-digitalisierbaren*** Produkten sind zum einen technische Produkteigenschaften wie Größe, Gewicht, Material (zum Beispiel zerbrechliche Güter) für die Gestaltung der Distributionslogistik von Bedeutung. Eine weitere wesentliche Rolle spielen die Verderblichkeit der Waren (Frischwaren) und besondere Hygiene- und Transportvorschriften zum Beispiel für Tiefkühlprodukte sowie Fleisch- und Wurstwaren. Ferner gibt es Produkte, die aufgrund von Gesetzen nicht direkt vertrieben werden dürfen wie verschreibungspflichtige Arzneimittel. Letztlich ist auch der Preis der Produkte von Bedeutung.

Sortiments-spezifische Merkmale

Hier ist zunächst die Frage zu beantworten ob und wenn ja welche Produkte eines Unternehmens sich für einen Internet-Vertrieb überhaupt eignen. Für Hersteller von Konsumgütern bietet sich ein Direktvertrieb aus unserer Sicht in erster Linie dann an, wenn die Produkte höherpreisig sind und der Kunde einen Preisvorteil oder einen Zeitvorteil erhält. Dies könnte zum

---

[34] Das Konzept des ***Pervasive Computings*** überträgt nicht nur die Standardfunktionalitäten des Internets auf diverse Geräte, sondern stellt diese wiederum zur öffentlichen Nutzung bereit. Ein Kühlschrank sendet so seinen Befüllungsgrad stets an einen Supermarkt, welcher dessen Auffüllung nach den Präferenzen des Nutzers veranlasst. Gleichzeitig können dem Nutzer auf einem Display aktuelle Sonderangebote übermittelt werden, die bei der entsprechenden Auffüllung herangezogen werden können.

Vgl.: Amor, Daniel: Die E-Business-[R]Evolution; © 2000 Galileo Press GmbH, Bonn; Seite 721 ff.

Beispiel beim Direktvertrieb von Fahrrädern, Waschmaschinen oder auch PCs der Fall sein. Ein Hersteller von Waschpulver oder von Schuhcreme wird wohl kaum einen Direktvertrieb seiner Produkte an den Endkunden in Betracht ziehen. In Frage könnte in solchen Fällen aber zum Beispiel ein gemeinsamer Vertriebskanal mit anderen Herstellern, die eventuell komplementäre Güter anbieten, in Form einer Mall kommen.

Bei Herstellern und vor allem bei Händlern mit einem breiten Sortiment kann entweder das gesamte Sortiment für den Online-Vertrieb zugelassen werden oder es wird nur ein Teil des Sortiments wie nicht verderbliche Produkte oder Bekleidung freigeschaltet. Es ist unmittelbar einsichtig, dass ein Einzelhändler mit breitem Sortiment bei Freischaltung des gesamten Sortiments für den Transport der Waren zum Kunden dann auch in den Transportmitteln unterschiedliche Kühlzonen bereithalten muss.

Eine weitere Alternative kann sein, dass man in bestimmten Kernregionen mit physischer Präsenz ein breites Sortiment für den Direktvertrieb zulässt, für Kunden aus weit entfernten Regionen werden nur spezielle Sortimentsteile ausgewählt. Ferner ist zu überlegen, ob je nach Absatzregion auch regionale Kaufgewohnheiten die Zusammensetzung des jeweiligen Sortiments beeinflussen können.

Vertriebs-spezifische Merkmale

Innerhalb dieser Merkmalsgruppe ist zu untersuchen, wie die Distributionslogistik bisher konzipiert ist, das heißt welche internen Abteilungen/Bereiche beziehungsweise externen Vertriebspartner wie Speditionen, Händler, Handelsvertreter usw. beteiligt sind und welche Arbeitsteilung bisher vorgenommen wird. Die seitherige Logistikkette ist dahingehend zu untersuchen, inwieweit sie auch beim E-Marketing genutzt oder mit anderen Aufgaben betraut (zum Beispiel Vor-Ort-Wartungsservice) werden kann und wo die Kette zu verändern ist, indem Mitglieder dieser Kette ersatzlos gestrichen oder durch andere ersetzt werden. Dabei ist natürlich auch zu berücksichtigen, wie eventuell verärgerte bisherige Vertriebspartner dem eigenen Unternehmen schaden könnten.

Service-spezifische Merkmale

Insbesondere bei langlebigen Wirtschaftsgütern ist die Geschäftstransaktion mit der Auslieferung meist nicht abgeschlossen. Im Bereich des *After-Sales-Services* gilt es, die Ersatzversorgung sowie Reparatur- und Wartungsservice zu gewährleisten (unter anderem Telewartung). Ferner können im Rahmen der Auslieferung zum Beispiel von Waschmaschinen oder Fernsehgeräten auch Installations- und Inbetriebnahmearbeiten anfallen. Bei vielen Herstellern, die einen Übergang auf den Direktvertrieb anstreben, hat bisher meist der Handel diese Funktionen übernommen. Nunmehr stellt sich also das Problem, diese Aufgaben entweder eigenständig oder in Zusammenarbeit mit spezialisierten Dienstleistern zu bewältigen. Hierzu ist eine entsprechende After-Sales-Logistik aufzubauen. Der Handel hat hier bereits seit langem entsprechende Logistikpartner zur Verfügung, die diese Aufgaben erledigen. Er kann deshalb meist auf bestehende Logistikstrukturen zurückgreifen. Vielfach sind die Logistikpartner auch bereit, den Service bei einer regionalen Ausdehnung des Vertriebsgebietes auch dort anzubieten. Weitere Serviceleistungen sind die Rücknahme der Produkte oder auch die Entsorgung von Produkten nach Ablauf ihrer Lebensdauer.

Unternehmensspezifische Zielsetzungen

Ein ganz wichtiger Aspekt, der bei der Konzeptionierung des Distributionssystems zu beachten ist, ist zunächst die Abgrenzung der Fertigungs- beziehungsweise Dienstleistungstiefe und damit die Festlegung der Kernkompetenzen einer Unternehmung.

Die Beantwortung dieser Fragen hat unmittelbar Auswirkungen auf die Arbeitsteilung zwischen dem eigenen Unternehmen und Logistikpartnern in der Distributionskette.

Zu beachten sind ferner natürlich auch finanzielle Ziele wie Umsatz, Gewinn, Renditen, Kosten, Investitionen, Finanzstruktur und andere. Die Abhängigkeit von den finanziellen Zielen wird zum Beispiel bei den Fragestellungen nach dem Bau von Distributionsklägern, dem Aufbau eines eigenen Fuhrparks, dem Bau und dem Betrieb von Call-Centern mit den damit verbundenen Personalkosten oder auch den notwendigen Ist-Investitionen unmittelbar deutlich. Aber auch Umsatz-, Marktanteils- und Marktdurchdringungsziele zum Beispiel für bestimmte Regionen oder Länder haben direkt Auswirkungen auf das Distributionssystem.

Distributionskette

Aus diesem Grund empfiehlt es sich dringend, den Aufbau der Distributionskette im Rahmen einer E-Marketing-Strategie als eine Aufgabe mit höherer Priorität zu begreifen.

Vor den Festlegungen zur konkreten Gestaltung der Distributionslogistik sollten die im speziellen Einzelfall relevanten Determinanten systematisch eruiert und beurteilt werden. Ferner sind mögliche Kanalkonflikte mit den klassischen Vertriebswegen in die Betrachtung mit einzubeziehen. Aufbauend auf diesen Untersuchungen sollten dann die Entscheidungen zur Neu- beziehungsweise Umgestaltung der Distributionslogistik erfolgen.

4.2.3 Gestaltungsmöglichkeiten der E-Logistik

Aufbau / Anpassung des Logistiksystems

Auf Basis der geschilderten Analyse der relevanten Bestimmungsfaktoren erfolgt dann der Aufbau eines beziehungsweise die Anpassung des bestehenden Logistiksystems. Bis auf den Fall des Auftretens neuer Player auf den Märkten, wie dies beispielsweise im Online-Brokerage, auch bei verschiedenen virtuellen Händlern der Fall ist, wird in den meisten Fällen eine bestehende Distributionslogistikkette Ausgangspunkt weiterer Überlegungen sein. Dies gilt vor allem für die Versandhändler, die über ausgefeilte Logistikstrukturen verfügen und für die großen Handelsketten.

Bei *digitalisierbaren Gütern*, bei denen das Unternehmen sich auch tatsächlich für den elektronischen Vertriebsweg entscheidet, sind folgende Festlegungen zu treffen:

- Anzahl und technische Ausgestaltung der Server

- Räumliche Verteilung der Server, um Sekundärsysteme zur Verfügung zu haben, falls ein Server als Vertriebskanal ausfällt

- Sprachvarianten des Angebots in Abhängigkeit von den Zielgebieten

- Personelle Betreuung des Online-Vertriebs; Größe und Standorte von Call-Centern; Eigenbetrieb der Call-Center oder Fremdvergabe an Call-Center-Betreiber

- Individualisierungskomponenten, die dem potenziellen Kunden erlauben, sein direkt zu beziehendes Produkt zu konfigurieren

- Technische Schutzmassnahmen von Copyrights unter anderem bei onlinespezifischem Musikversand beziehungsweise Softwareversand

- Kundengerechte Datenpakete, so dass der Download den Kunden nicht allzu stark zeitlich beeinträchtigt

- Zahlungssysteme, die eine Abrechnung nach Download-Zeitdauer (Takt) ermöglichen

    Multi-Channel-Vertriebsstrategie auch bei digitalisierbaren Gütern, falls der Kunde die Ware doch via traditionellem Vertriebskanal wünscht

    Unterstützung des Infrastrukturaufbaus bei den potenziellen Kunden zum Beispiel durch kostenlose Bereitstellung von Modems, Zugangssoftware bis hin zur Bereitstellung von PCs.

    Übernahme der Online-Gebühren (meist aber eher bei nicht digitalisierbaren Gütern)

Physisch auszuliefernde Produkte

Bei der Gestaltung der Distributionslogistik-Systeme für Güter, die physisch ausgeliefert werden müssen, ist zwischen strategischen und operativen Entscheidungen zu differenzieren.

Während sich strategische Entscheidungen auf den Aufbau des Systems beziehen und nur schwer und mit meist hohem finanziellen Aufwand zu revidieren sind, beziehen sich die operativen Entscheidungen auf die konkrete Durchführung mit der Distribution verbundener Aufgaben.

Zu den operativen Aufgaben gehört beispielsweise das Bestandsmanagement mit der Festlegung, welche Artikel in welchem Lager in welchen Mengen vorgehalten werden oder auch die Transportplanung mit der Planung des Transportmitteleinsatzes und der Routenplanung. Auf die operativen Aufgaben wollen wir im Folgenden nicht weiter eingehen. Allerdings sei darauf hingewiesen, dass gerade im Bereich des Fuhrpark- und Tourenmanagements durch die Verbindung von Telematiksystemen und Internet deutliche Steigerungen der Qualität und Wirtschaftlichkeit der Leistungserstellung zu erzielen sind. Zu nennen sind das Fahrzeugmanagement zur technischen Kontrolle und Steuerung der Fahrzeuge, das Transportmanagement zur logistischen Steuerung der Fahrzeuge und ihrer Kapazitäten, das Verkehrsmanagement zur Optimierung von Fahrtzeiten und Routen sowie das Fahrerinformationsmanagement zur Entlastung der Fahrer und damit zur Erhöhung der Sicherheit.

Strategische Planung des Distributionssystems

Bezüglich der Ausführungen zur strategischen Planung des Distributionssystems sei darauf hingewiesen, dass die genannten Gestaltungsmöglichkeiten nicht E-Marketing spezifisch sind. Die Fragestellungen sind generell beim Aufbau eines Vertriebssystems zu klären. Allerdings führen die E-Marketing Aktivitäten in vielen Unternehmen zu Anpassungen oder Neuerungen in der

Distributionsstrategie. Bereits vorhandene Distributionssysteme und Distributionspartner sind in jedem Fall bei der Strategiefindung einer E-Logistik-Lösung in die Überlegungen einzubeziehen. Im Zuge einer E-Business-Konzeption sollte man jedoch hinsichtlich des Logistikparts den in Abbildung 4.10 erwähnten Gestaltungselementen der Distributionslogistik Beachtung schenken, welche im Folgenden weiter erläutert werden.

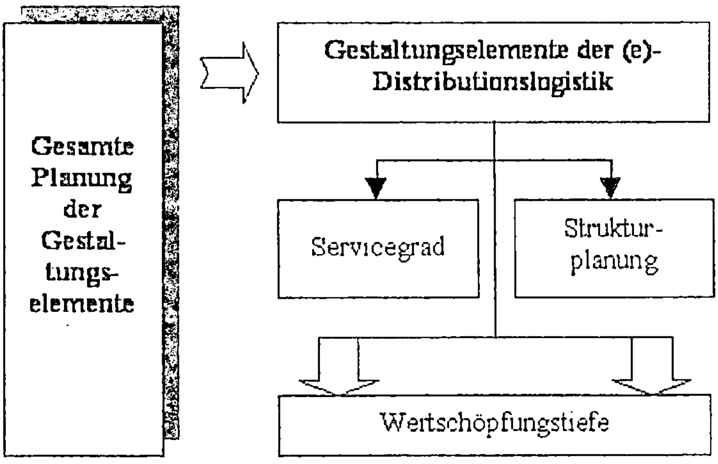

Abbildung 4.10: Gestaltungselemente der (E)-Distributionslogistik

Gestaltungs-element Servicegrad

Als erstes Gestaltungselement sei der **Servicegrad** genannt, da er wesentlichen Einfluss auf die weiteren Festlegungen hat. Es geht also um Fragen der Lieferzeit, der Lieferbereitschaft, der Lieferflexibilität bis hin zur Liefertreue. Durch diese Festlegungen werden beispielsweise die Entscheidungen zur Lagerhaltung maßgeblich determiniert. Es wird bereits an dieser Stelle deutlich, dass sich die einzelnen Elemente der strategischen Distributionsplanung gegenseitig beeinflussen und eine gesamtheitliche Planung notwendig ist. Der Servicegrad im E-Marketing wird sich – insbesondere was die Lieferzeit angeht – häufig vom bisherigen Vertriebskanal unterscheiden; **Schnelligkeit ist eine der wesentlichen Eigenschaften im E-Business**. Um kurze Lieferzeiten auch bei einer deutlichen regionalen Ausdehnung des Vertriebsgebiets als Folge der E-Marketing-Aktivitäten einzuhalten, können dezentrale Auslieferungsläger notwendig werden.

Weiterhin ist die **Struktur des Distributionslogistiksystems** zu planen beziehungsweise zu überarbeiten. Gegenstand dieses Planungsbereiches sind:

> die Anzahl der Stufen im Distributionskanal, das heißt schaltet man den Groß- und/oder Einzelhandel in den Vertrieb mit ein oder konzentriert man sich ausschließlich auf den Direktvertrieb der Waren.

> die Festlegung der Anzahl, geographischen Verteilung, Größe und Lagersortimente von Lagereinrichtungen sowie von Umschlagpunkten

> die Festlegung der Anzahl, geographischen Verteilung, Größe und Ausstattung von Service-Centern

> die Wahl der Transportmittel

> die Wahl der einzusetzenden Informations- und Kommunikationstechnologie.

Gestaltungselement Wertschöpfungstiefe

Ein wesentlicher Aspekt bei der strategischen Planung des Distributionssystems ist die Bestimmung der *Wertschöpfungstiefe*. Hier ist zu fragen, welche Aufgaben im Rahmen der Distribution durch das Unternehmen selbst erbracht werden und welche auf spezialisierte Dienstleister übertragen werden sollen. Dabei reicht die Palette der Aufgabenverteilung von der vollständigen Eigenabwicklung mit eigenem Fuhrpark bis zum Outsourcing der gesamten Distributionsaufgaben an einen Dienstleister. Gliedert man die Logistikleistungen nach Funktionstypen, so können Primär-, Sekundär- und Tertiäraktivitäten unterschieden werden, dargestellt in Abbildung 4.11.

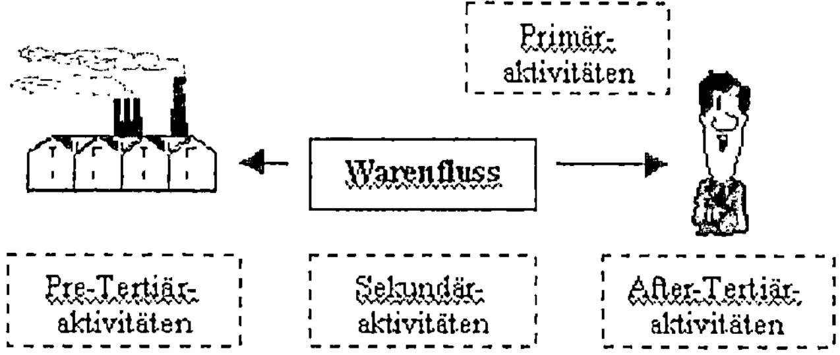

Abbildung 4.11: Logistikleistungen Funktionstypen

Als *Primäraktivitäten* bezeichnet man die Tätigkeiten, die unmittelbar zum physischen Warenfluss beitragen wie Transport, Verpackung, Umschlag und Kommissionierung.

Sekundäraktivitäten tragen mittelbar zum Materialfluss bei, indem sie den Prozess steuernd unterstützen. Hierzu gehören die Auftragsbearbeitung, das Bestandsmanagement und die Bestell- und Retourenabwicklung.

Tertiäraktivitäten sind dem Materialfluss vor- oder nachgelagert und umfassen unter anderem Finanzdienstleistungen (Inkasso, Bonitätsprüfungen, Zahlungsabwicklung), die Beratung und die Schulung.

Die Aufzählung macht deutlich, dass es sehr viele Varianten einer Arbeitsteilung zwischen dem eigenen Unternehmen und einem oder mehreren Logistikpartnern geben kann.

Stark diskutierte Konzepte in Verbindung mit dem E-Marketing[35] sind unter anderem:

- der Vertrieb unter Einschaltung der bisherigen Handelspartner und damit der Rückgriff auf eine eingespielte Logistikkette

- der Direktvertrieb mit eigenem Fuhrpark, wobei allerdings hohe Anfangsinvestitionen anfallen und im weiteren Verlauf Betriebsmittel- und Personalkosten auftreten, die sich bei Beschäftigungsrückgängen nur schwer anpassen lassen

- der Direktvertrieb über Speditionsdienstleister; hier sind in erster Linie die Kurier-, Express- und Paketdienstleister zu nennen. In den Markt drängen aber in jüngster Zeit auch Zeitungsverlage, die ihre vorhandene Zustelllogistik auch als Dienstleistung für Dritte anbieten

- die Auslieferung über Abholpunkte unter Einschaltung existenter Logistikketten. Mögliche Abholpunkte sind Tankstellen, Ladenketten, Postämter, Bäckereien u. a. Diese Form eignet sich jedoch nur für kleinere Sendungen mit relativ geringem Gewicht und ohne Installations- und Inbetriebnahmeleistungen.

Abbildung 4.12 soll diese vier Vertriebskonzepte für eine im Hinblick auf eine E-Marketing Philosophie fungierende Distributionslogistik nochmals zusammenfassend darstellen.

---

[35] E-Marketing – Electronic Marketing

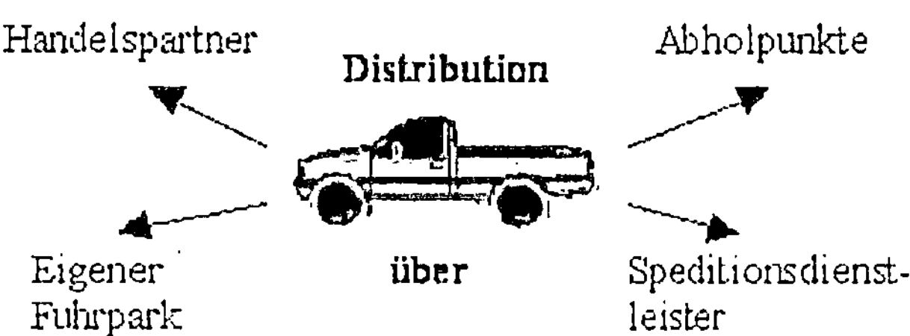

Abbildung 4.12: Vertriebskonzepte im E-Marketing

E-Fulfilment

Im Bereich des E-Fulfilment, also der Abwicklung von Online-Geschäften gibt es aber auch Dienstleister, die das komplette Leistungsangebot vom Ordermanagement über den Trustservice bis hin zu weiteren Dienstleistungen wie Marketing- oder Web-Services anbieten. Ein Beispiel dazu ist in der folgenden Abbildung 4.13 dargestellt.

Bei den Überlegungen zum Outsourcing bestimmter Distributionsleistungen sind sowohl die klassischen Outsourcing-Motive als auch neuere in Form von Zusatzleistungen heranzuziehen.

Klassische Motive des Outsourcing

Als klassische Outsourcing-Motive fungieren unter anderem:

➪ Erhöhung der Flexibilität des Kostenmanagements bei Beschäftigungsrückgängen

➪ günstigere Preise des Dienstleisters durch Spezialisierung und Degressionseffekte sowie durch andere Tarifstrukturen

➪ Verringerung des Finanzierungsvolumens

➪ Reduzierung des Anlagevermögens und bei Fremdvergabe der Lagerhaltung auch des Umlaufvermögens, wodurch sich bei Unterstellung einer unveränderten Gewinnsituation die einschlägigen Kapitalrenditen verbessern

➪ und Verringerung der organisatorischen Komplexität des Unternehmens

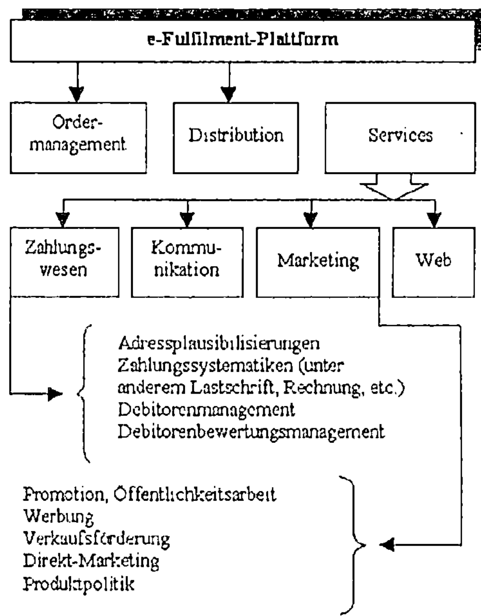

Abbildung 4.13: Beispiel einer E-Fulfilment-Plattform[36]

Value-Added-Service

Von besonderer Bedeutung für E-Business orientierte Logistik-leistungen ist jedoch die Fragestellung, welche *Zusatzleistungen* der Logistikdienstleister erbringen kann. Man spricht hier auch von *Value-Added-Services (VAS)*. Zu unterscheiden ist dabei generell zwischen Zusatzleistungen, die unternehmensbe-zogen sind, und solchen, die kundenbezogen sind.

Vertikale VAS

Unter unternehmensbezogenen Zusatzleistungen versteht man alle Mehrwertfaktoren, die produktbegleitend asymmetrisch auf die jeweilige Wertschöpfungskette einwirken. Dies bedeutet, dass hier der Nutzen bei den jeweiligen Unternehmen und nicht direkt beim Endkunden zu suchen ist. Man bezeichnet sie aus diesem Grunde auch als *vertikale Value Added Services*.

Logistik-dienstleister

So kann der Logistikdienstleiter seine freien Kapazitäten unter anderem durch ein onlinegestütztes Auktionsverfahren Unter-nehmen für deren Distributionsleistungen anbieten. Im Umkehr-

---

[36] In Anlehnung an tagma® E-Business http://www.tagma.de   (Stand: 03.06.2001):

http://www.ieb.net/pdf/ringvorlesung/winter2000/tagma_praesentation_ieb_WS2000-2001.pdf

schluss haben natürlich die Unternehmen durch so genannte Reverse Auctions ebenfalls die Möglichkeit, ihre Anforderungen im Hinblick auf logistische Leistungen zu definieren und entsprechende Partner via elektronischer Ausschreibung zu suchen.

E-Fulfilment   Des Weiteren sind die E-Fulfilment-Aktivitäten der entsprechenden Logistikdienstleister als vertikale Value Added Services für ein sie nutzendes Unternehmen anzusehen, denn je weniger dies mit der eigentlichen Distributionslogistik konfrontiert wird, desto stärker kann es sich seinem originären Unternehmenszweck widmen. Dieser liegt vielfach nicht in dem Versand beziehungsweise der Kommissionierung der Waren, sondern in der Herstellung und dem Verkauf von Produkten.

Ein weiterer nicht zu unterschätzender Value Added Service in dieser Kategorie liegt in dem Retourenmanagement. Internet-Shops berichten von Retourenraten zwischen sieben und 25 Prozent, steigend mit zunehmender Lieferzeit. So können bei 1.000 Bestellungen pro Tag sehr schnell zwischen 100 und 200 Pakete durch die Kunden zurückgesendet werden[37]. Wird diese Retourenverwaltung von dem Logistikdienstleister übernommen, so bietet er seinem Unternehmenskunden einen logistischen Mehrwertservice an, der für den Endkunden im Hinblick auf eine Geschäftstransaktion wichtig ist. Das Retourenmanagement verkörpert eine kundenfreundliche Schnittstelle zwischen Unternehmen und Kunden im After-Sales Bereich, die jedoch zum einen sehr zeit- und zum anderen sehr kostensensitiv bei Eigenleistung durch ein Unternehmen sein kann. Demzufolge wird diese Form des vertikalen Mehrwertdienstes produktbegleitend von der Unternehmung durch den Logistikdienstleister gerne wahrgenommen.

Horizontale VAS   Unter den kundenbezogenen Mehrwertfaktoren versteht man alle Zusatzleistungen, die in Reihe geschaltet den Produktvertrieb kundenorientiert unterstützen. Hierbei sind sowohl die Informationspolitik über den Produktstandort als auch die umfeldbezogenen Aktivitäten beim Produktaustausch zwischen Unternehmen und Kunden, gleich welcher Ausprägung und Richtung, angesprochen. Infolge der symmetrischen beziehungsweise in Reihenfolge ablaufenden Anordnung der Mehrwertfaktoren an der

---

[37] Krause, Jörg: Den richtigen Logistiker finden; © 09/2000 E-Commerce magazin; Seite 112

Produktwertschöpfungskette spricht man auch von den so genannten horizontalen Value Added Services.

Im Zuge der ***Informationspolitik über den Produktstandort*** werden die Kunden über die zeitpunktorientierte Belieferung, über den momentanen Befindlichkeitsort der Ware sowie deren Vollständigkeit unterrichtet. Man spricht hier von dem so genannten Track & Trace-Verfahren (Sendungsverfolgung), welches via Internet den Kunden Statusinformationen über einzelne Aufträge liefert. Des Weiteren fallen unter die angesprochene Informationspolitik definitive Verfügbarkeitsaussagen über die angebotenen Waren, die dem Kunden nicht leere Versprechungen unterbreiten, sondern zielgerichtete Lieferzeit-Informationen übermitteln. Dies kann je nachdem, ob sich das Lager bei dem Logistikdienstleister oder bei der Unternehmung befindet, durch eine der beiden genannten Parteien erfolgen. Einen Abbildung des Bestellfortschritts ist ebenfalls in diese Kategorie der horizontalen Value Added Services einzuordnen, da hierdurch der Kunde umfassend über die Abarbeitung seines Auftrages unterrichtet werden kann (zum Beispiel: Versendung von E-Mails, wann die Ware das Lager verlassen hat).

Unter ***umfeldbezogenen Aktivitäten*** bei einem Produktaustausch versteht man die Möglichkeiten der Selektion von diversen Lieferformen durch den Kunden. Hierunter fallen die in Abbildung 4.12 aufgeführten unterschiedlichen Vertriebskonzepte. Die Zeiten, in denen die Deutsche Post noch das Liefermonopol für Pakete und Päckchen besaß, sind längst vorbei. Eine Lieferung der Ware an fast jeden Ort und zu fast jeder Zeit wird heute durch den Kunden explizit vorausgesetzt[38], so dass dieser horizontale Value Added Service eine Geschäftstransaktion positiv beeinflussen kann. Logistikdienstleister sind für diese Aufgabe prädestiniert, da sie hinsichtlich der Belieferungsform und Belieferungszeit in der Regel wesentlich flexibler sind als verkaufsorientierte Unternehmen.

Ein weiterer Mehrwertservice im Rahmen der umfeldbezogenen Aktivitäten ist in dem After-Sales-Service-Bereich durch den Logistikdienstleister zu sehen, der unter anderem für die betreffende vertriebsorientierte Unternehmungen das Kundenbeschwerdemanagement wahrnehmen kann. Der Logistikdienstleister lie-

---

[38] Robben, Matthias: E-Logistik: Make or Buy?;
http://www.ecin.de/shops/elogistik/index.html Stand: 15.12.2000

fert die Ware an den Kunden direkt aus und steht somit in einem persönlichen Kontakt mit diesem, was bei einer reinen Online-Unternehmung nicht unbedingt der Fall sein muss. Somit kann dieser direkt vor Ort eventuelle Beschwerden des Kunden zur Klärung aufnehmen.

Die kundenbezogenen Mehrwertservices auf der Distributionsseite werden im Zuge einer E-Business-Konzeption immer wichtiger werden, da sie letztendlich darüber entscheiden können, ob der Kunde seine Ware bei dem Online-Unternehmen X oder Y kauft. Die Art der Belieferung bzw. das Distributionslogistikkonzept wird seine Entscheidung über den Produktkauf maßgeblich beeinflussen.

Liegt die Art der Aufgabenverteilung fest, so sind im nächsten Schritt die Logistikpartner in Abhängigkeit von dem gewünschten Leistungsspektrum unter Preis-Leistungsaspekten auszuwählen.

Wie die Ausführungen in den vorherigen Kapiteln gezeigt haben, sind logistische Aspekte im Rahmen einer Distributionspolitik eine nicht zu vernachlässigende Tatsache. Gerade eine E-Business-Konzeption sollte diese integrativ beinhalten, da die onlinetechnisch offerierte Ware zum Kunden gelangen muss. Eine noch so gute E-Business-Konzeption wird scheitern, wenn diese Schnittstelle nicht zufriedenstellend für den Kunden gelöst wird. Ein verärgerter Kunde wird bei seiner nächsten Geschäftstransaktion ein Konkurrenzunternehmen aufsuchen, das nur einen Mausklick im Internet-Zeitalter entfernt liegt. Somit kann keine dauerhafte Kundenbindung stattfinden, die jedoch Ziel einer jeden Unternehmung sein sollte. Aus diesem Grunde macht es Sinn, sich aus Unternehmenssicht auch im E-Business-Umfeld mit logistischen Fragestellungen zu beschäftigen.

4.2.4   Literaturverzeichnis

D. Amor: Die E-Business-[R]Evolution, Bonn 2000

O. Heiserich: Logistik, 2.Aufl., Wiesbaden 2000

T. Köhler, R. Best: Electronic Commerce, München u. a. 2000

J. Krause: Den richtigen Logistiker finden, © 09/2000 E-Commerce Magazin, Seiten 109-112

M. Merz: Electronic Commerce, Heidelberg 1999

R. Pispers, S. Riehl: Digital Marketing, Bonn u. a. 1997

F. Steimer: Mit E-Commerce zum Markterfolg, München 2000

Ohne Verfasser: Der lange Weg zum gelben E, Handelsblatt vom 9.10.2000

4.2.5   Internet-Quellen

Robben, Matthias: E-Logistik: Make or Buy?; http://www.ecin.de/shops/elogistik/index.html *Stand:* 15.12.2000

tagma® E-Business http://www.tagma.de: http://www.ieb.net/pdf/_ringvorlesung/winter2000/tagma_praesentation_ieb_WS2000-2001.pdf *Stand:* 03.06.2001

Distributionslogistik: http://www.ecommerce.wiwi.uni-frankfurt.de/ lehre/oows/wmKapitel05b_Distributionslogistk.pdf *Stand:* 3/2001

Autoren: Prof. Dr. Volker Warschburger, FH Fulda, Fachbereich Angewandte Informatik, Marquardstr. 35, 36039 Fulda.

E-Mail: Volker.Warschburger@informatik.fh-fulda.de

Web: www.fh-fulda.de/fb/ai/profs/warschburger.htm

Christian Jost – IT-Controller, E-Business Spezialist, Commerzbank AG, Frankfurt am Main,

E-Mail: Christian-Jost@Ch-Jost.de

Web: www.ch-jost.de

4.3 Umsetzung europäischer Regelungen zum E-Commerce in deutsches Recht

(Christian Schrader)

4.3.1 Einleitung

Internationale Geschäfte

E-Commerce erleichtert internationale Geschäfte. Für grenzüberschreitend abgeschlossene Verträge stellt sich sofort die Frage nach dem anzuwendenden Recht, denn jede nationale Rechtsordnung kann nur für das Territorium des eigenen Staates gelten (Territorialprinzip). Gilt deutsches oder britisches Recht, wenn ein deutscher Kunde von einem britischen Versandhaus kauft? Die Antwort ist klar, wenn im Rahmen der Europäischen Union (EU) harmonisierte Regelungen getroffen werden. Werden europäische Richtlinien erlassen, müssen alle Mitgliedstaaten ihr Recht anpassen und es ergibt sich ein einheitlicher europäischer Rechtsraum. Wenn die nationalen Vorschriften europäisch angeglichen wurde, ist es egal, welches nationale Recht auf einen Kaufvertrag gilt.

Einheitlicher europäischer Rechtsraum

So weit die europäische Theorie. In der Praxis wird der einheitliche europäische Rechtsraum für E-Commerce kaum erreicht: Innerhalb Europas befassen sich neben der EU auch andere Institutionen mit dem neuen Medium Internet. Beispielsweise hat der Europarat, dem wesentlich mehr Staaten angehören als der EU, zu den strafrechtlichen Aspekten eine Cyber-Crime-Convention beschlossen[39]. Der Rechtscharakter von Konventionen des Europarates ist jedoch unverbindlich und erreicht damit nicht den Harmonisierungsgrad von Vorschriften der EU. Aber auch von der EU erlassene Vorschriften bewirken nur selten einheitliche und umfassende Ergebnisse. Denn die EU darf nur für ihr eigenes Territorium[40] und nur für bestimmte Materien Regelungen

---

[39] Vgl. Draft Convention on Cyber Crime and Explanatory Memorandum related Thereto, 25. 05. 2001, PC-CY (2000) Draft No. 27 Rev., http://conventions.coe.int/Treaty/EN/projets/projets.htm, Zugriff 25. 5. 2001.

[40] Geschäfte mit Partnern außerhalb der Mitgliedstaaten der Europäischen Union sind nicht erfasst. Hier bleibt es bei Lösungen des Internationalen Rechts, die so stark auseinander laufen, dass der Rechtsrahmen nur für spezialisierte Juristinnen und Juristen beherrschbar ist. Die Ver-

schaffen. Ihr ist keineswegs die Gesetzgebungskompetenz für das gesamte Privatrecht samt Prozessrecht übertragen.

Probleme europäischer Regelungen

Neben diesem Kompetenzproblem sind europapolitische Rücksichtnahmen auf die nationalen Rechtssysteme zu sehen. Häufig greifen europäische Vorschriften nur punktuell den notwendigsten Regelungsbedarf auf. So ergibt sich ein Flickenteppich von Detailregelungen anstelle einer geschlossenen Gesamtregelung. Europäische Regelungen sind Kompromisse eines komplizierten Interessengeflechts von europäischen Institutionen und 15 Nationalstaaten. Um im Generellen ein anspruchsvolles Niveau zu erreichen, sind die Richtlinien oft von Ausnahmen regelrecht durchlöchert. Zusätzlich besitzen die Mitgliedstaaten einige Spielräume bei der Umsetzung der Richtlinien in ihr nationales Recht. Insgesamt müssen die Erwartungen an EU-Vorschriften im E-Commerce zwangsläufig gering bleiben. Entscheidender Ausgangspunkt bleibt weiterhin, wie das nationale Rechtssystem E-Commerce regelt. Erst wenn die europäischen Details das Gesamtsystem prägen, kann man von einem europäischen Recht des E-Commerce sprechen. Derzeit wird das nationale Rechtssystem in Einzelaspekten zunehmend durch europarechliche Vorgaben angeglichen.

Deutsche Rechtslage

Im Folgenden können nur ausgewählte Ausschnitte der deutschen Rechtslage dargestellt werden. Andere EU-Mitgliedsstaaten und viele Aspekte wie etwa das Datenschutzrecht oder Bezahlsysteme bleiben gänzlich ausgespart. Zunächst wird die bis zum Jahr 2000 geltende deutsche Rechtslage dargestellt (I), sodann die europäischen Regelungen des E-Commerce skizziert (II) und die heute absehbaren Auswirkungen auf das deutsche Recht dargelegt (III).

4.3.2   Deutsche Rechtsgrundlagen für E-Commerce

Es gibt für den elektronischen Geschäftsverkehr kein spezielles deutsches Gesetz. Dies ist auch unnötig. Das Internet ist kein rechtsfreier Raum. Nicht die Technologie bestimmt das Recht,

---

bindlichkeit, der Anwendungsbereich und der Regelungsgehalt etwa der Internationalen Kaufrechts-Konvention oder von Richtlinien der International Chamber of Commerce ist extrem unterschiedlich. Zu den unterschiedlichen Ansätzen zum Beispiel bei digitalen Signaturen siehe: Geis, Ivo: Die elektronische Signatur: Eine internationale Architektur der Identifizierung im E-Commerce, Multimedia und Recht 2000, S. 667.

sondern das nach seinem Sinn anwendbare Recht gilt auch für neue Technologien. Das bestehende Recht kann die meisten Aspekte bewältigen, neue Gesetze sind nur dort nötig, wo eine Auslegung bestehenden Rechts keine akzeptablen Resultate gewährleistet.

4.3.2.1   Multimediagesetz 1997

Elektronischer Geschäftsverkehr

Der elektronische Geschäftsverkehr ist ein Ausschnitt der informationstechnischen Entwicklung, die wir unter dem Oberbegriff der modernen Informationsgesellschaft[41] zusammenfassen. Die Informationsgesellschaft greift in sehr viele Lebensbereiche hinein, von denen manche staatliche Regelungen erforderten.

Telekommunikationsgesetz (TKG)

Der allgemeine Rechtsrahmen der Internetdienste setzt auf dem Telekommunikationsgesetz (TKG) des Bundes[42] auf. Das TKG regelt nicht die Inhalte der Kommunikation, sondern die Rechtsbeziehungen der Anbieter von Telekommunikationsdienstleistungen zum Staat und zu privaten Kunden. Nur in dieser Beziehung, zum Beispiel in Handy-Verträgen, hat das TKG Bezüge zum elektronischen Geschäftsverkehr[43]. Mit seiner Ausrichtung auf den technischen Übertragungsvorgang ist es jedoch für E-Commerce nicht zentral. Ein Rechtsrahmen für die Nutzung neuer Internetdienste wurde 1997 im Informations- und Kommunikationsdienstegesetz[44] (IuKDG, auch als „Multimediagesetz„ bezeichnet) geschaffen.

4.3.2.1.1   Rundfunk /- Teledienste /- Mediendienste /- Einzelne Rechtsgeschäfte

Teledienstgesetz (TDG)

Ein Hauptbestandteil des IuKDG ist ein neu geschaffenes Teledienstgesetz (TDG). Damit wird jedoch nur ein Teil der Internetdienste erfasst, denn zwischen Bund und Ländern wurde ver-

---

[41] Vgl. die Beiträge in Aus Politik und Zeitgeschichte, Beilage zur Wochenzeitschrift Das Parlament B 40/98 vom 25.9.1998.

[42] Vom 25.7.1996, Bundesgesetzblatt (BGBl.) I S. 1120.

[43] Dazu: Hahn, Bernhard: Telekommunikationsdienstleistungs-Recht, 2001, 41 ff.

[44] Gesetz zur Regelung der Rahmenbedingungen für Informations- und Kommunikationsdienste (IuKDG) vom 22.7.1997, BGBl. I S. 1870, geändert durch Gesetz vom 27.6.2000, BGBl. I S. 897.

handelt, dass die dem Rundfunk näherstehenden Dienste von den Ländern zu regeln sind.

Rundfunk- und Medien- dienste- Staatsvertrag

Entsprechend dem Rundfunk-Staatsvertrag (RStV) schufen die Länder einen Mediendienste-Staatsvertrag (MdStV). Inhaltlich ist der MdStV nahezu wortgleich mit dem TDG, um den Anbietern der Internetdienste trotz der Aufteilung in Bundes- und Landesgesetze gleiche Rahmenbedingungen zu verschaffen. Im Ergebnis präsentiert sich eine Dreiteilung der Rechtsgrundlagen für Internetdienste je nach der Art des angebotenen Dienstes[45].

Medienrecht

Das traditionelle „Medienrecht„ der Länder regelt Rundfunk und Fernsehen. Dienste in neuen Medien, insbesondere dem Internet, sind je nach Nähe zum Rundfunkbereich im Mediendienste-Staatsvertrag der Länder oder nach Nähe zur kommerziellen Geschäftsbeziehung im Teledienstegesetz des Bundes geregelt.

4.3.2.1.2   Signaturgesetz

Elektronische Signatur

Ebenfalls im Rahmen des IuKDG wurde das Gesetz über die elektronische Signatur geschaffen. Für Geschäftsabschlüsse ist es von zentraler Bedeutung, dass über die Person des Geschäftspartners und über die von ihm abgegebenen Erklärungen keine Unsicherheiten bestehen. Im elektronischen Geschäftsverkehr ist es jedoch möglich, dass sich zum Beispiel Hacker unbemerkt als Urheber einer Nachricht ausgeben oder sie inhaltlich verändern können. Ein zweites Problem ist, dass für wichtige Geschäfte üblicherweise die Schriftform vorgeschrieben ist durch Gesetz oder Vertrag. Schriftform erfordert die eigenhändige Unterschrift unter das Original. Einfaches Eintippen des Namens oder das Einscannen der handschriftlichen Unterschrift unter ein elektronisches Dokument erfüllt nicht die Anforderungen an die Schriftform.

Signatur im elektroni- schen Ge- schäftsverkehr

Das Signaturgesetz wollte 1997 dem elektronischen Geschäftsverkehr eine erhöhte Rechtssicherheit verschaffen[46]. Durch Signierung mit einem privaten Schlüssel und Überprüfung beim Empfänger mit einem öffentlichen Schlüssel sollte sichergestellt werden, dass ein elektronisches Dokument von der als Absender

---

[45] Vgl.: Eichhorn, Bert: Internet-Recht, 2000, S. 30 ff sowie Roßnagel, Alexander: Recht der Multimedia-Dienste, Loseblatt, Stand Jan. 2000, Einführung Randnr. 30 ff.

[46] Dazu: Roßnagel, Alexander: Recht der Multimedia-Dienste, Loseblatt, Stand Jan. 2000, Einführung Randnr. 68 ff., Einleitung Signaturgesetz Randnr. 41 ff.

angegebenen Person und mit dem übermittelten Inhalt abgesandt wurde. Zur Schlüsselausgabe waren nur amtlich zugelassene Zertifizierungsstellen befugt. Das Signaturgesetz regelte somit intensiv die technischen Aspekte des Signierens, nicht allerdings die Rechtsfolgen der so zustande gekommenen Signaturen. Es hat die elektronische Übermittlung nicht der gesetzlichen Schriftform (§ 126 BGB) oder dem Beweiswert von Urkunden (§ 415 Zivilprozessordnung) gleichgestellt. Seine Idee war, so hohe technische Anforderungen an die Signaturvergabe zu formulieren, dass die Rechtsanwender die digitale Signatur als gleichwertig rechtssicher zur schriftlichen Form akzeptieren würden. Bislang hat sich die digitale Signatur im Geschäftsleben nicht durchgesetzt, weil im Geschäftsleben noch zu wenig Problembewusstsein besteht, die deutschen Regelungen sehr perfektionistisch jedes Detail erfassten und die Haftung der Zertifizierungsstellen unklar blieb[47]. Für elektronische Einwilligungen in die Datenverarbeitung ist das Signaturverfahren damit aktuell unmöglich[48].

4.3.2.2   BGB und Nebengesetze des Privatrechts

Vertragsrecht Das Recht der Mediendienste und Teledienste setzt den Anbietern dieser Dienste einen Rechtsrahmen. Es regelt jedoch nicht die einzelnen Rechtsgeschäfte, die über den Dienst zwischen sonstigen Personen zustande kommen. Diese konkreten Rechtsgeschäfte, die über E-Commerce zustande kommen, regelt das Privatrecht des Bundes. Dort ist insbesondere das Bürgerliche Gesetzbuch (BGB) als Kerngesetz zu nennen und als Nebengesetze zum Beispiel das Handelsgesetzbuch und eine Reihe verbraucherschützender Spezialgesetze. Das BGB, seit 1900 in Kraft, hatte sich bereits bei früheren technischen Entwicklungen als hinreichend flexibel erwiesen. Die massenhafte Einführung des Telefons oder des Telefax konnte damit bewältigt werden. Auch der elektronische Geschäftsverkehr stützt sich auf die allgemeinen BGB-Regeln zum Beispiel zur Geschäftsfähigkeit, zur Wirksamkeit von Verträgen und Willenserklärungen, zur Stellvertretung, zum Rücktritt, zu Vertragstypen wie Kauf, Miete, Werk-

---

[47] Zu den Gründen: Zeuner, Volker: Erfahrungen mit der Umsetzung des deutschen Signaturgesetzes, in: Geis, Ivo (Hrsg.): Die digitale Signatur, 2000, S. 51 ff.; Erd, Rainer: Probleme des Online-Rechts, Kritische Justiz 2000, S. 291.

[48] Gundermann, Lukas: E-Commerce trotz oder durch Datenschutz?, Kommunikation und Recht 2000, S. 225, 230.

vertrag und vielem mehr. Daneben gelten für den E-Commerce die privatrechtlichen Nebengesetze, zum Beispiel das Handelsgesetzbuch oder das Gesetz über Allgemeine Geschäftsbedingungen.

Länder		Bund	
Rundfunk-Staatsvertrag	MdStV = Mediendienste-Staatsvertrag	TDG = Tele-dienst-gesetz	BGB, Signaturge-setz
regelt für die Allgemein-heit be-stimmte Dar-bietungen aller Art, meinungsge-richtet, Rundfunk, Fernsehen	regelt an die Allge-meinheit gerich-tete, meinungs-orientierte Dienste z. B. Pay-TV, Elektr. Presse, Fernseh-text, Video on demand	regelt für indivi-duelle Nutzung konzipierte, nicht meinungs-orientierte Dienste z. B. Telebanking Telespiele Telearbeit	regeln individuelle Rechtsge-schäfte z. B. Verträge Formvor-schriften
TKG = Telekommunikationsgesetz regelt die technische Basis, nicht den Inhalt z. B.: Mobilfunk, Lizenz- und Nummernvergabe			

Tabelle 4.1: Überblick Landes- und Bundesgesetze Internetrecht[49] und zum Internetrecht[50]

4.3.2.3   Anwendung des BGB auf den elektronischen Geschäftsverkehr

Bei der Anwendung des BGB auf den elektronischen Geschäftsverkehr lassen sich die folgenden Grundlagen kurz zusammenfassen[51]. Aus dem Grundsatz, dass geschlossene Verträge einzu-

---

[49] Wesentlich verändert nach: Tinnefeld/Ehmann, Einführung in das Datenschutzrecht, 3. Aufl. 1998, S. 101.

[50] Wesentlich verändert nach: Tinnefeld/Ehmann, Einführung in das Datenschutzrecht, 3. Aufl. 1998, S. 101.

[51] Aus der vielfältigen Literatur: Erd, Rainer: Probleme des Online-Rechts, Kritische Justiz 2000, S. 284 ff.; Moritz, Hans-Werner: Quo vadis elektronischer Geschäftsverkehr, Computer und Recht 2000, S. 61 ff.; Schwertdfeger, Andreas u. a.: Cyber Law, 1999, S. 16 ff.; Härting, Niko: Internetrecht, 1999, S. 35 ff.

halten sind, ergeben sich die Fragen, ab welchem Zeitpunkt Verträge rechtswirksam abgeschlossen sind und unter welchen Voraussetzungen die Bindung an geschlossene Verträge ausnahmsweise nicht besteht.

Vertrags-
schluss

Für den Vertragsschluss sind zwei übereinstimmende Willenserklärungen, Angebot und Annahme, erforderlich. Diese Willenserklärungen können in der Regel auch in elektronischer Form abgegeben werden. Der Zeitpunkt des Vertragsschlusses ist je nach Art der Ware verschieden: Bei nicht elektronisch reproduzierbaren Waren gibt der Kunde ein Angebot ab und das Unternehmen nimmt an. Bei elektronisch reproduzierbaren Waren liegt bereits in der Web-Seite des Unternehmens das Vertragsangebot und der Kunde erklärt mit dem Bestell-Click seine Annahme.

Lösung vom
Vertrag

Eine Lösung vom Vertrag ist nur unter ganz wenigen, engen Voraussetzungen möglich. Lediglich bei besonderen Anfechtungsgründen sind Willenserklärungen anfechtbar, was jedoch häufig Schadensersatzfolgen auslöst. Ein generelles Rücktritts- oder Umtauschrecht existiert nicht. Nur zum Beispiel im Falle des Verzugs oder bei bestimmten Verbrauchergeschäften[52] kann die Bindung an den Vertrag verloren gehen.

4.3.3   Europäische Regelungen des E-Commerce

In einer Tradition europäischer Vorschriften zum Verbraucherschutz steht die Richtlinie über den Verbraucherschutz bei Vertragsabschlüssen im Fernabsatz (Fernabsatzrichtlinie)[53].

4.3.3.1   Fernabsatzrichtlinie

Verbraucher-
schutz

Das europäische Recht will Verbraucher[54] unterstützen, den europäischen Binnenmarkt wahrzunehmen. Verbraucher sollen in jedem Mitgliedsstaat einen gleichen Grundbestand an Schutzregeln vorfinden, um die Abneigung gegen grenzüberschreitende

---

[52] Zum Beispiel bei Überrumpelungsgeschäften an der Haustür.

[53] Richtlinie 97/7/EG des Europäischen Parlaments und des Rates vom 20. Mai 1997 über den Verbraucherschutz bei Vertragsabschlüssen im Fernabsatz (Amtsblatt der Europäischen Gemeinschaften (AB). EG) Nr. L 144 S. 19).

[54] Wenn der Text die männliche Form gebraucht, so nur als Kurzform für beide Geschlechter.

Verträge zu überwinden. Das europäische Recht sieht Verbraucher dann als schutzbedürftig an, wenn sie mit einem beruflich oder geschäftlich handelnden Lieferer Geschäfte abschließen. Im Falle des Fernabsatzes wird das Schutzbedürfnis darin gesehen, dass Verbraucher mit dem Lieferer nur über Fernkommunikationsmittel Kontakt haben, die Ware nicht vor dem Kauf prüfen können und so dem Risiko einer falschen oder mit Mängeln versehenen Lieferung ausgesetzt sind.

B2C-Geschäfte (Business to Consumer)

Verbraucherschutzvorschriften sind nur in einer besonderen Konstellation von Geschäftspartnern anzuwenden. Nur die B2C-Geschäfte (Business to Consumer) werden geregelt. Die B2B-Geschäfte (Business to Business) oder C2C-Geschäfte (Consumer to Consumer) bleiben unberührt und den nationalen Rechtsordnungen überlassen.

Neben B2C als personenbezogener Anwendungsvoraussetzung muss als sachliche Voraussetzung hinzutreten, dass der Vertrag „im Rahmen eines für den Fernabsatz organisierten Vertriebs- bzw. Dienstleistungssystems geschlossen wird, wobei der Lieferer für den Vertrag bis zu dessen Abschluss einschließlich des Vertragsabschlusses selbst ausschließlich eine oder mehrere Fernkommunikationstechniken verwendet." Eine Fernkommunikationstechnik ist jedes Kommunikationsmittel, das zum Abschluss eines Vertrages ohne gleichzeitige körperliche Anwesenheit der Vertragsparteien eingesetzt werden kann. Dies sind Printmedien (zum Beispiel Versandhauskatalog), telefonische Kommunikation (zum Beispiel Telefon und Fax), Kommunikation über Fernsehen und Hörfunk (zum Beispiel Teleshopping) und Kommunikation im Internet (elektronische Post). Eine Reihe von Geschäftstypen sind allerdings ausgenommen: Finanzdienstleistungen (Homebanking), Immobiliengeschäfte, regelmäßige Lieferung von Lebensmitteln und anderes mehr.

Informations- pflichten des Lieferers

Zugunsten der Verbraucher bestimmt die Fernabsatzrichtlinie Informationspflichten des Lieferers, während der Verbraucher erweiterte Widerrufsrechte besitzt. Die Fernabsatzrichtlinie regelt nicht den Vertragsschluss, sondern fügt bei der Anbahnung des Vertrages Informationspflichten ein. Der Lieferer muss bereits vor Vertragsschluss unterrichten über seine Identität, wesentliche Eigenschaften der Ware oder der Dienstleistung, den Endpreis, Lieferkosten und anders mehr. Außerdem verlangt die Richtlinie die schriftliche Bestätigung bestimmter Informationen spätestens bei der Lieferung von Waren. Die Informationen müssen nicht schriftlich, sie können auch auf einem anderen für den Verbraucher verfügbaren dauerhaften Datenträger erteilt werden. Damit sind elektronische Formen der Bestätigung gemeint, die eine dauerhafte Speicherung beim Verbraucher ermöglichen, zum Beispiel E-Mails. Der Verbraucher kann den im Fernabsatz geschlossenen Vertrag innerhalb einer Frist von sieben Werktagen ohne Angabe von Gründen und ohne Strafzahlung widerrufen. Die Richtlinie will ein Lösen bereits geschlossener Verträge ermöglichen. Der Verbraucher muss nur die Kosten der Rücksendung der Ware tragen. Hat der Lieferer nicht die in der Bestätigung zu gebenden Informationen übermittelt, beträgt die Widerrufsfrist sogar drei Monate. Das Widerrufsrecht gilt allerdings nicht bei diversen Ausnahmen, genannt seien insbesondere Verträge zur Lieferung von Audio- oder Video-Aufzeichnungen oder Software, die vom Verbraucher entsiegelt worden sind.

4.3.3.2   Signaturrichtlinie

Am 30.11.1999 wurde die Richtlinie über gemeinschaftliche Rahmenbedingungen für elektronische Signaturen[55] verabschiedet[56]. Die Signaturrichtlinie erlaubt als Signiertechnik neben der digitalen Signatur (Zwei-Schlüssel-Prinzip) auch andere elektronische Signaturen, zum Beispiel den „elektronischen Fingerabdruck„[57]. Für abgestufte Sicherheitsbedürfnisse nennt sie einfache Signaturen, fortgeschrittene Signaturen und fortgeschrittene Signaturen mit qualifiziertem Zertifikat und sicherer Signaturerstellungseinheit. Die digitale Signatur deutscher Art ist als höchste Signierstufe mit enthalten. Allerdings ergibt sich als erster Unterschied, dass im deutschen Recht die weniger aufwändigen Signierstufen fehlten. Zweitens können Signaturen von jedweden Zertifizierungsstellen, auch solchen ohne staatliche Genehmigung, ausgegeben werden. Der Staat soll sich auf Kontrollrechte gegenüber den Zertifizierungsstellen beschränken. Drittens sind fortgeschrittene elektronische Signaturen der Schriftform gleichzustellen. In diesen Punkten war das deutsche Signaturgesetz anzupassen.

---

[55] ABl. EG 2000 Nr. L 13 S. 2.

[56] Dazu: Roßnagel, Alexander: Digitale Signaturen im europäischen elektronischen Geschäftsverkehr, Kommunikation und Recht 2000 S. 313 ff.; Börner, Fritjof u. a.: Der Internet-Rechtsberater, 1999, S. 91 ff.

[57] Hoffmann, H.: Die Entwicklung des Internet-Rechts, Beilage zu Neue juristische Wochenschrift Heft 14/2001, S. 13.

4.3.3.3   E-Commerce-Richtlinie

Am 8 6. 2000 haben das Europäische Parlament und der Rat die Richtlinie 2000/13/EG über bestimmte rechtliche Aspekte der Dienste der Informationsgesellschaft, insbesondere des elektronischen Geschäftsverkehrs im Binnenmarkt (im Folgenden: E-Commerce-Richtlinie)[58] verabschiedet. Sie ist bis 16. 1. 2002 in deutsches Recht umzusetzen. Die Richtlinie strebt keine Gesamtlösung aller denkbaren Rechtsfragen auf europäischer Ebene an. Vielmehr werden nur punktuell einige Bereiche erfasst, in denen ein besonderer Regelungsbedarf gesehen wurde, um für den europäischen Binnenmarkt einheitliche Rahmenbedingungen des E-Commerce zu schaffen[59].

Herkunfts-landprinzip

Der herausragende Inhalt ist, dass Diensteanbieter sich nicht jeweilig nach dem Recht des Landes richten müssen, in dem ihr Dienst empfangen wird. Wegen der national unterschiedlichen Regeln zum Beispiel für Werbung, Rabatte oder Zugaben müsste ein Anbieter sonst für jeden Staat unterschiedliche Seiten erstellen. Der freie Binnenmarkt wäre erheblich behindert. Statt dessen haben Diensteanbieter grundsätzlich nur die im Land ihrer Niederlassung geltenden nationalen Vorschriften zu beachten (Herkunftslandprinzip). Des Weiteren dürfen Dienste nicht zulassungspflichtig gemacht werden (Grundsatz der Zulassungsfreiheit). Diensteanbieter müssen den Kunden eine Reihe von Informationen leicht, unmittelbar und ständig verfügbar machen: Name und geographische Anschrift des Diensteanbieters, Adresse der elektronischen Post, Handelsregistereintrag, zuständige Aufsichtsbehörde, Mehrwertsteuernummer sowie klare Angaben zu den Preisen (Transparenzpflichten). Der Abschluss von Verträgen auf elektronischem Wege darf von den EU-Mitgliedsstaaten nicht behindert werden. Der Diensteanbieter hat den Eingang der Bestellung des Kunden unverzüglich auf elektronischem Wege zu bestätigen, damit der Kunde Gewissheit bekommt, dass die Bestellung beim Adressaten angekommen ist. Er muss dem Kunden angemessene und wirksame Mittel zur Verfügung stellen, mit de-

---

[58] ABl. EG Nr. L 178/1.

[59] Vgl. Härting, Niko: Umsetzung der E-Commerce-Richtlinie, Der Betrieb 2001, S. 80; Bröhl, Georg: EGG – Gesetz über rechtliche Rahmenbedingungen des elektronischen Geschäftsverkehrs, Multimedia und Recht 2001, S. 67 mit weiteren Nachweisen zur Literatur über den Inhalt der Richtlinie.

nen er Eingabefehler vor Abgabe der Bestellung erkennen und korrigieren kann. Die Richtlinie betrifft außerdem die Verantwortlichkeit des Diensteanbieters für fremde Inhalte im Falle reiner Durchleitung sowie bei Caching und Hosting[60]. Schließlich wird zur effektiven Einhaltung des Richtlinieninhalts verlangt, dass die Mitgliedstaaten innerstaatliche Rechtsvorschriften ändern müssen, die die Beilegung von Streitigkeiten auf elektronischem Wege behindern können.

Einen Überblick des Richtilinieninhalts vermittelt die folgende Tabelle.

Artikel	Inhalt
3 Abs. 1	Herkunftslandprinzip = Diensteanbieter haben grundsätzlich nur die innerstaatlichen Vorschriften des Mitgliedsstaates zu beachten, in dem sie niedergelassen sind.
4 Abs. 1	Zulassungsfreiheit für Diensteanbieter = keine Anmeldung oder Genehmigung erforderlich.
5, 6 und 10	Transparenzpflichten = bestimmte Mindestinformationen müssen dem Kunden gegeben werden.
6 und 7	Zulässigkeit von Werbung und anderer kommerzieller Kommunikation
9 - 11	Abschluss von elektronischen Verträgen
12 - 15	Verantwortlichkeit der Diensteanbieter
16 bis 20	Umsetzungshilfen: Verhaltenskodizes von Verbänden, Streitschlichtung, Klagemöglichkeiten

Tabelle 4.2: Wichtige Regelungsinhalte der E-Commerce-Richtlinie

Europäisches Regelwerk Auf europäischer Ebene wurde damit nur ein höchst bruchstückhaftes Regelwerk für E-Commerce geschaffen. Ärgerlich ist die Unübersichtlichkeit, dadurch dass neben der umfangreichen E-Commerce-Richtlinie eine Vielzahl weiterer europäischer Regelungen entstehen: Die Signaturrichtlinie, die Fernabsatzrichtlinie,

---

[60] Zu den Unterschieden zur deutschen Rechtslage nach § 5 Teledienstgesetz: Pankoke, Stefan: Von der Presse-L zur Providerhaftung, 2000, S. 109 ff.

hier nicht erwähnte Regelungen zum Gerichtsstand[61] und vieles mehr. Diese Richtlinien unterscheiden sich bereits beim persönlichen Anwendungsbereich. Während die Fernabsatzrichtlinie nur B2C erfasst, sind bei der Signatur- und E-Commerce-Richtlinie auch B2B und C2C mit erfasst. Nach beiden Richtlinien haben Diensteanbieter Informationspflichten zu beachten. Die Kataloge der Informationspflichten sind jedoch nicht deckungsgleich, so dass je nach Adressat des Dienstes unterschiedliche Informationspflichten gelten[62].

Diese differenzierten europäischen Vorgaben sind in ein deutsches Recht umzusetzen, welches ohnehin bereits höchst komplex ist.

4.3.4   Auswirkungen auf das deutsche Recht

4.3.4.1   Fernabsatzgesetz

**Fernabsatz-
gesetz**

Zur Umsetzung der Fernabsatzrichtlinie wurde im Juni 2000 unter anderem das BGB geändert und ein Fernabsatzgesetz (FernAbsG)[63] geschaffen. Während das Fernabsatzgesetz den Begriff des Fernabsatzes und die Voraussetzungen für die Lösung von Fernabsatzverträgen regelt, sind zentral im BGB die Begriffe Unternehmer – Verbraucher und die Auflösung von verbraucherrechtlichen Verträgen aufgenommen worden. Zum Verständnis des Fernabsatzrechts sind daher das FernAbsG und das BGB in Kombination heranzuziehen.

---

[61] Verordnung (EG) des Rates über die gerichtliche Zuständigkeit und die Anerkennung und Vollstreckung von Entscheidungen in Zivil- und Handelssachen, Amtsblatt der EG 2001 Nr. L 12 S. 1.

[62] Die Informationspflichten der E-Commerce-Richtlinie bilden die Grundlage, zu denen die Informationspflichten der Fernabsatzrichtlinie ergänzend hinzukommen. Allerdings ist die E-Commerce-Richtlinie umgekehrt weitergehend, wenn sie die geographische Anschrift fordert, während bei der Fernabsatzrichtlinie eine Postfachadresse ausreicht.

[63] Artikel 1 des Gesetzes vom 27.6.2000 über Fernabsatzverträge und andere Fragen des Verbraucherrechts sowie zur Umstellung von Vorschriften auf Euro, BGBl I 2000, 897. Dazu: Piepenbrock, Hermann/Schmitz, Peter: Fernabsatzgesetz, Kommunikation & Recht 2000, S. 378 ff.

Das Fernabsatzgesetz schafft neue Möglichkeiten, sich von einem bereits abgeschlossenen Vertrag zu lösen[64], unabhängig von einem individuellem Schutzbedürfnis allein aufgrund einer Unternehmer-Verbraucher-Konstellation. Der Begriff „Lieferer" der Fernabsatzrichtlinie ist durch den Begriff „Unternehmer" ersetzt worden.

Fernabsatz-
verträge

Sachlich anwendbar ist das neue Recht auf die Bereiche, die die Richtlinie vorgibt. Gegenstand von Fernabsatzverträgen kann die Lieferung von Waren oder die Erbringung von Dienstleistungen sein. Die Vertriebsform muss ausschließlich mit Fernkommunikationsmitteln und im Rahmen eines für den Fernabsatz organisierten Vertriebs- oder Dienstleistungssystems erfolgen. Ausgenommen

- sind Geschäfte, in denen beispielsweise das Vertragsangebot im Laden erfolgte und die Annahme online erging oder

- wenn Geschäfte üblicherweise im Ladengeschäft und nur bei Gelegenheit einmal ausnahmsweise rein mit Fernkommunikationsmitteln zustande kommen.

- Als weitere Ausnahmen nennt § 1 Abs. 3 FernAbsG unter anderem: Fernunterrichtsverträge, bestimmte Verträge über Lebensmittel und Gegenstände des täglichen Bedarfs und Benutzung von öffentlichen Fernsprechern.

Informations-
pflichten des
Unternehmers

Zum Schutz der Verbraucher sind Informationspflichten des Unternehmers vorgesehen. Für den Verbraucher muss der kommerzielle Charakter der Kommunikation und die Identität des Unternehmers eindeutig erkennbar sein. Weitere Informationspflichten betreffen wesentliche Merkmale der Ware oder Dienstleistung, den Endpreis und anderes mehr[65]. Der Unternehmer hat einen

---

[64] Hierzu und zum Folgenden vgl. Bülow, Peter/Artz, Markus: Fernabsatzverträge und Strukturen eines Verbraucherprivatrechts im BGB, Neue Juristische Wochenschrift 2000, S. 2049 ff.; Reich, Norbert/Nordhausen, Annette: Verbraucher und Recht im elektronischen Geschäftsverkehr, 2000, S. 37 ff.

[65] § 2 Abs. 2 FernAbsG nennt: Anschrift des Unternehmers, gegebenenfalls die Mindestlaufzeit des Vertrages, einen eventuellen Vorbehalt der Lieferung einer gleichwertigen Sache oder Nichtlieferungsvorbehalt, eventuelle zusätzliche Liefer- und Versandkosten, Kosten der Fernkommunikation, Zahlungs-, Lieferungs- und Erfüllungsbedingungen, die Gültigkeitsdauer bei befristeten Angeboten und das Bestehen eines Wider-

Teil dieser Informationen alsbald, spätestens bis zur vollständigen Vertragserfüllung, bei Waren spätestens bei Lieferung an den Verbraucher, auf einem dauerhaften Datenträger zur Verfügung zu stellen.

Ein „dauerhafter Datenträger„ ist nach § 361 a BGB gegeben, wenn die Informationen in einer Urkunde oder in anderen lesbaren Form zugegangen sind, die dem Verbraucher für eine den Erfordernissen des Rechtsgeschäfts entsprechende Zeit die inhaltlich unveränderte Wiedergabe der Information erlaubt. Zuwenig Sicherheit für den Verbraucher bieten Vertragsbestimmungen auf nur temporär abgespeicherten Websites, die ohne bewussten Speicherbefehl wieder verschwinden und bei Reklamationen nicht mehr auffindbar wären. Eine elektronische Form wie eine E-Mail erlaubt dem Verbraucher indes eine genügend dauerhafte Information. Allerdings muss der Unternehmer im Streitfalle den Zugang dieser elektronisch übermittelten Informationen nachweisen können, was er nur im Falle digitaler Signaturen mit Zeitstempel zweifelsfrei erbringen kann.

Widerrufs-recht

Als Rechtsfolge des Fernabsatzvertrages regelt § 361a BGB ein Widerrufsrecht. Der Vertrag ist wirksam, allerdings kann der Verbraucher ihn mit einer Widerrufserklärung nachträglich aufheben. Die Widerrufsfrist der Richtlinie von sieben Werktagen wurde im BGB in eine Frist von zwei Wochen umgesetzt, um eine einfachere Fristberechnung zu ermöglichen. Unterbleiben die vorgeschriebenen Informationen, so ist der Vertrag nicht nichtig, allerdings erlischt das Widerrufsrecht erst nach maximal vier Monaten[66]. Die Ausnahmen vom Widerrufsrecht regelt § 3 Abs. 2 FernAbsG, sie entsprechen der Richtlinie. Anstelle des Widerrufsrechts kann zwischen den Vertragspartnern ein Rückgaberecht, § 361b BGB, vereinbart werden.

Die Konsequenz des Fernabsatzrechts ist zunächst eine große Unübersichtlichkeit: Es gilt nur in der Unternehmer-Verbraucher-Konstellation, vielerlei Ausnahmen bestehen, die Informationspflichten sind komplex, deren Rechtsfolgen sind ebenfalls aus-

---

rufs- und Rückgaberechts.

[66] Bei Waren gerechnet ab ihrem Eingang beim Empfänger, bei Dienstleistungen ab Vertragsschluss oder wenn der Unternehmer mit der Ausführung der Dienstleistung mit Zustimmung vor Ende der Widerrufsfrist begonnen hat oder der Verbraucher diese selbst veranlasst hat.

nahmereich mit den Widerrufsmöglichkeiten verknüpft, und das Ganze ist auf zwei Gesetze verteilt.

In der Praxis ist festzustellen, dass sehr viele Internet-Angebote die Informationspflichten nicht aufgenommen haben. Auch wegen mangelnder Kenntnis der Verbraucher läuft das Fernabsatzrecht weitgehend leer. Auf längere Sicht werden jedoch immer mehr Verbraucher ihre Rechte kennen und das bis zu viermonatige Widerrufsrecht kann zu unverhofften und kostenträchtigen Stornierungen führen, wenn ein Unternehmer an einen kundigen Verbraucher gerät. Daher sollten Unternehmer bei Online-Angeboten insbesondere die Informationspflichten ernst nehmen. Sie sollten dabei folgende Schritte prüfen:

1. Ist das Angebot an Verbraucher gerichtet? Wenn ja:

2. Ist die Vertriebsform ausschließlich auf Fernkommunikationsmittel gestützt? Wenn ja:

3. Betrifft das Geschäft eine Ausnahme des Anwendungsbereichs nach § 1 Abs. 3 FernAbsG? Wenn nein:

4. Ist der kommerzielle Charakter und die Anschrift eindeutig angegeben?

5. Sind die weiteren Informationspflichten für dieses Geschäft einschlägig und erfüllt?

6. Sind die erforderlichen Informationen rechtzeitig und auf einem dauerhaften Datenträger dem Verbraucher zur Verfügung gestellt worden?

7. Sind die in § 2 Abs. 3 Satz 2 FernAbsG genannten Informationen hervorgehoben und deutlich gestaltet worden?

8. Ist die Einhaltung der Anforderungen der Schritte 4 bis 7 so dokumentiert und so erfolgt, dass sie im Streitfall vor Gericht belegt werden kann?

4.3.4.2   Signaturgesetz

Durch Gesetz vom 16. 5. 2001 wurde das Signaturgesetz an die EG-Signaturrichtlinie angepasst[67]. Das Signaturgesetz umfasst nunmehr mit sich steigernden Sicherheitsmerkmalen „elektronische Signaturen", „fortgeschrittene elektronische Signaturen" und

---

[67] Art. 1 des Gesetzes über Rahmenbedingungen für elektronische Signaturen und zur Änderung weiterer Vorschriften, BGBl. I S. 876.

„qualifizierte elektronische Signaturen"[68]. Die qualifizierte Version entspricht dem früheren alleinigen Standard des Signaturgesetzes. Der Betrieb eines Zertifizierungsdienstes ist an Voraussetzungen geknüpft und anzuzeigen, aber nicht mehr genehmigungspflichtig. Lediglich ein Aufsichtssystem für sporadische Kontrollen wurde eingerichtet[69]. Anbieter von Zertifizierungsdiensten können sich freiwillig akkreditieren lassen, um ein Gütezeichen der zuständigen Behörde zu erwerben. Dieses „Premium-Niveau" soll es Anbietern erlauben, sich mit dem Qualitätssiegel „Made in Germany" von europäischen Konkurrenten zu unterscheiden[70]. Ferner werden Voraussetzungen an „Signaturerstellungseinheiten„ definiert, also derzeit an die Sicherheit von Kartenlesegeräten.

Unter welchen Voraussetzungen elektronisch signierte Dokumente der Schriftform gleichkommen, hat das Signaturgesetz weiterhin nicht geregelt. Zu diesem Zweck soll, siehe unten, das BGB verändert werden.

4.3.4.3   Umsetzung der E-Commerce-Richtlinie

Die Umsetzung der E-Commerce-Richtlinie muss bis zum 17. 1. 2002 erfolgen. Der Umsetzungsbedarf allein dieser Richtlinie verteilt sich in Deutschland auf viele Gesetze von Bund und Ländern. Neben dem Bundestag werden sich auch alle Länderparlamente damit befassen müssen, um den Mediendienste-Staatsvertrag zu ändern. Diese Länderregelungen sollen mit den Änderungen des Bundesrechts inhalts- und wortgleich sein und zeitgleich in Kraft treten.

Bundesgesetz-gebung

Auf Bundesebene sind sowohl die Regelungen der Internetdienste (TDG und MDStV) zu ändern als auch das Recht der einzelnen Rechtsgeschäfte zum Beispiel im BGB bis hin zu einzelnen prozessrechtlichen Vorschriften in der Zivilprozessordnung. Die Änderungen erfolgen nicht in einem gesetzgeberischen Zug, sondern befinden sich zeitversetzt auf parallelen Gleisen. Manche Teile der E-Commerce-Richtlinie werden bereits bald in deut-

---

[68] Siehe im Einzelnen: Roßnagel, Alexander. Auf dem Weg zu neuen Signaturregelungen, Multimedia und Recht 2000, S. 451 ff.

[69] Skeptisch zu dessen Wirksamkeit: Roßnagel, Alexander: Das neue Signaturgesetz, Multimedia und Recht 2001, S. 201.

[70] Roßnagel, Alexander: Das neue Signaturgesetz, Multimedia und Recht 2001, S. 201 f.

sches Recht umgesetzt sein, während sich andere Änderungsvorhaben noch im Gesetzgebungsverfahren befinden. Derzeit sind vier Züge mit teils mehreren Waggons unterwegs:

1. Von der Bundesregierung beschlossen ist der Entwurf eines Gesetzes über rechtliche Rahmenbedingungen des elektronischen Geschäftsverkehrs (EGG)[71]. Das EGG fasst als so genanntes Artikelgesetz die Änderungen anderer Gesetze zusammen, ohne selbst eigene Inhalte zu setzen. Daher muss man eine Detailstufe tiefer in die einzelnen Artikel des EGG-Entwurfs einsteigen, um die zu ändernden Gesetze zu ersehen.

2. Informationspflichten und die Abgabe einer Bestellung behandelt ein Entwurf eines Gesetzes zur Modernisierung des Schuldrechts (Schuldrechtsmodernisierungsgesetz). Diesen sehr umfangreichen Gesetzentwurf hat das Bundeskabinett im Mai 2001 beschlossen[72].

3. Zum dritten wurde die elektronische Form in das Bürgerliche Gesetzbuch (BGB) eingeführt werden durch das „Gesetz zur Anpassung der Formvorschriften des Privatrechts und anderer Vorschriften an den modernen Rechtsgeschäftsverkehr"[73].

Gesetzgebungsvorhaben		befasst sich mit E-Commerce-RL	ändert deutsches Gesetz
EGG	Art. I	Herkunftslandprinzip	TDG
EGG	Art. I	Zulassungsfreiheit für Diensteanbieter	TDG
EGG	Art. I	Zulässigkeit von Werbung und anderer kommerzieller Kommunikation	TDG
EGG	Art. I	Verantwortlichkeit der Diensteanbieter	TDG
EGG	Art. II	Streitschlichtung	Zivilprozess-

---

[71] Bundesrats-Drucksache 136/01.

[72] Bundesrats-Drucksache 338/01.

[73] Vom 13.7.2001, BGBl I S. 1542.

			ordnung
EGG	Art. III	Datenschutz	Teledienst-Datenschutz-gesetz
EGG	Art. I		TDG
Schuldrechts-modernisie-rungsgesetz	Art. I	Transparenzpflichten	BGB
Schuldrechts-modernisie-rungsgesetz	Art. I	Abgabe einer Bestel-lung	BGB
Gesetz zur An-passung der Formvorschrif-ten des Privat-rechts ...		Abschluss von Ver-trägen	BGB und an-dere privat-rechtliche Ge-setze

Tabelle 4.3: Laufende bundesrechtliche Vorhaben zur Umsetzung der E-Commerce-Richtlinie

4.3.4.3.1   Änderung durch das EGG

Das EGG wird vor allem das Teledienstgesetz ändern. Das Herkunftslandprinzip soll in § 4 Abs. 1 und 2 TDG verankert werden. Es folgt dem Grundsatz der gegenseitigen Anerkennung nationaler Vorschriften, der für den EU-Binnenmarkt kennzeich-
nend ist. Er besagt, dass ein in Deutschland niedergelassener
Anbieter nur den deutschen Anforderungen und der deutschen
Aufsicht unterliegt, auch wenn er im EG-Ausland Teledienste anbietet. Wenn vergleichsweise strenge nationale Anforderungen
bestehen bleiben, werden deutsche Anbieter im globalen
E Commerce-Markt benachteiligt. Aus diesem Grund werden bereits die nationalen Beschränkungen zur Rabatt- und Zugaben-
gewährung gestrichen[74]. Umgekehrt unterliegt ein EG-
ausländischer Anbieter nur den Bestimmungen seines Herkunfts-
staats, auch wenn er in Deutschland anbietet. Ausnahmen sieht

---

[74] Vgl. Gesetzentwurf Bundestags-Drucksache 14/5594.

§ 4 Abs. 3 bis 5 TDG allerdings in großer Zahl vor[75]. Hier bleibt es bei rein nationaler Regelung, so dass sich in diesen Fällen auch ausländische Anbieter nach deutschem Recht richten müssen.

Herkunfts-landprinzip

Für das Herkunftslandprinzip ist entscheidend, wo der Diensteanbieter seine Niederlassung hat. Wenn der Ort des Servers als Niederlassung ausreicht, würde er im EU-Mitgliedsstaat mit den geringsten Anforderungen aufgestellt und der Diensteanbieter würde lediglich nach dem Recht dieses Staates beurteilt. Der Niederlassungsbegriff ist jedoch daran geknüpft, dass jemand eine Wirtschaftstätigkeit tatsächlich ausübt mittels einer festen Einrichtung auf unbestimmte Zeit. Das Vorhandensein technischer Mittel, die zum Anbieten des Dienstes erforderlich sind, begründet allein keine Niederlassung des Anbieters. Damit reicht der Server im fremden Staat nicht aus, wenn die tatsächliche Wirtschaftstätigkeit in Deutschland stattfindet.

Nach § 5 TDG sind Teledienste im Rahmen der Gesetze zulassungs- und anmeldefrei.

Transparenz-pflichten

Die Transparenzpflichten werden in § 6 TDG übernommen, insbesondere muss die Identität des Anbieters und der Ort seiner Niederlassung angegeben werden. Nur so kann der Kunde im Konfliktfall das Herkunftsland und die dort geltenden Vorschriften feststellen, um seine Rechte gegenüber dem Diensteanbieter verfolgen zu können. Weitergehende Informationspflichten, insbesondere nach dem Fernabsatzgesetz, bleiben unberührt. Die Mindestanforderungen bei kommerzieller Kommunikationen, insbesondere Werbung, sind in § 7 TDG eingefügt. Werden sie verletzt, sind Sanktionen nach dem Gesetz gegen den unlauteren Wettbewerb möglich.

---

[75] Dazu zählen die Freiheit der Rechtswahl, Vorschriften für Verbraucherverträge, grundstücksbezogene Formvorschriften, Unzulässigkeit nicht angeforderter Werbe-E-Mails, Tätigkeit von Notaren, Vertretung von Mandanten, Gewinnspiele, Besteuerung, Verteildienste, kartellrechtliche Fragen und das Datenschutzrecht. In weiteren Fällen ist ein besonderes Verfahren unter Beteiligung der Kommission durchzuführen: Beeinträchtigung der öffentlichen Sicherheit und Ordnung, der öffentlichen Gesundheit sowie der Interessen der Verbraucher und des Schutzes von Anlegern.

Die Verantwortlichkeit der Diensteanbieter, bislang § 5 TDG, soll mit leichten inhaltlichen Modifikationen zukünftig detailliert von §§ 8 bis 11 TDG geregelt sein76.

Im Artikel 2 des EGG wird § 1031 Abs. 5 der Zivilprozessordnung neu gefasst. Um elektronische Formen von Schlichtungsvereinbarungen nicht zu benachteiligen, bestimmt die Neufassung, dass bei Schiedsvereinbarungen die schriftliche Form durch die elektronische Form nach § 126 a BGB ersetzt werden kann.

4.3.4.3.2   Änderung durch das Gesetz zur Modernisierung des Schuldrechts

Der Entwurf eines Schuldrechtsmodernisierungsgesetzes[77] soll die auf einzelne Rechtsgeschäfte bezogenen Passagen der E-Commerce-Richtlinie umsetzen. Dies macht nur den geringsten Teil des Entwurfs aus. Er will zwei weitere EG-Richtlinien mit umsetzen[78], die in den letzten Jahrzehnten diskutierten Probleme des BGB im Verjährungsrecht, bei Zinsen, Verzug, Leistungsstörungen, im Kaufrecht und Werkvertragsrecht[79] beheben sowie alle vertragsrechtlichen Sondergesetze[80] neben dem BGB aufzuheben und in das BGB bzw. sein Einführungsgesetz zu integrieren.. Der 685 Seiten starke Entwurf ist derart komplex und hochumstritten[81], dass er hier nicht darstellbar ist. Mit einer Verabschiedung ist, wenn überhaupt, erst im Jahr 2002 zu rechnen.

---

[76] Vgl. Bröhl, Georg: EGG – Gesetz über rechtliche Rahmenbedingungen des elektronischen Geschäftsverkehrs, Multimedia und Recht 2001, 71.

[77] Bundesrats-Drucksache 338/01.

[78] Richtlinie 1999/44/EG zu bestimmten Aspekten des Verbrauchsgüterkaufs und der Garantien für Verbrauchsgüter, ABl. EG Nr. L 171 S. 12 sowie Richtlinie 2000/35/EG zur Bekämpfung von Zahlungsverzug im Geschäftsverkehr, ABl. EG Nr. L 200 S. 35.

[79] Dazu liegen neben vielen Einzeläußerungen umfangreiche Vorschläge einer Schuldrechtsreformkommission vor.

[80] Dieses sind: Haustürwiderrufsgesetz, Verbraucherkreditgesetz, Fernabsatzgesetz, Teilzeit-Wohnrechtegesetz, Diskontsatz-Überleitungs-Gesetz, FIBOR-Überleitungs-Verordnung, Lombardsatz-Überleitungs-Verordnung, Basiszinssatz-Bezugsgrößen-Verordnung sowie wesentliche Teile des Gesetzes über Allgemeine Geschäftsbedingungen.

[81] Vgl. mit weiteren Nachweisen Brüggemeier, Gert/Reich, Norbert: Eu-

In unserem Zusammenhang ist von Bedeutung, dass das erst im Jahr 2000 geschaffene Fernabsatzgesetz aufgehoben und in das BGB, §§ 312b ff., integriert werden soll[82]. Dies wird der Übersichtlichkeit dienen, denn die Umsetzung der Fernabsatzrichtlinie hat nur bei den Begriffen Verbraucher und Unternehmer sowie beim Widerrufs- und Rücktrittsrecht zu einheitlichen BGB-Regeln geführt. Der Gesetzentwurf unterscheidet entsprechend den unterschiedlichen Anforderungen der Fernabsatz- und der E-Commerce-Richtlinie zwischen Fernabsatzverträgen und Verträgen im elektronischen Geschäftsverkehr. Der Begriff des Fernabsatzvertrages, § 321b, umfasst die „unter ausschließlicher Verwendung von Fernkommunikationsmitteln" abgeschlossenen Verträge, wobei unter Fernkommunikationsmittel neben Internet-Dienste auch Printmedien, Telefon sowie Hörfunk und Fernsehen fallen. Die Unterrichtung des Verbrauchers bei diesen Fernabsatzverträgen regelt § 312c BGB mit detaillierten Informationspflichten und dem Verweis auf nähere Bestimmungen einer Verordnung. Das fernabsatzrechtliche Widerrufsrecht soll im BGB, § 312d, in Details neu ausgestaltet werden[83].

Vertrag im elektronischen Geschäftsverkehr

Der Begriff des „Vertrags im elektronischen Geschäftsverkehr" wird in § 312e Abs. 1 so definiert, dass „sich ein Unternehmer zum Zwecke des Abschlusses eines Vertrags über die Lieferung von Waren oder über die Erbringung von Dienstleistungen eines Tele- oder Mediendienstes ... bedient". Im Gegensatz zu Fernabsatzverträgen sind Printmedien, Telefon, Hörfunk und Fernsehen nicht erfasst. Die Folge ist eine erhebliche Konfusion[84], die allerdings durch die EU-Richtlinien vorgegeben ist. Bei den Verträgen

---

ropäisierung des BGB durch große Schuldrechtsreform?, Betriebs-Berater 2001, 213 ff.

[82] Zum Diskussionsentwurf: Micklitz, Hans-W.: Fernabsatz und E-Commerce im Schuldrechtsmodernisierungsgesetz, Europäische Zeitschrift für Wirtschaftsrecht 2001, S. 133 ff.

[83] Brüggemeier, Gert/Reich, Norbert: Europäisierung des BGB durch große Schuldrechtsreform?, Betriebs-Berater 2001, 219 sehen zusätzliche Kostenlasten der Verbraucher als Verstoß gegen die Fernabsatzrichtlinie an.

[84] Micklitz, Hans-W.: Fernabsatz und E-Commerce im Schuldrechtsmodernisierungsgesetz, Europäische Zeitschrift für Wirtschaftsrecht 2001, S. 137.

im elektronischen Geschäftsverkehr[85] hat der Unternehmer gegenüber dem Kunden verschiedene Pflichten zu erfüllen:

- technische Mittel zur Verfügung zu stellen, mit deren Hilfe der Kunde Eingabefehler vor Abgabe seiner Bestellung erkennen und berichtigen kann,

- rechtzeitig vor Abgabe der Bestellung die in einer Verordnung bestimmten Informationen zu erteilen,

- den Zugang der Bestellung unverzüglich auf elektronischem Wege zu bestätigen und

- die Möglichkeit zu verschaffen, die Vertragsbestimmungen einschließlich der einbezogenen Allgemeinen Geschäftsbedingungen alsbald ... abzurufen und in wiedergabefähiger Form zu speichern.

Design von E-Commerce-Angeboten

Die eben genannten Vorgaben wirken sich auf das Design von E-Commerce-Angeboten aus. Ein technisches Mittel zur Eingabefehlererkennung und –beseitigung ist zum Beispiel, Bestellungen zunächst in einen „Warenkorb„ abzulegen und erst nach nochmaligem Lesen und Korrekturmöglichkeit des Verbrauchers versenden zu lassen. Außerdem muss der Unternehmer der anderen Partei den Eingang der elektronischen Bestellung unverzüglich bestätigen. Wenn Geschäftsbeziehungen die Unternehmer-Verbraucher-Konstellation aufweisen und nur über dafür eingerichtete Fernkommunikationsmittel erfolgen, gelten zusätzlich die oben angegebenen Regeln für Fernabsatzgeschäfte. Das Nebeneinander von Fernabsatzgesetz und BGB wird also aufgegeben, es folgt jedoch das Nebeneinander von Fernabsatzvertrag und Vertrag im elektronischem Geschäftsverkehr im BGB! Unterbliebene Informationen des Unternehmers berühren zwar nicht die Wirksamkeit des Vertrages, aber sie können Anfechtungsmöglichkeiten, Schadensersatzpflichten und Unterlassungsklagen nach sich ziehen[86]. Durch diesen Punkt werden die Informationspflichten des EG-Rechtes bald für jeden Diensteanbieter eine höhere Bedeutung erlangen. Denn wenn unterbliebene Informationen aufwändige und teure Abmahnungen oder Unterlassungsklagen nach sich ziehen können, wird jeder Diensteanbieter be-

---

[85] Ausnahmen sind in § 321e Abs. 2 geregelt.

[86] Siehe Begründung des Entwurfs, Bundesrats-Drucksache 338/01, S. 399 ff.

dacht sein müssen, von sich aus die Informationspflichten zu beachten.

4.3.4.3.3   Gesetz zur Anpassung der Formvorschriften

Trotz der Änderung des Signaturgesetzes vom Mai 2001 galt weiterhin: Ein elektronisch zustande gekommener Vertrag war rechtlich nicht der Schriftform gleichgestellt. Art. 9 der E-Commerce-Richtlinie verlangt jedoch, dass die für den Vertragsabschluss geltenden nationalen Rechtsvorschriften keine Hindernisse für die Verwendung elektronischer Verträge bilden dürfen. Deutsche Schriftformhindernisse beseitigte das „Gesetz zur Anpassung der Formvorschriften des Privatrechts ..."[87], das den maßgeblichen § 126 BGB änderte. Das Gesetz ersetzt nicht generell die Schriftform durch digitale Unterschriften. Nur bei Benutzung einer „qualifizierten" elektronische Signatur ist die elektronische Form der Schriftform gleichgestellt, § 126 a BGB. Bei behördlichen Vorgängen (E-Government) können sogar noch erhöhte Anforderungen gestellt werden. Die Benutzung schwächerer oder gar keiner Signaturen führt zur „Textform" des § 126 b BGB, die für einige im BGB bestimmte Vertragsinhalte gesetzlich eingeführt wird. Diese „Textform" soll für weniger bedeutende oder für Massengeschäfte die eigenhändige Unterschrift entbehrlich machen[88]. Somit gäbe es künftig in Deutschland vier Abstufungen der Vertragsform:

- Wenn gesetzlich oder vertraglich nicht anderes bestimmt ist, können Verträge formlos, also auch elektronisch, abgeschlossen werden.

- Ist gesetzlich oder vertraglich „Textform" vorgesehen, muss der Text in Schriftzeichen lesbar, die Person des Erklärenden erkennbar sein und die Erklärung beim Empfänger jederzeit durch Umwandlung in Schriftzeichen lesbar gemacht werden können. Die Textform könnte für Geschäfte mit geringerem Sicherheitsbedarf zum Regelfall werden.

---

[87] Bundesrats-Drucksache 535/00. Zum Entwurf siehe: Müglich, Andreas: Neue Formvorschriften für den E-Commerce, Multimedia und Recht 2000, S. 7 ff.

[88] Bundesrats-Drucksache 535/00, S. 20.

- Sieht das Gesetz oder ein Vertrag die „Schriftform" vor, muss das elektronische Dokument mit einer qualifizierten elektronischen Signatur versehen sein.

- Für Erklärungen im öffentlichen Bereich werden erhöhte Anforderungen eingeführt werden.

4.3.5   Schlussbemerkungen

E-Commerce Rechtsrahmen

E-Commerce befindet sich in stürmischer Entwicklung – sein Rechtsrahmen ebenfalls. Im Jahr 1997 hatte Deutschland mit dem IuKDG wegweisend einen Rechtsrahmen für Diensteanbieter im E-Commerce geschaffen. Allerdings blieb die Regelung unvollständig, weil zum Beispiel die Rechtsfolgen digitaler Signaturen nicht festgelegt wurden. Seither hat die EU durch diverse Richtlinien da und dort massive Pflöcke eingeschlagen, die in das deutsche Recht verpflanzt werden müssen. Heute, Mitte 2001, steht der Rechtsrahmen für E-Commerce in Deutschland in einer Umbruchphase. Wenn sich der Nebel über den diversen Gesetzgebungsverfahren lichtet, werden sich nach und nach einige neue und viele geänderte Anforderungen an Diensteanbieter ergeben. Zumindest für den Raum der Europäischen Union werden die rechtlichen Rahmenbedingungen des E-Commerce ein Stück weit vereinheitlicht sein. Es ist zu hoffen, dass die neuen Regeln möglichst bald in der Praxis Eingang finden.

Autor:	Prof. Dr. Christian Schrader, Fachhochschule Fulda, Fachbereich Sozial- und Kulturwissenschaften, Marquardstr. 35, 36039 Fulda.
Email:	Christian.Schrader@sk.fh-fulda.de
Web:	www.fh-fulda.de/fb/sk/professoren/schrader/index.htm

E-Business-Anwendungen

Erst durch die Anwendungen wird das E-Business für die Unternehmen interessant. Hier liegen die Leistungspotenziale für neue innovative Dienste direkt im Blickfeld. Damit werden die Manager, die im Unternehmen mit den Entscheidungen zur Weiterentwicklung der anzubietenden Dienste betraut sind, umfassend in ihrer Kompetenz gefordert, die hier enthaltenen Möglichkeiten im Unternehmen auch praktikabel umzusetzen. Die E-Business-Anwendungen bieten interessante neue Aspekte, die heute für die Diskussion neuer Lösungen in Unternehmen für Viele von Bedeutung sind.

Inhalt

Hier sind mehrere unterschiedliche Blickrichtungen auf E-Business-Anwendungen z. B. auch branchenspezifisch und branchenneutral, möglich. Aus individueller Sicht der Autoren sind hier die Schwerpunkte ohne konkrete Branchenausrichtung angeboten:

- Multimedia-Technologien im E-Business

- Knowledge-Management

- E-Learning

- Virtuelle Gemeinschaften

Multimedia-Technologie im E-Business

Multimedia-Technologien sind heute bereits weit verbreitet. Mit den neuen Anwendungen im E-Business entstehen weitere Standards zum Multimedia-Einsatz in den Unternehmen und damit weitere Anforderungen zum methodischen Umgang mit diesen. Die multimediale Präsentation von Informationen erlaubt eine schnellere Aufnahme der Information beim Kommunikationspartner und bietet damit implizit die Möglichkeit, durch geschickte Animationen auch auf wesentliche Informationen deutlicher hinzuweisen. Häufig wird bereits durch die Erwartungshaltung der Benutzer die Multimedia-Technologie gefordert.

Knowledge-Management

Das Knowledge-Management oder das Wissensmanagement wird mit fortschreitender Umsetzung des Produktionsfaktors Information für die Unternehmen zunehmend interessanter und bedeutender. Hier sind alle Mitarbeiter gefordert, und besonders die Führung der Unternehmen hat sich heute mit dem Möglichkeiten des Wissens- und Informationsmanagements auseinander zu setzen. Sachverhalte werden komplexer und die mögliche Bearbeitungszeit immer knapper. Dies wird auch durch den Megatrend „Rational Overchoice" angesprochen. Im Rational Overchoice wird die Vision verfolgt, dass Experten verfügbares Wissen für unterschiedliche Benutzergruppen filtern, die Verteilung organisieren und damit für eine offene Wissenskultur im Unternehmen wirken. Mit Ontologien[89] entstehen bereits formale Modelle von Anwendungsdomänen zum Austausch und zum Teilen von Wissen.

E-Learning

Die Erfolgsfaktoren im E-Learning sind heute für die Unternehmen und die Mitarbeiter von besonderer Bedeutung, weil hier klar wird, für welche Qualifizierungsaspekte heute bereits feststehende Einsatzziele existieren. Zusätzlich steigt das Angebot von praktikablen oder auch akzeptablen Lernsystemen, mit denen sich die Mitarbeiter an das benötigte Wissen heranarbeiten können. Denn die Anforderungen an das benötigte Wissen am Arbeitsplatz steigen durch die vielfältigen Veränderungen und Neuerungen ständig.

Virtuelle Gemeinschaften

Virtuelle Gemeinschaften sind heute möglich und können aus Unternehmenssicht für unterschiedliche Zwecke zum Einsatz gelangen. Besonders die geschäftsmäßige Anwendung virtueller Gemeinschaften bietet große Chancen und erfordert Kompetenz von allen beteiligten Mitarbeitern. Der Megatrend New Work mit der Globalisierung der Unternehmensstrukturen und Geschäftsprozesse erfordert dies innerhalb der Unternehmen.

Neue E-Business-Anwendungen

Neue E-Business-Anwendungen bieten sich in einer großen Vielfalt an. Welche hier in der überschaubaren Zukunft eine Bedeutung erhalten, ist heute noch nicht klar erkennbar. Aber jede neue E-Business-Anwendung, die überzeugt und damit ihre Geschäftsgrundlage auch verdient, wird die Praxis weiterentwickeln. Hier erhält der Spruch:

„Wer zu spät kommt, den bestraft das Leben"

wiederum eine neue Bedeutung.

---

[89] Alexander Mädche, Steffen Staab, Rudi Studer: Ontologien, in Wirtschaftsinformatik 43(2001) 4, S.393-395.

5.1 Einsatz von Multimedia-Technologien im E-Business
(Karim Khakzar / Hans-Martin Pohl)

5.1.1 Internet und Multimedia – Gründe für den Einsatz

Gründe für den Einsatz

Seitdem sich das Internet als weltweites Netz von Computersystemen etabliert hat, ist das Angebot an Anwendungen ständig gestiegen. Während zunächst die Kommunikation der Nutzer im Vordergrund stand, entwickelte sich das Internet durch die Standardisierung von Kommunikationsprotokollen und die Einführung des Dienstes WWW (World Wide Web) zu einem globalen Informationsmedium mit weitreichenden Auswirkungen.

Internet als Handelsplattform

Seit Mitte der neunziger Jahre wandelt sich das Internet zunehmend zu einer Handelsplattform. Geschäfte zwischen Handelspartnern, aber auch zwischen Produzenten und Kunden im privaten Bereich werden vermehrt über das Internet abgewickelt. Die Darstellung der Information als reiner Text, wie sie in der Anfangszeit des WWW üblich war, lässt die intensive Nutzung des Mediums sehr schnell an ihre Grenzen stoßen. Deshalb wurden Technologien entwickelt, mit denen sich zusätzlich zu Texten auch Standbilder, Toninformation und bewegte Bilder über das Netz übertragen lassen [Stei01].

Multimedia-Einsatz

Die Entscheidung, multimediale Elemente in E-Business-Anwendungen zu nutzen, kann verschiedene Gründe haben. Bei jedem Einsatz sind jedoch die weiter unten beschriebenen Vor- und Nachteile gegeneinander abzuwägen. Einige Gründe sollen im Folgenden näher erläutert werden.

Alleinstellungsmerkmal

Durch den Einsatz von Multimedia-Technologien kann sich eine Realisierung von anderen gleichartigen Anwendungen abheben. Aber auch durch die geeignete Art und Weise der Nutzung und die geschickte Umsetzung kann sich eine multimediale E-Business-Applikation von ähnlichen Anwendungen abgrenzen.

Multimediaelemente können in vielen Fällen in erster Linie Blickfänger sein. Gerade bei der Vielzahl von Internetangeboten sind solche Eyecatcher dazu geeignet, neue Benutzer auf eine Seite zu lenken und zum Verweilen einzuladen.

Mehrwert für den Nutzer

Auch die sinnvolle Nutzung der Multimedia-Unterstützung kann zu einem Alleinstellungsmerkmal werden. Dabei ist zu beachten, dass nicht das Nutzen aller technischer Möglichkeiten eine durch neue Medien unterstützte Seite erfolgreich macht, sondern die gezielte Unterstützung des Anwenders durch neue Technologien.

Für den Nutzer sollte sich durch Einsatz der multimedialen Techniken in jedem Fall ein echter Mehrwert ergeben.

Ein Beispiel soll dies verdeutlichen. Um eine Fehlermeldung der Applikation auszugeben, ist der Einsatz einer mit Flash animierten Hinweisbox nicht notwendig. Es führt nur zu einer Verlängerung der Ausführung der Anwenderaktion. Wird eine Fehleingabe aber durch ein akustisches Signal angezeigt und gleichzeitig dem Benutzer die Möglichkeit gegeben, seine Eingabe zu korrigieren, so unterstützt die Applikation direkt den Anwender bei seinen Aktionen.

Abbau von Schwellenängsten beim Nutzer

Vielfach haben die Nutzer von modernen Kommunikationseinrichtungen, wie zum Beispiel eines PCs mit Anbindung an ein Datennetz, Probleme bei der Bedienung der Systeme. Auch die regelmäßige Einführung neue Technologien und Softwareprodukte erschweren den Umgang für Gelegenheits-, aber auch für professionelle Anwender.

Übernahme von Routinetätigkeiten

Durch den Einsatz von multimedialen Elementen kann die Arbeit mit solchen Systemen erleichtert werden. Sieht ein Formular einer Bank auf der Internetseite genauso aus wie in einer Filiale, so findet sich der Kunde sehr einfach und schnell zurecht und es kommt zu weniger Fehleingaben. Ist das Banksystem nun auch noch in der Lage, die Fragen des Kunden zu beantworten, ähnlich wie man es von einem Filialmitarbeiter gewohnt ist, so kann ein guter Teil der Filialtätigkeit im Internet erledigt werden. Das Auskunftssystem kann dabei eine rein technische Einrichtung sein oder aber über Audio- und Videoverbindung einen persönlichen Kontakt zu einem Kundenberater in einem Informationszentrum herstellen.

Aufbereitung komplexer Inhalte

Ein weiterer Grund, E-Business-Anwendungen durch multimediale Elemente zu ergänzen, besteht in der übersichtlicheren Darstellung von Inhalten. Vielfach werden durch die Menge an Information gestalterische und strukturelle Nachteile durch den Betreiber in Kauf genommen. Dies führt aber in vielen Fällen zu einer zunehmenden Ablehnung durch die Kunden. Insbesondere die Anbindung von Datenbanken an das Internet oder Intranet erlaubt es, ohne größeren Aufwand riesige Datenmengen einer großen Anzahl von Nutzern zugänglich zu machen.

Aufbereitung von Information

Diese Fülle an Information sollte in der Regel visuell aufbereitet werden. Dadurch kann eine Verdichtung der Detailinformationen erfolgen, um sie so dem Nutzer auf einfache Weise verfügbar zu machen. Mehrdimensionale Datenbestände und Informationen lassen sich durch den Einsatz von 3D-Visualisierungen anschaulich darstellen.

Multimediale Dokumentation

In Onlinedokumentationen und Benutzerhandbüchern werden häufig Arbeitsabläufe mit Hilfe verschiedener Bilder und Grafiken dokumentiert. Für den Anwender können darüber hinaus auch Animationen und Videosequenzen nützlich sein. Im Automobilbereich werden bereits multimediale Bedienungshandbücher diskutiert und erprobt, die dem Autofahrer mit Hilfe eines Bildschirms im Fahrgastraum gezielt technische Informationen aufbereiten und darstellen.

Schaffung eines Erlebnisses

Erst durch die Entstehung des WWW und die Standardisierung von HTML (**H**yper **T**ext **M**arkup **L**anguage) konnten mittels eines Web-Browsers (Software zum Navigieren im WWW und Anzeigen von HTML-Dokumenten) Textinformationen und Bilder einer breiten Masse von Benutzern zugänglich gemacht werden. Durch Weiterentwicklungen ist nun auch die Integration von weiteren multimedialen Elementen in HTML-Dokumenten möglich.

Dadurch lassen sich Informationen auf eine völlig neue Art und Weise darstellen. Durch den Einsatz von virtuellen Welten beispielsweise kann dem Benutzer eine virtuelle Umgebung präsentiert werden, welche die Informationsaufnahme und -verarbeitung aktiv unterstützt. Dem Nutzer wird das Gefühl vermittelt, er bewege sich auf gewohnte Weise durch Räume und Straßen.

Ein Handelsunternehmen kann so z. B. eine virtuelle Filiale im Internet entstehen lassen. Für den Besucher kann dies zum Beispiel den Vorteil haben, dass er sich in der vertrauten Umgebung sehr viel schneller zurecht findet, da er sich in der gewohnten Art durch die Abteilungen der Filiale bewegen kann.

Konvergenz zwischen virtuell und real

Die zunehmende Durchdringung unseres Alltages mit informationstechnischen Geräten, wie z. B. Mobiltelefonen, PDAs, Webterminals, Set-Top-Boxen etc. verändert unsere täglichen Gewohnheiten. Informationen können durch die modernen Multimedia-Technologien anschaulich und plastisch präsentiert werden.

Multisensorische Anwendungen

Gerade für den Handel lassen sich so aufwendige Produktkataloge und Bestellsysteme mit relativ geringem Aufwand gestalten. Dabei können die Produkte durch dreidimensionale Darstellungen in unterschiedlichen Detailgraden präsentiert werden. Auch Sinne, die in einem Katalog nicht angesprochen werden können, lassen sich durch Zusatzgeräte einbeziehen. Erste Systeme mit Duftgeneratoren, die über das Internet gesteuert werden, existieren bereits. So wird es zunehmend möglich, für den Kunden ein realistisches Einkaufserlebnis zu schaffen.

Kiosksysteme und Point of Information (POI)

Gleichzeitig bieten Kiosksysteme (POS – Point Of Sale / POI – Point Of Information) die Möglichkeit, die weltweite Vernetzung von Rechnersystemen und Handelsplattformen in jedem Geschäft der realen Welt verfügbar zu machen. Somit lassen sich auch Sortimente, die momentan in einem Geschäft nicht verfügbar sind, in einer angemessenen Weise präsentieren. Dies kann zu erheblichen Einsparungen bei den Lagerkosten führen. Ein weiterer Vorteil solcher Anbindungen liegt in der bedarfsgerechten Produktion von personalisierten Gütern.

Benutzerfreundlichkeit

Die Benutzerfreundlichkeit von computergestützten Systemen kann durch den Einsatz von multimedialen Elementen wesentlich gesteigert werden. Gerade das WWW mit seiner Informationsflut und der zunehmenden Menge von E-Business-Anwendungen benötigt Unterstützung bei der Aufbereitung der Daten. Dadurch haben auch technisch nicht so versierte Benutzer die Möglichkeit, diese neuen Dienste und Möglichkeiten zu nutzen.

Zeiteinsparung

Durch die Aufbereitung komplexer Daten und Strukturen kann bei der Bearbeitung und Nutzung Zeit gespart werden. Der Einsatz dynamischer Aufbereitung und Personalisierung ermöglicht eine auf den Benutzer angepasste Darstellung. Moderne multimediale Entwicklungsumgebungen (z. B. Adobe Flash 5) erlauben das Interagieren zur Laufzeit mit XML-konformen Datenströmen und Dateien. Die Auswertung der Datenbasis kann also zur Laufzeit erfolgen. Der Benutzer bekommt sofort seine Ergebnisse, ohne sie nachträglich bearbeiten zu müssen.

Kundenbindung

Wie unten im Beispiel beschrieben, kann durch den Einsatz anbieterspezifischer Elemente (z. B. das Regalsystem der Firma tegut...) eine geschickte Form der Kundenbindung erreicht werden. Die Benutzer erkennen den Zusammenhang zwischen der realen und der virtuellen Filiale und übertragen die positiven – aber natürlich auch die negativen – Eindrücke auf die jeweils andere Welt. Gezielt lassen sich die Vorteile der Vernetzung unterschiedlicher Systeme in die E-Business-Umgebung integrieren. Kreuzverweise und weiterführende Informationen sind nur zwei Beispiel für die vielfältigen Möglichkeiten.

Infotainment

Eine Internetapplikation erfüllt nur dann ihren Zweck, wenn sie von Kunden angenommen und genutzt wird. Das wichtigste Ziel einer jeden Internetpräsenz ist es, ein möglichst hohes Besucheraufkommen zu erzeugen. Um dies zu erreichen, muss das Angebot durch die unterschiedlichsten Marketingstrategien bekannt gemacht werden. Dabei können multimediale Elemente sehr hilfreich sein. Sie erhöhen die Attraktivität einer Präsenz oder Applikation beträchtlich. Wie eine Studie des GfK aus dem Jahr 2000 zeigt, finden 54 % der Internetbenutzer Bannerwerbung unterhaltsam, wenn sie multimedial aufbereitet ist. Das führt dazu, dass die beworbene Webseite auch einen hohen Bekanntheitsgrad und ein hohes Besuchervolumen erreicht.

Des weiteren erhöht sich die Verweildauer auf unterhaltsamen Seiten signifikant. Damit bleibt genügend Zeit, dem Benutzer die Inhalte der Webseite oder der Nutzen der Applikation zu vermitteln.

Bandbreite

Ein wesentliches Kriterium für die Akzeptanz einer E-Business-Anwendung ist das zeitliche Verhalten insbesondere die Verzögerungen bei Aufruf und Nutzung. Dabei spielt die verfügbare Bandbreite für die Anbindung des Nutzers an den Anbieter eine große Rolle. Für multimediale Elemente wird in der Regel eine wesentlich schnellere Verbindung benötigt als z. B. für eine reine Textdarstellung. Durch den Einsatz von Kompressionsverfahren bei Bilder, Audio- und Videodaten reduziert sich dieser Bedarf zwar erheblich, jedoch ist die zu übertragende Datenmenge hier immer noch zu groß, um diese Technologien im großen Maßstab zu nutzen. Da sich aber die zur Verfügung stehenden Kapazitäten und Bandbreiten ständig erhöhen, wird diese Einschränkung schon in naher Zukunft stark an Bedeutung verlieren.

Entwicklungskosten

Für eine wirtschaftliche Betrachtung und Bewertung von multimedial unterstützten E-Business-Applikationen sind die Entwicklungskosten von immenser Bedeutung. Die Erstellung von multimedialen Inhalten erfordert im Normalfall immer ein Team von kreativen und qualifizierten Mitarbeitern. Da die Einarbeitungszeiten in die Werkzeuge zur Erstellung von multimedialen Anwendungen häufig sehr lang sind, wird vielfach auf externe Anbieter zurückgegriffen. Um eine möglichst zeitnahe Realisierung zu erreichen, sind diese Teams ausreichend stark zu besetzen. Bisher war es nicht möglich, die Erstellung von Filmen, Animationen oder Sound-unterstützten Präsentationen zu automatisieren.

Standardisierte Formate

Durch den Einsatz von standardisierten Austauschformaten (z. B. XML, MPEG-4) ist es aber möglich, die Inhalte der Präsentation dynamisch aufzubereiten und kundenspezifisch zu generieren.

Durch die strikte Trennung von Layout, Struktur und Inhalt lassen sich durch den Einsatz geeigneter Softwareprodukte die Aktualität erhöhen und gleichzeitig die Zeiträume bis zur Überarbeitung einer Anwendung verlängern.

5.1.2   Einschränkungen beim Einsatz multimedialer Daten im Internet

Benutzerzugang

Die überwiegende Mehrheit der privaten Internet-Nutzer ist über das öffentliche Telefonnetz an das Internet angebunden. Der Zugang erfolgt im Falle eines ISDN-Anschlusses über einen Sprachkanal mit einer Übertragungsrate von 64 kbit/s. Bei Bedarf können zwei Sprachkanäle zu einer 128 kbit/s Verbindung gebündelt werden. Im analogen Telefonnetz oder im GSM-Mobilfunknetz liegen, bei einer Anbindung per Modem, die maximal erreichbaren Übertragungsraten deutlich unterhalb von 64 kbit/s.

Audioübertragung

Das öffentliche Telefonnetz ist für Sprache optimiert. Die zur Verständlichkeit von Sprache wesentlichen Frequenzanteile zwischen 300 Hz und 3400 Hz werden mit einer Abtastrate von 8000 Hz und einer Auflösung von 8 bit pro Abtastwert codiert, woraus sich die bereits erwähnte Datenrate von 64 kbit/s errechnet [Tocc01]. Schon bei der Übertragung von Musik in bekannter CD-Qualität reichen die Übertragungsraten im Internet jedoch nicht mehr aus. Da für qualitativ hochwertige, rauscharme Musikaufnahmen Frequenzen bis ca. 20.000 Hz erfasst werden sollten, werden auf Audio-CDs Musiksignale 44.100 mal in der Sekunde abgetastet und anschließend mit 16 bit pro Abtastwert codiert. Bei einem Stereosignal mit zwei Kanälen ergibt dies bereits eine Datenrate von 1.411 Mbit/s, was dem ca. 22-fachen eines ISDN-Sprachkanals entspricht.

Videoübertragung

Noch gravierender ist das Missverhältnis zwischen verfügbarer und benötigter Bandbreite bei Bewegtbildern. Ein Videosignal in Fernsehqualität zum Beispiel benötigt bei der unkomprimierten, digitalen Übertragung ca. 200 Mbit/s.

Datenkompression

Um trotzdem Multimedia-Daten über das Internet transportieren zu können, gibt es grundsätzlich zwei unterschiedliche Ansätze. Entweder man baut das bestehende Netz so aus, dass jedem Teilnehmer die geforderte Bandbreite zur Verfügung gestellt wird, oder man komprimiert die Multimedia-Daten so stark, dass sie auf einen oder einige wenige Sprachkanäle passen. Dabei spricht man von Datenkompression.

Der Ausbau der bestehenden Netzinfrastruktur ist stets mit erheblichen Investitionen verbunden. Trotzdem bieten die Netzbetreiber zur Erhöhung der maximalen Übertragungsgeschwindigkeit zunehmend alternative Technologien an, wie zum Beispiel so genannte ADSL-Anschlüsse (asynchronous digital subscriber line) oder Anbindungen per Funk bzw. Glasfaser. Bei diesen Technologien liegen die Datenraten im Bereich von ca. 1 Mbit/s und damit deutlich über den Datenraten, die mit einem ISDN-Basisanschluss erreicht werden. Es ist nur eine Frage der Zeit, bis die öffentlichen, 64 kbit/s-basierten Netze durch flexible, breitbandige Multimedia-Netze ersetzt werden. Noch vor wenigen Jahren ging man bei der internationalen Standardisierung breitbandiger, privater Netzzugänge von Datenraten über 150 Mbit/s aus. Davon ist man inzwischen deutlich abgekommen, nicht zuletzt, da mit Hilfe von neuen Algorithmen und extrem schnellen Prozessoren intelligente Kompressionsverfahren den Bedarf an hohen Datenraten drastisch reduziert haben.

Psychologen habe festgestellt, dass die Datenmenge, die ein Mensch im Schnitt bewusst aufnehmen kann, bei nur ca. 20 bit/s liegt. Dies bedeutet umgekehrt, dass der überwiegende Teil des Informationsgehalts eines Musikstückes oder eines Videos aus Sicht der menschlichen Wahrnehmung entweder irrelevant ist oder redundant, das heißt keine wirklich neue Information enthält.

Irrelevanz, Redundanz

Datenkompressionsverfahren versuchen folglich in erster Linie Irrelevanzen und Redundanzen zu erkennen, um diese dann zu eliminieren. Aus Sicht des Hörers bzw. Betrachters sollte durch diesen Vorgang nach Möglichkeit kein wahrnehmbarer Unterschied festzustellen sein.

Im Folgenden sollen anhand der wichtigsten Medientypen Audio, Grafiken und Standbilder sowie Bewegtbilder, deren Darstellung, Codierung und Eigenschaften kurz erläutert werden. Insbesondere sollen die wichtigsten Verfahren zur Kompression unterschiedlicher Medientypen vorgestellt werden. Diese Kenntnisse sind wichtig, um bei der Konzeption von multimedialen E-Business-Systemen die Anforderungen und Aufwand richtig einschätzen zu können.

5.1.3   Audio

5.1.3.1   Psychoakustische Eigenschaften des menschlichen Gehörs

Für die digitale Codierung und Kompression von Audiosignalen spielt die so genannte Psychoakustik eine entscheidende Rolle [Zwic01]. Genaue Kenntnis der Eigenschaften des menschlichen Gehörs sind erforderlich, um Audiosignale effizient verarbeiten zu können. Beim Schall handelt es sich um Druckschwankungen der Luft. Die kleinste, wahrnehmbare Abweichung vom Normaldruck (ca. 1 bar) beträgt ca. $2 \cdot 10^{-4}$ µbar und wird als Hörschwelle bezeichnet [Eppi01]. Ab einer Amplitude von ca. 200 µbar wird Schall so laut, dass man von der Schmerzgrenze spricht. Die Schallamplituden werden üblicherweise als logarithmische Pegel in dB angegeben, wobei man die Amplituden der Druckschwankung jeweils auf die Hörschwelle bezieht.

$$L_p = 20\log\left[\frac{p_0}{p_{0_{min}}}\right]dB \; .$$

Das Lautstärkeempfinden des menschlichen Gehörs ist sehr stark frequenzabhängig. Der gesamte hörbare Frequenzbereich erstreckt sich von ca. 20 Hz bis 20.000 Hz. Abbildung 5.1 zeigt die Pegel in dB, die Testpersonen als gleich laut empfunden haben (so genannte Isophone), in Abhängigkeit der Frequenzen.

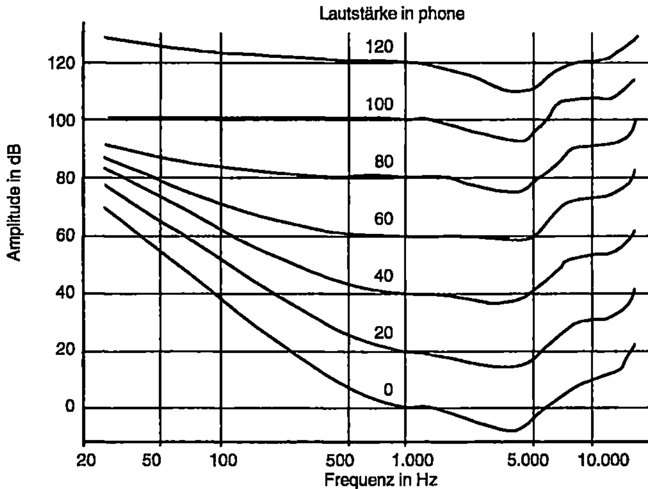

Abbildung 5.1: Kurven konstanter Lautstärke in Abhängigkeit der Frequenz

Verdeckungs-effekt

Ein psychoakustisches Phänomen, welches sich sehr gut für die Datenkompression ausnutzen lässt, ist der Verdeckungseffekt. Offensichtlich werden leisere Töne von sehr lauten Tönen mit ähnlicher Frequenz überdeckt und sind somit nicht mehr hörbar. Die so verdeckten Töne sind folglich irrelevant und müssen nicht übertragen werden. Abbildung 5.2 zeigt, welcher Pegelbereich beispielsweise von einem 1 kHz Ton mit unterschiedlichen Lautstärken (20 dB – 100 dB) verdeckt wird.

Erstaunlich ist, dass der Verdeckungseffekt auch nach Abschalten des Testtons noch für eine kurze Zeit anhält, was sich ebenfalls ausnutzen lässt.

Der menschliche Hörapparat ist in der Lage, den Ursprungsort einer Audioquelle zu orten. Dabei wird zum einen ausgenutzt, dass das Audiosignal aufgrund von Laufzeitdifferenzen zu unterschiedlichen Zeiten an den beiden Sensoren, den Ohren, ankommt. Außerdem ist je nach Richtung der Signalquelle ein Lautstärkeunterschied zwischen rechtem und linkem Ohr wahrnehmbar. Diese Rauminformationen kann in technischen Systemen durch mehrere Kanäle abgebildet werden. Üblicherweise geschieht dies mit einem Stereosignal, bestehend aus zwei Kanälen. Interessanterweise kann das Gehör die Rauminformation nicht bei allen Frequenzen gleich effizient extrahieren.

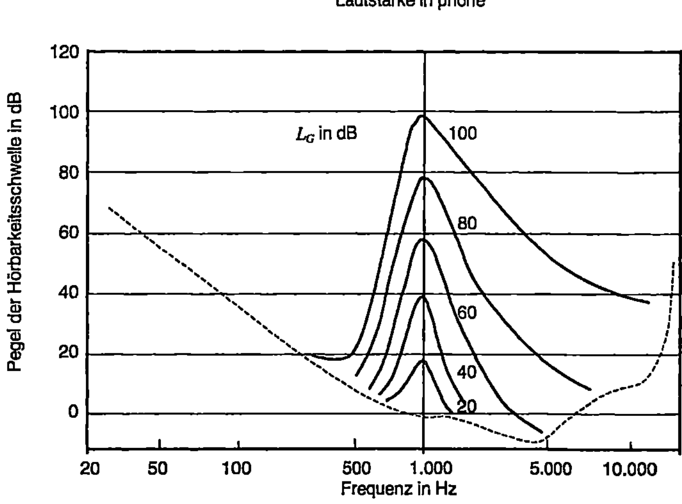

Abbildung 5.2: Verdeckungseffekt für einen Testton mit unterschiedlichen Pegeln

**Richtungs-
erkennung**

Abbildung 5.3 zeigt den wahrgenommenen Schallpegelunter-
schied zwischen beiden Ohren als Funktion der Richtung für vier
unterschiedliche Frequenzen. Dabei bedeutet null, dass das Signal direkt von vorne und 180, dass es direkt von hinten kommt.

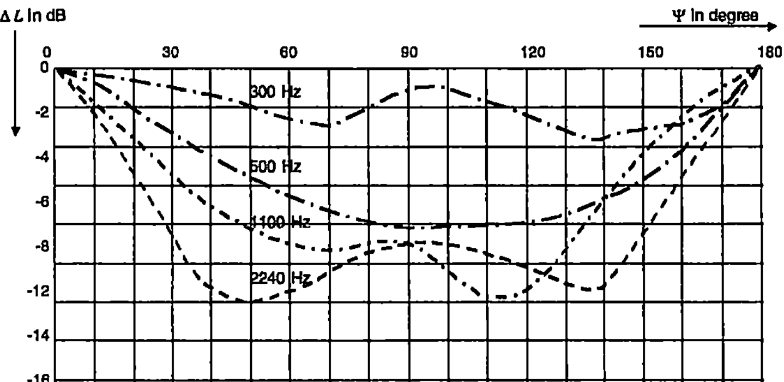

Abbildung 5.3: Pegelunterschied in Abhängigkeit der Richtung
für vier Frequenzen

Je genauer die psychoakustischen Eigenschaften des Gehörs bekannt sind, desto effizienter lassen sich irrelevante Anteile eines
Audiosignals herausfiltern und desto kleiner wird die benötigte
resultierende Datenrate.

5.1.3.2   Prinzipien der Datenreduktion

MPEG

Grundsätzlich unterscheidet man zwischen einer verlustfreien
und einer verlustbehafteten Datenreduktion. Im zweiten Fall
nimmt man in Kauf, dass Information tatsächlich verloren geht.
Dies wird entweder toleriert, wie zum Beispiel im öffentlichen
Telefonnetz, oder es wird nicht wahrgenommen. Eine effiziente
Audiokompression ist in aller Regel verlustbehaftet. Je nach Anwendung werden völlig unterschiedliche Ansätze verwendet. Eine Möglichkeit besteht darin, konsequent die Eigenschaften des
Empfängers (menschliches Gehör) auszunutzen, um nicht relevante Information herauszufiltern. Dieses Prinzip wird zum Beispiel bei der Audiocodierung nach MPEG (Moving Pictures Experts Group) verwendet. Ein völlig anderer Ansatz analysiert das
Audiosignal bereits an der Quelle. Ist bekannt, wie das Signal
erzeugt wird, zum Beispiel die Erzeugung von Sprache mit Hilfe
der Stimmbändern oder das Spielen von Musik mit einem bestimmten Instrument, dann genügt es in der Regel, dem Empfänger einige charakteristische Parameter (z. B. Tonhöhe, Art des
Instruments, Länge des Tons etc.) zu übermitteln. Der Empfänger

erzeugt dann vor Ort das entsprechende Signal. Diese Art der Darstellung wird als Quellcodierung bezeichnet und wird zum Beispiel bei der Musikcodierung nach dem MIDI-Standard eingesetzt. Auch bei der Sprachübertragung wird die Quellcodierung sehr erfolgreich eingesetzt. Mit Hilfe von geeigneten Modellen für den menschlichen Sprachapparat kann die Datenrate auf ca. 1 kbit/s reduziert werden [Pars01], [Tets01], [Vary01]. Allerdings gehen dabei auch die individuellen, charakteristischen Merkmale der Sprache einer Person verloren.

5.1.3.3   Codierung von Audiosignalen

Am Beispiel der Audiocodierung gemäß MPEG-Standard sollen die wesentlichen Prinzipien der verlustbehafteten Codierung von Audiosignalen erläutert werden [Pan01], [Pan02]. Das Blockschaltbild eines MPEG Audio Encoders ist in Abbildung 5.4 dargestellt.

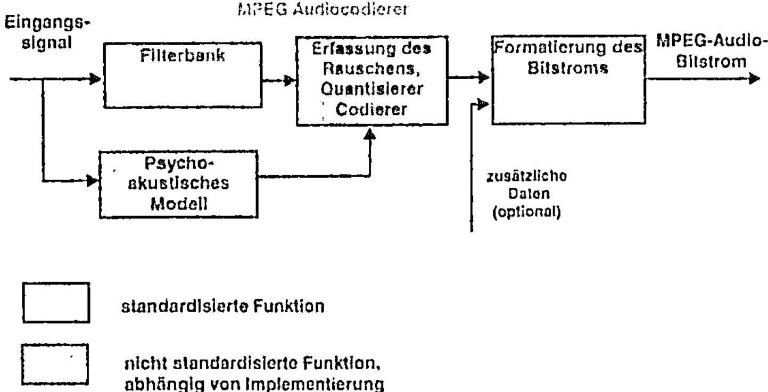

Abbildung 5.4: Blockschaltbild eines MPEG Audio Encoders

Das digitalisierte Eingangssignal wird in einer digitalen Filterbank in 32 Teilbänder gleicher Frequenzbreite aufgeteilt. Jedes dieser Teilbänder wird getrennt codiert. Mittels eines psychoakustischen Modells wird nun das Eingangssignal analysiert, um dann zu entscheiden, welche der Anteile irrelevant sind oder eventuell nur ungenau codiert werden müssen. Entsprechend werden auf Basis dieser Untersuchung die verfügbaren Bits den einzelnen Teilbändern zugewiesen. Die für die Wahrnehmung entscheidenden Frequenzbänder erhalten eine höhere Auflösung, irrelevante Frequenzanteile werden gar nicht berücksichtigt oder sehr grob und damit mit wenigen Bits codiert. Der Standard legt schließlich genau fest, wie der resultierende Bitstrom formatiert werden muss und fügt optional zusätzlich Daten hinzu. Für eine Decodierung ist keinerlei Kenntnis über das psychoakustische Modell notwendig. Das Modell ist daher auch nicht im Standard spezifiziert, sondern zählt vielmehr zum Know-how des Herstellers eines Encoders. Die Güte eines komprimierten Audiosignals hängt in erster Linie von der Qualität des Modells ab.

MP3=
MPEG Layer 3

Im Audioteil des MPEG-Standards wurden unterschiedlich komplexe Verfahren festgelegt, die man als Layer bezeichnet. Von großer Bedeutung ist der Layer 3, der insbesondere für die Übertragung von Musikstücken über das Internet verwendet wird. Man spricht bei den nach MPEG Layer 3 komprimierten Audiodateien üblicherweise von MP3-Dateien.

Neben dem oben beschriebenen Verfahren werden bei der Datenreduktion im Audiobereich in der Regel noch weitere Methoden und Algorithmen eingesetzt, so dass man üblicherweise von hybriden Verfahren spricht. Eine naheliegende Methode nutzt die enge Korrelation von linkem und rechten Kanal eines Stereosignals aus, um Daten zu reduzieren. Ist ein Kanal codiert, genügt es für den zweiten Kanal, lediglich die Abweichung zum ersten zu übertragen. Die hierfür benötigten Datenmengen sind im Vergleich deutlich kleiner.

5.1.4   Grafiken und Standbilder

5.1.4.1   Eigenschaften des menschlichen Auges

örtliches
Auflösungs-
vermögen

Ähnlich wie bei der Verarbeitung von Audiosignalen nutzt man die Unzulänglichkeiten und Beschränkungen des menschlichen Auges, um den Aufwand zur Realisierung technischer Systeme für die Aufnahme, Speicherung und Wiedergabe von Grafiken, Standbilder und Bewegtbildern möglichst gering zu halten. Dabei nutzt man zum Beispiel das begrenzte örtliche Auflösungsvermögen des Auges, welches durch die Anzahl der Sensorelemente auf der Netzhaut, den so genannten Stäbchen und Zäpfchen, begründet ist. Der kleinste Winkel, unter dem zwei benachbarte Punkte gerade noch als individuelle Punkte erscheinen, liegt bei $\delta=1{,}5$ Minuten. Beträgt der Betrachtungsabstand d, wie bei einem Fernsehbildschirm üblich, etwa das 4-5-fache der Bildschirmhöhe h, so sollte der Bildschirm eine Mindestauflösung von ca. 600 Zeilen haben. Für diesen Fall ist dann der Grenzwinkel der örtlichen Auflösung für benachbarte Zeilen gerade unterschritten, und der Betrachter erkennt nur noch das Gesamtbild, ohne die einzelnen Zeilen auflösen zu können (vgl. Abbildung 5.5).

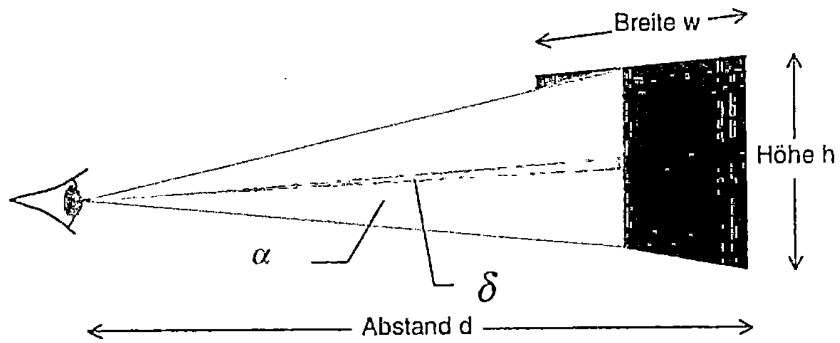

Abbildung 5.5: Begrenztes örtliches Auflösungsvermögen des
menschlichen Auges

Aufgrund der unterschiedlichen Verteilung von Stäbchen und
Zäpfchen, die für die Wahrnehmung von Helligkeit bzw. Farbe
verantwortlich sind, ist das örtliche Auflösungsvermögen von
Helligkeit deutlich größer als das für Farbe.

Kontrast Abbildung 5.6 zeigt, dass der Kontrast bei Helligkeitsunterschie-
den (schwarz-weiß) auch für sehr feine Strukturen mit hohen örtlichen Frequenzen noch relativ groß ist im Vergleich zu Farbun-
terschieden (gelb-blau bzw. rot-grün).

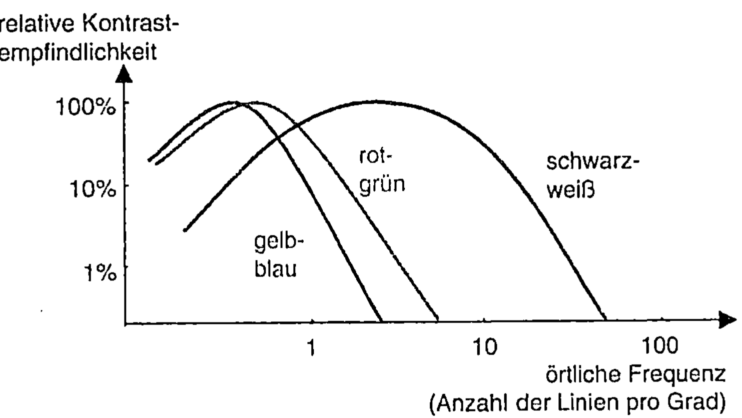

Abbildung 5.6: Kontrastempfindlichkeit für Helligkeit und Farbe

5.1.4.2   Darstellung von Grafiken und Standbildern

pixelorientiert, vektororientiert

Grundsätzlich unterscheidet man bei der digitalen Speicherung von Bildinformation zwischen pixelorientierten und vektororientierten Verfahren. Bei der pixelorientierten Darstellung wird das gesamte Bild in Form einer Matrix aus einzelnen Bildpunkten (picture elements = pixel) dargestellt. Wie in Abbildung 5.7 dargestellt, besteht jeder Bildpunkt wiederum aus drei Unterbildpunkten, die die Farbanteile von Rot, Grün und Blau repräsentieren. Aus der additiven Mischung dieser Komponenten kann man am Bildschirm näherungsweise jede Farbe darstellen.

true-colour-Darstellung

Lässt man zum Beispiel pro Farbkomponente 256 verschiedene Stufen zu, so kann man insgesamt ca. 16,7 Mio. unterschiedliche Farben darstellen. Versuche haben ergeben, dass dies ausreicht, um realistische Bilder zu erzeugen. Man spricht daher auch von einer Echtfarben- bzw. true-colour-Darstellung. Für die digitale Speicherung müssen 3 mal 8 bit, das heißt 24 bit pro Farbpixel vorgesehen werden.

Bei einer Bildgröße von 1024x768 Pixel ergibt dies bereits einen Speicherbedarf von 18.874.368 bit oder 2,25 Mbyte.

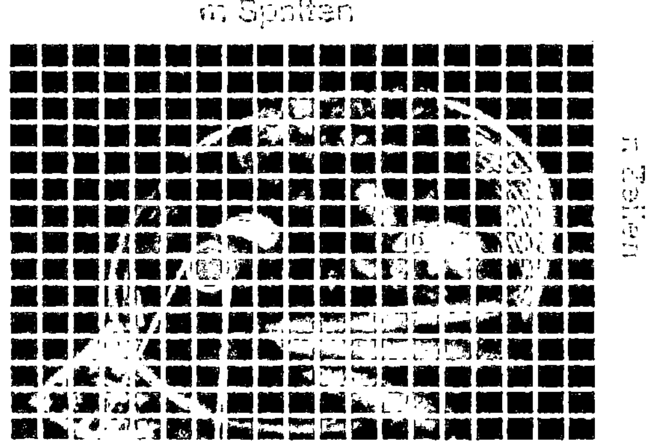

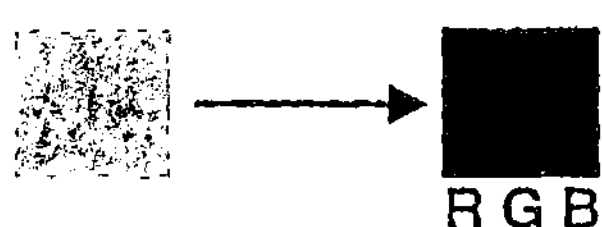

Abbildung 5.7: Darstellung von Bildern mit einer Pixel-Matrix

Speicherplatz

Bei der pixelorientierten Darstellung spricht man üblicherweise auch von Bitmaps. Im Gegensatz hierzu werden bei der vektororientierten Bildspeicherung Objekte, wie zum Beispiel Linien, Kreise, Flächen, mit Hilfe von wenigen Parametern dargestellt. Die Parameter sind zum Beispiel Anfangs- und Endpunkt, Radius eines Kreises oder die Farbe einer Fläche. Naturgemäß eignet sich diese Form der Speicherung sehr gut für Grafiken. Aufgrund der kompakten Darstellung der Objekte benötigen die zugehörigen Dateien nur sehr wenig Speicherplatz. Ein weiterer Vorteil besteht darin, dass die Skalierung von einzelnen Elementen ohne Qualitätsverlust möglich ist.

5.1.4.3   Verfahren zur Datenreduktion von Standbildern

Wie die beiden Standbilder in Abbildung 5.8 zeigen, enthalten natürliche Bilder sehr häufig große Bereiche mit ähnlichen Farbtönen. Die Rasenfläche bei der Darstellung eines Fußballspiels ist prinzipiell überall grün, jedoch sind feine Farbunterschiede und Strukturen deutlich zu erkennen. Obwohl dieses Bild offensichtlich ein hohes Maß an Ordnung besitzt, müsste für eine pixelbasierte Darstellung jeder Bildpunkt des Rasens mit seinen genauen Farbkomponenten abgespeichert werden.

Abbildung 5.8: Typische Beispiele für natürliche Standbilder

JPEG

Aus Sicht der Informationstheorie enthält ein natürliches Bild eine hohes Maß an Redundanz, welche allerdings bei der pixelorientierten Darstellung nicht sichtbar wird und damit bei der Datenreduktion zunächst nicht ausgenutzt werden kann. Mathematische Transformationen erlauben es jedoch, diese Redundanz sichtbar zu machen, um das Bild anschließend mit deutlich weniger Daten abzuspeichern. Der bekannteste Standard für die Kompression von Standbildern ist von der „Joint Photographic Experts Group", kurz JPEG entwickelt worden [Wall01]. Dabei wird, wie in Abbildung 5.9 dargestellt, das gesamte Bild in Blöcke mit jeweils 8 mal 8 Bildpunkten aufgeteilt. Der gezeigte Ausschnitt enthält 64 unterschiedliche Braunfarbtöne mit einem diagonalen Helligkeitsverlauf. Im JPEG-Standard werden nun nicht einzelne Bildpunktinformationen abgespeichert, vielmehr werden der mittlere Farbwert eines 8x8-Blocks sowie die örtlichen Änderungen innerhalb eines Blocks abgespeichert. Informationen über dies Größen liefert die so genannte diskrete Cosinus-Transformation (DCT). Enthält ein Block, wie im Beispiel in Abbildung 5.9 dargestellt, keine Kanten und einen relativ weichen Farbverlauf, so ermöglicht die Transformation mittels DCT eine sehr stark komprimierte Darstellung der Bildinformation. Je nachdem wie viele Bits zur Verfügung stehen, kann der Farbverlauf mit unterschiedlicher Präzision und Qualität wiedergegeben werden. Im einfachsten Fall wird nur der Farbmittelwert erfasst. Dies führt bei der Speicherung nach JPEG und zu großer Kompression zu den typischen Artefakten in Form von 8x8-Blocks.

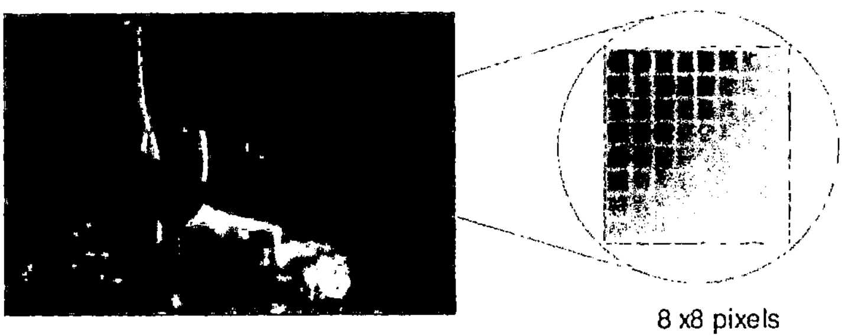

Abbildung 5.9: 8x8-Block für die Codierung nach dem JPEG-Standard

DCT = digitale Cosinus Transformation

Der JPEG-Standard verwendet neben der oben erwähnten DCT-Transformation noch weitere Verfahren zur Datenreduktion, wie die Lauflängencodierung und statistische Verfahren [Lemp01], [Welc01]. Außerdem nutzt der Standard die Tatsache aus, dass das örtliche Auflösungsvermögen des Auges für Helligkeit deutlich größer ist als für Farbe. Dies bedeutet, dass nicht die Farbkomponenten Rot, Grün und Blau (RGB) abgespeichert werden, sondern die Helligkeit (Y) und zwei so genannte Farbdifferenzkomponenten (U und V). Die örtliche Auflösung der U- und V-Komponenten wird dabei kleiner gewählt.

JPEG ist der derzeit am häufigsten eingesetzte Standard zur Kompression von Standbildern im Internet-Umfeld. Ein weiteres wichtiges Format ist das so genannte GIF-Format (Graphics Interchange Format), welches von CompuServe speziell für Internet-Anwendungen entwickelt wurde. Dieses Format verwendet Farbtabellen. Dabei wird eine Fotografie zunächst nach den am häufigsten auftretenden Farben durchsucht. Diese werden anschließend in einer Tabelle mit typischerweise 256 Einträgen festgehalten. Für die meisten natürlichen Bilder reicht eine Farbpalette mit 256 Farben aus, um einen realistischen Eindruck zu vermitteln. Zur Darstellung ist dem Empfänger eine Farbtabelle mit der Zuordnung der 256 Farben aus dem vollen Umfang der 16,7 Mio. möglichen Farben mitzuliefern, die allerdings nur einen relativ kleiner Speicherbedarf von ca. 2 kByte benötigt und somit kaum ins Gewicht fällt.

5.1.5   Video

5.1.5.1   Darstellung von Bewegtbildern

zeitliches Auflösungsvermögen und Bildwiederholfrequenz

Zur Darstellung von Bewegtbildern nutzt man eine weitere Eigenschaft des menschlichen Auges, das begrenzte zeitliche Auflösungsvermögen. Werden Einzelbilder in einer schnelle Folge dargestellt, dann verschmelzen diese zu einem bewegten Bild. Dieser Effekt tritt etwa ab einer Bildwiederholfrequenz von 15 Bildern pro Sekunde auf [Schm01].

In Europa hat man sich beim Fernsehen auf 25 Bilder pro Sekunde verständigt (PAL- bzw. SECAM-Standard). Dies entspricht genau der Hälfte der Netzfrequenz von 50 Hz. Aufgrund der höheren Netzfrequenz von 60 Hz arbeitet die amerikanische Fernsehnorm mit 30 Bildern pro Sekunde.

Bei einer Auflösung von 800x600 Bildpunkten, einer Bildrate von 25 Bildern pro Sekunde und einer Farbtiefe von 24 bit pro Farbpixel ergeben sich bereits extrem hohe Datenraten von knapp 300 Mbit/s. Dieser Wert verdeutlicht sehr anschaulich die Notwendigkeit einer effizienten Datenkompression für Bewegtbilder.

5.1.5.2   Datenreduktion von Bewegtbildern nach dem MPEG-Standard

Der wichtigste Standard im Umfeld der digitalen Videocodierung wurde von der Moving Pictures Experts Group (MPEG) entwickelt. Das Verfahren basiert auf dem JPEG-Standard und komprimiert einzelne Bilder mit Hilfe der DCT. Darüber hinaus wird jedoch auch die in Bewegtbildern enthaltene, sehr große zeitliche Redundanz ausgenutzt. Anschaulich wird diese Redundanz bei der Darstellung eines Nachrichtensprechers vor einem festen Hintergrund. Dabei werden 25 mal in der Sekunde Bilder mit sehr ähnlichen Inhalten übertragen. Ein großer Teil der Datenmenge kann eingespart werden, wenn nur die Differenzen zwischen aufeinander folgenden Bildern übertragen werden. Um die Fortpflanzung von Übertragungsfehlern zu vermeiden, wird dann allerdings in regelmäßigen Abständen ein Vollbild übertragen, ein so genanntes Intra- bzw. I-Bild. Dazwischen nutzen P(redicted)-Bilder die verfügbare Kenntnis über vorangegangene I- bzw. P-Bilder aus. P-Bilder enthalten dabei ausschließlich Differenzinformationen. Eine dritte Art von Bildtyp sind die B(idirectional Predicted)-Bilder. Bei bekannten vorangegangenen und nachfolgenden Bildern nutzen sie die Methoden der Interpolation, um zunächst ein sehr präzises Schätzbild zu berechnen. Anschließend wird nur noch die Differenz zwischen dem geschätzten und dem tatsächlichen Bild übertragen.

Bewegungs-kompensation
Zur weiteren Reduktion der Datenmengen definiert der MPEG-Standard Verfahren mit Bewegungskompensation. Bewegen sich Objekte vor einen näherungsweise festen Hintergrund, zum Beispiel ein Auto vor einer Landschaft, so genügt es, die Information für das Auto einmal komplett zu übertragen. Im Folgenden wird dann nur noch die Bewegungsrichtung mit Hilfe von Vektoren angegeben. Aus beiden Informationen kann ein sehr präzises Schätzbild berechnet werden, welches in der Regel nur noch gering korrigiert werden muss.

I (Intra) - Bild
P (Predicted) - Bild
B (Bidirectional Predicted) - Bild

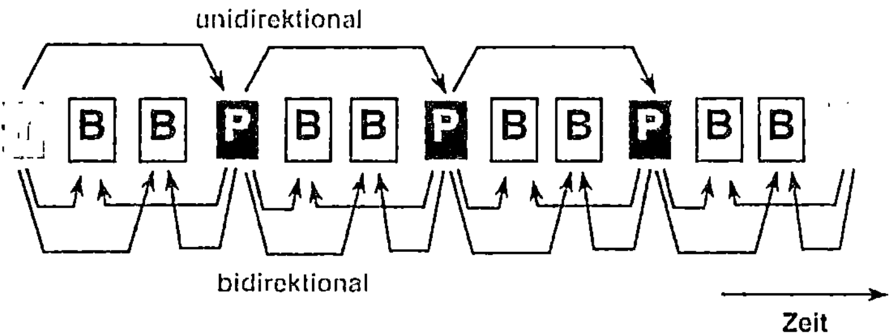

Abbildung 5.10: Bildtypen bei der Datenkompression nach dem MPEG-Standard

Abbildung 5.10 zeigt die drei Bildtypen und eine typische zeitliche Abfolge. MPEG-basierte Encoder und Decoder benötigen in jedem Fall Bildspeicher, um I- und P-Bilder für die anschließende Berechnung der B-Bilder zwischenspeichern zu können.

Mit Hilfe des MPEG-Standards lassen sich Videobilder mit PAL-Fernsehqualität mit nur noch ca. 4-6 Mbit/s übertragen. Video-konferenzsysteme hingegen kommen bei reduzierter Qualität und Auflösung mit gerade mal 128 kbit/s aus.

5.1.5.3   Übertragung von Bewegtbildern im Internet

Video im Internet

Für die Übertragung von Videobildern im Internet gibt es grundsätzlich drei verschiedene Verfahren. Video-Dateien können zunächst komplett heruntergeladen werden, um sie dann auf dem Rechner mit einem entsprechenden Abspielprogramm am Bildschirm offline darzustellen. Der Nutzer muss dabei allerdings zunächst recht lange Übertragungszeiten in Kauf nehmen, bis die gesamte Video-Datei auf dem Rechner verfügbar ist, bevor das Video abgespielt werden kann.

Ein zweites Verfahren verwendet die so genannte Streaming-Technologie. Hierbei werden zunächst nur einige Sekunden des Films auf dem Rechner des Nutzers zwischengespeichert, bevor ein Programm mit dem Abspielen des Videos beginnt. Während das Video am Bildschirm dargestellt wird, werden zeitgleich hierzu neue Daten über das Internet übertragen. Für diese Art der Videoübertragung aus dem Internet ist ein spezielles Protokoll zwischen dem Video-Server und der Browser-Software notwendig, welche unter anderem die Schwankungen der verfügbaren Bandbreite berücksichtigt. Der Server passt die Qualität und Anzahl der Bilder der momentan zur Verfügung stehenden Übertragungsrate dynamisch an. Einzelnen Komponenten, zum Beispiel dem Ton, kann dabei eine höhere Priorität eingeräumt werden.

Die dritte Form der Videoübertragung nutzt eine neues Protokoll zur Reservierung von Ressourcen im Internet aus. Damit kann der Nutzer entlang des Übertragungspfades feste Datenraten reservieren lassen. Das Protokoll muss dann allerdings von allen Netzwerkknoten entlang des Übertragungsweges unterstützt werden, was zur Zeit häufig nicht gegeben ist. Der Vorteil dieser Methode ist die garantierte Qualität des Dienstes.

5.1.6   Animationen

Unter Animationen versteht man eine Abfolge von Bilder, die den Eindruck einer bewegten Darstellung von Objekten erzeugt. Für eine flüssige Wiedergabe der einzelnen Bildern ist eine Bildrate (frame rate) von mindestens 15 Bildern pro Sekunde erforderlich.

Je nach Anforderung an die Qualität der Animation und die verfügbare Bandbreite können die unterschiedlichsten Formate eingesetzt werden.

5.1.6.1   Animierte GIFs

Gerade die Integration von Bildern verhalf dem Internet zu seinem eindrucksvollen Durchbruch. Dabei kommen wie oben beschrieben im World-Wide-Web hauptsächlich die Formate GIF und JPEG zum Einsatz. Das GIF89 Format hat die Eigenschaft, Bildfolgen speichern zu können, welche beim Ausführen der Datei in einer definierten Folge angezeigt werden. Dabei entsteht der Eindruck einer Bewegung. Vielfach werden animierte GIFs für Bannerwerbung eingesetzt.

Vorteile animierter GIFs

Ein großer Vorteil beim Einsatz von animierten GIFs besteht darin, dass sie von jedem Internetbrowser ohne Probleme angezeigt werden können. Außerdem stehen viele preiswerte oder kostenlose Tools zur Erstellung animierter GIFs zur Verfügung.

Der Nachteil von animierten GIFs ist, dass jedes einzelne Bild in der Datei abgespeichert wird. Dadurch werden schon bei wenigen Bilder große Dateien erzeugt. Deshalb eignet sich dieses Format nur für einfach strukturierte Animationen. Eine flüssige Bewegung über einen Zeitraum von über einer Sekunde bei akzeptabler Dateigröße ist damit nicht zu erreichen.

5.1.6.2   Dynamisches HTML

Document Object Model

Beim Einsatz von dynamischem HTML werden die Möglichkeiten moderner Skriptsprachen und die Eigenschaften des Document Object Models (DOM) genutzt, um Objekte auf einer HTML-Seite zu verschieben während diese schon im Browser angezeigt wird.

Das DOM definiert die Objekte einer Webseite (Bilder, Grafiken, Links, etc.) und erlaubt es, diese Objekte zu modifizieren. Dies geschieht in den meisten Fällen mit der Programmiersprache JavaScript. Dadurch können zum Beispiel einzelne Objekte ein- und ausgeblendet und über den Bildschirm bewegt werden.

Animation während Laufzeit

Der Vorteil dieser Technologie liegt darin, dass nicht ein Abbild der Animation übertragen werden muss, sondern dass die Animation im Browser zur Laufzeit erzeugt wird.

Der Nachteil besteht hingegen im relativ hohen Programmieraufwand für die Erstellung einer Animation. Ein häufiger Einsatzzweck ist das Bewegen von Überschriften oder Logos. Komplexe Animationen lassen sich mit dieser Technik jedoch nicht realisieren.

5.1.6.3 Flash und Shockwave

PlugIn im Browser

Im Gegensatz zu den bisher beschriebenen Formaten lassen sich Flash-Animationen und Shockwave-Dateien nicht ohne zusätzliche Software im Browser abspielen. Diese Zusatzsoftware wird als so genanntes PlugIn in den Browser integriert. In modernen Browser-Versionen sind diese PlugIns schon Bestandteil der Basisinstallation.

Beide Formate sowie die Software zum Erstellen der Dateien wurden von Macromedia, Inc. entwickelt und haben sich zum Quasi-Standard entwickelt.

Interaktionen des Benutzers möglich

Flash wird hauptsächlich für Animationen im Internet eingesetzt. Das Shockwave-Format eignet sich für umfangreiche Animationen und Präsentationen. Bei beiden Formaten sind Interaktionen des Benutzers möglich.

Ein großer Vorteil beider Formate besteht darin, dass sie sich sehr effizient komprimieren lassen. Der Grund dafür ist die Tatsache, dass die Objekte der Animation als Vektoren gespeichert werden. Dabei werden nicht die einzelnen Bildpunkte (Pixel) eines Bildes gespeichert, sondern ganze Objekte werden als Linien mit Anfangs- und Endpunkt sowie Position zusammen gesetzt. Die Animation besteht dann im Wesentlichen aus der Transformation dieser Einzelelemente. Durch diese Form der Darstellung wird auch erreicht, dass sich vektorbasierte Bilder und Animationen ohne Qualitätsverlust beliebig skalieren lassen.

Streaming-Technologie

Neben den schon beschriebenen Vorteilen können diese Formate mittels so genannter Streaming-Technologie übertragen werden.

Der praktische Unterschied zwischen den Formaten Flash und Shockwave besteht darin, dass sich Shockwave universeller einsetzen lässt, Flash aber geringere Dateigrößen erfordert.

5.1.7 Praxisbeispiele

Im Folgenden sollen einige Beispiele für den Einsatz von Multimedia in E-Business-Systemen vorgestellt werden.

Dabei wird auf verschiedene Technologien Bezug genommen.

5.1.7.1   tegut... Bio-Shop

Der tegut...-Bioshop (http://www.tegut.de) ist als Internet Handelsplattform für biologisch erzeugte Produkte realisiert. Um der hochwertigen Qualität der Produkte einen entsprechenden Rahmen zu verleihen, werden multimediale Technologien zur Präsentation der Produkte genutzt. Für Kunden mit geringer Bandbreite beim Internetzugang steht wahlweise eine reine Textversion ohne multimediale Elemente zur Verfügung.

5.1.7.1.1   Filialansicht

360° Panoramaansicht

Im Gegensatz zu den realen Filialen, die nur regional anbieten, liefert der tegut...-Bio-Shop bundesweit seine Produkte aus. Die Nutzer des virtuellen Shops sollen daher zunächst einen möglichst realistischen Eindruck von Erscheinungsbild einer typischen tegut...-Filiale erhalten. Dazu kann ein Java-Applet gestartet werden, welches eine 360° Panoramaansicht einer Filiale zeigt. Mit Hilfe der Maus kann sich der Betrachter um seine eigene Achse drehen und so durch den Markt navigieren. Über „Plakate", welche als Links implementiert sind, kann der Benutzer jederzeit direkt zur Ansicht einer Produktkategorie wechseln.

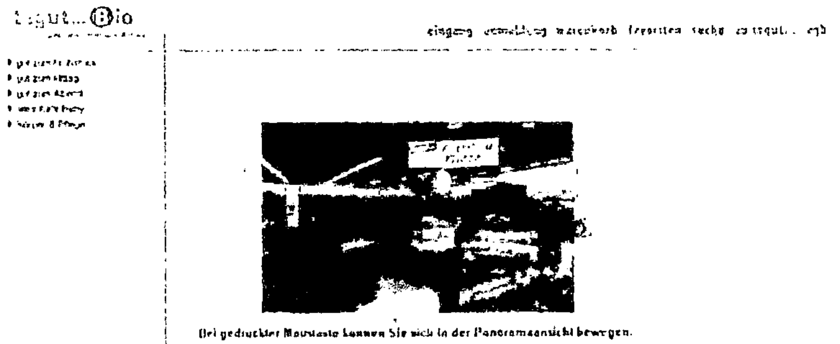

Abbildung 5.11: Panoramaansicht eines Supermarktes

Der Vorteil eines Applets an dieser Stelle bedeutet, dass keine Zusatzsoftware oder PlugIn zur Darstellung benötigt wird. Jeder Java-fähige Browser kann dieses Applet anzeigen.

Abbildung 5.11 zeigt einen Ausschnitt der Panoramaansicht.

5.1.7.1.2   Regalsystem

Das Regalsystem der Grafikversion präsentiert die Produkte in dem der Firma tegut... eigenen Regalsystem. Dem Benutzer soll dabei das Gefühl vermittelt werden, er bewege sich mit seinem Einkaufskorb durch die Regalen einer virtuellen Filiale.

Zusätzlich zur reinen Präsentation wird die Darstellung im Regal auch zur Information und zum weiteren Ablauf eines Bestellvorganges genutzt.

Beim einfachen „Überfahren" eines Produktes mit der Maus werden im rechten Bereich der Seite Informationen zum Artikel angezeigt. Ein Klick auf das jeweilige Produkt öffnet eine Auswahlbox. Dort kann der Benutzer wählen, ob er eine detaillierte Ansicht des Artikels mit Hintergrundinformationen wünscht oder das Produkt seinen Favoriten oder Warenkorb hinzufügen möchte.

Ein Beispiel für ein Regal mit Produkten zeigt Abbildung 5.12

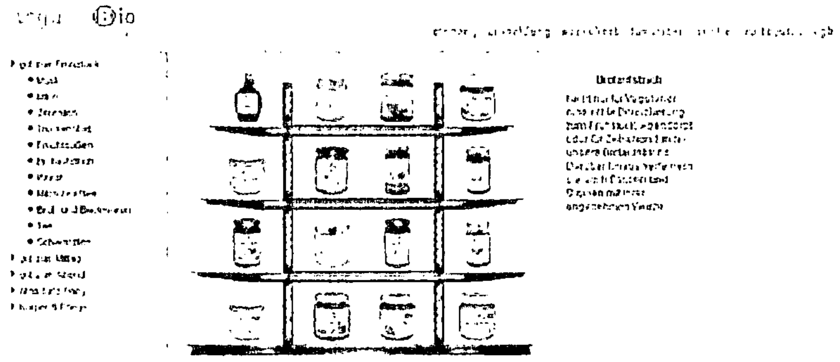

Abbildung 5.12: Produktpräsentation mit Hilfe eines Regalsystems

5.1.7.2   Virtuelle FH – Verknüpfung der unterschiedlichen Medien

Der Fachbereich Angewandte Informatik der Fachhochschule Fulda (http://www.fh-fulda.de) hat im Rahmen des Forschungsprojektes TRACOM einen virtuellen Rundgang durch die FH Fulda entwickelt. Dabei kommen unterschiedliche multimediale Technologien zum Einsatz. Der Bildschirm gliedert sich in vier unterschiedliche Bereiche (siehe Abbildung 5.13).

Der Navigationsbereich ermöglich durch den Einsatz von dynamischem HTML die Navigation zwischen den unterschiedlichen Ansichten und Betrachtungspunkten. Die Darstellung eines Dreiecks zeigt im Übersichtsplan gleichzeitig den Blickwinkel des Benutzers in der Panoramaansicht. Diese Panoramaansicht ist, wie oben bereits erwähnt, als Java-Applet realisiert. Der Benutzer kann sich mit Hilfe der Maus um seine eigene Achse drehen und dabei das Panorama betrachten. Zwischen den unterschiedlichen Panoramaansichten sind Slide-Shows (Diareihen) angeordnet, um dem Benutzer den Übergang zwischen zwei Punkten anschaulich zu machen. Im dritten Bereich der Seite werden Videos angezeigt. Diese sind zum einen Echtzeitströme von Live-Kameras, aber auch Aufzeichnungen. Zur Übertragung wurde Streaming-Technologie eingesetzt. Der vierte und letzte Bereich ist der reinen Textinformation vorbehalten. Dort werden zusätzliche Erklärungen, Öffnungszeiten etc. dargestellt.

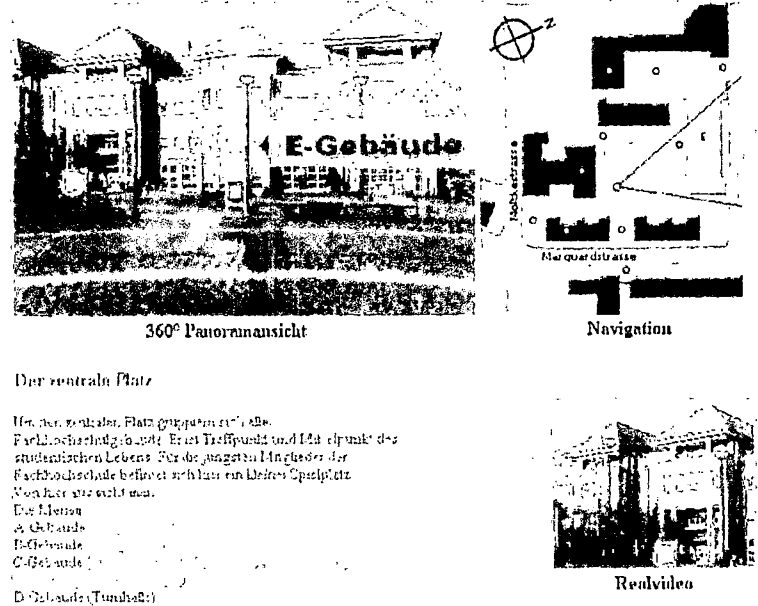

Abbildung 5.13: Virtueller Rundgang durch die Fachhochschule Fulda

An Hand dieser Applikation kann man sehen, wie die unterschiedlichen Medien genutzt werden können, die jeweils spezifischen Informationen zu transportieren und darzustellen. Text für tabellarische Informationen, Videos für Echtzeitdarstellungen, Panoramaansichten für Überblicksansichten und dynamische HTML-Programmierung für die benutzer- und situationsspezifische Information und Navigation.

5.1.8   Literaturverzeichnis

[Eppi01] Eppinger,E.; Herter, E.: *Sprachverarbeitung*, Hanser Verlag, ISBN 3-446-16076-0

[Lemp01] Lempel, A; Ziv, J.: A universal algorithm for sequential data compression, Mai 1977

[Pan01] Pan, D.: *A tutorial on MPEG/audio coding*, IEEE Transactions on Multimedia, 2(2), p. 60-74 - 1995

[Pan02] Pan, D.: *A tutorial on MPEG/audio coding*, IEEE Transactions on Multimedia, 2(2), p. 60-74 - 1995

[Pars01] Parsons, Th.: *Voice and Speech processing*, McGraw Hill, New York, 1987

[Schm01] Schmidt, Ulrich: *Digitale Videotechnik*, Franzis' Verlag, ISBN 3-7723-5322-3

[Stei01] Steinmetz, Ralf: *Multimedia-Technologie*, Springer Verlag, ISBN 3-540-62060-5

[Tets01] Tetschner, W.: Voice Processing, Artech House, Norwood, MA, 1991

[Tocc01] Tocci, Ronald J.: *Digital Systems – Principles and Applications*, Prentice Hall International Editions, ISBN 0-13-309386-7

[Vary01] Vary,P.; Heute, U.; Hess, W.: *Digitale Sprachsignalverarbeitung*, B.G. Teubner Stuttgart, ISBN 3-519-06165-1

[Wall01] Wallace, G.K.: The JPEG still picture compression standard, IEEE Transactions on Consumer Electronics, Vol. 38, No. 1, February 1992

[Welc01] Welch, T.A.: A technique for high performance data compression, IEEE computer, 17(6), June 1984

[Zwic01] Zwicker, E., *Psychoakustik*, Springer Verlag, Berlin 1982

Autoren: Prof. Dr. Karim Khakzar – Fachhochschule Fulda, Fachbereich   Angewandte   Informatik,   Marquardstr. 35, 36039 Fulda

Email: Karim.Khakzar@informatik.fh-fulda.de

Web: www.fh-fulda.de/fb/ai/profs/khakzar.htm

Hans-Martin Pohl – Geschäftsführer von idmk Institut für digitale Medien und Kommunikation GmbH

Email: pohl@idmk.de

Web: www.idmk.de

5.2 Knowledge-Management
(Helmut Dohmann)

Umgang mit Wissen

Wissen als Ressource lässt sich heute innerhalb der Wertschöpfungskette eines Unternehmens gewinnbringend einsetzen. Knowledge-Management stellt Konzepte und Verfahren zur Verfügung, die der Verwaltung dieser Ressource dienen. Dabei ist Knowledge-Management ein relativ neuer Begriff, der innerhalb der Unternehmensführung, aber besonders im Bereich des E-Business eine große Rolle spielt. Knowledge-Management kann in der nahen Zukunft im Unternehmensmanagement eine ähnliche Bedeutung erlangen wie in den 90er Jahren das Qualitätsmanagement.

5.2.1 Einleitung

Schlagwort: Knowledge-Management

Viele Bereiche der modernen Kommunikation sowie der technischen und betriebswirtschaftlichen Prozesse werden heute durch das Schlagwort „Knowledge-Management" geprägt. Dabei sind die grundlegenden Ideen des Knowledge-Management alles andere als neu[90], bekommen jedoch durch die (globale) Vernetzung, speziell durch das Internet, aber auch durch den immer größer werdenden Innovations- und Wettbewerbsdruck in den Unternehmen ein neues Gewicht. Ziel dieses Beitrags ist es, die Bedeutung und die Aufgabe des Knowledge-Managements innerhalb der modernen Unternehmen zu beleuchten und Hinweise für eine Umsetzung unter der Einbeziehung informatischer Mittel aufzuzeigen.

Inhalt

Dazu werden im Folgenden zunächst die Grundlagen des Knowledge-Management vorgestellt. Die Bedeutung von Wissen sowie dessen Verwaltung und Organisation wird im heutigen Unternehmenskontext präsentiert und innerhalb der Unternehmenskultur aus verschiedenen Blickwinkeln beleuchtet. Was ist „Wissen"?, Was ist „Information„?, Wodurch unterscheidet sich Knowledge-Management von Informationsmanagement? sind Fragen, die beantwortet werden müssen. Anschließend werden die verschiedenen Theorien, Konzepte und Auffassungen des Knowledge-Managements, die sich bisher entwickelt haben, vorgestellt.

---

[90] Schon seit über 3000 Jahren gibt es anerkannte Prinzipien für Wissen, wie Lehre, Forschung, Publikation und Dokumentation.

Umsetzung im Unternehmen

Die Möglichkeiten zur Umsetzung von Knowledge-Management in den Unternehmen werden diskutiert und Lösungen zur organisatorischen und technischen Realisierung aufgezeigt. Auch die damit verbundenen Probleme, wie etwa die Motivation zur Bereitstellung von Wissen innerhalb des Unternehmens werden angesprochen. Anschließend werden Lösungsansätze für eine zukünftige Behandlung von Wissen innerhalb der Unternehmen vorgestellt. Bei den zukünftigen Lösungen nimmt die Bedeutung verteilter Architekturen zu, bedingt auch durch die Bildung virtuellen Unternehmen in Netzen (z. B. dem Internet) und die damit verbundene Auflösung der großen lokalen Unternehmensstrukturen. Diesen neuen Anforderung können die bisherigen Konzepte des Unternehmens-Management nur unzureichend gerecht werden. Knowledge-Management ist eine nützliche Erweiterung der bisherigen Managementkonzepte.

5.2.2   Grundlagen

5.2.2.1   Die Rolle von „Wissen" in den modernen Unternehmen

Wissen erkennen und entwickeln

Die Fähigkeit zu innovativen Gestalten und Handeln bestimmt heute den wirtschaftlichen Erfolg und die Wettbewerbsfähigkeit eines Unternehmens. Innovationen können aber nur dann erfolgen, wenn durch „Wissen" etwas Neues entsteht. Aus diesem Grund erhält die Ressource „Wissen" jetzt und besonders in der Zukunft innerhalb der Unternehmen einen hohen Stellenwert. Viele Unternehmen haben dabei heute keinen Überblick über das aktuell bereits vorhandene Wissen. Daneben ist es für ein Unternehmen zukünftig wichtiger denn je, wenn die Mitarbeiter nicht nur Faktenwissen oder Fertigkeiten besitzen, sondern sie müssen mehr und mehr in der Lage sein, sich neues Wissen anzueignen, um mögliche Chancen, aber auch Risiken für das Unternehmen rechtzeitig wahrzunehmen und erfolgreich zu sein. Zusätzlich ist es in der Zukunft besonders wichtig, dass man nicht nur weis, das „Wissen vorhanden ist, sondern auch, wie schnell man auf dieses Wissen zugreifen kann.

Gesellschaftliche Entwicklung

Neben dieser Entwicklung hat sich die gesellschaftliche Situation in den vergangenen Jahren für viele vollständig geändert. Der Übergang von der reinen Industriegesellschaft zur Informationsgesellschaft wurde in Deutschland vollzogen. Das Produzieren von Gütern – wie in der Industriegesellschaft – tritt in den Hintergrund. Dies hat eine große Bedeutung und Auswirkung für alle Bereiche des Lebens. Auf der einen Seite wurden schon oder werden noch dadurch die traditionellen zentralen Firmenstrukturen durch neue Allianzen umstrukturiert, aufgelöst, dezentralisiert oder globalisiert, auf der anderen Seite ändern sich die beruflichen Anforderungen an die Mitarbeiter und deren Bindung an das Unternehmen.

Wissen und Informationen weltweit

Für die meisten Unternehmen stellt sich zur Zeit die Standortfrage völlig neu. Dezentralisierung der Firmenstrukturen bedeutet heute automatisch gleichzeitig die Präsenz der Unternehmen in Kommunikationsnetzen und die Verlagerung der Firmenaktivitäten auf diese Netze. Dabei kann es sich um das Internet, aber auch um private Netze handeln. Schon aus heutiger Sicht stellt sich für ein Unternehmen nicht mehr die Frage, ob man im Internet vertreten sein soll, sondern man nur noch wie [GRD2000]. Die auszuführenden Tätigkeiten in den Unternehmen müssen auf diese Situation ausgerichtet werden. Dies betrifft die Geschäftsprozesse genauso, wie die Zusammenarbeit der Mitarbeiter und deren Arbeitsmethoden. Insbesondere durch die Möglichkeit der Kommunikationsnetze verfügt man über eine große Anzahl von Informationen, die in geeigneter Weise aufgenommen, ausgewertet und weiterverarbeitet werden müssen. Dies führt zum eigentlichen „Wissen". Bisher praktizierte Arbeitstechniken lassen sich auf diese neue Situation nur unzureichend anwenden. Die Aussage: „Wir dürsten nach Wissen und ertrinken in Informationen" macht diesen Sachverhalt besonders deutlich.

Telearbeit

Auch die Stellung der Mitarbeiter und die Arbeitsmethoden sind durch diese Veränderungen stark betroffen. Der zukünftige Arbeitsplatz wird nicht mehr das Büro innerhalb eines – vorzugsweise repräsentativen – Firmengebäudes sein, sondern überall dort, wo man über ein Kommunikationsnetz (drahtgebunden oder drahtlos) erreichbar ist. Zu diesen erkennbaren Trends gehört bereits heute die immer häufiger anzutreffende Telearbeit. Diese Situation wird neue Berufsbilder mit sich bringen. Auch die Bindung der Mitarbeiter an die Unternehmen ändert sich in der Zukunft grundlegend. Hat man bisher noch in der Regel ein festes Arbeitsverhältnis, mit einem damit verbundenen Arbeitsplatz, so wird in der Zukunft diese feste Anstellung an Bedeutung verlieren. Als Arbeitnehmer arbeitet man mit den Unternehmen zusammen, denen man aktuell mit seinem Wissen am besten und am schnellsten dienen kann. Manchmal wird eine Zusammenarbeit nur für Stunden oder Tage, manchmal auch über einen längeren Zeitraum stattfinden.

Umgang mit Wissen

Sowohl die technischen Gegebenheiten als auch die gesellschaftlichen und politischen Systeme, aber auch die Unternehmenskonzepte sind auf diese Situation heute nur unzureichend vorbereitet. In der heutigen und zukünftigen Gesellschaft stellt das Wissen die entscheidende Größe dar, die sich kapitalisieren lässt. Im Rahmen der Unternehmen muss man neu lernen, mit dieser Ressource „Wissen" gewinnbringend umzugehen. Die Verwaltung und Organisation von Wissen wird innerhalb der Unternehmen in der Zukunft entscheidend den wirtschaftlichen Erfolg beeinflussen. Knowledge-Management liefert hierfür die Konzepte und Mittel.

5.2.2.2 Wissen als Ressource und Produktionsfaktor

Die traditionellen Produktionsfaktoren aus betriebswirtschaftlicher Sicht[91]: „Betriebsmittel, Arbeit und Werkstoffe" stehen heute im Wertschöpfungsprozess jedem Unternehmen in ausreichendem Maße zur Verfügung. Nur in wenigen Bereichen lassen sich hiermit noch Wettbewerbsvorteile erzielen. Auf der anderen Seite kann man die Ausschöpfung dieser Produktionsfaktoren auch nicht unbegrenzt ausweiten.

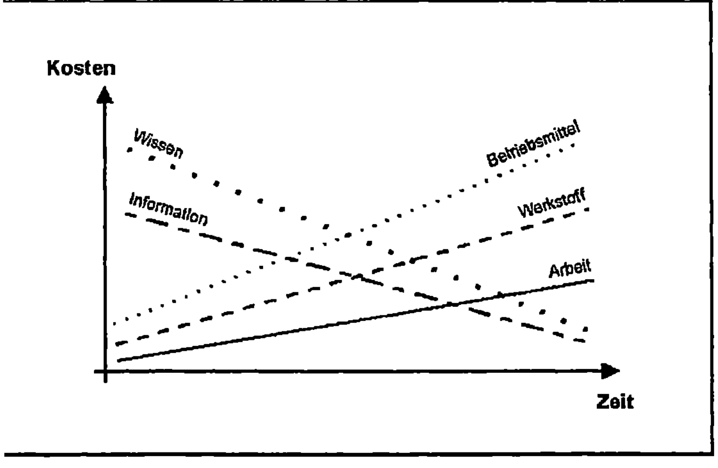

Abbildung 5.14: Wissen und Information als zusätzliche Produktionsfaktoren

---

[91] In der Volkswirtschaft werden die Produktionsfaktoren mit „Boden, Arbeit und Kapital" bezeichnet

**Produktions-
faktor
Information**

Daneben hat sich die „Information" zu einem weiteren Produktionsfaktor entwickelt, der heute im Rahmen des Wertschöpfungsprozesses eine wichtige Rolle spielt. Aus dieser Tatsache resultiert die Bezeichnung „Informationsgesellschaft". Zusätzlich entwickelt sich das „Wissen" als eine weitere Ressource und absehbar als neuer Produktionsfaktor. Damit wird auch der Übergang zu einer „Wissensgesellschaft" stattfinden. Dabei hat das Wissen auch in der Vergangenheit schon eine große Rolle gespielt, wurde allerdings immer in Verbindung mit dem Faktor Arbeit gesehen.

**Eigenschaften
von
Information**

Im Gegensatz zu den traditionellen Produktionsfaktoren besitzen Information und Wissen andere Eigenschaften. Zur Bereitstellung von Informationen bedarf es zunächst eines relativ großen Aufwandes. Sind die Informationen einmal vorhanden, dann lassen sie sich allerdings wiederverwerten. Durch die wiederholte Nutzung von Informationen werden diese immer „preiswerter".

Informationen zeigen keine Abnutzungserscheinungen, wie sie z. B. beim wiederholten Gebrauch einer Maschine auftreten. Sie besitzen aber das Risiko, zu veralten und aus diesem Grund keinen Gebrauchswert mehr zu haben. Da „Wissen" aus einer Vernetzung von Informationen entsteht, gilt diese Aussage im Prinzip auch für „Wissen". Wissen ist allerdings die einzige Ressource, die wir kennen, die sich durch den Gebrauch weiterentwickelt und vermehrt.

**Wert von
Information
und Wissen**

Dabei muss man berücksichtigen, dass man bisher nicht über den „Wert" einer Information oder „Wissen" gesprochen hat. Mit einem neuen Bewusstsein über den Wert von Information und Wissen wird sich diese heute gängige Ansicht relativieren. Zusätzlich darf man die Kosten, die mit der Pflege und dem zur Verfügung stellen verbunden sind, nicht völlig vernachlässigen.

5.2.2.3   Aufgaben und Ziele des Knowledge-Managements

„Wenn Siemens wüsste, was Siemens weiß", damit lässt sich eindrucksvoll beschreiben, welche Aufgaben Knowledge-Management in einem modernen Unternehmen übernehmen kann. Dabei steht „Siemens" nur als Synonym für jede beliebige andere Firma. Dem Knowledge-Management fällt die Rolle zu, dieses Wissen jederzeit verfügbar zu machen und auf dem neuesten Stand zu halten.

**Ziele von
Knowledge-
Management**

Bisher gibt es keine eindeutige Definition für den Begriff „Knowledge-Management", sondern abhängig von der Sichtweise unterschiedliche Auffassungen, was man darunter versteht und welche Aufgaben damit verbunden sind. So ist in der Unternehmensorganisation Knowledge-Management ein Managementkonzept, in der Informatik aber eher eine technische Lösung.

Definition von Knowledge-Management

Nach [Pul1996] bestehen die Aufgaben des Knowledge-Managements in der Identifikation aller relevanten Wissenspotenziale und ihrer systematischen Ausschöpfung durch die Optimierung der Wissensflüsse entlang der Kernprozesse. Dabei versteht man unter einem Wissensfluss die Verteilung und Speicherung von darstellbarem Wissen. In [Gei1998] wird als wichtigste Aufgabe die Erschließung, Weiterentwicklung und Aktualisierung der im Individuum verborgenen Wissensbestände angesehen. Dagegen wird in [Web001] Knowledge-Management als ein Prozess aufgefasst, der sicherstellt, dass die Wissensbedürfnisse eines Unternehmens gedeckt werden und dass das existierende Wissen eines Unternehmens entdeckt und genutzt wird.

Aufgaben von Knowledge-Management

Allgemein kann man aus den unterschiedlichen Auffassungen für das Knowledge-Management dessen Aufgaben folgendermaßen festlegen:

- vorhandenes Wissen sichern

- mit verfügbarem Wissen rational umgehen

- Austausch von Wissen unterstützen

- neues Wissen erschließen

- bestehendes Wissen aktualisieren.

Offen bleibt zunächst, mit welchen Methoden und Instrumenten diese Aufgabe wahrgenommen wird.

Effizienz-Steigerung

Knowledge-Management zielt immer auf die Steigerung der Effizienz eines Unternehmens ab. Aus der Sicht der Unternehmensorganisation verfolgt Knowledge-Management dabei drei verschiedene Ziele:

- normative Ziele

- strategische Ziele

- operative Ziele

Normative Ziele	Diese Ziele spiegeln das Wertesystem eines Unternehmens wider. Alle Maßnahmen und Aktivitäten eines Unternehmens müssen innerhalb dieses Rahmens liegen. Aus der heutigen Sicht ist es besonders wichtig, dass das Knowledge-Management selbst mit in diese Ziele aufgenommen wird. Es muss der Austausch von Wissen innerhalb eines Unternehmens gefördert und ein Bewusstsein für den Wert von Wissen geschaffen werden.
Strategische Ziele	Strategische Ziele bestimmen die Zukunft eines Unternehmens. Dazu gehören auch die zukünftig geforderten Fähigkeiten, insbesondere das dazu notwendige Wissen. Ziel des Knowledge-Managements ist es, dass innerhalb der strategischen Ziele eines Unternehmens auch Wissensziele mit berücksichtigt werden. Damit werden die Grundlagen geschaffen, dass sich eine Organisation oder Managementprozesse an Wissenszielen ausrichten können. Dies führt dazu, dass bei anderen strategischen Zielen die Wissensgewinnung, aber auch den Wissensverlust (z. B. durch Outsourcing) mitberücksichtigt wird.
Operative Ziele	Operative Ziele bilden die Basis für die tägliche Arbeit innerhalb eines Unternehmens. Ziel des Knowledge-Management ist es, die strategischen Wissensziele den dafür relevanten Zielgruppen oder dem richtigen Zeitpunkt zuzuordnen. Dadurch wird der Wissensaspekt Bestandteil der täglichen Arbeit und die Mitarbeiter lernen den systematischen Umgang mit Wissen. Zu den operativen Zielen zählen auch der Aufbau von konkreten Wissensprozessen und alle damit verbundenen Implementierungsgesichtspunkte.

5.2.3 Was ist „Wissen"? - Was ist „Information"?

Um die Aufgaben und Konzepte des Knowledge-Managements besser verstehen zu können, muss man sich zunächst mit dem Begriff „Wissen beschäftigen.

Für die Definition des Begriffs „Wissen„ gibt es viele Sichten, abhängig von den verschiedenen Disziplinen wie z. B. „Betriebswirtschaft", „Philosophie", „Psychologie" oder der „Künstlichen Intelligenz„[92]. Es gibt für die Definition mehrere Ansätze, die sich

---

[92] Der Begriff „Künstliche Intelligenz" wurde in den vergangenen Jahren ersetzt durch den Begriff „Wissensbasierte Systeme". Diese Bezeichnung wird der momentan erreichbaren Situation besser gerecht.

weitgehend ähneln und die „Wissen" so definieren, wie es im Weiteren auch hier verwendet wird.

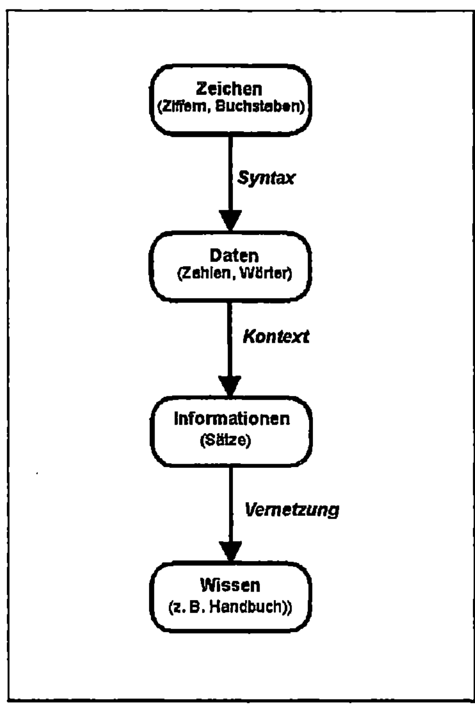

Abbildung 5.15: Wissen entsteht aus der zweckorientierten Vernetzung von Informationen.

Hierarchie   Nach Probst et. al. [PRR1999] gibt es eine Hierarchie der Begriffe: „Zeichen", „Daten", „Informationen" und „Wissen" (Abbildung 5.15). Dabei wird besonders deutlich, dass man zwischen Information und Wissen unterscheiden muss.

5.2.3.1   Information

Ausgehend von der in Abbildung 5.15 vorgestellten Hierarchie stehen auf der untersten Ebene die „Zeichen". Aus der Menge der Zeichen entstehen über eine Syntax die Daten. Die Daten befinden sich auf einer Ebene über den Zeichen. Abhängig von der Syntax erzeugt man aus der gleichen Menge von Zeichen sehr unterschiedliche Daten. Dabei kann es sich bei den Zeichen um sehr unterschiedliche Dinge, wie alphanumerische Zeichen oder auch akustische Signale (Töne) handeln. Den Übergang von einer Ebene zu einer anderen bezeichnet man nach [PRR1999] als Anreicherungsprozess.

**Information
ist kontext-
abhängig**

Daten sind der Rohstoff für die Informationen. Über einen Kontext werden die Informationen aus den Daten erzeugt. Abhängig vom Kontext können durch die gleichen Daten durchaus unterschiedliche Informationen entstehen. Dies hat zur Folge, dass Daten, die von einem Sender zu mehreren Empfängern übermittelt werden, nicht notwendigerweise bei jedem Empfänger die gleichen Informationen erzeugen, sondern abhängig vom jeweiligen Kontext des Empfängers entstehen zum Teil sehr unterschiedliche Informationen. Informationen geben Auskunft über vergangene, gegenwärtige und zukünftige Zustände in der Wirklichkeit. Sie können in sehr unterschiedlichen Formen auftreten, z. B. als

- Zahlenwert mit zugewiesener Bedeutung

- Akustische Signale

- Farben

- Dokumente

5.2.3.2   Wissen

Wissen entsteht durch die Vernetzung von Informationen. Die Vernetzung von Informationen ermöglicht deren Nutzung in einem bestimmten Handlungsumfeld. Dabei bezieht das Ergebnis der Vernetzung Eigenschaften wie Intelligenz, Talent, Fähigkeiten und persönliche Erfahrungen mit ein. Solche Eigenschaften sind immer an das Individuum gebunden. Diese Tatsache ist mit Blick auf eine informatische Verarbeitung von besonderer Bedeutung. Technische Lösungen, die der Wissensverarbeitung dienen, müssen deshalb das Individuum, den Menschen, mit einbeziehen.

**Definition von
Wissen**

In [PRR1999] wird auf Grund dieser Erkenntnis „Wissen„ folgendermaßen definiert:

> Wissen bezeichnet die Gesamtheit der Kenntnisse und Fähigkeiten, die Individuen zur Lösung von Problemen einsetzen. Dies umfasst sowohl die theoretischen Erkenntnisse als auch praktische Alltagsregeln und Handlungsanweisungen. Wissen stützt sich auf Daten und Informationen, ist aber im Gegensatz zu diesen immer an Personen gebunden. Es wird von Individuen konstruiert und repräsentiert deren Erwartungen über Ursache-Wirkungs-Zusammenhänge.

Folgt man dieser Definition, dann steht „Wissen" immer im Zusammenhang mit natürlichen Personen. Man kann deshalb „Wissen z. B. nicht maschinell speichern. Wissen ist immer das Ergebnis einer Verarbeitung von Informationen durch das Bewusstsein. Wissen kann sich dabei auch dadurch äußern, dass bei der Verarbeitung bestimmte Informationen beim Einzelnen Emotionen auslösen. Die Bedeutung von Informationen hängt auch stark von der Glaubwürdigkeit des Senders ab.

5.2.3.3 Die unterschiedlichen Formen des Wissens

Beim „Wissen" findet man unterschiedliche Formen. Man kennt auf der einen Seite das Individualwissen und auf der anderen Seite Kollektivwissen. Individualwissen bildet den größten Teil des Wissens. Dieses Individualwissen kann auf Gruppenebene durch Dialog, Diskussion, Erfahrungsaustausch und Beobachtung verstärkt oder auch erst gebildet werden [PRR1999]. Das Individualwissen kann sehr unterschiedlich sein. Dagegen bezeichnet Kollektivwissen Wissen, das bei den verschiedenen Mitgliedern einer Gruppe in gleicher Art und Weise vorliegt.

Zusätzlich unterscheidet man außerdem zwischen

- implizitem Wissen

- explizitem Wissen

- echtem Wissen.

Implizites Wissen

Implizites Wissen ist das im Individuum verborgene Wissen, das sich nicht bewusst angeeignet wurde. Dieses Wissen ist nur schwer zu identifizieren, zu formalisieren und zu teilen. Gebildet wird dieses Wissen durch Tätigkeiten, die man wiederholt ausübt. Dabei steht die Tätigkeit im Vordergrund, um einen realen Zustand zu erreichen und nicht um Wissen aufzubauen. Man versucht durch Annahmen, durch „trial and error" oder durch Erfahrung den angestrebten Zustand zu erreichen. Beim impliziten Wissen weiß man, warum man etwas macht (know why).

Explizites Wissen

Explizites Wissen ist formal darstellbar und damit auch speicherbar. Es liegt in Form von Dokumenten oder Dateien vor. Mit explizitem Wissen weiß man was man macht (know what).

Echtes Wissen entsteht durch die Interaktion von implizitem und explizitem Wissen. Echtes Wissen beschreibt, wie man etwas macht (know how).

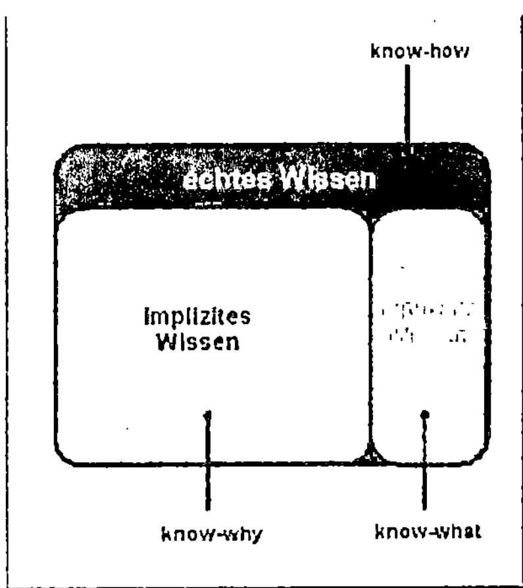

Abbildung 5.16: Implizites, explizites und echtes Wissen

Arten des Wissens

Daneben kennt man weiter Arten des Wissens, die in den vorangegangenen vorgestellten Formen auftreten können [FB1999]. Hierzu gehören:

- Expertenwissen

Expertenwissen umfasst das Wissen über einen eng begrenzten Sachververhalt eines Gebietes oder einer Organisation. Ein großer Teil dieses Wissens ist explizites Wissen.

- Produktwissen

Produktwissen bezieht sich auf Produkte, Verfahren und die zu bedienenden Märkte eines Unternehmens. Hierzu gehört neben der Kenntnis der Märkte auch technologisches und organisatorisches Wissen. Dieses Wissen stammt aus unterschiedlichen Quellen: von Mitarbeitern, Kunden, Beratern und Partnern.

- Führungswissen

Im Führungswissen spiegeln sich die hierarchischen Strukturen einer Organisation, aber auch Autorität, Disziplin und Motivationsmöglichkeiten von Mitarbeitern wider. Ein großer Teil dieses Wissens ist implizites Wissen.

- Milieuwissen

Im Milieuwissen wird zusammengefasst, welche Erwartungen an wen gestellt werden können, wie Mitarbeiter angesprochen werden müssen, welche besonderen Vorlieben wer besitzt.

- Gesellschaftliches Wissen

Im Bereich des E-Business stellt gesellschaftliches Wissen den Rahmen dar, in dem innerhalb eines Unternehmens gehandelt werden kann. Hierüber werden Verhaltensmaßstäbe definiert und rechtliche Vorgaben aufgezeigt.

Abgrenzung Wissen zu Information

Wissen ist ein sehr komplexer Begriff und häufig ist eine Abgrenzung zur Information schwierig. In Abbildung 5.17 wird nach G. Bellinger [WEB003] die Unterscheidung zwischen Information und Wissen durchgeführt. Mit Informationen werden Fragen zu: Was?, Wer?, Wann? Wo? beantwortet, während mit Wissen Fragen zu: Wie?, Warum? beantwortet werden. G. Bellinger geht dabei über den Begriff des Wissens hinaus und führt dafür die Bezeichnung „Weisheit" ein. Dieser Weg soll hier nicht verfolgt werden.

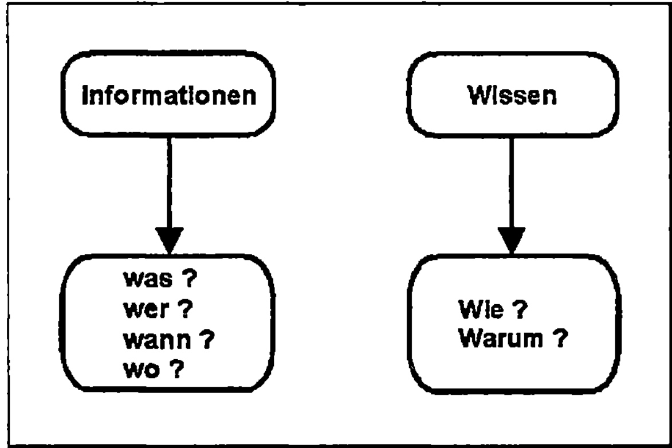

Abbildung 5.17: Unterscheidung von Information und Wissen nach [Web003].

5.2.3.4 Informationsmanagement – Knowledge-Management

Es hat sich gezeigt, dass man zwischen Information und Wissen sehr deutlich unterscheiden muss. Dabei verfolgen wir die Auffassung, dass das Wissen durch die handlungsbestimmende Verknüpfung von Informationen entsteht. Die gleiche strenge Unterscheidung muss man auch zwischen Informationsmanagement und Knowledge-Management treffen.

Definition Informationsmanagement

Unter Informationsmanagement versteht man die Planung, Koordination und Kontrolle der Informationsverarbeitung zur bestmöglichen Unterstützung der Geschäftsprozesse beziehungsweise der damit verbundenen Mitarbeiter [Han1997]. Informationsmanagement unterstützt die Effizienz eines Unternehmens auf der logischen Ebene.

Zu den wesentlichen Aufgaben des Informationsmanagements gehört, dass die richtige Information zur richtigen Zeit in der richtigen Menge in der erforderlichen Qualität am richtigen Ort zur Verfügung gestellt wird.

Informationsmanagement bedeutet aber nicht nur eine Technik, sondern zum Informationsmanagement gehört auch eine Kultur. So muss es eine allgemeine Vereinbarung und Akzeptanz geben, das strukturierte Informationen besser anzuwenden sind als unstrukturierte. Die technische Komponente ist allerdings im Vergleich zur kulturellen viel stärker ausgeprägt.

Knowledge-Management geht über das Informationsmanagement hinaus. Informationsmanagement ist allerdings eine wichtige Teilmenge des Knowledge-Managements.

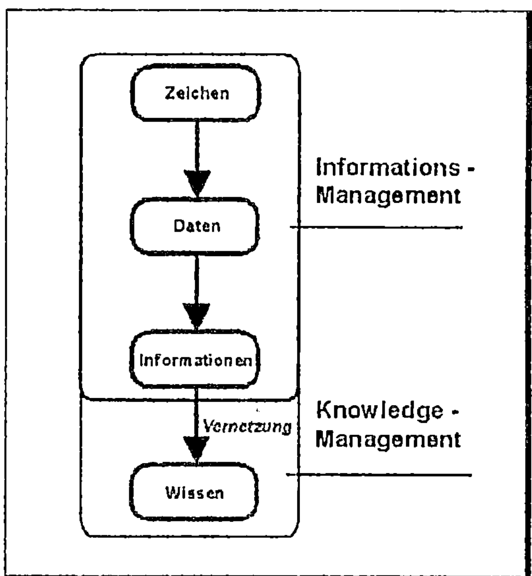

Abbildung 5.18: Informationsmanagement ist eine Teilmenge des Knowledge-Managements

Bedeutung von Knowledge-Management

In Analogie zum Informationsmanagement bedeutet Knowledge-Management, dass das richtige Wissen zur richtigen Zeit in der richtigen Menge in der erforderlichen Qualität am richtigen Ort mit den richtigen Personen zur Verfügung gestellt wird.

Anders als beim Informationsmanagement muss man beim Knowledge-Management auch das Individuum explizit mit einbeziehen.

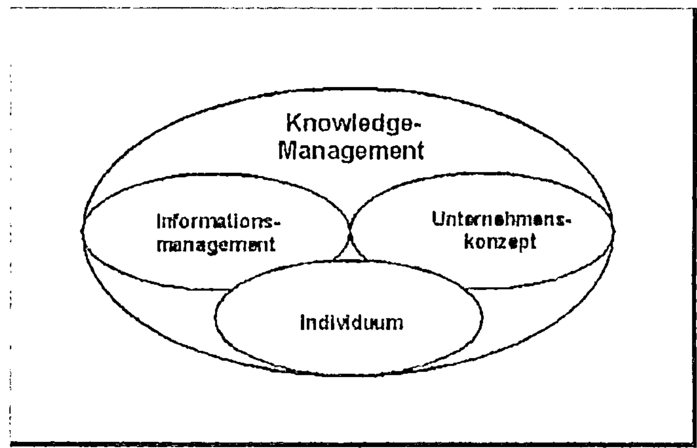

Abbildung 5.19: Die verschiedenen Komponenten des Knowledge-Managements

5.2.4   Konzepte des Knowledge-Managements

5.2.4.1   Transformation von Wissen

Aufgaben des Knowledge-Managements

Wichtige Aufgaben des Knowledge-Managements sind die Erschließung, Sicherung und die Verfügbarkeit von Wissen. Bei der Untersuchung der Frage, was Wissen ist, hat es sich gezeigt, dass man zwischen verschiedenen Arten von Wissen unterscheiden muss. Dabei ergab sich, dass der größte Teil des vorhandenen Wissens implizites Wissen ist. Dieses Wissen ist an das Individuum gebunden. Besonderes Ziel des Knowledge-Managements ist es, dieses Wissen zu erschließen und verfügbar zu machen.

Nonaka und Takeuchi [NT1997] haben – im Rahmen ihrer Überlegungen zur Wissensbeschaffung – untersucht, über welche Prozesse man die unterschiedlichen Wissensformen ineinander überführen kann. Für die Transformation von implizitem und explizitem Wissen geben sie vier verschiedene Prozesse an (siehe Abbildung 5.20).

• Sozialisation

Der Prozess der Sozialisation beschreibt den Austausch von implizitem Wissen. Dieser Prozess wird durch gemeinsame Erfahrungen, durch Kommunikation oder durch Beobachtung geprägt. Wesentlicher Bestandteil sind alle informellen Kommunikationsformen, z. B. Gespräche beim Mittagessen in der Werkskantine.

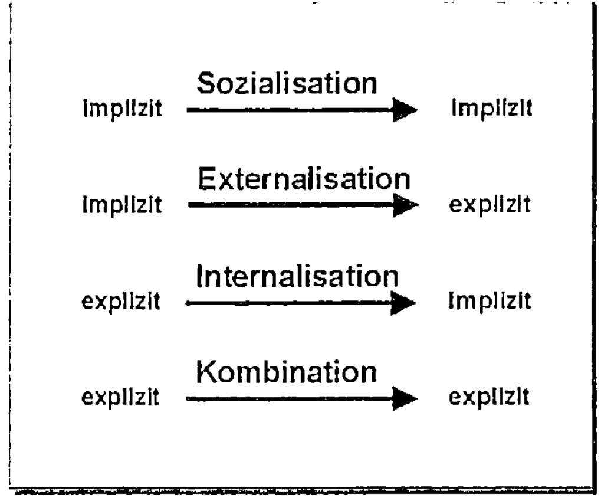

Abbildung 5.20: Wissenstransformationen nach Nonaka und Takeuchi

* Externalisation

Die Externalisation ist aus der Sicht des Knowledge-Managements und der Unternehmensorganisation der wesentliche Prozess bei der Transformation von Wissen. Hier wird implizites Wissen in den Köpfen in explizites Wissen umgewandelt. Damit wird über diesen Weg ursprünglich implizites Wissen formalisier- und speicherbar. Wesentlicher Prozess, der diese Transformation möglich macht, ist das Schließen durch Analogien.

* Internalisation

Hier wird explizites in eigenes, implizites Wissen umgewandelt. Explizites Wissen wird vom Individuum aufgenommen und steht als implizites Wissen später zur Verfügung, obwohl man keinen Bezug mehr zur „Wissensquelle" hat. Bei der Internalisation spielt das bereits vorhandene implizite Wissen eine große Rolle und tritt in Wechselwirkung mit dem expliziten Wissen.

* Kombination

Bei der Kombination wird explizites Wissen aus verschiedenen Bereichen miteinander verknüpft. Zur Kombination zählt auch der Austausch von Wissen über die verschiedenen Mittel der Informationstechnik (z. B. Telefon, Rechnernetze, Dokumente). Aus der Sicht der Informatik bieten sich hier die größten Möglichkeiten.

5.2.4.2   Bausteine des Knowledge-Managements

praxisorientiertes Konzept

Probst, Raub und Romhardt [PRR1999] bieten mit den Bausteinen des Knowledge-Managements ein praxisorientiertes Konzept zur Einführung von Knowledge-Management. Das Modell beschreibt zwei Kreisläufe.

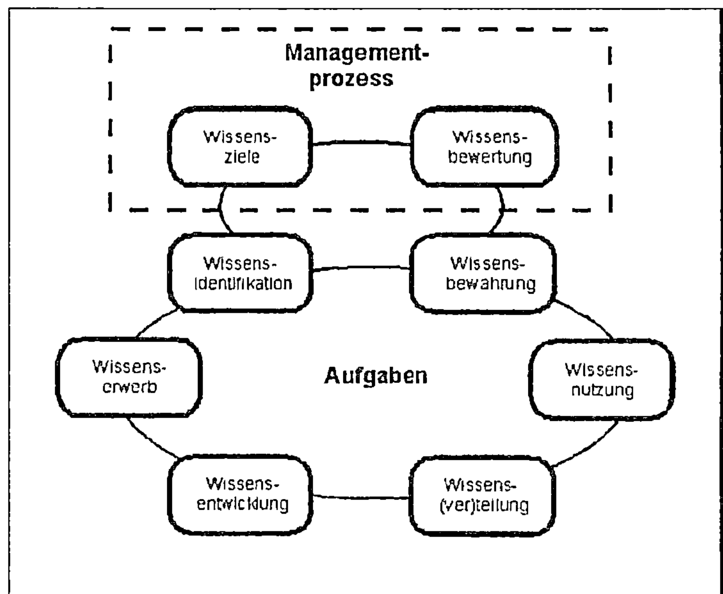

Abbildung 5.21: Bausteine des Knowledge-Managements

innerer Kreislauf

Der innere Kreislauf besteht aus den Bausteinen Wissensidentifikation, Wissenserwerb, Wissensentwicklung, Wissens(ver)teilung, Wissensnutzung und Wissensbewahrung. Dieser Kreislauf steht in Wechselwirkung mit einem zweiten äußeren Kreislauf, bestehend aus den Bausteinen Wissensziele und Wissensbewertung. Dieser äußere Kreislauf stellt den klassischen Managementprozess dar, der im Fall des Knowledge-Management durch die Wechselwirkung mit dem inneren Kreislauf erweitert wird. Die Bausteine beschreiben die notwendigen Aufgaben und Aktivitäten, die mit dem Knowledge-Management verbunden sind.

● Wissensidentifikation

<table>
<tr><td>vorhandenes
Wissen
kennen</td><td>Fragt man ein Unternehmen danach, welches Wissen vorhanden ist, dann stellt man fest, dass in den meisten Fällen ein Überblick fehlt. Kernaufgabe des Bausteins „Wissensidentifikation" besteht in der Analyse und Beschreibung aller Wissensquellen eines Unternehmens. Dies schließt interne und externe Quellen mit ein. Über die Wissensidentifikation wird ein Überblick des Wissens geschaffen. Ein fehlender Überblick führt zu Ineffizienz und Doppelentwicklungen, das Rad wird häufig immer wieder neu erfunden.</td></tr>
</table>

● Wissenserwerb

<table>
<tr><td>fehlendes
Wissen
erwerben</td><td>Das Wissen eines Unternehmens stammt aus den unterschiedlichsten Quellen. Neben internen Quellen wird ein erheblicher Teil aus externen Quellen importiert. Quellen des externen Wissens sind die Beziehungen zu Kunden und Lieferanten, aber auch die Wettbewerber. Der Wissenserwerb kann durch eine geeignete Rekrutierung von Mitarbeitern oder in der Zusammenarbeit mit externen Beratern und Experten erfolgen. Häufig dient die Übernahme von anderen Firmen in erster Linie dazu, auf das dort vorhandene Wissen über Technologien, Produkte und Märkte zugreifen zu können, dass man aus eigener Kraft nicht so ohne weiteres erlangt hätte. Beim Wissenserwerb unterscheidet man außerdem zwischen dem Aufbau eines Wissenspotenzials (Investition in die Zukunft) und direkt verwertbarem Wissen (Kapitalisierung in der Gegenwart). Dieser Baustein stellt bei der systematischen Umsetzung des Knowledge-Managements eine wichtige Komponente dar.</td></tr>
</table>

● Wissensentwicklung

<table>
<tr><td>bestehendes
Wissen
weiter-
entwickeln</td><td>Die Wissensentwicklung steht im Gegensatz zum Wissenserwerb. Hier geht es in erster Linie darum, mit den Möglichkeiten des Unternehmens neue Ideen, Produkte oder Prozesse zu schaffen. Der Aufbau von Wissen steht hier im Vordergrund. Klassische Unternehmensbereiche, die sich mit diesen Aufgaben befassen, sind die Forschungs- und Entwicklungsabteilungen von Unternehmen (z. B. die Marktforschung oder die Elektronikentwicklung). Nach [PRR1999] zählen hierzu auch alle Aktivitäten, die traditionell bisher nur als Leistungserstellung betrachtet werden. Sie bilden wichtige Bestandteile der Wissensentwicklung innerhalb eines Unternehmens. Gerade beim Wissenserwerb ist eine Transparenz über das be-</td></tr>
</table>

reits vorhandenen Wissens in allen Bereichen des Unternehmens besonders wichtig.

- Wissens(ver)teilung

Wissen zur Verfügung stellen

Wissen eines Unternehmens sollte allen Mitarbeitern in gleicher Art und Weise zur Verfügung stehen. Aufgabe der Wissens(ver)teilung besteht darin, isolierte Wissensinseln durch geeignete Mittel aufzulösen und das dort vorhandene Wissen allen verfügbar zu machen. Dabei muss nicht alles von jedem gewusst werden, sondern es müssen Verfahren zur Verfügung gestellt werden, damit bei Bedarf auf vorhandenes Wissen jederzeit zugegriffen werden kann. Isolierte Wissensinseln sind z. B. das Individualwissen oder das implizite Wissen der Mitarbeiter. Dieses Wissen muss über geeignete Verfahren der Wissens(ver)teilung von der individuellen Ebene auf die Gruppen- und Organisationsebene verteilt werden. Durch die Methoden der Wissens(ver)teilung entsteht aus Individualwissen Kollektivwissen.

- Wissensnutzung

Wissen nutzen

Wissensnutzung bedeutet den produktiven Einsatz von vorhandenem Wissen innerhalb der Unternehmen. Die Wissensnutzung ist der eigentliche Zweck, weshalb man Knowledge-Management überhaupt betreibt. Die Verteilung und die Bereitstellung alleine sichern allerdings noch keine effiziente Wissensnutzung. Es muss, besonders bei externem Wissen, ein Vertrauen in das neue Wissen existieren, damit es entsprechend gut ausgenutzt wird.

- Wissensbewahrung

Wissen sichern

Eng verbunden mit dem Wissen ist das Vergessen. Vergessen bedeutet, dass einmal erworbene Fähigkeiten nicht automatisch auch in der Zukunft zu jeder Zeit zur Verfügung stehen. Neben dem Vergessen ist der Verlust eine weitere Möglichkeit, dass auf das heute in einem Unternehmen vorhandene Wissen in der Zukunft nicht mehr zurückgegriffen werden kann. Der Verlust von Wissen kann durch den Wechsel eines Mitarbeiters als Wissensträger, aber auch durch Umstrukturierungsmaßnahmen innerhalb es Unternehmens auftreten. Die Wissensbewahrung hat die Aufgabe, dem Verlust von Wissen und dem Vergessen mit geeigneten Maßnahmen entgegen zu wirken. Zu diesen Maßnahmen zählt z. B. die geeignete Speicherung von Wissen innerhalb der Unternehmen.

Verbindungen untereinander

Die Bausteine des inneren Kreislaufs sind untereinander mehr oder weniger eng verbunden und stehen in Wechselwirkung. Im Rahmen des Knowledge-Managements ist es nicht sinnvoll, sich nur mit einzelnen Bausteinen zu beschäftigen, damit kann aber ein erster Schritt in ein gezieltes Knowledge-Management getan werden.

Der innere Kreislauf steht nach dem Modell von Probst, Raub und Romhardt in Wechselwirkung mit einem äußeren Kreislauf, der die Managementaufgabe beschreibt (siehe Abbildung 5.21).

Äußerer Kreislauf

Wesentlicher Bestandteil einer Managementaufgabe ist die Definition von Zielen und ein entsprechendes Controlling.

- Wissensziele

Wie bei anderen Managementaufgaben auch zählen zu den Wissenzielen sowohl normative, strategische und operative Wissensziele. Normative Wissensziele verankern Knowledge-Management innerhalb der Unternehmenskultur. Es muss als wichtig erkannt werden, die Ressource Wissen gezielt zu managen und auszuschöpfen. Strategische Wissensziele definieren den zukünftigen Wissensbedarf. Operative Wissensziele sorgen für die Umsetzung des Knowledge-Managements. Sie müssen eng mit dem Rest des operativen Geschäfts verbunden werden, damit sie diesen nicht zum Opfer fallen.

- Wissensbewertung

Im Rahmen der Wissensbewertung werden Methoden zur Messung auf Einhaltung und erreichen von normativen, strategischen und operativen Wissenszielen zur Verfügung gestellt. Im Gegensatz zum Finanzmanagement kann man beim Knowledge-Management bis heute keine zuverlässigen Indikatoren oder Messinstrumente angeben.

Wechselwirkung

Betrachtet man die Bausteine des inneren Kreislaufs und deren Aufgaben, dann wird klar, dass es zwischen dem äußeren und inneren Kreislauf eine Wechselwirkung geben muss, denn Wissensziele ohne die Bausteine Wissensidentifikation, Wissenserwerb oder Wissensentwicklung sind nicht denkbar. Die Wissensbewertung benutzt im wesentlichen als Indikator heute die Wirksamkeit der Wissensziele bei der praktischen Umsetzung. Hier besteht eine starke Wechselwirkung zur Wissensnutzung. Eine detaillierte Betrachtung der einzelnen Bausteine des Knowledge-Managements findet man in [PRR1999].

5.2.4.3   Referenzmodell von Warnecke, Gissler und Stammwitz

**modellbasier-
ter Ansatz**

Mit dem Referenzmodell von Warnecke, Gissler und Stammwitz [Web002] wird ein modellbasierter Ansatz zur Gestaltung wissensorientierter Prozesse vorgestellt. Wissensorientierte Prozesse behandeln Wissen in den verschiedensten Ausprägungen und haben zum Ziel, Wissensbedarf und Wissensquellen miteinander zu verbinden. Die Allgemeingültigkeit bietet die Anwendbarkeit auf verschiedenste Unternehmensprozesse und kann damit als Referenzmodell dienen. Zentrale Bestandteile sind das Objektmodell, das Ablaufmodell und eine Vorgehensweise für die Umsetzung bei der Anwendung.

- Objektmodell

**System-
Elemente**

Im Objektmodell werden Systemelemente und Aktivitäten zur Modellierung von Prozessen kombiniert. Die Systemelemente werden als Bibliotheken von Objektklassen dargestellt, wobei die Objekte über Vererbung im Sinne der objektorientierten Modellierung und attributive Verknüpfungen in Beziehung gesetzt werden.

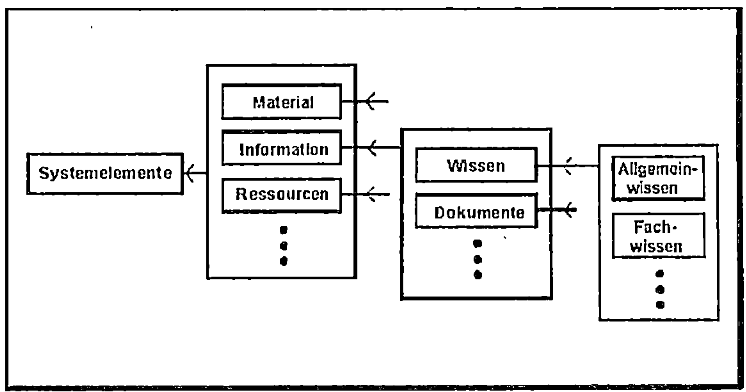

Abbildung 5.22: Objektmodell der Systemelemente

Innerhalb dieses Referenzmodells wird Wissen als Spezialisierung von Information verstanden.

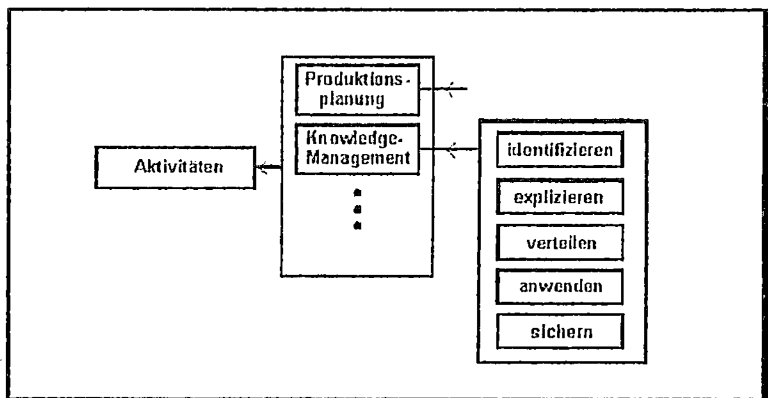

Abbildung 5.23: Objektmodell der Aktivitäten

Aktivitäten

Knowledge-Managements ist – neben anderen – eine Aktivität im Objektmodell. Hier lassen sich fünf Grundaktivitäten angeben: Wissen identifizieren, Wissen explizieren, Wissen verteilen, Wissen anwenden und Wissen sichern.

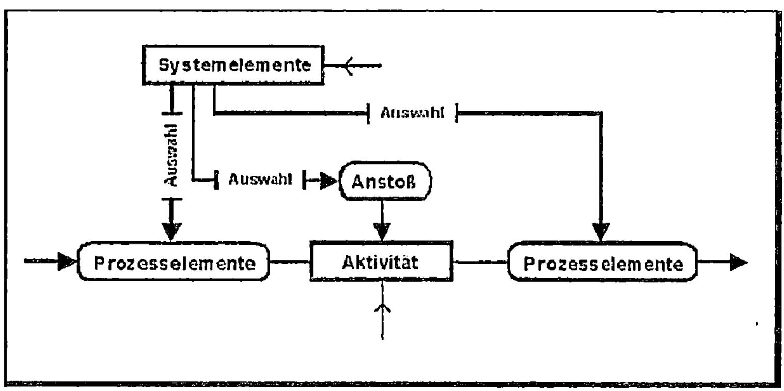

Abbildung 5.24: Prozessmodell

Modellierung

Bei der Modellierung des Prozesses wird nach einem allgemeinen Prozessmodell eine Aktivität mit Eingangs- und Ausgangs-Systemelementen verknüpft. Eine Aktivität kann ihre Ursache auch durch einen Anstoß bekommen. Gründe für den Anstoß sind ebenfalls Systemelemente.

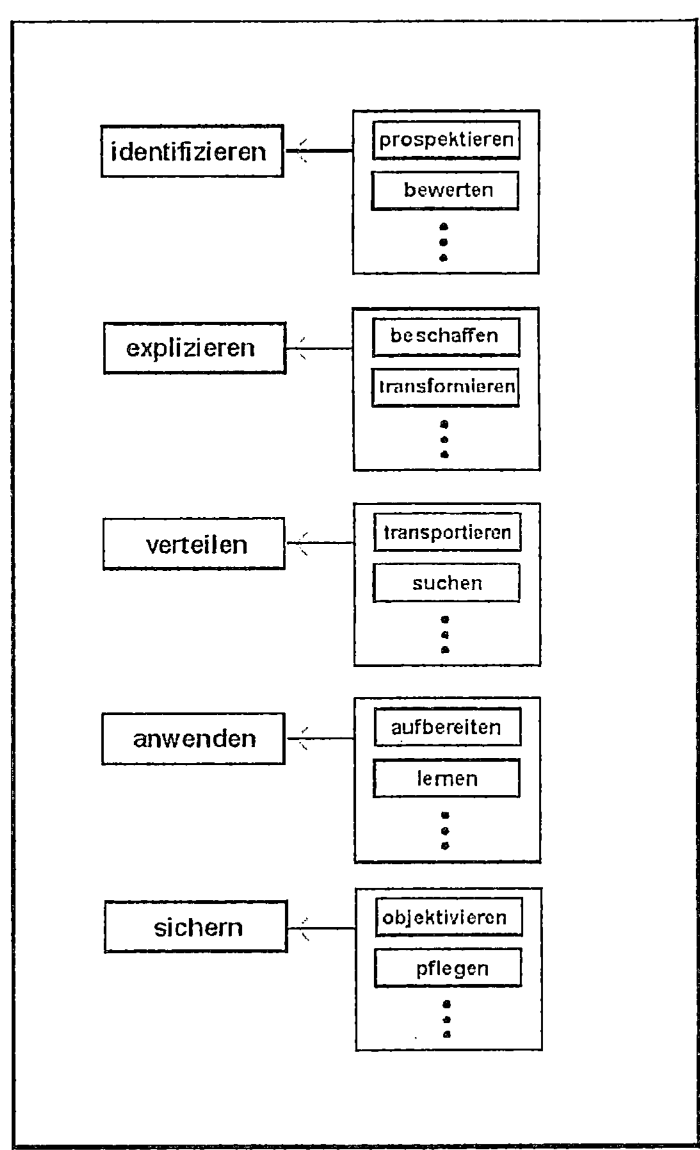

Abbildung 5.25: Grundaktivitäten des Knowledge-Managements

- Ablaufmodell

**Referenz-
ablauf**

Das Ablaufmodell basiert auf der Erfahrung mit Wissen aus Projekten und verallgemeinert diese zu einem Referenzablauf für wissensorientierte Prozesse. Aus der Projekterfahrung geht hervor, dass die Grundaktivitäten der Wissensmanagement in einer bestimmten Reihenfolge durchlaufen werden.

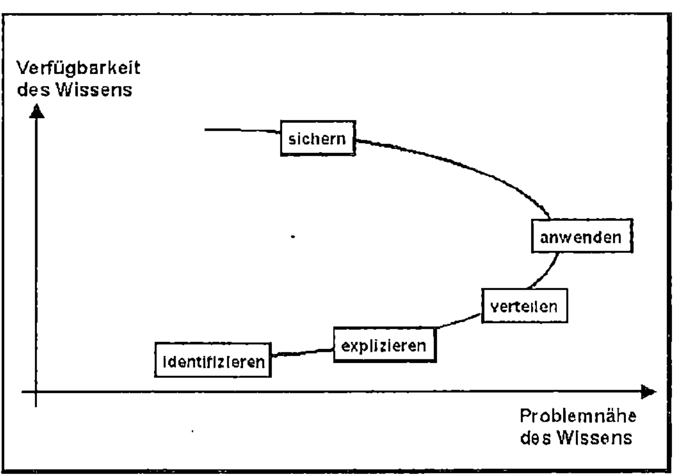

Abbildung 5.26: Ablaufmodell des Knowledge-Managements

Die Problemnähe des Wissens ist bei der Anwendung am größten.

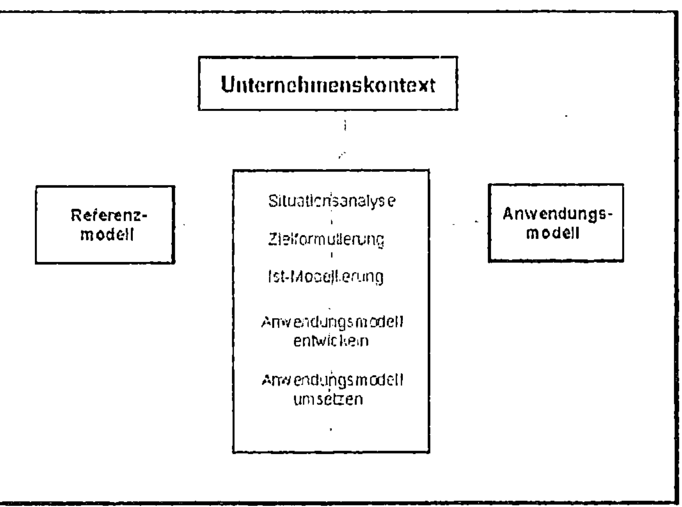

Abbildung 5.27: Umsetzung des (in Anlehnung an [Web002])

- Vorgehensweise zur Umsetzung des Referenzmodells

Das Referenzmodell dient als Grundlage um aus ihm ein konkretes Anwendungsmodell zu entwickeln, mit dem die Umsetzung in der Praxis erfolgen kann. Die Konkretisierung vollzieht sich in fünf Teilschritten (Abbildung 5.27).

Umsetzung

Die Umsetzung ist in Wechselwirkung mit dem Unternehmenskontext zu sehen und ist ein Prozess, der Aufbau- und Ablauforganisation im Unternehmen gestaltet. Dabei müssen nicht nur bestehende Prozessstrukturen hinterfragt, sondern Projektmanagement, Unternehmenskultur und die Infrastruktur müssen darauf ausgelegt werden.

Stärke des Referenzmodells

Das Referenzmodell zeigt seine Stärke in seinem objektorientierten Ansatz. Vorteil dieses Ansatzes ist die Wiederverwertbarkeit von Systemelementen und Aktivitäten, die die Entwurfszeiten und -kosten konkreter Anwendungsmodelle verringern. Dieser Ansatz bietet ein enormes Potenzial für eine Nutzung über informatische Systeme.

5.2.4.4   Der Business-Knowledge-Management-Ansatz

prozessorientierter Ansatz

Der Business-Knowledge-Management-Ansatz von Bach, Vogler und Österle [BVÖ1999] ist ein Projekt des Instituts für Wirtschaftsinformatik der Universität St. Gallen. Hierunter werden alle Konzepte zum prozessorientierten, systematischen Knowledge-Managements unter Einbeziehung moderner IT-Infrastrukturen verstanden. Der Ansatz wird durch vier Komponenten bestimmt, dem Wissen in Geschäftsprozessen, der Wissensstruktur, der Wissensbasis und der wissensorientierten Führung. Diese vier Komponenten müssen bei der Einführung von Knowledge-Management in einem Unternehmen berücksichtigt werden.

- Wissensorientierte Führung

Führungsinstrumente, Führungsorganisation

Die wissensorientierter Führung umfasst Führungsinstrumente und Führungsorganisation. Sie orientiert sich im Rahmen des Business-Knowledge-Management-Ansatzes an den Prozessen. Im Rahmen des Business-Knowledge-Management-Ansatzes wird die Verantwortlichkeit für das Knowledge-Management durch den „Chief Knowledge Officer" wahrgenommen. Zu seinen Aufgaben zählen die Steuerung und

Entwicklung der Wissensbasis und Festlegung des Koordinationsmechanismus zwischen Geschäfts- und Wissensprozessen.

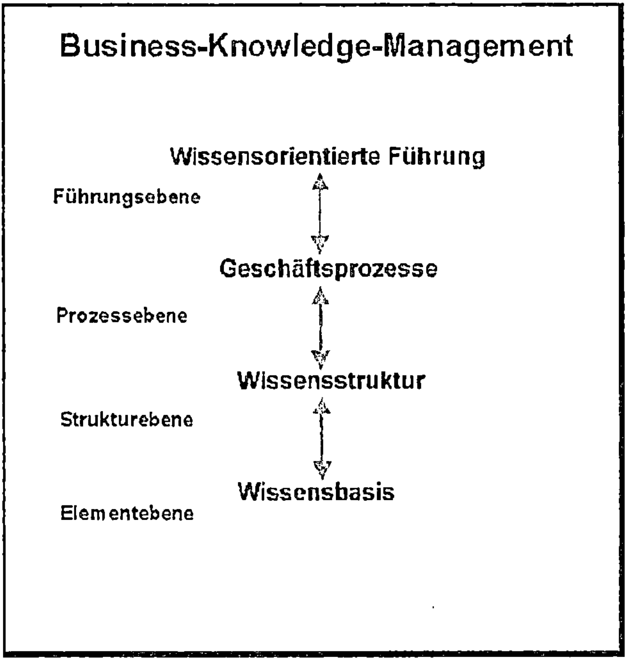

Abbildung 5.28: Der Business-Knowledge-Management-Ansatz

- Wissen in Geschäftsprozessen

Die Gestaltung wissensorientierter Geschäftsprozesse geht von zwei Ansatzpunkten aus, von den Wissensflüssen innerhalb und zwischen den Prozessen und von der Bereitstellung und Nutzung von Wissen am integrierten Arbeitsplatz.

Informationstechnische Systeme bilden dabei die Schnittstellen für abteilungs- und unternehmungsübergreifende Wissensflüsse. Ein integrierter Arbeitsplatz, bestehend aus Transaktions-, Office-, Groupware- sowie Kommunikationsfunktionalität, verbunden mit Navigations- und Zugriffsmöglichkeiten auf die Wissensbasis eines Unternehmens und ist der Anfang und das Ende eines Wissensflusses.

Ebene der Geschäftsprozesse
Auf der Ebene der Geschäftsprozesse wird bei der Verantwortlichkeit unterschieden zwischen der Verantwortung für die Themen und die Nutzung. Der Themenverantwortliche koordiniert die Autoren, deren mediengerechte Dokumentati-

on von Wissen, Überwachung der Wissensstruktur und Freigabe von Wissensobjekten. Der Nutzungsverantwortliche koordiniert die Nutzer, deren Suche und Wiederverwendung von vorhandenem Wissen, und stellt die Wiederverwendbarkeit des vorhandenen Wissens sicher.

* Wissensstruktur

Die Wissensstruktur ist der Schlüssel für eine effiziente Navigation und Nutzung von Wissen. Unter der Annahme, dass sich die Wissensflüsse meist grob um Geschäftsobjekte, wie Produkte, Kunden, Prozesse oder Märkte anordnen lassen, entsteht eine erste Wissensstruktur, die auch die Beziehung zwischen den Objekten wiedergibt. Aus dieser Wissensstruktur lassen sich einzelne Wissens-Cluster ableiten. Sie fassen Wissen des selben Inhalts aus verschiedenen Quellen zusammen. Im nächsten Schritt werden die Geschäftsobjekte in Wissensobjekte transformiert. Als Wissensobjekt wird ein Geschäftsobjekt bezeichnet, das um zugehörige Wissensquellen, ein Wissensprofil und einen Lebenszyklus ergänzt wurde.

* Wissensbasis

Aus der Sicht eines Unternehmens umfasst die Wissensbasis das gesamte Wissens eines Unternehmens, hierzu gehören auch die Mitarbeiter. Auf den Aufbau und die Organisation wird später an anderer Stelle eingegangen.

5.2.5   Werkzeuge des IT-basierten Knowledge-Managements

Grundlage: IT-basierte Werkzeuge

Basis für eine effizientes Knowledge-Management ist heute sicher der Einsatz von IT[93]-basierten Knowledge-Management-Werkzeugen, die helfen, Wissen zu erschließen und verfügbar zu machen. Daneben gehören allerdings auch Formen der Mitarbeiterführung zum Knowledge-Management. In den vergangenen Jahren haben sich eine Vielzahl von Werkzeugen entwickelt, die das Knowledge-Management unterstützen. Eine Reihe davon haben ihren Ursprung in der künstlichen Intelligenz.

Bereits bei der Diskussion um die Rolle von Knowledge-Mangement wurde deutlich, dass das Informationsmanagement eine Teilmenge des Knowledge-Managements darstellt. Deshalb trifft man Werkzeuge des Informationsmanagements wie Daten-

---

[93] IT – Informations-Technologie

banken-Managementsysteme auch beim Knowledge-Management an.

Aufgabe

Es ist schwierig, einzelne Werkzeuge anzugeben. Einfacher ist es, die Aufgaben zu nennen, die mit Werkzeugen des Knowledge-Management ausgeübt werden und diesen dann entsprechende Werkzeuge zuzuordnen. Zu den Hauptaufgaben von Knowledge-Management-Werkzeugen gehören die Erzeugung, die Darstellung und das Verteilen von Wissen.

* Erzeugung von Wissen

Durch die Erzeugung von Wissen wird es einem Unternehmen ermöglicht, innovative Produkte zu entwickeln. Dabei wird heute das Wissen noch fast ausschließlich vom Menschen erzeugt. Einen solchen Prozess mit einer Maschine nachzubilden ist wegen der Komplexität des Prozesses zur Zeit nahezu unmöglich. Werkzeuge können den Menschen allerdings bei der Erzeugung von Wissen unterstützen. Nach [Rug1997] unterscheidet man dabei die Aquisition, die Synthese und die Erschaffung von Wissen.

Akquisition

Unter Akquisition versteht man den Prozess, in dem bereits anderweitig vorhandenes Wissen, z. B. durch Lernen, in das Unternehmen übernommen wird. Als Werkzeuge können dabei Suchmaschinen, z. B. innerhalb des Internet helfen, Informationen zu finden und den Mitarbeitern eines Unternehmens zur Verfügung zu stellen. Die Mitarbeiter können durch „Verarbeiten" dieser Informationen neues Wissen generieren. Dies geschieht durch Verknüpfungsprozesse innerhalb des Kopfes, meistens entsteht dabei implizites Wissen.

Synthese

Neue Erfindungen beruhen meist nicht auf völlig neuen Ideen, sondern durch Zusammenführen von bereits existierenden Denkansätzen aus verschiedenen Bereichen kommt man zu einer neuen Entwicklung. Diesen Prozess bezeichnet man als Synthese. Bei der Synthese steht nicht die Suche nach Informationen, sondern das Knüpfen von Beziehungen zwischen Informationen und Wissen im Vordergrund. Knowledge-Management-Werkzeuge werten unterschiedliche Quellen aus und setzen unter Verwendung von assoziativen Wörter- und Phrasenlisten verschiedene Einzelteile zu einer neuen Idee zusammen.

Erschaffung

Die Erschaffung von neuem Wissen ist bis heute ausschließlich dem Menschen vorbehalten. Knowledge-Management-Werkzeuge, die in diesem Bereich unterstützend wirken wollen, müssten versuchen, die kreativen Potenziale zu erhöhen und dabei die menschlichen Denkmodelle aufbrechen.

• Darstellung von Wissen

**Grund-
bedingung:
Speicherung**

Über den Prozess der Darstellung wird Wissen anderen zugänglich gemacht. Die Darstellung bezeichnet man auch als Kodifizierung. Großes Problem ist hierbei die unterschiedliche Form, in der Wissen auftreten kann und die Tatsache, dass das Wissen immer in einem bestimmten Kontext erzeugt wird. Grundbedingung um Wissen mit Knowledge-Management-Werkzeugen zu verarbeiten ist die Speicherung. Da nur explizites Wissen gespeichert werden kann, muss man bei implizitem Wissen dieses zunächst über einen Transformationsprozess in explizites Wissen umwandeln. Darstellung von Wissen kann über die Erzeugung eines Dokuments geschehen. Alle Werkzeuge, die der Dokumentenverarbeitung dienen, unterstützen z. B. diesen Prozess.

• Verteilen von Wissen

**direkte und
indirekte
Transfer-
prozesse**

Das Verteilen von Wissen ist ein wesentlicher Prozess im Umgang mit Wissen. Durch die Verteilung von Wissen wird aus Individualwissen letztendlich Kollektivwissen. Die Verteilung von Wissen kann über direkte oder über indirekte Transferprozesse erfolgen. Der direkte Transferprozess ist der Austausch von Wissen zwischen Personen. Der Vorteil dieses Prozesses ist die Tatsache, dass Wissen problembezogen vermittelt und bei Verständnisproblemen hinterfragt werden kann. Im indirekten Transferprozess wird Wissen dauerhaft gespeichert und ist jederzeit verfügbar, ohne dass der ursprüngliche Wissensträger dazu benötigt wird. Das Hauptproblem liegt hier in der Kodifizierung. Werkzeuge, die das Verteilen von Wissen unterstützen, sind alle Kommunikationsmittel (z. B. Rechnernetze, Telekommunikation, aber auch Groupware).

Barrieren

Es gibt drei große Barrieren, die das Verteilen von Wissen verhindern, die zeitliche, räumliche und soziale (hierarchische) Distanz.

**zeitliche
Distanz**

Die zeitliche Distanz spiegelt die zeitliche Verfügbarkeit (Zeitpunkt) von Wissen wider und die Tatsache, dass das einmal vorhandene Wissen dauerhaft behalten bleibt. Es ist außerdem in der Regel meist problematisch, in einer Gruppe einen passenden Termin für den Wissensaustausch aller Beteiligten zu finden. Die zeitliche Distanz beim Wissensaus-

tausch kann durch entsprechend gestaltete Kommunikationswerkzeuge überbrückt werden. Eine große Rolle spielen hier
die asynchronen Kommunikationsmittel (E-Mail,
Newsgroups), die den Termin für den Wissensaustausch flexibler gestalten.

räumliche Distanz

Die räumliche Distanz spielt im Zeitalter der global agieren-
den Unternehmen eine große Rolle. Hier ist ein Treffen von
Mitarbeitern zum Wissensaustausch immer nur mit großem
Aufwand an Kosten und Zeit zu realisieren. Kommunikationsmittel, die die räumliche Distanz aufheben, sind synchro-
ne Mittel, wie z. B. Videokonferenzsysteme.

soziale Distanz

In der sozialen Distanz spiegeln sich hierarchische, funktio-
nelle und kulturelle Unterschiede wider. Hierzu gehören
Ängste, Vorurteile, Machtstreben, Missgunst und religiöse Ein-
flüsse. Die soziale Distanz wird beim Wissensaustausch meist
stark vernachlässigt, spielt aber in global arbeitenden Institutionen eine große Rolle. Die soziale Distanz lässt sich mit
technischen Mitteln nur sehr schwierig überbrücken. Ziel des
Knowledge-Managements ist es, trotz dieser schwer zu über-
brückenden Distanz einen Wissensaustausch zu ermöglichen.
Bei der Konzeption von Knowledge-Management-
Werkzeugen muss darauf geachtet werden, diese Distanz mit
geeigneten Mitteln zu verkleinern. Ein Mittel zur Überbrückung ist die Anonymität.

5.2.5.1 Expertensysteme

Definition Experten-system

Unter einem Expertensystem versteht man ein technisches In-
formationssystem, das zu einem stark eingegrenzten fachspezifi-
schem Thema das „Wissen" eines Experten zur Verfügung stellen
kann. Zentrales Element ist die Knowledge-Base als Wissensspei-
cher. Weitere Bestandteile eines Expertensystems sind Funktionen des Wissenserwerbs und zur Wissenspräsentation. Die Expertensysteme wurden ursprünglich im Rahmen der künstlichen
Intelligenz entwickelt. Dabei bestand die ursprüngliche Aufgabe
der künstlichen Intelligenz in der symbolischen Wissensrepräsen-
tation und Methoden zur Problemlösung mit Rechnersystemen.
Die Expertensysteme zeigen, dass das Knowledge-Management
insbesondere mit Mitteln der modernen Informationstechnologie
keine neue Fragestellung ist, sondern Fragen zur Wissensbewahrung, -nutzung und (ver)teilung schon lange von Bedeutung
sind. Expertensysteme lassen sich z. B. besonders vorteilhaft in
der Medizin oder bei juristischen Fragestellungen einsetzen. Im

Unterschied zu den Expertensystemen zielen die gegenwärtigen Bestrebungen des Knowledge-Managements darauf ab, Verfahren zur Verfügung zu stellen, die den eng begrenzten Themenbereich auflösen und allgemeiner fassen.

5.2.5.2   Speicherarchitekturen des Wissens

Wissen verwalten

Mit den Speicherarchitekturen des Wissens wird explizites Wissen verwaltet. Dies kann durch eine direkte Ablage des Wissens oder durch Verweise auf dieses Wissen erfolgen. Bei den Speicherarchitekturen spielt auch eine große Rolle, wie auf dieses gespeicherte Wissen zugegriffen werden kann. Zu den Speicherarchitekturen des Wissens zählen die Knowledge-Base und die Knowledge-Map. Innerhalb einer Speicherarchitektur wird Wissen zentral vorgehalten und verwaltet.

- Knowledge Base

Unter einer Knowledge-Base versteht man eine strukturierte Sammlung von unabhängigen Wissenselementen aus den verschiedensten Quellen. Über die Knowledge-Base wird nur explizites Wissen verwaltet. Typische Beispiele für Wissenselemente sind Zeitungsartikel, Projektbeschreibungen, Produktionsdaten, Gesprächsnotizen, E-Mails oder Personaldaten. Allgemein werden diese Wissenselemente durch strukturierte und unstrukturierte Dokumente dargestellt. Strukturierte Wissenselemente befinden sich als Daten und Informationen in relationalen Datenbanken. Die Struktur wird durch die zugrundeliegende Tabellenbeschreibung dargestellt, die sich leicht auswerten lässt. Ein anderes Beispiel sind z. B. XML-Dokumente. Spezielle, strukturierte Dokumente sind so genannte „Yellow Pages", die helfen, Experten zu bestimmten Themen zu finden. Um der Veraltung von Yellow Pages entgegen zu wirken, werden diese meist dynamisch angelegt. Sie generieren die Kenntnisse eines Experten z. B. aus seinem Schriftverkehr und aktualisieren die Eintragungen automatisch. Vorteil der Yellow Pages ist eine gute Strukturierungsmöglichkeit, die die Auswertung erleichtert. Daneben zählt auch das Data-Warehouse zu den Wissensspeichern. Innerhalb des Data-Warehouse wird Information und Wissen bereitgestellt, um die Durchführung von Auswertungen und Analysen in entscheidungsorientierten Prozesses zu unterstützen [Gan2001]. Zur Analyse werden Werkzeuge wie OLAP (Online Analytical Processing) oder Data-Mining genutzt. Die

Datenmengen eines Data-Warehouses setzen sich aus aggregierten, transformierten und bereinigten Daten zusammen.

Kritische Punkte einer Knowledge-Base sind die zentrale, nicht redundante Erfassung und Speicherung von explizitem Wissen, bei dem der Personenbezug nicht mehr existiert. Wissen ist aber stets mit dem Individuum verbunden. Im Gegensatz zur Information ist Redundanz wichtig, damit einmal vorhandenes Wissen nicht verloren geht. Redundanz ist ein wirksames Mittel gegen Vergessen.

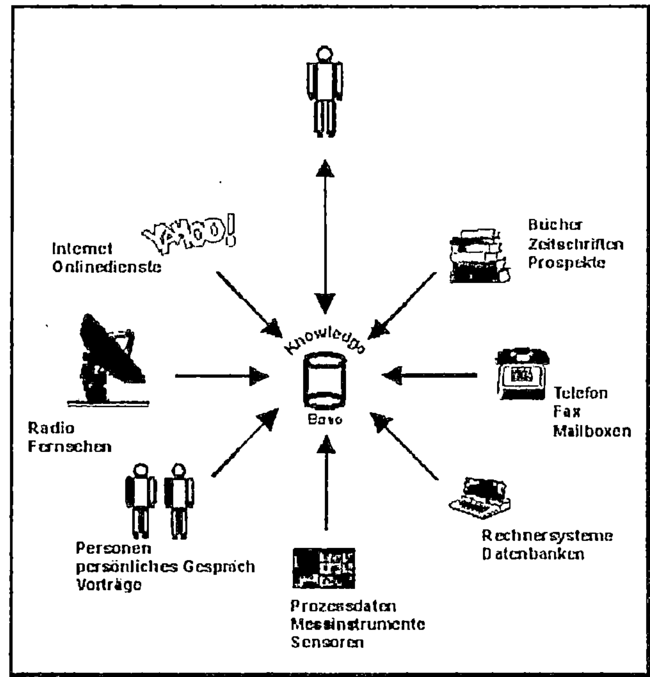

Abbildung 5.29: Knowledge-Base

- Knowledge-Map

Die Knowledge-Map dienen nicht dazu, dass Wissen selbst, sondern Hinweise und Zusammenhänge zu speichern, mit denen man Wissen auffinden kann. Knowledge-Maps eignen sich ganz besonders dazu, die Träger von implizitem Wissen (Mitarbeiter, Experten) aufzuzeigen. Neben den Wissensquellen können auch unterschiedliche Wissensbestände, Wissensstrukturen und Wissensflüsse innerhalb eines Kontextes dargestellt werden. Hiermit lassen sich Wissensprofile erstellen.

5.2.5.3   Wissensnetzwerke

**vorherr-
schende
Architektur**

Neben den Wissensspeichern zur Wissensdarstellung werden Wissensnetzwerke als Architektur zur Darstellung und Verteilung von Wissen verwendet. Diese Form wird in der Zukunft die vorherrschende Architektur darstellen. Basis für Wissensnetzwerke sind alle Strukturen verteilter Systeme, wie Rechnernetzwerke (z. B. Internet oder Intranet) einschließlich einer entsprechend verteilt ausgelegten Anwendungssoftware (Middleware) und Werkzeuge (z. B. Browser), Groupware-Systeme mit den entsprechenden Bestandteilen, wie Workgroup-Computing, Workflow-Management, Dokumenten-Management, sowie verteilte Datenbanken. Über Wissensnetzwerke lassen sich Aufgaben, wie Kundenbeziehungsmanagement oder intelligente Funktionen bei Entscheidungsfindungsprozessen erheblich einfacher durchführen. Wissensnetzwerke sind auch ein guter Kompromiss, um zeitliche und räumliche Distanzen zu überbrücken.

**viele
Lösungen**

Über Wissensnetzwerke lassen sich Lösungen zum Wissensaustausch über Sozialisation, Externalisation, Internalisation und Kombination einfacher realisieren. So ist hier selbst eine virtuelle Kaffeeküche (Chat, Newsgroup) möglich. Zu den Wissensnetzen gehören auch die Knowledge Communities [Sch2000]. Als Lösung ist hier auch eine wissensbasierte Kommunikation möglich, die große Einsatzmöglichkeiten im Bereich des E-Learnings bietet [The2001].

5.2.6   Umsetzung des Knowledge-Managements

Umsetzung des Knowledge-Managements wird geprägt von Managementfunktionen auf der einen und technischen Funktionen auf der anderen Seite. Damit Knowledge-Management funktioniert, muss ein ausgewogenes Verhältnis zwischen diesen beiden Seiten erreicht werden.

**Einführung
von
Knowledge-
Management**

Die Einführung von Knowledge-Management innerhalb eines Unternehmens muss von oben durchgeführt werden, d. h. es muss mit in die Unternehmensziele (normative Ziele) eingeschlossen werden. Gleichzeitig müssen Möglichkeiten zur Verfügung gestellt werden, damit dieses Ziel erreicht werden kann. Durch ein entsprechendes Controlling muss das Erreichen dieses Zieles überwacht werden.

Bei der Einführung stößt man auf eine Vielzahl von Problemen. Ein großes Hemmnis ist die Motivation der Mitarbeiter, ihr Wissen zur Verfügung zu stellen. Dies gilt insbesondere für implizites Wissen. Generell wird hierbei die Gefahr gesehen, nach der Preisgabe für das Unternehmen überflüssig zu werden. Hier kann mit einem vertrauensvollen Umgang zwischen der Geschäftsleitung eines Unternehmens und den Mitarbeitern viel erreicht werden. Zusätzlich müssen Anreizsysteme entwickelt und implementiert werden, die dazu führen, Wissen bereitwilliger zur Verfügung zu stellen. Wird fremdes Wissen innerhalb der Geschäftsprozesse verwendet, dann ist es wichtig, auch zu wissen, wie zuverlässig dieses Wissen ist.

Grundlage für die technische Umsetzung von Knowledge-Management ist ein funktionierendes Informationsmanagement. Zusätzlich müssen Funktionalitäten, die eine Vernetzung von Informationen ermöglichen, ergänzt werden. Die Ansichten, wie die Funktionalität von Lösungen für das Knowledge-Management aussehen müssen, gehen auch heute noch weit auseinander. Eine Untersuchung von verschiedenen, am Markt eingeführten Werkzeugen zeigt, dass die meisten nur eingeschränkt tauglich sind [Mer1999]. Viele führen tatsächlich nur Aufgaben des Informationsmanagements aus.

Knowledge-Management-Werkzeugen

Zu den am Markt verfügbaren Knowledge-Management-Werkzeugen gehören z. B. Active Knowledge oder der Knowledge-Server der Firma Autonomy [Web004]. Daneben kennt man Knowledge.Works der Firma Cipher Systems [Web005] oder Knowledge Network der Firma Fulcrum [Web006]. Nähere Angaben über weitere Werkzeuge findet man unter [Web003] oder [Mer1999].

Als sehr populäre Lösung bieten sich zum Einstieg in das Knowledge-Management Yellow Pages an, die dynamisch verwaltet werden. Ähnlich wie die gelben Seiten eines Telefonbuchs können Experten hier ihr Wissen anbieten. Über eine entsprechende Strukturierung mit Link-Möglichkeiten kann man mit einfachen Mitteln Wissensprofile und Knowledge Maps erstellen.

5.2.7 Ausblick und Zukunft des Knowledge-Managements

Wissen wird in der Zukunft eine übergeordnete Rolle in allen Unternehmensbereichen besitzen, besonders bei den Geschäftsprozessen. Es gilt, diese Ressource mit geeigneten Maßnahmen zu managen und über geeignete technische Mittel zur Verfügung zu stellen. Innerhalb von Lösungen bei Geschäftsprozessen müssen Knowledge-Management-Funktionen bereits in der Unternehmensportalen mit verankert werden.

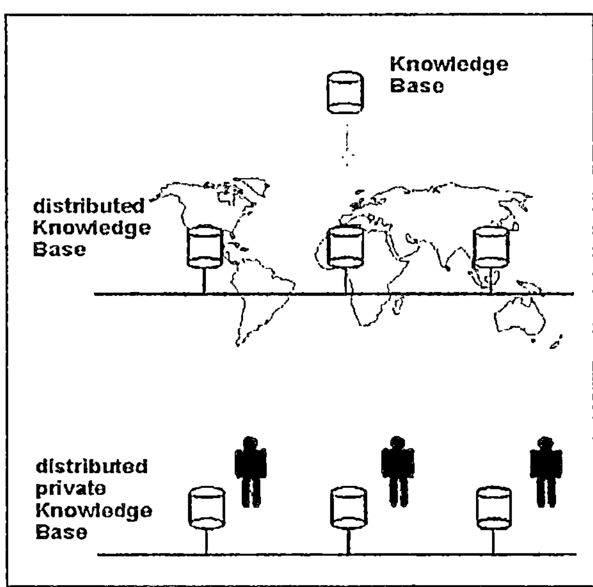

Abbildung 5.30: Verteilte Knowledge-Base

Verteiltes Wissen

Verteilte Architekturen werden in der Zukunft eine große Rolle spielen. Ein besonderer Aspekt, der Vorteile von Speicherarchitekturen und Wissensnetzwerken verbindet, sind verteilte private Knowledge-Bases [Hof2001]. Hier stellen einzelne Personen ihr Wissen in einer privaten Knowledge-Base zur Verfügung. Diese Architekturen kommen den Eigenschaften (redundant, personenbezogen) des Wissens sehr entgegen. In Abbildung 5.30 ist eine solche Architektur dargestellt. Geht man davon aus, dass in der Zukunft das Wissen von vielen Personen innerhalb eines Unternehmensverbundes zur Verfügung gestellt werden soll, dann bietet diese Architektur wichtige Eigenschaften, wie Skalierbarkeit, die bei einer zentralen Knowledge-Base nicht gegeben sind. Besonderer Vorteil der distributed private Knowledge-Base ist die Tatsache, dass hiermit Honorierungssysteme geschaffen werden können, da ein Personenbezug zum Wissen hergestellt werden kann. Dies ist wichtig mit Blick auf die zukünftige Bedeutung von Wissen.

Andere Konzepte sehen Wissensobjekte vor, auf die von überall zugegriffen werden kann. Hier kann auf die Erfahrungen mit den verteilten, objektorientierten Prinzipien zurückgegriffen werden. Diese Vorgehensweise ist ein idealer Weg der Wissensverteilung und über die Eigenschaften der Objekte kann gleichzeitig der Personenbezug dieses Wissen hergestellt werden.

5.2.8   Literaturverzeichnis

[BVÖ1999] V. Bach, P. Vogler, H. Österle: „Business-Knowledge Management – Praxiserfahrung mit Intranetbasierten Lösungen", Springer-Verlag Berlin Heidelberg, 1999

[Gan2001] M. Ganß: „Konzept und Realisierung eines Knowledge-Management-Systems für den Wissensaustausch bei der Erstellung makroökonomischer Analysen auf der Basis eines Economic Research Data Warehouse", Diplomarbeit, Fachbereich Angewandte Informatik, FH-Fulda, SS 2001 (in Zusammenarbeit mit Deutsche Bank Research, Frankfurt/Main).

[FB1999] A. Fried, C. Baitsch: „Mutmaßungen zu einem überraschenden Erfolg - Zum Verhältnis von Wissensmanagement und Organisationalem Lernen", in K. Götz (Hrsg), „Wissensmanagement – zwischen Wissen und Nichtwissen", Schriftenreihe: Managementkonzepte, Verlag Rainer Hampp, München und Mehrung 2000

[Gei1998] J. Geissler: „Lotus Notes als Werkzeug für das Knowledge-Management", Universität Regensburg, Lehrstuhl für Wirtschaftsinformatik III, http://hp48.rhein-neckar.de/ADm/ DiplomA.html

[GRD2000] M. Gerk, M. Rommel, H. Dohmann: „Internet-Redaktionssysteme", Funkschau 23/2000, S. 46-48.

[Han1997] H. R. Hansen: Arbeitsbuch Wirtschaftsinformatik, Lexikon, Aufgaben, Lösungen, 5. Auflage, 1997, UTB für Wissenschaft: Uni-Taschenbücher 1281.

[Hof2001] R. Hoferichter: „Konzeption und Entwurf einer verteilten Knowledge-Base Architektur", Diplomarbeit, Fachbereich Angewandte Informatik, FH-Fulda, WS 2001/2002.

[Mer1999] T. Merz: „Einführung eines IT-basierten Knowledge-Management-Systems bei einem Beratungsunternehmen", Diplomarbeit, Fachbereich Angewandte Informatik, FH-Fulda, WS 1999/2000.

[PRR1998] G. Probst, S. Raub, K. Romhard: „Wissen managen: Wie Unternehmen ihre wertvollste Ressource optimal nutzen", 3. Auflage, Frankfurt a. Main, FAZ, Gabler.

[Pul1996] A. Pulic: „Der Informationskoeffizient als Wertschöpfungsmaß wissensintensiver Unternehmungen", in U. Schneider (Hrsg), Wissensmanagement: Die Aktivierung des intellektuellen Kapitals, Frankfurt a. Main, FAZ, Gabler.

[Rug1997] R. Ruggles: „Knowledge Management Tools", Butterworth-Heinemann, 1996.

[Sch2000] M. P. Schmidt: „Knowledge Communities", Addision-Wesley, München, 2000.

[The2001] Ch. Theis: „Entwurf und Umsetzung einer wissensgesteuerten Kommunikationskomponente bei einem E-Learning-System", Diplomarbeit, Fachbereich Angewandte Informatik, WS 2001/2002, FH-Fulda, diese Arbeit wurde im Rahmen eines BMBF-Forschungsprojektes durchgeführt (Förderkennzeichen 08NM071B).

[Web001] R. Taylor http://ourworld.compuserve.com:80/homepages/ roberttaylor/km.htm

[Web002] G. Warnecke, A. Gissler, G. Stammwitz - http://enterprise.cck.uni-kl.de/~stamm/publikation/icWMReferenzmodell/WMReferenzmodell.html

[Web003] G. Bellinger - http://www.outsights.com/systems/kmgmt/kmgmt.htm

[Web004] http://www.autonomy.com/knowledge/ index.html

[Web005] http://www.cipher-sys.com

[Web006] http://www.pcdocs.com/products/ default/htm

Autor: Prof. Dr. Helmut Dohmann – Fachhochschule Fulda, Fachbereich Angewandte Informatik, Marquardstr. 35, 36039 Fulda.

Email: helmut.dohmann@informatik.fh-fulda.de

Web: www.fh-fulda.de/fb/ai/profs/dohmann.htm

5.3   E-Learning
(Gerhard Fuchs)

Chancen des E-Learning

Mit der von vielen Unternehmen aufgenommenen Entwicklung von E-Business-Anwendungen entsteht die Chance, für die hier notwendigen Qualifikationen der Mitarbeiter und Kunden praktikable E-Learning-Angebote in der vorhandenen Informations- und Kommunikations-Technik (IuK) mit einzubeziehen. Die früheren Versuche, Computer-based Training (CBT) und ansatzweise auch intelligente Lernsysteme (ILS) dem Benutzer anzubieten, sind alle in wesentlich geringer entwickelten IuK-Infrastrukturen nicht so erfolgreich gewesen. Heute ist die benötigte IuK-Infrastrutur in einem vertretbaren Entwicklungsstand verfügbar und die Notwendigkeit sowie die Motivation vieler Benutzer, sich mit neuen Themen auch im E-Learning für Ausbildung, Studium und Weiterbildung auseinander zu setzen, beträchtlich gestiegen.

E-Learning Zielvorstellung

Unter E-Learning wird das Lernen mit Hilfe elektronischer Medien über die verfügbaren IuK-Infrastrukturen verstanden. Heute ist dies in vielen Fällen das Internet oder auch das Intranet des Unternehmens. Dabei ist das E-Learning nicht als ein isolierter Prozess, sondern als ein wesentlicher Teil des neuen Wissensmanagements im Unternehmen anzusehen (siehe dazu auch [Maur00] Seite 24). Eine reine Ausrichtung des E-Learning auf das multimediale Lernen am Arbeitsplatzrechner hilft zwar dem jeweiligen Lerner individuell, lässt aber wesentliche Aspekte des übergeordneten betrieblichen Wissensmanagements und vom Klima für E-Learning-Prozesse außer Acht.

E-Learning-Funktionen

Das E-Learning bietet dem Benutzer, dies ist hier im Allgemeinen der Lerner, die Technik zum

- Wissen nachschlagen,
- Wissen erarbeiten und
- Fähigkeiten trainieren

als Funktionen in einem Umfeld des Wissensmanagements eines Unternehmens in den IuK-Infrastrukturen an. Die früher eher traditionell ausgerichtete Sicht des E-Learnings auf den einzelnen Arbeitsplatz des Lerners oder die Ergänzung bzw. den Ersatz des Frontalunterrichts kann die Möglichkeiten nicht voll ausschöpfen und ist deshalb durch eine umfassende Sichtweise zu ersetzen.

Entertainment Diese E-Learning-Funktionen können auch im Zusammenhang mit Entertainment-Diensten dem Benutzer, der sich hier in seinem Freizeitverhalten nicht direkt als Lerner sieht, angeboten werden. Häufig ist es auch empfehlenswert auf den Freizeitwert einer multimedialen Anwendung hinzuweisen und die Lernaspekte nur zusätzlich anzubieten. Lernen beim Spielen und mit Spaß stellt einen hervorragenden Ansatz dar, dem Benutzer Wissen anzubieten.

Benutzer und Lerner Immer wenn hier die allgemeine Computernutzung für unterschiedliche Zwecke im Vordergrund der Betrachtungen steht, wird vom Benutzer, ansonsten – bei speziellen Lernangeboten – jeweils vom Lerner gesprochen. Dies zeigt schon, dass das E-Learning zu einem Teil selbstverständlich für spezielle Lerninteressen der Lerner, dem Tele-Lernen, und zu einem anderen Teil für nicht so deutlich erkennbare Interessenlagen der Benutzer angeboten und benötigt wird. Der Benutzer hat bei seiner vielfältigen Bildschirmarbeit häufig neue Softwareprodukte einzusetzen und dabei zu Beginn einen Einarbeitungsaufwand. Für diese Einarbeitung wird vom Benutzer meist gerne eine entsprechende Hilfe akzeptiert, diese wird aber nicht als Lernen eingestuft.

Multimediale Bildungssysteme Das E-Learning mit den heutigen multimedialen Standards in der IuK-Infrastruktur und der speziellen Ausrichtung auf das Lernen oder auch als Entertainment-Angebot für alle Benutzergruppen inklusive aller organisatorischen Standards wird als „Multimediales Bildungssystem" bezeichnet. Mit dem speziellen Blick auf die angebotenen Tele-Leistungen wird auch von „Telemedialen Bildungssystemen" gesprochen. Siehe hierzu auch Kerres – Didaktische Konzeption multimedialer und telemedialer Lernumgebungen in [Heil99] S. 9-21.

5.3.1   Erfolgsfaktoren des E-Learning

Die Effektivität des E-Learning hängt von einigen bedeutenden Erfolgsfaktoren ab, die sich gegenseitig beeinflussen und nicht so leicht erkennbar sind. Ohne die Beachtung dieser kann das Potenzial des individuellen Lernens nicht annähernd ausgeschöpft werden.

E-Learning-Klima Eine wesentliche Voraussetzung für den unbeschwerten Umgang mit E-Learning-Produkten stellt das E-Learning-Klima dar. Ohne ein praktikables oder auch innovatives Klima beim Einsatz von E-Learning Produkten zum Wissenserwerb oder zum Training werden die Möglichkeiten des E-Learning nicht ausgeschöpft. Hier wird eine hohe Akzeptanz beim Lerner und die hierfür notwendige Motivation benötigt.

Akzeptanz der Benutzer

Ein weiterer wesentlicher Erfolgsfaktor des E-Learning liegt darin, bei selbst erkanntem Bedarf an Wissen oder Fähigkeiten und der Verfügbarkeit eines praktikablen Lernsystems oder einer Lernumgebung, dieses als Lerner zu akzeptieren und auch aktiv zu benutzen. Hier spielt die Motivation des Benutzers oder Lerners die entscheidende Rolle. Deshalb sind hier die Aspekte der intrinsischen und der extrinsischen Motivation speziell zu beachten. Mit der intrinsischen Motivation werden die im Benutzer innewohnende Motivation, d. h. die er aus sich heraus erzeugt, angesprochen. Mit der extrinsischen Motivation wird die Motivation, die sich aus den Umgebungseinflüssen heraus ergibt, in das Blickfeld der Betrachtungen gestellt.

Autorensystem

Ein weiterer wesentlicher Punkt ist die Existenz von leistungsfähigen Autorensystemen für die Entwicklung von E-Learning-Produkten. Die Verfügbarkeit von Autorensystemen, auch im Umfeld der Lerner, für einen spielerischen Umgang verbessern wesentlich die Akzeptanz durch die Lerner und tragen damit auch zu einem guten E-Learning-Klima bei.

Lernen ist individuell

Lernen ist ein individueller Prozess mit vielen Einflussgrößen. Die individuelle Motivation erfordert einmal die Akzeptanz des E-Learnings im Allgemeinen und die Einsicht in die sich daraus ergebenden eigenen Vorteile oder auch Spaß durch das Lernen. Mit steigender Kompetenz im Einsatz der Lernsysteme bzw. Lernumgebungen steigt auch die Bereitschaft, sich dieser Systeme selbst zu bedienen. Für dieses individuelle Lernen sind heute Lernumgebungen bzw. Lernsysteme mit Lernermodellierung und weitgehender Individualisierung der Bildschirmarbeit beim Lernen gefordert. Dies wird im Abschnitt Lernermodellierung noch weiter ausgeführt.

E-Learning im betrieblichen Wissensmanagement

Ein weiterer Erfolgsfaktor des E-Learnings kann aus der Einbindung in das betriebliche Wissensmanagement entstehen. Beim aktiven Umgang mit dem betrieblichen Wissen wird die Sensibilität aller Mitarbeiter hinsichtlich ihrer individuellen Lernprozesse beträchtlich erhöht und dadurch die E-Learning-Angebote auch wesentlich attraktiver.

Selbsttragender Weiterbildungsmarkt

Die Bedeutung der Weiterbildung als Wirtschaftsfaktor kann mit der Kenntnis des möglichen Nachfragepotenzials (siehe dazu auch [Ande01]), das von mehreren vorher ausgeführten Erfolgsfaktoren abhängig ist, mit passenden Produkten und E-Learning-Angeboten beträchtlich verdeutlicht werden. Dies kann zu einem selbsttragenden Weiterbildungsmarkt mit einem praktikablen E-Learning-Klima und einem großen Angebot multimedialer und individuell einsetzbarer Lernangeboten mit Weiterbildungsmöglichkeiten führen.

5.3.2   Wissensmanagement und E-Learning

Wissens-management

Das Wissensmanagement wird für Unternehmen und für jeden Einzelnen mit dem Ansteigen des verfügbaren Wissens und mit dem Anspruch, dieses Wissen aktiv für die jeweiligen Ziele einsetzen zu können, zunehmend interessanter. Im Wissensmanagement wird versucht, die menschlichen Ressourcen für den betrieblichen Leistungsprozess zu erschließen und den Mitarbeitern hierbei auch einigen Spaß und Selbsterfüllung mit den umfangreichen Lernprozessen anzubieten. Ein Antrieb diese Prozesse weiter voranzubringen, ergibt sich auch aus der entstehenden globalen Marktsituation der Unternehmen, ebenso wie aus den sich ändernden Unternehmensstrukturen. Die Unternehmen sind nach [PiReWi01] in einem Entwicklungsprozess hin zu grenzenlosen Unternehmen. Die vom globalen Markt gestellten Anforderungen mit der heute verfügbaren IuK-Technik und den Kenntnissen zur Geschäftprozessmodellierung erlauben die Schaffung modularer Unternehmensteile, die verteilt die Leistung im Unternehmen erbringen. Dies führt zu einer enormen Fülle von aktuellem Wissen, über das die Mitarbeiter zu verfügen haben, um den Ablauf des modularen Unternehmens zu ermöglichen.

Wissens- und Informations-gesellschaft

Der Weg zur Wissens- und Informationsgesellschaft wird durch Wissensmanagement und E-Learning im Unternehmen ebenso wie in der Freizeit eine wesentlich größere Bedeutung erreichen. Dies schafft Anforderungen für ein lebenslanges Lernen, was wiederum die Bedeutung des E-Learning verstärkt. Auch mit der Einführung des interaktiven Fernsehens und den damit enthaltenen Netzzugängen für viele private Verbraucher kann das E-Learning einen weiteren Anstoß aus dem privaten Bereich erhalten.

Produktions-faktor Information

In der vor uns stehenden Wissens- und Informationsgesellschaft wird die Information zu einem bedeutenden Produktionsfaktor. Dies trifft für viele neue Produkte zu, die auf Information aufbauen und rationell mit Informationen umgehen. Die Information hat gegenüber den bekannten Produktionsfaktoren wie Kapital, Personal und Rohstoffe keinen Verbrauch. Damit können Informationen meist mehrfach gegen Entgelt weitergegeben werden. Durch geringfügige Änderungen werden aus bisher bekannten Informationen wieder neue Informationen, die von großen Nachfragegruppen, z. B. Anwender eines Softwareprodukts in einer bestimmten Versionsnummer, auch in der neuen Version sofort nachgefragt werden.

Wissenstransfer

Der Zugang zu den verteilt existierenden Wissenselementen wird im Rahmen des Wissensmanagements als Wissenstransfer bezeichnet. Wobei der Wissenstransfer vom Einzelnen in das Wissensmanagement des Unternehmens und auch in der umgekehrten Richtung zu beachten ist. Der Wissenstransfer kann mit Hilfe von wissensbasierten Systemen und Expertensystemen unterstützt werden. Die hier in Softwareprodukten enthaltene Intelligenz wird im Allgemeinen regelbasiert angeboten. Der Umgang mit intelligenter Software ist in seiner Bedeutung noch vielen Mitarbeitern unklar. Matthias Tochtrop hat in [Toch01] einen formalen Ansatz zur Definition von Wissenselementen eine Basis für den Wissenstransfer geschaffen, der prinzipiell auch für die Definition von E-Learning-Inhalten verwendet werden kann.

Durchbruch des E-Learnings

Mit Hilfe eines geeigneten Wissensmanagements im Unternehmen kann ein E-Learning-Klima geschaffen werden, in dem der Durchbruch des E-Learnings, auf den wir schon seit geraumer Zeit mit der Existenz einer praktikablen multimedialen Arbeitsplatzrechner-Architektur setzen, möglich wird.

5.3.3   Anforderungen an das E-Learning

Das E-Learning wird heute von den Vorstellungen und Erwartungen der potentiellen Lerner bzw. Benutzer und der Unternehmen zur Umsetzung unterschiedlicher Ziele voran getrieben, wobei die E-Learning-Entwicklungslinien einmal für das Tele-Lernen und andererseits auch als Teil des Entertainments mit ganz anderer Ausrichtung anzusehen sind. Heute wird die Weiterentwicklung des E-Learnings in erster Linie von den Unternehmen zur Umsetzung ihrer Ziele vorangetrieben.

Lerndialog-Beispiel

Mit einem Lerndialog-Beispiel zur Antwortanalyse der Lernereingaben können die Anforderungen aus dem Tele-Lernen heraus anschaulich erklärt werden.

Computer: Was ist 1 + 2 ?
Lerner: Drei

Computer: Kennen Sie eine andere Schreibweise ?
Lerner: 3
Computer: Ja oder Nein erwartet !
Lerner: 3 Eingaben für eine Frage sind zuviel !
Computer: Richtig !

Abbildung 5.31: Lerndialog-Beispiel zur Antwortanalyse

Im vorstehenden Lerndialog-Beispiel wird die Anforderung an das Tele-Lernen hinsichtlich der Lernererwartungen deutlich. Einmal werden im Dialog andere Antworten erwartet als der Lerner eingibt. Im anderen Fall werden dem Lerner bekannte, alternative Schreibweisen nicht akzeptiert. Zum Schluss wird der semantische Bezug der „3" nicht erkannt und die richtige Lösung unterstellt. Dieses Lerndialog-Beispiel zeigt die Schwierigkeit der Interpretation der Lernereingaben. Die Antwortanalyse hat die semantischen Bezüge aus der Lernthematik und aus dem Dialog gleichermaßen zu erkennen und in passende Antworten einzubinden.

Anforderungen aus Unternehmenssicht

Dabei stehen aus Unternehmenssicht die folgenden Anforderungen an das E-Learning im Vordergrund:

- Wissensmanagement und E-Learning sind gemeinsam zu entwickeln.

- Wissen ist von Experten unkompliziert in geeigneten Modulen zur Verfügung zu stellen.

- E-Learning benötigt praktikable Autorensysteme für die unterschiedlichen Qualifikationsstufen der Autoren und die Bedürfnisse der Lerner.

- E-Learning bietet prinzipiell Lernen in unterschiedlichen individuellen Lernerstufen und eine akzeptable Individualisierung des Lernprozesses an.

- E-Learning bietet die Möglichkeit, an jedem Ort mit dem Experten Kontakt aufzunehmen.

- E-Learning hat dem Lerner auch Spaß und Erfolgserlebnisse zu vermitteln.

- Die Kosten für das E-Learning werden durch den in der betrieblichen Weiterbildung üblichen Rahmen begrenzt.

Anforderungen aus Benutzersicht	Als zusätzliche Anforderungen aus Sicht der Benutzer bzw. Lerner an das Tele-Lernen stehen heute im Focus der Betrachtungen:

- Das Tele-Lernen ist jederzeit zugänglich und ein Kontakt zum Autor des Lernangebots ist notwendig.

- Beim Tele-Lernen sind Lesezeiger und Bearbeitungshinweise in die Lernmaterialien hinein notiert.

- Die Animation im Dialog sind in ihrem Ablauf zu modifizieren oder auch zu unterdrücken.

- Die Individualisierung der angebotenen Lerndialoge stellt eine Grundvoraussetzung für ein individuelles Lernen und damit für die Akzeptanz beim Lerner dar.

Die angebotenen Lerndialoge erlauben eine Einstufung des Lerners in die von ihm gewünschte Benutzergruppe.

E-Learning-Potenzial	Nur ein E-Learning, das den Bedürfnissen der Lerner und den Interessen der Unternehmen weitgehend entspricht, hat eine Chance, das hier erkennbare riesige Potenzial auszuschöpfen.

5.3.4 Organisationsformen des Tele-Lernens

Typische Organisationsformen des Tele-Lernens	Für das Tele-Lernen werden unterschiedliche mediendidaktisch strukturierte Lernangebote auch für zeitlich synchrone oder asynchrone Nutzung konzipiert, wo die jeweilige Ausprägung vom Kontakt mit einem Dozenten im

- Tele-Teaching, über das

- Tele-Tutoring bis zum

- offenen Tele-Lernen

unterschieden werden kann. Hier existiert ein Partner für den Lerner, der Tele-Lehrer in seiner individuellen Lernsituation, der ihm seine Fragen beantwortet und seine Übungsaufgaben bearbeitet wieder zurückgibt. Siehe hierzu auch [Kerr98] S. 289 ff.

Tele-Teaching	Beim Tele-Teaching steht die Wissensvermittlung oder das Training durch einen Dozenten, dem Tele-Lehrer oder Tele-Dozent, im Vordergrund. Das Angebot wird für eine zeitgleiche Nutzung konzipiert. Es kann aber auch zeitversetzt vom Lerner wahrgenommen werden. Hier besteht grundsätzlich die volle Chance, mit dem Tele-Lehrer in Kontakt zu kommen und Fragen sowie Übungsaufgaben bearbeitet wieder zurück zu erhalten. In Bayern werden im Medizinstudium Lehrveranstaltungen an einer Univer

sität gehalten und mit einer IuK-Infrastruktur in andere Universitäten für eine gemeinsame Lehrveranstaltung transportiert. Im Rückkanal sind Fragen für jeden Teilnehmer an den Hochschullehrer möglich. Dieser kann anschließend dem Plenum eine Antwort übermitteln.

Tele-Lehrveranstaltung
Eine typische Anwendung dieses Szenarios ist die Übertragung einer Lehrveranstaltung oder eines Vortrages über die IuK-Infrastruktur in entfernte Lehrveranstaltungsräume. Dies wird als Tele-Lehrveranstaltung oder als Tele-Vortrag bezeichnet. Im Rückkanal kann jeder beteiligte Hörsaal mit einer Kamera und einem Mikrophon ausgestattet sein. Im Veranstaltungsraum ist für jede Teilnehmergruppe ein für den Dozenten einsehbarer Bildschirm mit Lautsprecher verfügbar. Damit kann eine Frage aus einem entfernten Raum von allen Teilnehmern dieser Tele-Veranstaltung mitgehört und auch die Antwort direkt verfolgt werden. Mit einer speziellen Ausrichtung der Lehrveranstaltung auf ein Seminar kann auch ein Tele-Seminar angeboten werden. Lehner, Bodendorf und Heinzl haben in [LeBoHe01] die Konzeption eines Tele-Seminars mit den entstandenen Erfahrungen zu den wahrgenommenen Unterrichtssituationen der eingesetzten Technik, dem Anstrengungsniveau der Lehrenden, das hier als Effort bezeichnet wird, der Motivation der Teilnehmer und der wahrgenommenen Ergebnisse ausführlich dokumentiert.

Tele-Lernen zeitversetzt
Tele-Teaching bezeichnet auch die Variante, bei der für das Tele-Lernen vorbereitete Unterlagen, die zeitversetzt bearbeitet werden können und nur mit dem Rückkanal Mail ausgestattet sind, genutzt werden. Selbstverständlich existieren noch eine Reihe von Zwischenstufen, die ebenfalls als Tele-Teaching bezeichnet werden. Prägend für das Tele-Teaching ist die für das Tele-Lernen notwendige didaktische Aufbereitung der Lehrmaterialien.

Tele-Veranstaltung
Tele-Angebote mit der hier ausgeführten Charakteristik, aber ohne ausreichende didaktische Strukturierung der Lernmaterialien, können einfach als Tele-Veranstaltung bezeichnet werden.

Tele-Tutoring
Das Szenario des betreuten Tele-Lernens wird als Tele-Tutoring bezeichnet. Dem hier eingesetzten Tele-Lehrer kommt die Rolle des Tutors oder Moderators in der Betreuung der Lerner zu. Für die Bearbeitung der Tele-Anfragen oder Übungsaufgaben werden konkrete Mindestantwortzeiten vereinbart, damit die Lerner sich darauf einstellen können.

Offenes Tele-Lernen
Als offenes Tele-Lernen (Open Distance Learning) werden üblicherweise Tele-Lernangebote bezeichnet, die individuelle Bil-

dungsinteressen einzelner Benutzer ansprechen. Dies kann mit einer konkreten Zielsetzung, z. B. im Fernstudium, aber auch nach aktuellen Interessenlagen zum Lernen einzelner Sachverhalte, z. B. aus dem Berufsleben oder auch aus Softwareanforderungen bei der Bildschirmarbeit, erfolgen. Hier werden auch die Bezeichnungen Learning on Demand oder Just-in-Time Learning verwendet.

Distance Education

Mit Distance Education werden Lernangebote zum Tele-Lernen verstanden, die die Lerner an unterschiedlichen Orten gleichzeitig ansprechen und betreuen. Z. B. hat die University of Maryland seit vielen Jahren hier ein stabiles Angebot für ihre Studierenden mit klaren Vorgaben für die Tele-Lehrer und für die Durchführung von Tests und Prüfungen. Neuerdings wird dies auch von Fachhochschulen in Bayern mit dem Fernstudienangebot Wirtschaftsinformatik in einer Variante praktiziert. Weitere Informationen hierzu unter www.vhb.de.

Computer Supported Collaborative Learning (CSCL)

Das Computer Supported Collaborative Learning (CSCL) enthält ein klares Unterrichtskonzept zur Unterstützung kooperativer Arbeit durch IuK-Technik und stellt die pädagogische Variante des interdisziplinären Forschungsgebiets CSCW (Computer Supported Cooperative Work) dar. Berit Rüdiger berichtet in [Rüdi01] von einer Umsetzung dieses Ansatzes in einem beruflichen Schulzentrum.

5.3.5   E-Learning Lernumgebungen

Die für E-Learning benötigte Lernumgebung wird durch einen Standard-Arbeitsplatzrechner, den Personal Computer (PC), mit einer üblichen Multimedia-Ausstattung und der Software für das Tele-Lernen gebildet.

Multimedia-Ausstattung

Als Multimedia-Ausstattung des Arbeitsplatzrechners wird in der Standardausführung

- Bildschirm mit 1024 x 768 Pixel,

- Lautsprecher in der gewünschten Qualität,

- Mikrophon am Rechner oder als Head Set,

- Internet-Zugang mit einem Standard-Browser über die verfügbare IuK-Infrastruktur,

- Festplattenspeicher in der für die Speicherung der Multimedia-Produkten, erforderlichen Kapazität und

<table>
<tr><td></td><td>

- CD- oder DVD-Laufwerke für die Benutzung von Compact Disc (CD) oder Digitale Versatile Disc (DVD) Datenträgern

geliefert.
</td></tr>
<tr><td>

Software für das Tele-Lernen
</td><td>

Als Software für das Tele-Lernen werden neben der Standardausrüstung des Arbeitsplatzrechners mit der multimedialen Grundausstattung und den Internet-Browsern folgende typische Software-Produkte eingesetzt:

- Lernsysteme

- Autorensysteme

- Tele-Lern-Verwaltungs-Software

- Tele-Lern-Unterstützungs-Software

- Tele-Lernsysteme.
</td></tr>
<tr><td>

Lernsystem
</td><td>

Lernsysteme mit dem didaktisch aufbereiteten speziellen Lernangebot werden heute als Courseware oder als E-Learning-Software bezeichnet. Früher sagte man dazu Lernprogramme. Einzelne Teile von Lernsystemen stellen Lernmodule dar, die meist in individuell unterschiedlichen Lernwegen bearbeitet werden können.
</td></tr>
<tr><td>

Lernsystem-angebot
</td><td>

Lernsysteme werden heute in einer großen Anzahl für vorwiegend einfache, wiederkehrende didaktische Fragestellungen, häufig aus dem Schulalltag, z. B. zum Sprachenlernen in unterschiedlichen Entwicklungsstufen und Sprachen, angeboten. Der Markt für Lernsysteme ist durch die Vielfalt des Angebots bereits sehr unübersichtlich. Deshalb werden schon Ratgeber mit Testergebnissen von Pädagogen, Schülern und Eltern und mit Übersichten zum Lernsystemangebot, z. B. in [Feib00], mit den Lernsystem-Rubriken

- Mathematik,

- Deutsch mit Literatur, Rechtschreibung sowie Lesen und Schreiben,

- Fremdsprachen, z. B. Englisch, Französisch, Spanisch, Italienisch, Russisch, usw.,

- Naturwissenschaften mit Biologie, Chemie, Physik und Technik,

- Computertechnik,

- Gesellschaft mit Geschichte, Erdkunde, Sachunterricht und Religion,
</td></tr>
</table>

- Kunst mit Ansätze zur Kreativität,

- Musik zu unterschiedlichen Instrumenten,

- Lexika und

- fachübergreifende Themen

angeboten.

Autoren-
system

Autorensysteme für die Entwicklung von Lernsystemen durch den Autor verfügen über alle Funktionen, die ein Autor für die Software-Entwicklung von Lernsystemen benötigt. Häufig ist noch ein spezielles Laufzeitsystem, das einem Lernsystem bei der Weitergabe im Datennetz oder auf Datenträger mitgegeben werden kann und das keine zusätzlichen Lizenzgebühren verursacht, dabei.

Autoren-
systemangebot

Das Autorensystemangebot ist heute vorwiegend systemspezifisch ausgerichtet und sehr heterogen. In der Unix-Welt existieren z. B. ganz andere Autorensystemangebote als in der Microsoft-Umgebung am Arbeitsplatzrechner. Das Angebot für den Autor reicht von der Verwendung von traditionellen Programmiersprachen mit einigen Ergänzungen, über spezielle Lernsystementwicklungssprachen bis hin zu Lernsystementwicklungsbibliotheken mit einem umfangreichen Vorrat an verwendbaren Vorlagen. Diese bei der Entwicklung verwendbaren Vorlagen werden auch Templates (siehe auch unten) genannt. Als Beispiele für verbreitete Autorensysteme können z. B.:

- Macromedia-Director – umfangreiche Multimedia-Funktionalität mit der Programmiersprache Lingo, aber nur geringe Autorenunterstützung,

- Asymetrix ToolBook – an ein Online-Buch angelehnte Grundstruktur mit einer leistungsfähigen Programmiersprache OpenScript oder

- Macromedia-Authorware – mit einer Fülle von Templates für die Entwicklung von Lernsystemen

aufgeführt werden. Es existiert noch eine große Anzahl von Autorensystemen zur Entwicklung von Lernsystemen, die häufig nur spezielle Interessen der Autoren bedienen und ihre Verbreitung jeweils im direkten Nutzungsumfeld haben.

Templates

Bei der Entwicklung von Lernsystemen treten oft Wiederholstrukturen auf. Dies ist durch die Präsentation des Lernstoffs, der Stellung von Fragen und der Präsentation von unterschiedlichen Lösungen konkret vorgegeben. Zur Unterstützung des Autors bei der Erstellung von Lerndialogen mit Wiederholcharakter in der verwendeten Programmstruktur werden Templates in vielfältigen Formen angeboten. Die aktive Verwendung von Templates kann die Arbeit des Autors wesentlich vereinfachen und zu einem Teil im Angebot der einzelnen Lernschritte qualitativ normieren.

Tele-Lern-Verwaltungs-Software

Die Tele-Lern-Verwaltungs-Software bietet die Verwaltungsfunktionen zu den bearbeiteten Lernsystemen mit der Speicherung der individuellen Lernaktivitäten und einer Vielzahl von Auswertungsmöglichkeiten an. Hier werden z. B. die von einem Lerner bereits bearbeiteten Lernmodule, die durchgeführten Übungen und bearbeitete Tests, mit ihren Ergebnissen und mit den individuellen Eintragungen, z. B. Lesezeiger oder Bearbeitungshinweise, notiert. Auch die statistische Auswertung von z. B. Testergebnissen mit Durchschnittspunktzahl usw. wird angeboten. Häufig stehen diese Funktionen auch individuell jedem Lerner zur Auswertung seiner Lerndialoge zur Verfügung. Es können auch unterschiedliche Lerngruppen gebildet und verwaltet werden. In künftigen umfassenden Tele-Lernsystemen werden diese Verwaltungsdienste enthalten sein. Eine Vielzahl solcher Software-Produkte für die Verwaltung der Lerner-Daten existiert bereits.

Tele-Lern-Unterstützungs-Software

Die Tele-Lern-Unterstützungs-Software bietet einzelne Funktionen zur Unterstützung des E-Learnings an. Dies ist besonders bei noch nicht verfügbaren Tele-Lernsystemen zur Erleichterung einzelner Arbeitssituationen des Lerners notwendig.

Peer-to-Peer (P2P) -Room

Ein typisches Beispiel für eine Tele-Lern-Unterstützungs-Software ist die Peer-to-Peer (P2P)-Room-Definition und -Verwendung. Die P2P-Room-Definition erlaubt, einen Teilbereich im Dialog am Arbeitsplatzrechner als gemeinsamer und nach außen geschützten Bereich für gemeinsame Lerndialoge zu definieren. Dies kann z. B. für zwei oder mehr Teilnehmer im Internet mit der aktuell kostenlos herunterladbaren Software von www.groove.com erfolgen. In diesem gemeinsamen Dialog-Arbeitsraum können z. B. alle aktuell aktiven Teilnehmer an einer vom Tele-Lehrer gestellten Aufgabe, für jeden sichtbar, arbeiten und sich hier auch austauschen.

Zusehen bei der Dialogarbeit

Eine neue Art des Lernens kann sich mit dem Zusehen bei der Dialogarbeit eines Experten ergeben, der z. B. seine Software-Entwicklungstätigkeit vollständig in den gemeinsamen P2P-Room stellt und eventuell noch zusätzliche Erläuterungen zu seinen einzelnen Entscheidungen an die Lerner gibt. Dies macht Sinn z. B. für einen erfahrenen Architekten, der in seiner Konstruktionsarbeit mehrere Studierende der Architektur bei seiner konkreten Entwicklungsarbeit zusehen lässt. Praktische Erfahrungen des Experten und Fragen der Lerner können außerdem in die Lerndialoge einbezogen werden.

Tele-Lernsystem

Das Tele-Lernsystem stellt eine für die spezifischen Bedürfnisse des Lerners im E-Learning speziell geschaffene E-Learning-Lernumgebung mit dem gesamten Funktionsumfang dar. Heute existieren nur ansatzweise Tele-Lernsysteme, wie z. B. in [Arno01], [Ehre01] oder [FeSc01]. Vorwiegend sind die Entwickler bemüht, die verfügbare IuK-Infrastruktur im Internet für das Tele-Lernen einzusetzen. Die Lernumgebung CLEAR (Constructive Learning Environment) von Sven Grund und Gundela Grote [GrGr01] stellt einen Versuch zum Einsatz eines umfassenden Tele-Lernsystems im Anwendungsfeld der Pneumatik dar.

5.3.6   Lernerbedürfnisse

Lernen

Das Lernen ist ein individuell geprägter Prozess. Auch das Lernen mit Hilfe multimedialer Medien im Tele-Lernen wird vorrangig von unterschiedlichen Interessenlagen der Anbieter und der Lerner geprägt. Jeder Lerner hat aus seiner bisherigen Erfahrung entsprechende Vorlieben und Verhaltensweisen im Umgang mit den Tele-Lern-Angeboten entwickelt. So werden von unterschiedlichen Lernern die in Lernsystemen angebotenen Dienste in ganz unterschiedlichem Ausmaß genutzt. Hiermit ergeben sich aus dem Erfahrungshintergrund der Lerner ganz unterschiedliche Lernerbedürfnisse und damit auch stark differierende Anforderungen an die Lernsysteme. Diesem Umstand kann nur mit einer gut angelegten Lernermodellierung Rechnung getragen werden.

Lesezeiger

Der Lesezeiger ermöglicht einem Lerner, die bereits bearbeiteten Lernmodule entsprechend als bearbeitet, d. h. als gelesen zu kennzeichnen. Häufig wird der Lesezeiger auch in unterschiedlichen Gliederungsstufen gut sichtbar mitgeführt.

Lernwege

Als Lernwege wird die Folge durch die einzelnen Lernmodule eines Lernsystems bezeichnet. Häufig werden für die Bearbeitung eines Lernsystems mehrere unterschiedlich geprägte Lernwege vorgeschlagen und der Lerner wählt einen Lernweg aus. Als Beispiel für unterschiedliche Lernwege durch ein Lernsystem können unterschiedliche

- Vorkenntnisse oder

- Interessenlagen

aufgeführt werden. In einzelnen Lernsystemen können individuelle Lernwege in Lernsystemen aus einer Kombination von interessanten Lernmodulen zusammengestellt und bearbeitet werden. In Lernsystemen mit vielen Teilnehmern können die häufig benutzten Lernwege als Standard mit angeboten werden.

Hypertext

Hypertext-Funktionalität mit dem direkten Zugang zu den im Text enthaltenen Verknüpfungen wird von jedem Benutzer in den Lernsystemen oder Informationsangeboten erwartet und für eine individuelle Bearbeitung benötigt. Mit dieser Navigation in den Hypertext-Welten bieten sich innerhalb einzelner Lernmodule weitere Bearbeitungsvarianten, d. h. auch Lernwege, für den Lerner an.

Guided Tours

Zum schnellen Kennenlernen eines Lern- oder Informationsangebots können auch Guided Tours mit einem kurzen geführten Rundgang durch das Angebot einbezogen werden. Hierbei werden besonders charakteristische Einzelfunktionen im Zusammenhang aufgezeigt, um dem Benutzer einen raschen Überblick über das angebotene Funktionsspektrum zu geben.

**Benutzer-
qualifikations-
stufen**

Häufig werden Lernsysteme mit Benutzerqualifikationsstufen, d. h. mit mehreren nach Benutzergruppen unterteilten Benutzungsvorschlägen, angeboten. Hiermit kann nur eine erste Vorauswahl der gewünschten individuellen Benutzung des Lernsystems ausgewählt werden.

**Lerner-
modellierung**

Für die Umsetzung der heute existierenden Vorstellungen zu einer individuellen Lernsystem-Benutzung wird eine Lernermodellierung notwendig. Hierzu werden alle relevanten Einflussgrößen für die Bearbeitung des Lernsystems und aus der Interessenlage des Lerners heraus in einem Modell festgehalten und bei der Entwicklung des Lernsystems ständig mit in die Lerndialogführung einbezogen. Diese Lernermodellierung stellt hohe Ansprüche an die Lernsystementwickler und ist in vollem Umfang noch nicht in der Praxis anzutreffen.

**Individualisie-
rung**

Aus den unterschiedlichen Lerntechniken entsteht die Anforderung an Lernsysteme nach möglichst weitgehender Individualisierung der Lerndialoggestaltung und des gesamten Lernprozesses. Ohne die von den Lernern aus den allgemeinen multimedialen Standards am Arbeitsplatzrechner und aus anderen aktuellen Zielvorstellungen abgeleiteten Anforderungen an die Individualisierung kann kein erfolgreiches Lernsystem gestaltet werden.

Intelligente Lernsysteme (ILS)

Der Lerner fordert implizit „Intelligente Lernsysteme (ILS)" für seine Lerndialoge, wobei aus der Sicht des Lerners kein Unterschied im intelligenten Verhalten des Lernsystems hinsichtlich der enthaltenen Fachthematik, der eigentlichen Wissensdomäne und des Lerndialogs besteht. Intelligente Lerndialoge erfordern in den Wissensbereichen jeweils eine Wissensbasis an Fachthematik und Lerndialog. Zu beiden gibt es in der Forschung der Intelligenten Lernsysteme schon viele Versuche, diese Intelligenz anzubieten. Bisher ist aber kein Forschungsansatz bis zur Praxisreife entwickelt worden.

5.3.7   Lernsystem-Entwicklung

Mit Lernsystem-Entwicklung wird die Produktion von Lernsystemen bezeichnet. Dafür ist ein geeigneter mediendidaktischer Ansatz auszuwählen und eine praktikable und an den individuellen Bedürfnissen ausgerichtete Lernsystem-Entwicklungs-Technik zu entwickeln. Die mediendidaktische Ausrichtung und die eingesetzte Lernsystementwicklungs-Technik wird in größeren Lernsystem-Entwicklungs-Projekten heute häufig auch bereits zum Projektstart vertraglich vereinbart. Einige Anbieter der Lernsystem-Entwicklung haben bereits eine spezielle Ausrichtung dieser Entwicklungs-Technik zu ihrem Markenzeichen gemacht.

5.3.7.1   Mediendidaktik

Mediendidaktik ist ein interdisziplinäres Fachgebiet, das sich mit den Funktionen und Wirkungen des Mediums in Lehr- und Lernprozessen beschäftigt. Nach Kerres [Kerr98] orientiert sich die gestaltungsorientierte Mediendidaktik an der Medienkompetenz der Entwickler und versucht didaktisches Design zielgruppengerecht in Bildungsmedien umzusetzen.

Bildungsmedien

Bildungsmedien sind planmäßig gestaltete Arrangements von medialen Lernumgebungen für die Lerner. Mediale Lernumgebungen enthalten alle für die Kommunikation des Tele-Lehrers mit dem Lerner wesentlichen Techniken. Damit bezeichnen Bildungsmedien im E-Learning das Lernsystem mit allen Aspekten der IuK-Infrastruktur der benutzten Netze und der multimedialen Ausprägung des Lernsystems.

Medienerziehung

Wegen der Bedeutung der Medienerziehung für einen möglichst reibungslosen Umgang aller, d. h. hier der Autoren und der Lerner, mit den Möglichkeiten der Medien hat die Gesellschaft für Informatik eine Empfehlung „Informatische Bildung und Medienerziehung" (siehe auch [GIME99]) geschaffen. Gerade für die Autoren in ihrem mediengerechten didaktischen Design hat die Kenntnis der interaktiven Medien und der allgemeinen Standards der Medienerziehung große Bedeutung. Auch der sich durch die praktizierte Medienerziehung in den Schulen und Berufs- sowie Handelsschulen ergebende Standard der multimedialen Kenntnisse und Fähigkeiten ist für das Selbstverständnis der potenziellen Lerner und damit für die Autoren von großer Bedeutung.

Defizit in der Medien-didaktik

Ein eventuell vorhandenes Defizit in der Mediendidaktik verhindert zum Teil den möglichen Erfolg. Damit wird die Bedeutung der Mediendidaktik für die Entwicklung von Bildungsmedien im Allgemeinen und von Lernsystemen im Speziellen noch einmal unterstrichen. Die Bedeutung der Mediendidaktik kann hier nicht hoch genug eingestuft werden. Heute fehlen noch leicht erkennbare und gut praktikable sowie vom Lerner akzeptierte multimediale Standards für die wiederholte Verwendung in mediendidaktischen Gestaltungsprozessen.

5.3.7.2   Lernsystem-Entwicklungs-Technik

Lernsystem-Entwicklungs-Technik

Die Lernsystem-Entwicklungs-Technik (LS-ET) enthält die methodischen Aspekte der Software-Entwicklung mit den Erfahrungen aus der Mediendidaktik und -gestaltung. Zur Erarbeitung einer LS-ET für die individuellen Ziele in einem Arbeitsfeld werden mehrere unterschiedliche Ansätze zur Diskussion aufgeführt:

- LS-ET mit mediendidaktischem Ansatz

- LS-ET mit pragmatischem Ansatz

- LS-ET mit DV-orientiertem Ansatz

- LS-ET mit unternehmensspezifischem Leitfaden

Welcher dieser LS-ET-Ansätze am geeignetsten für ein Praxisumfeld ist, hängt stark von der Mediendidaktik der Autoren und der Medienkompetenz der Lerner ab.

Lernsystem-Entwicklungs-Pflichtenheft

In jeder dieser unterschiedlichen LS-ET ist ein vollständiges und mit den Entwicklungspartnern abgestimmtes Lernsystem-Entwicklungs-Pflichtenheft in einer vorgelagerten Phase zu erstellen. Ohne dieses Pflichtenheft kann keine erfolgreiche Umsetzung einer mediendidaktischen Vorstellung erfolgen. Oft wird wegen dem hier entstehenden hohen Aufwand von der eigentlich gewollten Arbeitsmethodik abgewichen. Letztendlich sind die getroffenen Entscheidungen und Ziele des geplanten Lernsystems prägend für die zu erwartenden Kosten.

LS-ET mit mediendidaktischem Ansatz

Die LS-ET mit mediendidaktischem Ansatz hat in ihrer Ausrichtung eine sehr interessante visuelle Präsentation und eine vielfältige Interaktion. Sie besteht aus den Phasen:

1. Zielgruppenbeschreibung mit Motivation

2. Lernzielbeschreibung

3. Didaktische Transformation mit Inhalts- und Ergebniskomponente

4. Didaktische Strukturierung mit Exposition, Exploration oder Konstruktion

5. Visuelle Informationspräsentation

6. Interaktivität und Navigation

7. LS-Planung Makro und Mikro

8. LS-Gestaltung inkl. Test

9. Evaluierung mit Lernern

LS-ET mit pragmatischem Ansatz

Die LS-ET mit pragmatischem Ansatz basiert auf der Erfahrung und Medienkompetenz der Autoren und versucht, zielgruppen- und themenspezifisch, geeignete visuelle Darstellungen zu finden und mit einer dazu passenden Interaktivität zu einem Lernsystem zusammenzustellen. Auf eine ausführliche Darstellung der einzelnen Phasen wird verzichtet, weil jeder Autor seine eigenen, pragmatischen Überlegungen umsetzen kann. Oftmals versuchen auch Gruppen von Lerner mit entsprechenden pragmatischen Vorgaben für neue Lernsysteme eine zeitlich zügige und kostengünstige Umsetzung bei den Autoren zu erreichen.

LS-ET mit DV-orientiertem Ansatz

Die LS-ET mit DV-orientiertem Ansatz hat in der Ausrichtung der Entwicklungs-Technik in erster Linie die existierenden DV-Standards und Quasi-Standards zu beachten. Häufig entstehen diese Randbedingungen bei der Entwicklung von Lernsystemen mit dem gleichen Autorensystem über einen längeren Zeitraum. Hier wird versucht, die bereits früher entstandenen Erfahrungen in der Umsetzung für die neuen Entwicklungen ausreichend zu beachten:

1. Autorensystem-Entwicklungs-Standard festlegen

2. Zielgruppenbeschreibung mit Motivation

3. Lernzielbeschreibung

4. Didaktische Transformation mit Inhalts- sowie Ergebniskomponente und didaktische Strukturierung mit

- Exposition,

- Exploration oder

- Konstruktion

5. Visuelle Informationspräsentation

6. Interaktivität und Navigation

7. LS-Planung Makro und Mikro

8. LS-Gestaltung incl. Test

9. Evaluierung mit Lernern

Leitfaden

Die LS-ET mit unternehmensspezifischem Leitfaden wird von professionellen Lernsystem-Entwicklern häufig angewendet, weil hier auch das „look and feel" der jeweiligen Entwicklerfirma mit in den Lerndialog transportiert werden soll.

Natürlich sind die hier dargestellten LS-ET nur Vorschläge, die jederzeit nach individuellen Gesichtspunkten weiterentwickelt werden können.

5.3.7.3   Makro-Lernsystemstrukturen

Das Lernsystem ist zuerst in seiner Lernsystemstruktur, aus Makrosicht sind dies die einzelnen Lernschritte, zu gestalten. Jedes Lernmodul wird als Lernschritt mit Lernzielen und Lerninhalten sowie Übungsaufgaben definiert und in den Entwicklungsunterlagen dokumentiert.

LS = Lernschritt

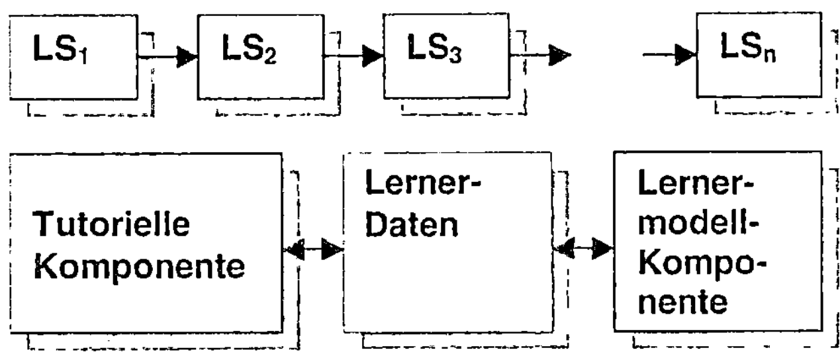

Abbildung 5.32: Makro-Lernsystemstrukturen

Im Folgenden sind einige unterschiedliche Lernwege aufgelistet:

-   Vorzugs-Lernweg, d. h. der häufigst gewählte Lernweg oder

-   Schnell-Lernweg mit schnellem Durchlauf oder

-   Internsiv-Lernweg zum intensiven Bearbeiten der Lernschritte

Tutorielle Komponente	In der tutoriellen Komponente wird die Verwaltung der Lernschritte in der Folge durchgeführt. Der sich aus der Mediendidaktik ergebende Weg durch den Lernstoff wird von der tutoriellen Komponente mit allen Einflüssen aus dem Lernermodell und den Lernerdaten abgearbeitet.
Lernermodell-Komponente	Die Lernermodell-Komponente enthält alle im Lernermodell für die Beschreibung der Lernercharakteristik ausgewählten Daten. Anfangs wird eine Zuordnung des Lerners in ein vorhandenes Lernermodell vorgenommen. Über den gesamten Lerndialog werden alle für die Weiterentwicklung der Lernermodelle relevanten Daten festgehalten.
Lernerdaten	Die Lernerdaten aus dem Lerndialog werden von der tutoriellen und der Lernermodell-Komponente fortgeschrieben und beinhalten stets alle aus dem Lerndialog entstandenen Daten. Hieraus ergibt sich für einen wiederholten Start des gleichen Lerners die Notwendigkeit der Zuordnung zu seinen bisher vorliegenden Lernerdaten aus vorangegangenen Lerndialogen.

5.3.7.4   Mikro-Lernsystemstrukturen

Die Mikro-Lernsystemstruktur beinhaltet die vereinbarten Standards zur Bildschirmeinteilung für die Lerndialoge und die Mikro-Lernsystemstruktur mit dem internen Aufbau der einzelnen Lernmodule.

Standards der Lerndialoge	Der Lerner kann sich in seinen Lerndialogen nicht permanent an neue Standards der Bildschirmeinteilung und -gestaltung gewöhnen. Er benötigt klar erkennbare Standards für seine Lerndialoge. Wenn der Lerner in seinem Dialog etwas sucht, so will er dies intuitiv bereits richtig anpacken. Deshalb sind die Standards der Bildschirmeinteilung so wichtig.
Beispiel zur Bildschirm-einteilung	Die Abbildung 5.33 zeigt ein Beispiel für eine Bildschirmeinteilung zur Strukturierung der Informationsangebote für den Lerner. Notwendige oder zusätzliche Erklärungen können hier als Erklärungstext platziert werden. Ein Beispiel für die gelernte Information ist häufig hilfreich. Einige Lerner lernen vorwiegend durch Beispiele. Konsequenzen aus der Lernsituation oder auch dem Beispiel können auch auf die Realität bezogen hier eingefügt werden.

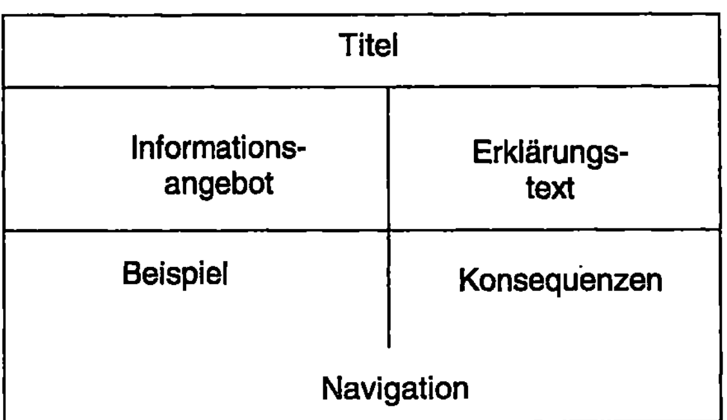

Abbildung 5.33: Bildschirmeinteilung

In Sonderfällen kann von dieser Einteilung abgewichen werden.

Teile der Mikro-Lernsystem-struktur

Die Mikro-Lernsystemstruktur wird mit einer Lernschrittbezeichnung gekennzeichnet. Auf das Informationsangebot wird eine passende Frage zur Erkennung der gedanklichen Verarbeitung des Lernstoffs beim Lerner gestellt. Mit einer Eingabe reagiert der Lerner. Die Antwortanalyse wird häufig durch mehrere erwartete richtige oder auch nur zum Teil zutreffende Antworten vorbereitet. Das Update der Lernerdaten schließt diesen Mikro-Lernschritt ab.

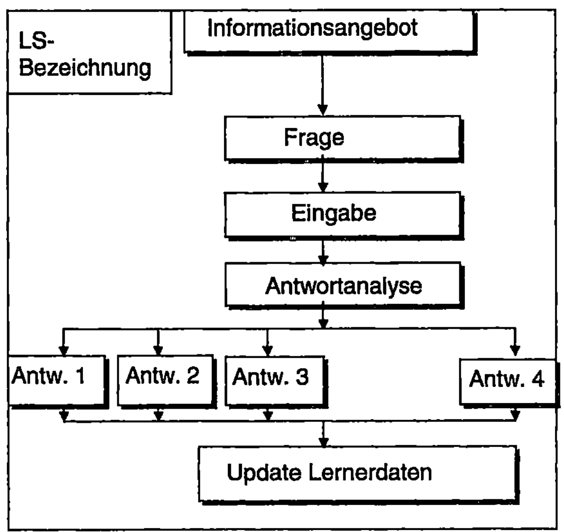

Abbildung 5.34: Mikro-Lernsystemstruktur

Einsatz von Templates

Die Mikro-Lernsystemstruktur wird meist durch den Einsatz von Templates in der aktuell benötigten Struktur erzeugt. Dazu stehen dem Autor für die einzelnen Lernschritte z. B. Mehrfachantworten mit einer unterschiedlichen Anzahl von Antwortvarianten oder Antworten mit Ja und Nein bzw. Freiantworten zur Verfügung.

Weiterentwicklung von Lernsystemen

Die Weiterentwicklung von Lernsystemen stellt häufig auch eine wichtige Einflussgröße dar, weil oft mit sich ständig ändernden Informationen, die Teil des Lernsystems sind, zu arbeiten ist. Bei einer klaren Schnittstellengestaltung für die Beschreibung der Lernerdaten zu seinem Lernschritt bzw. Lernmodul und zu seinem Lerndialog ist auch die Weiterentwicklung eines Lernsystems eine überschaubare Aufgabe.

5.3.7.5 Authoring und End User Authoring

Authoring

Alle Aspekte der Lernsystem-Entwicklung mit Blick auf die Aufgaben des Autors werden als Authoring bezeichnet. Im Authoring werden im Prinzip noch alle möglichen Autoren gemeinsam angesprochen. In den meisten Fällen wird hier aber implizit unterstellt, dass es sich um einen professionellen Lernsystem-Entwickler als Autor handelt. Ein Grund dafür ist die Abgrenzung zum viel diskutierten End User Authoring.

End User Authoring

Mit End User Authoring wird der Endbenutzer auch als Autor von Lernsystemen gefordert. Dies erhält seinen Sinn aus dem Umstand, dass ein Endbenutzer aus einem Praxisfeld sich gut in die Denkweise der potentiellen Lerner eindenken kann. Die hier noch notwendige Qualifikation in der mediendidaktischen Strukturierung von Lernsystemen ist diesen interessierten Endbenutzern noch anzubieten. Ein zusätzliches Argument ist oft, dass es keine professionellen Autoren für bestimmte Lernsysteme gibt und deshalb Endbenutzer-Autoren mit der Entwicklung beauftragt werden.

Autorensysteme

Die hier von den Autoren geforderten Autorensysteme sollen die Bedürfnisse der Autoren bei der Lernsystem-Entwicklung bedienen. Dies ist bei der stürmischen Entwicklung der Multimedia-Technik am Arbeitsplatzrechner und der mediendidaktischen Strukturierung dieser Objekte nur schwer möglich.

Quelltextbezogene Änderungen

Vom Autor werden auch quelltextbezogene Änderungen gefordert, die z. B. bei der Erstellung eines Icons mit einer Bildbearbeitungs-Software häufig nicht entstehen. Wenn z. B. eine Farbe in einem vorliegenden Lernsystem zu ändern ist, so will der Autor an einer Stelle diese Farbe ändern; an allen Positionen im Lernsystem, wo diese Farbe vorkommt, wird eine Anpassung erwartet. In einigen Fällen können Makros bei der Erstellung von multimedialen Objekten von der benutzten Software erstellt werden. Diese Makros sind von Software-Produkt zu Software-Produkt unterschiedlich, was eine quelltextbezogene Änderung dadurch erschwert oder unmöglich macht.

Quelltext-bezogene Weiterent-wicklung

Damit ist eine quelltextbezogene Weiterentwicklung durch die fehlende einheitliche Quelltextbeschreibung der mediendidaktischen Strukturelemente heute noch nicht möglich. Dieser Umstand verursacht erhebliche Kosten, die künftig mit weiterentwickelten Autorensystemen nicht mehr in der gleichen Größenordnung anfallen werden. Hier gilt es, die ständig fortschreitende Entwicklung der Autorensysteme genau zu beobachten und frühzeitig in entsprechende Entwicklungsprojekte einzubeziehen.

E-Learning Entwicklungs-technik

Die künftige E-Learning Entwicklungstechnik hält für unterschiedlich qualifizierte Autoren und für die vielfältigen mediendidaktischen Strukturen entsprechende Templates und Strukturierungshilfen bereit, so dass sich eine qualitativ hochstehende Entwicklungs-Technik etablieren kann.

5.3.8   Ausblick zum E-Learning

Nutzenpoten-zial des E-Learning

Durch das Nutzenpotenzial des E-Learning wird sich in einzelnen Feldern, z. B. bei dem Sprachtraining oder beim Zugang zu neuen Software-Produkten, ein Standard entwickeln, der viele Interessen potentieller Lerner erfüllt. Auch die Internet-basierten Lehrangebote haben gute Chancen, von vielen Interessenten für ihre Zwecke eingesetzt zu werden.

Kosten des E-Learning

Die Kosten des E-Learning werden durch die Verbesserung der Autorensysteme, durch vermehrte Erfahrungen der Autoren und durch eine größere Verbreitung durch die IuK-Infrastrukturen sinken. Hinzu kommt die erhöhte Akzeptanz vieler Benutzer, Lernsysteme für ihren Wissenszuwachs oder für ihr Training von neuen Fähigkeiten einzusetzen. Dies geschieht vor dem Hintergrund einer sich weiter in die Wissens- und Informationsgesellschaft hin entwickelnden Gesellschaft, wo der Produktionsfaktor Information immer deutlicher hervortritt und dies vielen Benutzern auch zunehmend bewusst wird.

Durchbruch des E-Learning

Einen Durchbruch des E-Learning haben wir bereits mit den Vorstellungen zum Computer-based Training (CBT) vor vielen Jahren erwartet. Mit der großen Verbreitung des Arbeitsplatzrechners im letzten Jahrzehnt und der heute standardmäßig verfügbaren multimedialen Ausstattung wurde der Durchbruch auch wieder für möglich gehalten, ist aber bisher noch nicht eingetreten.

Mit der abgekühlten Euphorie wird trotzdem der kommende Durchbruch des E-Learnings, orientiert an den Bedürfnissen der Lerner und der Unternehmen, weiter angestrebt. Die Anforderungen aus den Unternehmen bei der Entwicklung der Geschäftsprozesse im E-Business schaffen günstige Rahmenbedingungen für eine weitere Verbreitung des E-Learnings.

5.3.9   Literaturverzeichnis

[Ande01] Arthur Andersen: Studie zum europäischen und internationalen Weiterbildungsmarkt, Bundesministerium für Bildung und Forschung, Berlin April 2001.

[Arno01] Patricia Arnold: Communities of Practice im Fernstudium - netzgestützte „Alltagsbewältigung in Eigenregie", in Mensch&Computer 2001 Seite 205-214, Teubner Verlag, Stuttgart 2001.

[Ehre01] Dieter Ehrenberg: Internet-basierte Lehrangebote – ein Potenzial für die IT-Aus- und Weiterbildung, in Rolf M. Katsch (Hrsg.) IT-Personal / IT-Training, Praxis der Wirtschaftsinformatik Heft 218, Seite 37-49, dpunkt.verlag, Heidelberg 2001.

[Feib00] Thomas Feibel / Susanne Herda: Lernen am Computer – Thomas Feibel's   Großer Lern-Software-Ratgeber 2001, Markt&Technik Verlag, München 2000.

[FeSc01] Otto K. Ferstl / Klaus Schmitz: Integrierte Lernumgebungen für virtuelle Hochschulen, in: „Virtuelle Aus- und Weiterbildung", Wirtschaftsinformatik 2001 Heft 1, Seite 13-22, erscheint alle zwei Monate, Vieweg Verlag, Wiesbaden 2001.

[GIME99] Informatische Bildung und Medienerziehung, Empfehlungen der GI vom FA 7.3 Informatische Bildung in Schulen vom 8.10.1999, Beilage in login 19 (1999) Heft 6.

[GrGr01] Sven Grund / Gundela Grote: Multimediales Lernen: Wie wichtig ist Gegenständlichkeit?, in Mensch&Computer 2001 Seite 183-191, Teubner Verlag, Stuttgart 2001.

[Heil99] Heidi Heilmenn et al (Hrsg.): Multimediale Bildungssysteme, Praxis der Wirtschaftsinformatik, Heft 205, Hüthig Verlag, Heidelberg 1999.

[Kerr98] Michael Kerres: Multimediale und telemediale Lernumgebungen, Oldenbourg Verlag, München 1998.

[LeBoHe01] Franz Lehner / Freimut Bodendorf / Armin Heinzl: Teleteaching – Erfahrungen aus einem Wirtschafts-informatik-Teleseminar der Universität Erlangen-Nürnberg, Regensburg und Bayreuth, in it+ti - Informationstechnik und Technische Informatik 43 (2001) 4 Seite 184-193.

[Maur00] Hermann Maurer: E-Learning, E-Learning muss als Teil von Wissensmanagement gesehen werden, Login 2000/06 Seite 24-27, Login Verlag, Berlin 2000.

[PiReWi01] Arnold Picot / Ralf Reichwald / Rolf T. Wigand: Die grenzenlose Unternehmung, Gabler Verlag, Wiesbaden 2001.

[Rüdi01] Berit Rüdiger: Neues CSCL-Unterrichtskonzept in einer neuen Schulart der Informatik, in Mensch&Computer 2001 Seite 193-203, Teubner Verlag, Stuttgart 2001.

[Toch01] Matthias Tochtrop: Umsetzungstechnik des Wissensmanagements mit Lotus Notes/Domino, Diplomarbeit, FH Fulda, FB AI, SS 2001.

Autor: Prof. Gerhard Fuchs, Fachhochschule Fulda – Fachbereich Angewandte Informatik, Marquardstr. 35, 36039 Fulda.

Mail: Gerhard.Fuchs@informatik.fh-fulda.de

Web: www.fh-fulda.de/fb/ai/profs/fuchs.htm

5.4   Virtuelle Gemeinschaften
(Thomas Berger)

Nutzen virtueller Gemeinschaften

Der folgende Beitrag beschäftigt sich mit „virtuellen Gemeinschaften", deren Definition, Charakteristika und deren geschäftlicher Anwendung. Die wichtigsten Kriterien und Prinzipien der Gestaltung virtueller Gemeinschaften werden untersucht. Auf dieser Basis werden beispielhafte geschäftliche Anwendungen von virtuellen Gemeinschaften beschrieben. Dabei wird unterschieden, ob virtuelle Gemeinschaften als Instrument, z. B. des Marketings oder der Personalentwicklung, oder als Basis für ein Geschäftsmodell eingesetzt werden. In diesem Zusammenhang wird die Beziehung von virtuellen Gemeinschaften zum C-Commerce (Collaborative Commerce) beleuchtet.

5.4.1   Visionen virtueller Gemeinschaften – von Brecht bis McKinsey & Company

„The technology that makes virtual communities possible has the potential to bring enormous leverage to ordinary citizens at relatively little cost – intellectual leverage, social leverage, commercial leverage, and most important, political leverage."

Howard Rheingold 1993 in [Rhei93]

„Radiotheorie" von Brecht 1932

Die Vision von „virtuellen Gemeinschaften" ist deutlich älter als das Internet. Die Grundlage für diese Vision lieferte schon Bertolt Brecht, indem er in seiner Radiotheorie [Brec1932] die Umwandlung des Massenmediums Radio vom Distributionsapparat zum Kommunikationsapparat forderte:

„Der Rundfunk wäre der denkbar größte Kommunikationsapparat des öffentlichen Lebens, ein ungeheures Kanalsystem, das heißt, er wäre es, wenn er es verstünde, nicht nur auszusenden, sondern auch zu empfangen, also den Zuhörer nicht nur hören, sondern auch sprechen zu machen und ihn nicht zu isolieren, sondern ihn in Beziehung zu setzen."

Direkte weltweite Interaktion

Mit dem Internet wurde die technische Infrastruktur für ein Massenmedium geschaffen, das erstmals nicht nur die massenhafte Verbreitung von Informationen, sondern auch die direkte Interaktion von Menschen weltweit ermöglicht. Dabei stehen jedem die Werkzeuge für die Kommunikation im Internet zu relativ geringen Kosten (im Vergleich zu den traditionellen Medien) zur

Verfügung. Die Kommunikationstechnologie befähigt deren Nutzer, unabhängig von Raum und Zeit neue soziale Beziehungen mit anderen Menschen aufzubauen. Zumindest aus technischer Sicht ist damit ein „Kommunikationsapparat" im Sinne Brechts entstanden.

„Virtual Communities" von Rheingold 1993

Dieses Potenzial des Internets und das natürliche Bedürfnis der Menschen nach sozialer Gemeinschaft sind für Howard Rheingold die Ausgangspunkte für den Aufbau virtueller Gemeinschaften. Rheingold hat die Entstehung und Entwicklung von Gemeinschaften im Internet seit den 80iger Jahren begleitet und spätestens seit dem Erscheinen seines Buches „Virtual Communities„ im Jahr 1993 (siehe [Rhei93]) mit geprägt. Nach seiner Definition entstehen virtuelle Gemeinschaften immer dann, wenn Menschen lang genug im Internet miteinander interagieren, um ein soziales Beziehungsnetzwerk aufzubauen. Diese Beziehungsnetzwerke sind selbstbestimmte Interessensgemeinschaften, deren Teilnehmer einen „ungeschriebenen Gesellschaftsvertrag des Gebens und Nehmens" schließen. Er spricht in diesem Zusammenhang auch von einer „Geschenk-Ökonomie", in der jeder bereit ist, etwas zur Gemeinschaft beizutragen ohne dabei für jede Aktivität eine Kosten-Nutzen-Rechnung aufzustellen, d. h. die Teilnehmer müssen bereit sein, etwas der Gemeinschaft zu geben, und auf der anderen Seite den Eindruck erhalten, dass sie im entsprechenden Maße auch die Gemeinschaft in Anspruch nehmen können. Die wichtigsten „öffentlichen Güter" sind

- das Wissen der Teilnehmer einer virtuellen Gemeinschaft,

- die Möglichkeit, persönliche Beziehungsnetzwerke aufzubauen sowie

- ein Gemeinschaftsgefühl, eine gewisse soziale Geborgenheit für die Teilnehmer.

Daneben sieht Rheingold in virtuellen Gemeinschaften auch das Potenzial, einer politischen Gegenöffentlichkeit zur veröffentlichten Meinung, der von privaten Einzelinteressen bzw. von staatlichen Interessen geprägten traditionellen Massenmedien, zu schaffen. In dieser Hinsicht stellt die kommerzielle Nutzung virtueller Gemeinschaften für Rheingold eher eine Gefahr als eine Chance dar.

Ganz im Gegensatz dazu haben die McKinsey Manager John Hagel III und Arthur G. Armstrong im Jahr 1997 ihre Vision vom kommerziellen Einsatz virtueller Gemeinschaften in [Hage97] veröffentlicht und damit die kommerziellen Entwicklungen rund um virtuelle Gemeinschaften in großem Maße beeinflusst. Die Stärken virtueller Gemeinschaften liegen nach Hagel und Armstrong in der parallelen Befriedigung der folgenden vier menschlichen Bedürfnisse, die sie mit

„net.gain" von Hagel und Armstrong 1997

- Interesse („Interest"),

- Beziehung („Relationship"),

- Phantasie („fantasy") und

- Transaktion („Transaction")

Hauptmerkmale virtueller Gemeinschaften

überschreiben. Die Hauptmerkmale virtueller Gemeinschaften, Leute mit gleichen Interessen zu verbinden, den Aufbau sozialer Beziehungsnetzwerke unabhängig von örtlichen oder zeitlichen Restriktionen zu unterstützen und die Phantasie und den spielerischen Umgang mit der eigenen Identität (durch den Aufbau eigener virtueller Persönlichkeiten) zu fördern, entsprechen den Vorstellungen von Rheingold. Der entscheidende Unterschied liegt jedoch im letzten Punkt. Bei Transaktionen denken Hagel und Armstrong weniger an eine „Geschenk-Ökonomie", sondern an die kommerzielle Nutzung virtueller Gemeinschaften als Handelsplattform, sowohl zum Handeln von Informationen als auch zum Handel mit materiellen Produkten. Auf dieser Basis betrachten Hagel und Armstrong die Hauptmerkmale virtueller Gemeinschaften vom Blickpunkt der Agglomeration von Kaufkraft. Der thematische Fokus einer virtuellen Gemeinschaft dient als Magnet für ein bestimmte Zielgruppe und als Ausgangspunkt für Kauftransaktionen (z. B. durch das Angebot von Reisen und Reiseutensilien in einer virtuellen Gemeinschaft zum Thema Afrikareisen).

Verbindung von Inhalt und Kommunikation

Die Verbindung von Inhalten und Kommunikation, d. h. der Zugriff auf das Wissen anderer Teilnehmer der virtuellen Gemeinschaft und der direkte Kontakt kann zu zusätzlichen Kaufanreizen führen,   z. B. durch persönliche Produktempfehlungen und Produktbewertungen. In diesem Zusammenhang wird auf die besondere Bedeutung, der durch die Teilnehmer einer virtuellen Gemeinschaft (ob in Foren oder auf Teilnehmer-Web-Seiten) generierten Inhalte hingewiesen. Die sich darin widerspiegelnden vielfältigen persönlichen Erfahrungen der Teilnehmer unterscheidet eine virtuelle Gemeinschaft von traditionellen professionellen Informationsdiensten und macht deren besonderen Wert aus. Zur Nutzung virtueller Gemeinschaften als Handelsplattform sind attraktive Kaufangebote notwendig. Die mögliche Vielfalt des Angebots mögliche Vielfalt des Angebots und die Möglichkeit des Vergleichs von Produkten mehrerer Anbieter sowie die Nutzung der Kaufkraft der Teilnehmer einer virtuellen Gemeinschaft als Verhandlungsargument gegenüber den Produktanbietern zeichnen virtuelle Gemeinschaften aus. Die virtuelle Gemeinschaft agiert so als Vermittler bzw. als Agent für die Teilnehmer. Dabei müssen die Organisatoren einer virtuellen Gemeinschaft immer auch die Refinanzierung der Dienstleistungen für die Teilnehmer im Auge behalten. Nach Hagel und Armstrong bestehen die möglichen Haupteinnahmequellen aus Werbung (mit der Möglichkeit, diese auf einzelne Mitgliederprofile abzustimmen), Mitgliedergebühren (entweder als pauschale Nutzungsgebühr oder als Gebühren für bestimmte Inhalte und Dienstleistungen) und Provisionen für Kauftransaktionen.

5.4.2 Von der Vision zur Praxis – Erfolgskriterien und Gestaltungsprinzipen virtueller Gemeinschaften

„Over the years, I have learned that virtual communities are not the norm, but the exception; that they do not grow automatically but must be nurtured."

Howard Rheingold in [Rhei00]

Prinzipien der Gestaltung virtueller Gemeinschaften

Das obige Zitat von Rheingold deutet schon an, dass die Schaffung der technischen Voraussetzungen allein noch nicht die Entwicklung erfolgreicher virtueller Gemeinschaften garantiert. Die Praxis hat gezeigt, dass das Angebot von Chat-Kanälen, Diskussionsforen, 3D-Welten und Ähnliches nicht automatisch zu einer kritischen Zahl von Nutzern führt, um z. B. eine Refinanzierung nach den Modell von Hagel und Armstrong zu ermöglichen, bzw. die Teilnehmer dazu motiviert zum Aufbau einer Gemeinschaft beizutragen. Der folgende Abschnitt beschäftigt sich daher mit den wichtigsten Prinzipien der Gestaltung virtueller Gemeinschaften. In diesem Zusammenhang sei insbesondere auf die Arbeiten von John Suler [Sule96], Lee Li-Jen Chen und Brian R. Gaines [Chen98] und Amy Jo Kim [Kim00] verwiesen. Daneben fließen eigene Projekterfahrungen des Autors (siehe auch [Berg00]) ein.

Motivation der Teilnehmer

Entscheidend für die Konzeption von virtuellen Gemeinschaften ist die Frage, was fördert und was hemmt die Motivation der Teilnehmer, ihr Wissen, ihre Erfahrungen und auch ihre Emotionen in die Gemeinschaft einzubringen, und was fördert und was hemmt die Kommunikation, d. h. die Interaktion zwischen den

Mitgliedern der Gemeinschaft. Bevor Antworten auf diese Frage-stellung gesucht werden, soll ein kurzer Exkurs in die Motivati-onspsychologie verstehen helfen, warum Menschen sich über-haupt in virtuellen Gemeinschaften engagieren. Reiner Altruis-mus, wenn er überhaupt existiert, ist wohl die Ausnahme. Wie Rheingold schon andeutete, funktioniert aber auch die einfache Form der Kosten-Nutzen-Rechnung in der Form, dass ein Teil-nehmer für seine Leistung vom anderen Teilnehmer eine ent-sprechende Gegenleistung erwartet, in virtuellen Gemeinschaften nicht. Auf dieser Basis lässt sich wohl ein Marktplatz oder eine Börse aufbauen, jedoch keine Gemeinschaft mit den oben be-schriebenen Merkmalen. In der Literatur (neben Chen und Gai-nes siehe auch [Koll99]) werden im Wesentlichen drei Faktoren beschrieben, die Menschen zur Beteiligung an virtuellen Ge-meinschaften motivieren:

Motivations-faktoren

- die Erwartung einer Gegenleistung von der Gemeinschaft als Ganze für eine eigene Leistung, die nicht als Leistung für ein bestimmtes Mitglied der Gemeinschaft, sondern als Leistung an die Gemeinschaft als Ganze betrachtet wird bzw. ein ge-wisser sozialer Druck zum Ausgleich, d. h. für empfangene Leistungen eine Gegenleistung an die Gemeinschaft zu er-bringen

- der Ruf eines Mitglieds in der Gemeinschaft, d. h. die soziale Anerkennung, die es für seine Beiträge zur Gemeinschaft er-hält

- die Möglichkeit, Einfluss auf andere Mitglieder und auf die Gestaltung der Gemeinschaft als Ganze auszuüben, d. h. das Gefühl sozialer Macht

Will man die Motivation von Teilnehmern fördern, müssen diese drei Motivationsfaktoren berücksichtigt werden.

Initialzündung Die Initialzündung für eine virtuelle Gemeinschaft ist in der Re-gel deren thematische Ausrichtung und Zielstellung – der Magnet für neue Mitglieder, wie es Hagel und Armstrong beschrieben haben. Thema und Zielstellung wecken die Erwartungen an ei-nen potentiellen Nutzen und motivieren so zur Teilnahme an der Gemeinschaft. Um diese Wirkung auch zu entfalten, müssen In-halt und Zielstellung gerade für potentielle und neue Mitglieder sorgfältig dokumentiert und leicht zugänglich sein. Dies kann i-dealerweise auf einer Web-Seite erfolgen oder auch durch den Eintrag der Gemeinschaft in thematische Verzeichnisse, wie sie z.B. „Yahoo" (www.yahoo.com) und „Topica" (www.topica.com) bieten.

Netiquette

Eine Beschreibung bzw. eine Einladung der Gemeinschaft sollte auch ein Hinweis auf die Regeln, d. h. Rechte und Verantwortlichkeiten enthalten. Dies ist für virtuelle Gemeinschaften besonders wichtig. Es hat sich gezeigt, das die Anonymität in virtuellen Gemeinschaften im Vergleich zu „realen" Gemeinschaften eine enthemmende Wirkung hat. Dies ermöglicht und fördert einerseits die Beteiligung vieler Menschen, führt andererseits aber auch schnell zu bösartigen Reaktionen und Eskalationen verbaler Gewalt. Dies kann für eine virtuelle Gemeinschaft zerstörerisch sein. Nur mit einer sorgfältigen Moderation auf Grundlage verbindlicher Verhaltensregeln, häufig auch Netiquette genannt, (einen Einstieg und Überblick in diese Thematik gibt Virginia Shea in [Shea94]) lässt sich dieses Phänomen bewältigen. Diese Regeln sollten sich mit der virtuellen Gemeinschaft weiterentwickeln. Zur Durchsetzung der Regeln muss die Leitung der Gemeinschaft klar geregelt sein, entweder durch den Organisator der Gemeinschaft oder durch ein von der Gemeinschaft gewähltes Mitglied. Die Leiter und Betreuer und deren soziale Kompetenz spielen eine Schlüsselrolle bei der Entwicklung einer virtuellen Gemeinschaft.

Soziale Anerkennung

Wie oben beschrieben ist die soziale Anerkennung eines Mitglieds ein wichtiger Motivationsfaktor. Diese wird in der Gemeinschaft durch direkte (Lob, Dank, Kritik u.ä.) oder indirekte Rückmeldungen (Verweise und Antworten auf Beiträge eines Mitglieds, Zitate u.ä.) ausgedrückt. Hier gilt es anzusetzen und durch eine geschickte Dramaturgie Kommunikationsanlässe zu schaffen und entsprechende Rückmeldungen zu provozieren. Folgende Instrumente können Kommunikationsanlässe in der Gemeinschaft schaffen:

Instrumente zur Schaffung von Kommunikationsanlässen

- newsletter – regelmäßige aktuelle Nachrichten im Themenfeld der Gemeinschaft ggf. mit Hinweisen auf aktuelle Beiträge von Mitgliedern und auf Ereignisse und virtuelle Veranstaltungen der Gemeinschaft

- Umfragen zu Themen im Umfeld der Gemeinschaft unter deren Mitgliedern

- Wettbewerbe und Preise, die den Zielen der Gemeinschaft dienen

- Projekte, die die Zusammenarbeit der Gemeinschaftsmitglieder fordern und fördern (z. B. Gestaltung einer gemeinsamen Publikation, Vorbereitung einer gemeinsamen Veranstaltung)

- Rollenspiele und ähnliche Aktivitäten die eine Eigendynamik entwickeln können

Integration des realen Lebens in die virtuelle Gemeinschaft

Ein besonders effektives Instrument ist die Einbindung des realen Lebensumfelds in die virtuellen Gemeinschaft und umgekehrt die Integration der virtuellen Gemeinschaft in die reale Welt. So sollte die Gemeinschaft den Raum bieten, private oder berufliche Aspekte in die Gemeinschaft einzubringen. Dies kann in Form von persönlichen Web-Seiten der Teilnehmer innerhalb der Gemeinschaft geschehen. Eine andere Möglichkeit ist die Nutzung bestimmter Anlässe (z. B. Festlichkeiten wie Weihnachten, der Jahreswechsel u.ä.) für den privaten Austausch abweichend vom sonstigen Thema der Gemeinschaft. Reale Treffen und Veranstaltungen von Mitgliedern einer virtuellen Gemeinschaft schaffen es wie kein anderes Instrument, soziale Bindungen und eine gewisse Gemeinschaftsidentität zu fördern. Dabei kann gerade die Spannung, die vor dem ersten Zusammentreffen besteht, inwieweit die eigenen Vorstellungen vom „virtuellen" Gegenüber der Realität entsprechen, genutzt werden. Die Wirkung von realen Treffen wird noch verstärkt, wenn sie inhaltlich mit einigen der obigen dramaturgischen Instrumente verbunden werden. Zum Beispiel wenn Sie Ergebnis oder Teil eines Projektes der Gemeinschaft sind oder in ein Rollenspiel eingebunden werden. Eine andere Möglichkeit ist die Nutzung realer Messen, Konferenzen, Festivals und ähnlicher Veranstaltungen im Themenfeld der Gemeinschaft als Anlass und Ort für das Zusammentreffen. Derartige Treffen werden zu einem wichtigen gemeinsamen Bezugspunkt und Teil der „Geschichte" der virtuellen Gemeinschaft. Dementsprechend sollten wichtige Ereignisse der Gemeinschaft auch dokumentiert werden als Erinnerung für die Mitglieder, aber auch als Hintergrundinformation für neue Mitglieder.

Motivationsfaktor Gefühl

In Hinblick auf den Motivationsfaktor des Gefühls von Einfluss und sozialer Macht sollten die Rechte und Gestaltungsmöglichkeiten von Mitgliedern mit der Übernahme von Verantwortung und Arbeit für die Gemeinschaft gekoppelt werden. Dabei können bestimmte Rollen und ggf. auch Titel, z. B. mit der Betreuung von neuen Mitgliedern, der technischen Unterstützung von Mitgliedern, der Einrichtung und Betreuung von Untergruppen mit Fokus auf ein Spezial- oder Teilthema der Gemeinschaft oder der Betreuung bestimmter Aktivitäten (Treffen, Projekte), verbunden werden. Jedoch sollte man vorher abschätzen, inwieweit ein solches Rollensystem (und vor allem die Regelung der Vergabe bestimmter „Posten") in der Zielgruppe der virtuellen Gemeinschaft Akzeptanz findet.

Zur Förderung der Interaktion zwischen den Teilnehmern einer virtuellen Gemeinschaft muss die zeitliche Dimension, der Interaktionszyklus, wie ihn Chen und Gaines bezeichnen, berücksichtigt werden. Dieser besteht nicht nur aus der technischen Übertragungszeit von Informationen und Dokumenten im Internet, sondern zusätzlich aus

Zeitliche Dimension der Interaktion in virtuellen Gemeischaften

- der Entstehungszeit einer Nachricht, d. h. der Zeit zwischen der Idee, deren Formulierung und deren technischer Umsetzung (als einfacher Computer-Text, als formatierte E-Mail oder als gestaltete Web-Seite)

- der Entdeckungszeit einer Nachricht, der Zeit zwischen der Zustellung der Nachricht und deren tatsächlicher Aufnahme (Lesen einer E-Mail, Besuch einer Web-Seite etc.)

- der Antwortzeit, der Zeit zwischen der Aufnahme einer Botschaft und der Entstehungszeit der Antwortnachricht

- der Entdeckungszeit der Antwortnachricht.

Beispiele zur zeitlichen Dimension

Einige Beispiele sollen dies verdeutlichen. Theoretisch werden Chat-Nachrichten in Bruchteilen von Sekunden übertragen. In der Praxis müssen Menschen die Nachricht erst einmal formulieren, in internationalen Gemeinschaften evtl. sogar in einer Fremdsprache und die Nachricht muss in der Regel per Tastatur eingegeben werden. Dies kann bei ungeübten Nutzern durchaus einige Zeit in Anspruch nehmen. Befinden sich nun geübte und ungeübte Nutzer in einer Chat-Konferenz, empfinden die Teilnehmer die Kommunikation schnell als frustrierend, da ein Teil der Teilnehmer zwangsläufig „hinterherhinkt". Dieses Problem kann abgemildert werden, indem Erstnutzern und Anfängern in der Gemeinschaft zum Beispiel ein Chat-Leitfaden angeboten wird, in dem einige Grundregeln erläutert werden (Schreiben kurzer Sätze, Verwendung von Emotikons, Erklärung von gängigen Abkürzungen etc.).

Elektronische Post

Auch die elektronische Post, oft als E-Mail bezeichnet, ist eigentlich ein schnelles Medium. Trotzdem können Tage vergehen, ehe man eine Antwort erhält, wenn z. B. der Empfänger seinen elektronischen Postkasten nur unregelmäßig leert. Gerade Neulinge werden dann schnell nervös und stellen sich und anderen Fragen, wie „Ist die Nachricht nicht angekommen? Habe ich etwas falsch gemacht? Habe ich den Empfänger mit meiner Nachricht verletzt, dass er mir nicht antwortet? Ist er krank oder ist ihm etwas zugestoßen, dass er seine E-Mail nicht lesen kann?" usw. So können ausbleibende Antworten zu mehr Phantasie anregen aber auch Frustration erzeugen als die Antworten selbst. Suler spricht in diesem Zusammenhang vom „Schwarzen Loch des Cyberspace" als totalen Kontrast zur Interaktivität des Internets und als Projektionsfläche für eigene Wünsche, Ängste etc. Derartige „schwarze Löcher" können immer auftreten. Hier gilt es für den Moderator einer virtuellen Gemeinschaft aufmerksam zu sein. Wenn er bemerkt, dass eine Anfrage eines Teilnehmers keine Beachtung gefunden hat, sollte er diese nach einiger Zeit noch einmal aufgreifen. Aber auch andere Formen von „schwarzen Löchern", z. B. durch „tote" Verknüpfungen (d. h. Verknüpfungen, die ins Leere weisen, weil sich z. B. die ursprüngliche Adresse der Zielseite geändert hat) lassen sich durch eine regelmäßige Wartung der Web-Seiten vermeiden oder zumindest vermindern. Ansonsten kann ein Moderator lediglich an geeigneter Stelle darauf hinweisen, dass Teilnehmer mit einer gewissen Ungewissheit bei der Kommunikation im Internet leben müssen.

Zeit-
differenzen

Zu besonders extremen Zeitdifferenzen kann es bei der Nutzung von Web-Seiten als Kommunikationsplattform kommen. Im Extremfall kann eine Web-Seite eines Teilnehmers nie jemand anders als er selbst zu Gesicht bekommen, trotz der theoretischen Zugänglichkeit im Internet, nämlich dann, wenn diese Seite mit keiner anderen Seite verbunden und in keinem Suchverzeichnis registriert ist. Hier gilt es, von Seiten der Moderatoren und Organisatoren einer virtuellen Gemeinschaft Vorkehrungen zu treffen, z. B. durch die schon erwähnten Instrumente wie Newsletter mit dem Verweis auf neue Seiten oder Wettbewerbe in der Form „Web-Seite der Woche". Gerade die Präsentation von „Vorbildern" kann auch zum besseren Verständnis der spezifischen Ausdrucksmittel des WWW, insbesondere der Hyperlinks (Mark Bernstein beschreibt in seinen „Patterns of Hypertext" [Bern98] beispielhaft die kreative Nutzung von Hyperlinks) beitragen. Eine andere Möglichkeit besteht in der Bereitstellung einer technischen Infrastruktur, die insbesondere Anfängern die Erstellung und Einbindung von Web-Seiten erleichtert, z. B. durch Vorlagen und Muster oder durch „Schritt für Schritt"-Anleitungen, die die Registrierung der Seiten in Suchverzeichnissen beinhalten.

Interkulturelle Dimension der Interaktion

Die Kommunikation im internationalen Rahmen hat natürlich nicht nur eine zeitliche sondern auch eine kulturelle Dimension. Kommunikationsstile und -gewohnheiten von Menschen unterschiedlicher kultureller Herkunft sind entsprechend verschieden. Dies kann leicht zu Missverständnissen und Kommunikationsproblemen führen, die durch die ggf. ungewohnte Kommunikation in einer Fremdsprache noch verstärkt werden. Hierfür ist eine Sensibilisierung der Moderatoren und Betreuer einer virtuellen Gemeinschaft wichtig. Aber auch die Teilnehmer einer virtuellen Gemeinschaft können an verschiedenen Stellen für dieses Thema sensibilisiert werden, z. B. in den Regeln der Gemeinschaft (Netiquette) oder in der Einladung zur Teilnahme an der virtuellen Gemeinschaft. Das Wissen um andere Kommunikationskulturen und deren Akzeptanz und Toleranz ist insbesondere im Bereich des Ausdrucks von Kritik an Aussagen anderer Teilnehmer, des Ausdrucks eigener Meinungen allgemein und des Ausdrucks von Verbindlichkeit (z. B. wie verbindlich ist ein „ja" in verschiedenen Zusammenhängen) von Bedeutung. Bei der Problematisierung des interkulturellen Dialogs darf jedoch nicht in den Hintergrund geraten, dass gerade die kulturelle Vielfalt an Erfahrungen und Meinungen eine wichtige Ressource für virtuelle Gemeinschaften ist.

Rolle der technischen Plattform

Die genannten Kriterien und Prinzipien der Gestaltung zeigen die Bedeutung des dramaturgischen Konzepts für den Aufbau virtueller Gemeinschaften. Die (software-)technische Umsetzung und die ästhetische Gestaltung der Nutzerschnittstellen hängt dann sehr vom Budget und ggf. dem Geschäftsmodell ab. Die Erfahrung mit textbasierten virtuellen Gemeinschaften zeigt jedoch, dass sich in der Praxis ein gutes Konzept auch mit einfachen technischen Mitteln umsetzen lässt. Eine technisch aufwendige und ästhetisch reizvolle Plattform ohne entsprechende Motivations- und Kommunikationskonzepte für die Gemeinschaftsmitglieder bleibt dagegen auf Dauer nur eine leere Hülle. Die Gestaltung der Nutzerschnittstelle unterliegt dabei einer Reihe von Zwängen (Software-Ausstattung der Teilnehmer an Internet-Browsern und E-Mail-Programmen, Abhängigkeit von Online-Werbung und der Platzierung entsprechender Werbe-Banner etc.) die Kompromisse in Bezug auf Ästhetik und Nutzerfreundlichkeit erfordern. Grundsätzlich zeigt sich, je höher die Ansprüche an die technische Ausstattung der Teilnehmer sind, desto mehr Teilnehmer bleiben von der Gemeinschaft ausgeschlossen. Vielfältige Kommunikationskanäle und Ausdrucksmittel, die den Teilnehmern je nach deren Interesse und Voraussetzungen unterschiedliche Kommunikationsmöglichkeiten bieten (von textbasiertem Chat und E-Mail bis zu audiovisuellen Konferenzen und gemeinsamen Web-Seiten), bereichern die Gemeinschaft. Sie müssen jedoch in das Gesamtkonzept der Gemeinschaft eingebunden werden und auf die unterschiedlichen Bedürfnisse und Voraussetzungen der Teilnehmer Rücksicht nehmen.

Community Management Systeme (CMS) Die Verwaltung vielfältiger Kommunikationswerkzeuge und deren Integration wird durch so genannte „Community Management Systeme" (CMS) unterstützt. Derartige Systeme werden z. B. von „Webfair" (www.webfair.com) angeboten. Daneben bieten kostenlose werbefinanzierte Angebote, wie   z. B. die Yahoo-Groups (groups.yahoo.com) oder die Microsoft-Communities (communities.msn.com) Unterstützung für Moderatoren und Organisatoren virtueller Gemeinschaften. Das „Hosting", d. h. die Bereitstellung der notwendigen Technik für eine virtuelle Gemeinschaft stellt dabei eine der geschäftlichen Anwendungen virtueller Gemeinschaften in der Praxis dar.

5.4.3   Von der Fangemeinschaft zum E-Commerce – Beispiele für geschäftliche Anwendungen virtueller Gemeinschaften

Hagel und Armstrong hatten mit der Veröffentlichung ihres Buches „net.gain" eine Reihe von Erwartungen an die geschäftliche Nutzung virtueller Gemeinschaften geweckt. Allerdings muss man dabei unterscheiden, ob virtuelle Gemeinschaften als geschäftliches Instrument   z. B. des Marketings oder der Personalentwicklung dienen, oder ob sie als Basis eines Geschäftsmodells Erträge erwirtschaften sollen.

Virtuelle Gemeinschaften als Basis für Geschäftsmodelle Für den letzteren Ansatz weisen jedoch schon Hagel und Armstrong darauf hin, dass nur wer als erster einen bestimmten Zielmarkt besetzt und über genügend Ressourcen für ein schnelles Wachstum zur Erreichung einer kritischen Zahl von Teilnehmern verfügt, Erfolg haben wird. Besonders deutlich wird dies im Bereich der unspezifischen Gemeinschaften. Diese Anbieter bieten eine Art Gemeinschaft der Gemeinschaften, d. h. sie bieten durch die entsprechende technische Ausstattung Gemeinschaften unterschiedlicher thematischer Ausrichtung den virtuellen Raum. Erträge werden dabei entweder über Gebühren oder über Bannerwerbung bzw. Provisionen für Produkte die von Teilnehmern der Gemeinschaft erworben werden, generiert. Der Markt für diese Anbieter ist jedoch hart umkämpft, und dementsprechend schwierig ist es, eine kritische Zahl von Kunden zu erhalten.

Virtuelle Stadt

So blieben bisher interessante Ideen, wie die Idee von Fortunecity (www.fortunecity.de) eine virtuelle Stadt zu schaffen, in denen sich die Gemeinschaften demokratisch in virtuellen Stadtparlamenten (und in realen Treffen) selbst verwalten und Engagement in einer Gemeinschaft mit entsprechenden Posten und Einflussmöglichkeiten (in einem virtuellen Ministerrat) belohnt wird, aus Kostengründen auf der Strecke. Von diesem Ansatz ist nur noch die Idee des „Web-Hostings" übriggeblieben. Zum anderen finden in diesem Bereich starke Konzentrationsprozesse statt. Ein Beispiel hierfür ist der Anbieter „Onelist", der ausgehend vom Hosting für E-Mail basierte Diskussionslisten, diesen erst eine Web-Schnittstelle und später weitere Werkzeuge wie Chat-Kanäle, Gruppenkalender u.ä. bot, dann sich mit der Firma „Egroups" zusammenschloss, bis diese von „Yahoo" erworben wurde (siehe groups.yahoo.com). Dabei ist die Firma Yahoo laut aktueller Quartalsberichte selbst noch weit von der Gewinnschwelle entfernt.

Zielgruppen-Ausrichtung

Ein anderer Ansatz besteht in der Konzentration auf eine bestimmte Zielgruppe, z. B. eine bestimmte Branche. Die Organisatoren dieser Gemeinschaften bieten neben der Kommunikationsplattform in der Regel weitere Dienstleistungen für die Gemeinschaft, z. B. eigene redaktionelle Beiträge, Experteninterviews, newsletter, virtuelle und reale Konferenzen u.v.m. Sie entsprechen damit stärker dem „Idealbild" virtueller Gemeinschaften. Die Firma „dentiva.com", eine Mischung aus Brancheninformationsdienst und virtueller Gemeinschaft für Zahnärzte in Europa, ist hierfür ein gutes Beispiel. Fach- und Brancheninformationen bedienen das Informationsbedürfnis der Zahnärzte. Durch die Möglichkeit für Stellen und Kleinanzeigen wird der Aufbau von Beziehungen zwischen den Teilnehmern gefördert. Die Kommunikation zwischen den Teilnehmern findet daneben hauptsächlich in Foren zu Fach- und allgemeinen Themen statt. Darüber hinaus können sich Zahnärzte bzw. deren Praxen auf Web-Seiten präsentieren. Newsletter sorgen mit aktuellen Themen für Kommunikationsanlässe und Hinweise zu aktuellen Tagungen und Kongressen erleichtern das reale Zusammentreffen. Der angeschlossene Marktplatz für Dentalprodukte ist dabei die Finanzierungsquelle für die Gemeinschaft, da auf Werbung in den Foren und auf Gebühren verzichtet wird.

Transaktionsgemeinschaften

Wenn Kauftransaktionen zum Hauptzweck einer Gemeinschaft werden, wird in der Literatur auch von Transaktionsgemeinschaften gesprochen (siehe   z. B. [Schu99]). Problematisch ist die Verwendung des Begriffs im Zusammenhang mit virtuellen Gemeinschaften jedoch insofern, als er ausblendet, dass eine virtuelle Gemeinschaft nicht nur durch gemeinsame Interessen der Teilnehmer, sondern durch deren Interaktion und soziale Netzwerke gebildet wird. Hierbei ist es vorzuziehen, elektronische Marktplätze, elektronische Börsen oder elektronische Auktionshäuser auch als solche zu bezeichnen und die Auslegung des Begriffs virtuelle Gemeinschaft dabei nicht zu überstrapazieren. Dabei können virtuelle Gemeinschaften als Instrument zur Kundenbindung oder als zusätzlicher Service. (z. B. für den Austausch von Erfahrungen mit bestimmten Produkten oder im Bereich der Produktanwendung, des „Supports") derartige Angebote durchaus bereichern.

Virtuelle Gemeinschaften als geschäftliches Instrument

Dies verweist auf das Anwendungsfeld virtueller Gemeinschaften als Hilfsmittel und Instrument in verschiedenen Geschäftsbereichen. Die Anwendung als Mittel des Marketings wurde schon erwähnt. Einsatzfelder sind dabei die Einführung von Produkten oder die Unterstützung einer bestimmten Marke bzw. eines Markenbildes. So bietet die Medienfirma „Warner Bros." eine Plattform für virtuelle Gemeinschaften (www.wb.com/pages/ community/home.jsp) als Teil des Marketings für deren Medienprodukte, insbesondere für Kinofilme und Fernsehsendungen, an. Muster und Vorlagen für Web-Seiten und Foren fördern die Entstehung von virtuellen Gemeinschaften im Umfeld der Medienprodukte. Zusätzliche Dienste wie der Versand von Grußkarten (natürlich mit „Warner Bros." Motiven), die Wahl von Web-Seiten der Woche und so genannter „Hot Boards" (aktuellste oder aktivste Foren) sowie verbindliche Regeln („Community Commandments") unterstützen die Entwicklung virtueller Gemeinschaften im Sinne von „Warner Bros".

Aber auch innerhalb eines Unternehmens bieten sich für virtuelle Gemeinschaften von Mitarbeitern eine Reihe von Einsatzfeldern. Nach Rheingold und Kimball [Rhei00] lassen sich die Einsatzmöglichkeiten wie folgt zusammenfassen:

- als soziales „Frühwarnsystem"

- als Wissensnetzwerk für die Verbreitung und den Austausch von Wissen in einer Firma

- zur Überbrückung geographischer und Abteilungsgrenzen

- zum Aufbau „sozialen Kapitals", d. h. zur Vermeidung von Reibungsverlusten und zur Stärkung des Zusammenhalts, d. h. eines Gemeinschaftsgefühls in der Firma

- als Innovationsquelle, d. h. zur Stimulierung von Brain-Storming-Prozessen und zur Dokumentation der Ergebnisse

- als Lerngemeinschaft für die Weiterbildung am Arbeitsplatz.

E-Learning

Gerade im Zusammenhang mit dem „E-Learning„ wird das Internet im Unternehmen häufig nur als preiswertes Verbreitungsinstrument von Selbstlernkursen eingesetzt. Dabei wird übersehen, dass Lernprozesse vor allem auch Kommunikationsprozesse sind und virtuelle Gemeinschaften ein gutes Instrument bilden, die Kommunikation unter Lernenden zu fördern. Die oben genannten Gestaltungsprinzipien lassen sich dabei unter didaktischen Gesichtspunkten anwenden.

Beispiel Sprachlern-gemeinschaft

Eine Sprachlerngemeinschaft soll hier als Beispiel dienen. Sprachkenntnisse (meist Englisch) sind die Voraussetzung, um am internationalen elektronischen Wissensaustausch teilnehmen zu können. Häufig sind bei Mitarbeitern in deutschen und europäischen Unternehmen zwar passive Sprachkenntnisse (Verstehen bzw. Lesen) vorhanden, aber es mangelt an der Fähigkeit zum aktiven Gebrauch der Sprache (Sprechen bzw. Schreiben). Durch die Bearbeitung gemeinsamer Lernprojekte, d. h. den Einsatz von Rollen- und Planspielen kann die Kommunikation in der Gemeinschaft gezielt und realitätsnah gefördert werden. Gerade wenn die Teilnehmer aus verschiedenen Länder kommen (z. B. von verschiedenen Filialen und Tochterfirmen) erleben sie in der Gemeinschaft trotz der simulierten Situation ganz real, dass sie andere verstehen und auch von anderen in der Fremdsprache verstanden werden. Durch den Einsatz unterschiedlicher Kommunikationskanäle können auch unterschiedliche Sprachfertigkeiten gefördert werden. Die „Kommuikationssprache" wird z. B. eher in E-Mail und Chat-/Audio-/Video-Konferenzen und die „Präsentationssprache" eher durch die Erstellung von Web-Seiten trainiert. Auch reale Treffen, d. h. Präsenzphasen, lassen sich didaktisch sinnvoll in die Lerngemeinschaft integrieren. Wenn z. B. in einer Lerngemeinschaft für Berater die Verhandlungen für ein Projekt simuliert werden, könnten die vorbereitenden Verhandlungen online erfolgen und die Endverhandlung dann im realen Treffen in einer Präsenzphase (ggfs. dann auch nur mit den Teams, die in die simulierte Vorauswahl gekommen sind) durchgeführt werden. Als Nebeneffekt entstehen durch eine derartige Lerngemeinschaft auch eine Reihe sozialer Bindungen unter den Teilnehmern, wie sie durch Internet-basierte

Selbstlernkurse, selbst wenn diese mit Präsenzphasen ergänzt werden, nicht geschaffen werden können. Durch diese Bindungen wird die Kommunikation unter den Teilnehmern auch über das „offizielle Kursende" hinaus gefördert und bei internationalen Gemeinschaften dabei nebenbei auch weiterhin die Fremdsprache trainiert (da sie die einzig mögliche Verständigungssprache ist).

Virtuelle Gemeinschaften als Teil des C-Commerce

Werden virtuelle Gemeinschaften und elektronische Marktplätze und Portale strategisch von Unternehmen einer Wertschöpfungskette oder innerhalb eines Produktlebenszyklusses eingesetzt, werden sie Teil einer Wirtschaftsform, die als Collaborative E-Commerce (C-Commerce) bezeichnet wird. Der Begriff C-Commerce wurde von der „Gartner Group" (www.gartner.com) geprägt. Dabei geht es um das vernetzte Arbeiten mit Geschäftspartnern (ggfs. sogar mit Wettbewerbern), mit Lieferanten, Kunden und Distributoren. Das Ziel ist dabei schneller, flexibler und individueller auf Kundenwünsche eingehen zu können und zum anderen Transaktionsprozesse zu standardisieren bzw. zu automatisieren. Ein praktisches Beispiel für eine C-Commerce-Plattform bildet das Bau-Netz (www.baunetz.de). Es vereint Marktplätze, Informationsdienste, virtuelle Gemeinschaften, Transaktionsdienste wie z. B. Treuhand- und Finanzierungsdienste rund um Bauprojekte für Bauherren, Architekten, Fachplaner, Bauunternehmer oder Baufachhändler.

Diese Form des kooperativen Wirtschaftens erfordert von den Unternehmen natürlich ein Umdenken hin zum vernetzten Denken und Arbeiten. Durch den Einsatz von virtuellen Lern- und Arbeitsgemeinschaften kann dieser Wandel im Kleinen, d. h. auf taktischer und operativer Ebene vorbereitet und vollzogen werden.

5.4.4   Von der Mitgliedschaft zur eigenen virtuellen Gemeinschaft

Die obigen Abschnitte boten einen Einstieg in Theorie und Praxis des Aufbaus und der geschäftlichen Nutzung virtueller Gemeinschaften. Die Ausführungen zu Hintergründen und Beispielen virtueller Gemeinschaften sollen jedoch anregen, selbst in diesem Bereich tätig zu werden.

Mitgliedschaft in virtuellen Gemeinschaften

Der erste Schritt hierfür kann die Mitgliedschaft in einer oder mehreren bestehenden Gemeinschaften sein. Durch die eigene Mitarbeit lassen sich Möglichkeiten und Grenzen derartiger Gemeinschaften direkt erleben. Am einfachsten erhält man durch die genannten Beispiele bzw. durch die genannten Verzeichnisse von virtuellen Gemeinschaften Zugang zu einer Gemeinschaft mit einer interessanten Thematik. In diesem Zusammenhang sei noch auf die von Howard Rheingold selbst geleitete „Brainstorm Community" (www.rheingold.com/community.html) verwiesen. Im Bereich der virtuellen Lerngemeinschaften führt das Institut des Autors zusammen mit der Fachhochschule Fulda in unregelmäßigen Abständen Pilot- und Forschungsprojekte durch. Wer sich hierfür näher interessiert, kann den Autor gern für aktuelle Informationen oder auch in Bezug auf allgemeine Fragen zum Thema kontaktieren (berger@inter-research.de).

Aufbau eigener virtueller Gemeinschaften

Der nächste Schritt kann in der Durchführung eines Pilotprojekts, d. h. dem Aufbau einer eigenen virtuellen Gemeinschaft bestehen. Hierfür lassen sich zum Beispiel die kostenlosen Plattformen von „Yahoo" oder „Microsoft" nutzen. Potentielle Mitglieder im beruflichen Bereich lassen sich in der Regel leicht auf Konferenzen oder größeren Treffen verteilter Arbeitsgruppen finden. Im privaten Bereich lässt sich eine Startgruppe für die Gemeinschaft zum Beispiel im Rahmen „realer" Gemeinschaften wie Vereine zusammenstellen.

Die Hintergrundinformationen aus diesem Artikel und der erwähnten Literatur in Kombination mit eigenen Erfahrungen bilden dann die Grundlage für den gezielten Einsatz virtueller Gemeinschaften in der eigenen Organisation oder für die Entwicklung eines eigenen Geschäftsmodells.

5.4.5   Literaturverzeichnis

[Berg00] Berger, Thomas; Borgmann, Laurent: Strategies for participation of learners in virtual learning communities in *PDC2000 Proceedings of the Participatory Design Conference, T. Cherasky, J. Greenbaum, P. Mambrey, J.K.Pors (Eds.), New York, NY, USA 2000, S. 237-241*

[Bern98] Bernstein, Mark: Patterns of Hypertext, in *Proceedings of Hypertext '98 (Pittsburg, USA), New York: ACM, p.180-187*

[Brec32] Brecht, Bertolt: Radiotheorie in Gesammelte Werke 18: Schriften zur Literatur und Kunst 1, Suhrkamp, Frankfurt am Main 1967, S.119-134

[Chen98] Chen, Lee Li-Jen; Gaines Brian R.: Modeling and Supporting Virtual Cooperative Interaction Through the World Wide Web in Network and Netplay – Virtual Groups on the Internet, F. Sudweek et al, MIT Press, 1998 S. 221-242

[Hage97] Hagel III, John; Armstrong, Arthur G.: net.gain – expanding markets through virtual communities, Harvard Business School Press, Boston, Mass. 1997

[Kim00] Kim, Amy Jo: Community Building on the Web. PeachPit Press, Berkeley 2000

[Koll99] Kollock, Peter: The Economies of Online Cooperation: Gifts and Public Goods in Cyberspace in Communities in Cyberspace, Marc Smith and Peter Kollock (eds.), Routledge, London 1999

[Rhei93] Rheingold, Howard: The virtual community: homesteading on the electronic frontier, Addison-Wesley, Reading, Mass. [u.a.], 1993

[Rhei00] Rheingold, Howard: Community Development In The Cybersociety of the Future, Howard Rheingold in Web.Studies, David Gauntlett (ed.), Arnold, London, 2000, S. 170-177

[Rhei00] Rheingold, Howard; Kimball Lisa: How Online Social Networks Benefit Organizations, online-Artikel: www.rheingold.com/Associates/ onlinenetworks.html

[Schu99] Schubert, Petra: Virtuelle Transaktionsgemeinschaften im Electronic Commerce: Management, Marketing und Soziale Umwelt, Josef Eul Verlag, Lohmar – Köln, 1999.

[Shea94] Shea, Virginia: Netiquette, Albion Books, 1994 – online Ausgabe: www.albion.com/netiquette/book/index.html

[Sule96] Suler, John: The Psychology of Cyberspace, online hypertext book (web site), started in 1996: www.rider.edu/users/suler/ psycyber/psycyber.html

Autor:	Thomas Berger, Geschäftsführer des Instituts für interdisziplinäre Forschung inter.research e.V., Fulda
Mail:	berger@inter-research.de
Web:	www.inter-research.de

Autoren – Kontaktadressen

Prof. Dr. Anatol Badach, VPNs als Netzstrukturen für
    E-Commerce-Systeme, Fachhochschule Fulda, Fach-
    bereich Angewandte Informatik, Marquardstr. 35,
    36039 Fulda

    E-Mail: Anatol.Badach@informatik.fh-fulda.de,
    Web: www.fh-fulda.de/fb/ai/profs/badach.htm

Thomas Berger, Virtuelle Gemeinschaften, Geschäftsführer des
    Instituts für interdisziplinäre Forschung in-
    ter.research e.V., Fulda

    E-Mail: berger@inter-research.de
    Web:www.inter-research.de

Prof. Dr. Helmut Dohmann, Knowledge-Management, Fachhoch-
    schule Fulda, Fachbereich Angewandte Informatik,
    Marquardstr. 35, 36039 Fulda

    E-Mail: Helmut.Dohmann@informatik.fh-fulda.de
    Web: www.fh-fulda.de/fb/ai/profs/dohmann.htm

Prof. Gerhard Fuchs, E-Learning, Fachhochschule Fulda, Fachbe-
    reich Angewandte Informatik, Marquardstr. 35,
    36039 Fulda

    E-Mail: Gerhard.Fuchs@informatik.fh-fulda.de
    Web: www.fh-fulda.de/fb/ai/profs/fuchs.htm

Christian Jos, E-Marketing / E-Logistik im E-Business, IT-
    Controller, E-Business Spezialist, Commerzbank AG,
    Frankfurt am Main

    E-Mail: Christian-Jost@Ch-Jost.de
    Web: www.ch-jost.de

Prof. Dr. Karim Khakzar, Multimediatechniken im E-Business -
    Fachhochschule Fulda, Fachbereich Angewandte In-
    formatik, Marquardstr. 35, 36039 Fulda

    E-Mail: Karim.Khakzar@informatik.fh-fulda.de
    Web: www.fh-fulda.de/fb/ai/profs/khakzar.htm

Prof. Dr. Peter Peinl, Elektronische Zahlungsverfahren, Fachhochschule Fulda, Fachbereich Angewandte Informatik, Marquardstr. 35, 36039 Fulda

E-Mail:Peter.Peinl@informatik.fh-fulda.de
Web: www.fh-fulda.de/fb/ai/profs/peinl.htm

Hans-Martin Pohl, Multimediatechniken im E-Business, Geschäftsführer von idmk Institut für digitale Medien und Kommunikation GmbH

E-Mail: pohl@idmk.de
Web: www.idmk.de

Prof. Dr. Christian Schrader, Umsetzung europäischer Regelungen zum E-Commerce in deutsches Recht, Fachhochschule Fulda, Fachbereich Sozial- und Kulturwissenschaften, Marquardstr. 35, 36039 Fulda

E-Mail: Christian.Schrader@sk.fh-fulda.de
Web: www.fh-fulda.de/fb/sk/professoren/schrader/index. htm

Prof. Dr. Uwe Schröter, Software-Architekturen für E-Business-Systeme, Fachhochschule Fulda, Fachbereich Angewandte Informatik, Marquardstr. 35, 36039 Fulda

E-Mail: Uwe.Schroeter@informatik.fh-fulda.de
Web: www.fh-fulda.de/fb/ai/profs/schroeter.htm

Prof. Dr. Rumen Stainov, Mobile Commerce, Boston University, MET Computer Science Department, 808 Commonwealth Avenue, Boston, MA 02215, USA

e-Mail: rstainov@bu.edu,

Web: www.bu.edu oder
http://metcs.bu.edu/~rstainov/index.htm

Prof. Dr. Volker Warschburger, E-Logistik im E-Business / E-Marketing, FH Fulda, Fachbereich Angewandte Informatik, Marquardstr. 35, 36039 Fulda

Email: Volker.Warschburger@informatik.fh-fulda.de
Web: www.fh-fulda.de/fb/ai/profs/warschburger.htm

Prof. Dr. Werner Winzerling, Systemarchitektur von Online-
            Anwendungen, Fachhochschule Fulda, Fachbereich
            Angewandte Informatik, Marquardstr. 35,
            36039 Fulda

            Email: Werner.Winzerling@informatik.fh-fulda.de
            Web: www.fh-fulda.de/fb/ai/profs/winzerling.htm

Schlagwortverzeichnis